전산기로 푸는 수충격 해석 입문

Fluid Transients in Systems

박한영 | 박진훈 | 노선민 | 신동기 공저

홍릉과학출판사

머 리 말

부정류 제어 설비는 상수도 및 하수도는 물론 물을 다루는 모든 사업장에서 가장 필수적인 설비임에도 불구하고, 이에 대한 체계적인 이론정립의 시도가 단지 대학원에서 학문적 대상으로 접근했던 것이 고작이었다. 더욱이 대학원에서 다루는 범위도 극히 제한되어 있어 실제 현장에서 실무적으로 적용할 때 수많은 시행착오를 거치기 마련이었으며, 이를 극복하기 위해서는 개인적으로 부단한 학문적 탐구와 노력을 기울이고 나서야 비로소 체계적인 이론을 정립할 수 있는 것이 현실이다.

필자는 이러한 현실을 하루 빨리 타파하기 위해 2003년도에 미국 메디슨에 위치한 위스콘신 주립대에서 1년간 부정류에 대해 연구하였으며, 부정류 학문에 처음 접하는 사람들이 쉽게 이해할 수 있도록 Joukowsky, Parmakian, Thorley 등이 발표한 논문들을 체계적으로 정리하여 2004년도에 「그림으로 푸는 수충격해석」 도서를 집필하였다. 본 서는 전산기가 본격적으로 활용되기 전 1900년 중반까지 수충격해석에 주로 사용하였던 도해적 해석기법에 대해 기술하였다.

전산기의 발달로 SURGE 2000, MASTER FLOW, LIQT, SYNERGEE 등과 같은 부정류해석 전용 프로그램이 상용화되어 널리 사용되고 있는 시점에서, 필자는 지난 1년간 펌프장 수충격완화 신기술개발 연구를 수행하면서 취득한 전산기법을 이용한 부정류해석에 대한 이론들을 정리하여 이 한권의 책에 담아 보았다. 본 서는 전산기를 이용하여 밸브폐쇄 및 펌프 정전시 역지변의 폐쇄에 의해 발생하는 수충격현상 해석, 수충격현상을 완화하기 위해 사용되는 서지 릴리프 밸브 동작, 에어 챔버 및 서지 탱크 설치시 수충격현상을 해석하는 이론에 대해 기술하였다.

본 서의 특징은 독자들이 본 서를 공부하면서 관련된 이론들을 찾기 위한 수고를 덜기 위해 충분한 보충자료들을 제공하였다. 특히, 본 서는 포트란 사용에 대해 자신이 없는 독자들을 위해, 그리고 너무 빠른 처리속도에 의해 놓치기 쉬운 프로그램 수행 내용들을 쉽게 이해 할 수 있도록 포트란 수행과정을 EXCEL로 작성하여 파일로 제공하였다. 또한 예제 문제에서는 프로그램 수행과정을 상세히 설명하여 본 서를 쉽게 이해할 수 있도록 최선을 다했다.

본 서가 출판될 수 있도록 위스콘신 주립대 방문연구원의 기회를 제공해 주신 미국 현지 대학교 Jim Park 교수님, 70세의 노령에도 불구하고 방학, 주말 없이 불철주야 연구하면서도 기꺼이 지도교수의 역학을 맡아 주신 John A. Hoopes 교수님께 감사 드린다. 마지막으로 필자가 연구에 몰두 할 수 있도록 내조해 준 인생 동반자 진희수, 스스로 공부에 열중하는 딸 박정연, 아들 박정민에게 고마운 마음을 이 한 권의 책에 담아 보낸다.

필자에게 있어서 이 한 권의 책은 앞으로 무한히 펼쳐질 학문적 욕구의 첫걸음에 불과한 것이라 해도, 필자의 투박하지만 정성어린 노력이 이 책을 읽어 주시는 여러분에게 작은 출발이 되리라는 믿음에는 흔들림이 없음을 감히 다짐해 본다.

2008년 봄
저 자 씀

차 례

제1장 수리기초

이 장에서는 관로 시스템 수력학에 기초를 둔 원리와 기초 개념에 대해서 검토하기로 한다. 이 검토 내용은 유체역학 및 유체 기계의 기초 과정을 완전히 이해하고 있는 독자들에게는 별 어려움이 없을 것을 생각된다. 먼저 이 책에서 앞으로 빈번하게 인용될 기본 공식들에 대해 소개한다. 에너지 구배선(EGL : Energy Grade Line)과 수력 구배선(HGL : Hydraulic Grade Line)의 개념은 매우 유용하므로 이 개념에 대해서 별도로 고찰하기로 한다. 다음은 다양한 수두 손실 공식 및 회전하는 임펠러를 갖는 펌프와 같은 터보 기계의 기능은 이 책의 많은 부분에서 매우 중요하므로 이 터보 기계의 운영 이론과 기초 특성들에 대해서 고찰하기로 한다.

1.1 기본 원리

1.1.1 기본 공식

질량 보존은 가장 기본적인 원리이다. 통상적으로 유체의 밀도 ρ는 유체의 온도 그리고 압력 변화에 따라 변화한다. 표면 S에 의해 둘러싸인 고정된 검사 체적 $\overline{V}$을 위한 질량 보존의 일반적인 기술은 다음과 같다.

$$\frac{\partial}{\partial t}\int_{\overline{V}}\rho d\overline{V}+\int_{S}\rho\overline{v}\cdot\overline{n}dS=0 \quad 1.1$$

여기서 $\overline{v}$는 한 지점에서의 속도이고 $\overline{n}$은 표면 S에 대한 외부 직각 단위 벡터이고 t는 시간이다. 첫 번째 항은 검사 체적내에서 시간에 따른 질량의 축적을 나타내는 것으로서 정상류에서는 0이 된다. 표면 지점에서 내적 $\overline{v} \cdot \overline{n}$는 표면을 통과하는 속도 성분을 나타낸다. 따라서 두 번째 항은 전체 검사 표면을 통과하는 유체의 순수 유출을 계산한다. 배관내 유체의 비압축성 정상 유동을 위한 질량 보존은 통상적으로 연속 방정식으로 인용되며 다음과 같이 표현된다.

$$Q = \int_A v dA = V_1 A_1 = V_2 A_2 \qquad 1.2$$

여기서 Q는 배관 단면적을 통과하는 체적 유출로서 이는 평균 유속 V와 배관 단면적 A의 곱으로 표현된다.

두 번째로 중요한 원리는 일과 에너지 법칙이다. 때로는 단순히 에너지 법칙이라고도 불린다. 어떤 이는 베르누이 공식이라고도 부르기도 하나 분명하게 에너지 법칙은 베르누이 공식보다 많은 뜻을 내포하고 있다. 배관 내 유체의 1차원 정상 유동을 위한 법칙은 다음과 같이 두 개의 부분 사이에 적용된다.

$$\frac{V_1^2}{2g} + \frac{p_1}{\gamma} + z_1 = \frac{V_2^2}{2g} + \frac{p_2}{\gamma} + z_2 + \sum h_{L_{1-2}} - h_m \qquad 1.3$$

상기 공식에서 $V^2/2g$은 속도 수두 또는 동 에너지, P/γ는 압력 수두 또는 유동 일, 그리고 z는 위치 수두 또는 포텐셜 에너지라 하며 이들 모두 단위 중량당으로 표현되었다. 만일 상기 수식 오른쪽의 마지막 두 개 항이 생략되면 공식은 베르누이 공식이 된다. 수두 손실 항, 또는 단위 중량당 축적된 에너지 손실 $\sum h_L$은 지점 1과 2에서의 마찰에 의한 각 수두 손실의 합이다. 마지막 항 h_m은 수력 기계에 의해 유체에 가해지는 단위 중량당 기계 에너지이다. 펌프는 유동에 에너지를 가하게 되므로 h_m은 양이 되며 h_p라 명명하고, 터빈은 유동으로부터 에너지를 빼내가므로 h_m은 음이 되며 h_t로 명명한다.

P로 표기되는 수동력은 단위 중량당 에너지의 이득 또는 손실과 유량의 중량 $Q\gamma$와의 곱이으로 $P = Q\gamma h_m$으로 표시한다. 단위 변환 요소를 이 결과에 적용하여 동력을 마력 hp 또는 킬로와트 kW로 표현한다. 계산 목적에 따라 효율 요소 η를 곱하거나 나눈다.

마지막으로 중요한 원리는 선형 모멘트로서 충동 모멘트 공식에 의해 지배된다.

$$\frac{\partial}{\partial t}\int_{\forall} \rho \overline{v} d\overline{V} + \int_S \overline{v}(\rho \overline{v} \cdot \overline{n}) dS = \overline{F_{net}} = \overline{F_s} + \overline{F_b} \qquad 1.4$$

유체 또는 고체에 작용하는 힘들은 표면력(surface force)과 중력(body force)로 구분되며, 이 힘들은 검사 체적 내 모멘텀의 축적되는 비율과 검사 체적의 표면을 통과하는 순수 유동의 합이다. 정상류동에서는 첫 번째 항은 0이 된다. 배관을 통과하는 1차원 비압축성 정상 유동을 위한 유동 방향에 따른 모멘텀 공식은 다음과 같다.

$$\overline{F_{net}} = \rho Q(\overline{V_2} - \overline{V_1}) \quad 1.5$$

여기서 배관의 왼쪽에서 유입되고 오른쪽으로 유출되는 것으로 가정한다. 만일 배관의 단면이 일정하고 직관일 경우 속도는 동일하고 상기 공식은 더욱 간단하게 되어 $\overline{F_{net}} = 0$ 이 된다. 공식 1.5는 벡터 공식이므로 항상 성분 형태로 기술된다. 2차원 $x-y$평면에서는 이 공식의 성분은 다음과 같이 된다.

$$\sum F_x = (\rho Q V_x)_2 - (\rho Q V_x)_1 = (\rho A V_x^2)_2 - (\rho A V_x^2)_1 \quad 1.5a$$

$$\sum F_y = (\rho Q V_y)_2 - (\rho Q V_y)_1 = (\rho A V_y^2)_2 - (\rho A V_y^2)_1 \quad 1.5b$$

1.1.2 에너지와 수력 구배선

에너지 선 또는 단순히 EL로 표현되는 에너지 구배선은 일과 에너지 공식에 있는 3개의 항들의 합을 선으로 표현한 것이며 이는 또한 베르누이 합이라 불린다.

$$EL = \frac{V^2}{2g} + \frac{p}{\gamma} + z \quad 1.6$$

상기 식의 각 항들은 단위 길이를 갖고 있으므로 우리는 편리하게 각 에너지 항의 합을 선도위에 포개어 나타낼 수 있다. 한 예로 유동 중간에 삽입된 피토트 관은 관 끝 부분에서 유속이 0이 되고, 이 속도 수두는 추가적인 압력 수두로 변환되며 이로 인해 그 점 유동에서 액체가 EL 고도를 상승시키도록 한다.

수력구배선 또는 HGL은 오직 압력과 위치 수두의 합이다. 이 두 항들의 합은 또한 피에조미터 수두라고 불리며 이는 피에조미터 관을 배관의 벽에 삽입하여 쉽게 측정할 수 있다. EL이 이미 작도되었다면 HGL은 쉽게 선도에 표시할 수 있다. 즉, 단순히 EL로부터 부분 속도수두만큼 밑으로 HGL이 위치한다.

그림 1.1은 EL과 HGL과 각 수두 항들과 1에서 2부분을 통과하면서 발생되는 손실 수두의 관계를 묘사하고 있다.

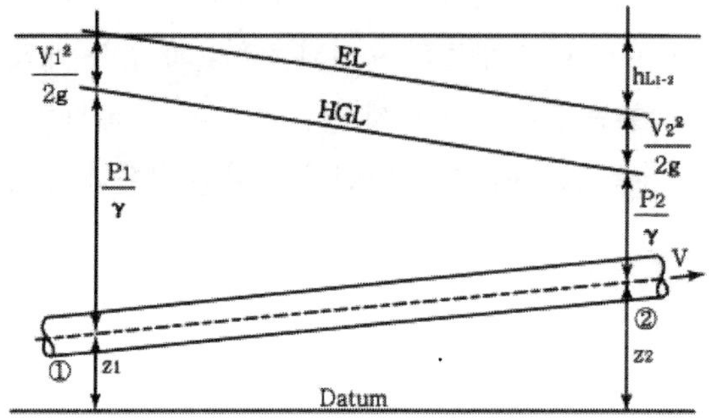

그림 1.1 각 수두와 EL, HGL의 관계

1.2 수두손실 공식

공식 1.3에서 수두 손실 $\sum h_{L_{1-2}}$은 정확하게 두 종류의 실제 유체 현상에서 발생하는 것을 나타내고 있다. 하나는 배관 벽에서 발생하는 유체의 전단력에 기인한 수두로서 배관 손실이고, 다른 하나는 유체 유동의 부분적 교란에 의한 추가적인 수두 손실이다. 배관 마찰에 의한 수두 손실은 항상 배관 길이에 걸쳐 나타나는 반면소위 부분 손실이라 불리는 부분적 교란은 밸브, 배관 벤드 그리고 다른 부속품에 의해 발생된다. 부분 손실들은 또한 유동 결정에 있어 이들의 영향이 그다지 크지 않으므로 부차적 손실이라고도 불린다. 때로는 부차적 손실은 사소한 것이 되기 때문에 무시된다. 또한 사전 조사 설계시 이 부차적 손실을 무시하며 최종 설계 단계에서만 고려한다.

1.2.1 배관 마찰

원통형 배관에서 부분적으로 원통형 검사 체적을 선정하여 유동 방향을 s, 반경 방향을 r의 좌표로 설정하여 정상 유동의 경우 이 검사 체적에 모멘텀 공식 1.4를 적용하면 유체의 평균 유체 전단 응력 τ는 배관 중심으로부터 반경 r의 함수가 된다.

$$\tau = -\frac{r}{2}\gamma\frac{\partial}{\partial s}\left(\frac{p}{\gamma}+z\right) \tag{1.7}$$

상기 식으로부터 우리는 두 가지 중요한 사실을 알 수 있다.

1. 유체 전단 응력 τ는 배관 단면에서 중심선에서 0부터 배관 벽 $r = D/2$에서 최대로 선형적으로 변화한다.
2. 피에조미터 수두$(p/\gamma + z)$의 유동 구배가 없으면 유체의 전단 응력은 0이 되고 결과적으로 그 부분에서는 유동이 존재하지 않는다.

만일 검사 체적을 배관 전 단면적에 걸쳐 확장하고 공식 1.7을 직경이 동일한 배관 길이 L에 걸쳐 적분하면 그 길이에서 발생하는 마찰 수두 손실 h_L은 관 벽에서의 전단 응력 τ_w와 직접적으로 관련이 된다.

$$\tau_w = \gamma h_L \frac{D}{4L} \tag{1.8}$$

상기 공식은 평균 유속 V 또는 토출 유량 Q 와는 아무런 관계가 없다.

1.2.2 달시-바하 공식

관 벽 전단 응력 τ_w, 평균 유속V, 배관 직경 D, 유체 밀도 ρ, 점도 그리고 등가 sand-grain 조도 e, 점도 μ 사이의 완전한 일반 함수 관계는 차원 해석에 의해 다음과 같이 단순화된다.

$$\frac{\tau_w}{\rho V^2} = F\left(\frac{VD\rho}{\mu}, \frac{e}{D}\right) = \frac{f}{8} \tag{1.9}$$

관 벽에서의 전단 응력을 제거하기 위해 공식 1.8과 1.9를 조합하면 배관 내 마찰 수두 손실을 위한 가장 기본적이고 널리 사용되는 달시-바하 공식이 된다.

$$h_L = f\frac{L}{D}\frac{V^2}{2g} = f\frac{L}{D}\frac{Q^2}{2gA^2} \tag{1.10}$$

공식 1.9에서 마찰 계수 f는 함수 F을 간략하게 표시하기 위해 사용된다. 이 것은 레이놀즈수 $R_e = VD\rho/\mu = VD/\nu$ 와 등가 sand grain 조도 e/D의 함수이다. 각 배관 재질에 따른 sand-grain 조도 e를 관 내경 D의 비인 무차원으로 표현하여 사용한다. 표 1.1은 여러 관로 재질들의 등가 sand-grain 조도 e에 대한 공통적인 수치들을 나타낸다.

상업적으로 사용되는 배관은 조도에 있어서 약간의 이질성 또는 불균등을 타나내므로 특정 마찰 계수 또는 경험 수치들은 여러 자리 수를 갖는 정밀도로 나타낼 수 없다. 마찰 계수 f의 함수적인 거동을 그림 1.2 무디 선도에 나타내었다.

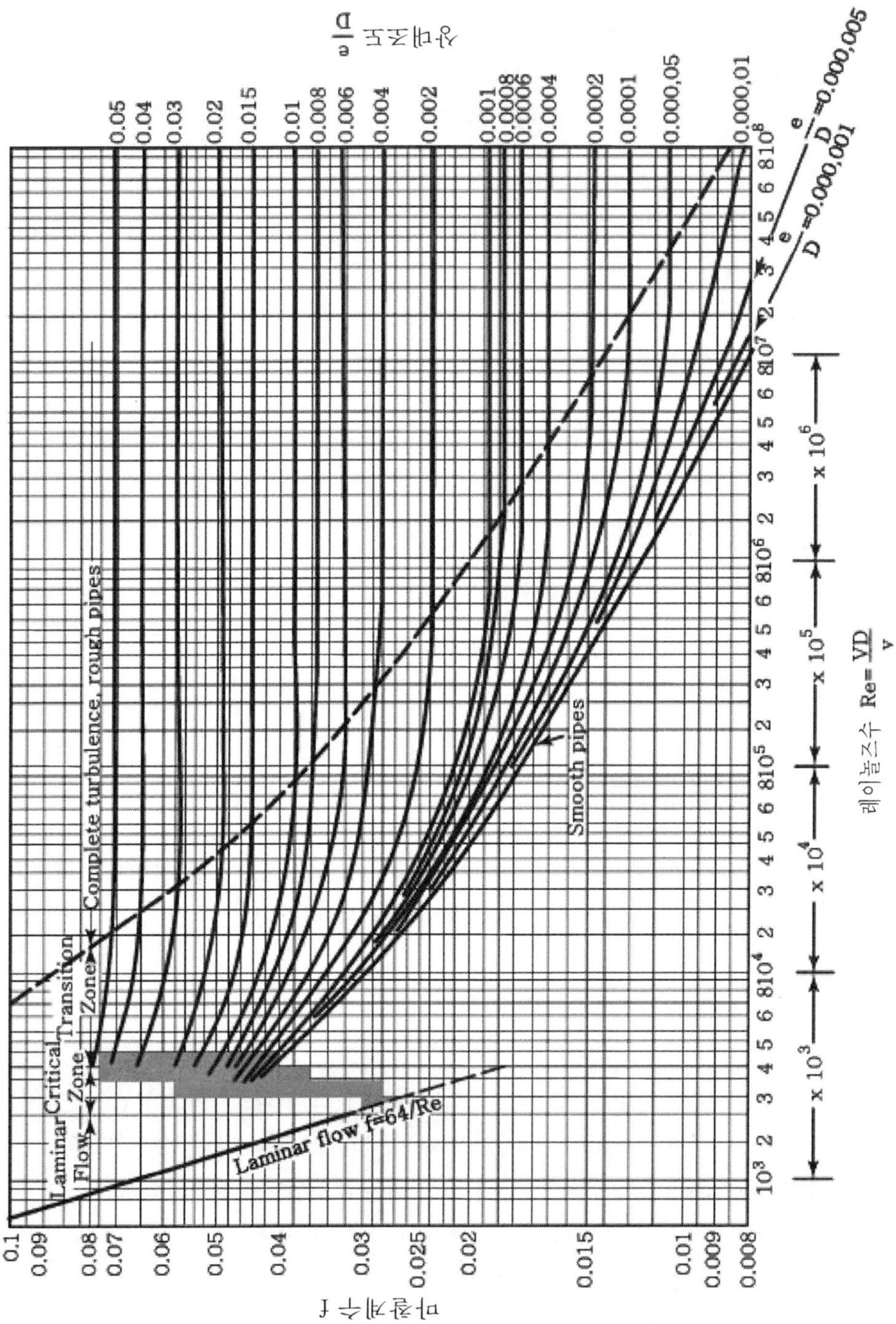

그림 1.2 달시-바하 마찰 계수 f를 위한 무디 선도

재 질	e,mm	e,in
리벳 강	0.9~9.0	0.035~0.35
콘크리트	0.30~3.0	0.012~0.12
주철	0.26	0.010
아연도금 철	0.15	0.006
아스팔트 주철	0.12	0.0048
상업용 또는 용접 강관	0.045	0.0018
PVC, 인발 튜브, 유리	0.0015	0.00006

표 1.1 배관 조도

무디 선도에서 다른 종류의 배관 유동을 특징 지우는 여러 영역을 볼 수 있다. 첫째로 선도는 양 축에 따라 로그함수인 것을 알 수 있다. 레이놀즈수가 $R_e = 2100$ (다른 저자는 2300) 이하에서는 오직 한 선만이 존재하며 이는 실험적인 자료 입력없이 단순히 층류 점성 유동 공식으로부터 유도된다. 즉, 층류에 있어 마찰 계수는 $f = 64/R_e$가 된다. 이 영역에서는 유일한 선이기 때문에 층류에서는 모든 배관들은 수력적으로 매끈하다고 말할 수 있다. 레이놀즈수가 4000까지는 천이 영역이라 하고 이 영역에서는 유동은 층류에서 약한 난류 유동으로 변환된다. 더욱 큰 레이놀즈수에서는 다음과 같은 3개의 유동 영역을 발견할 수 있다.

1. 그림의 오른쪽 점선 경계 상부. 이 영역은 완전 거친 유동 또는 거친 배관에서의 완전 난류 영역이라 부르며, 마찰 계수 f는 레이놀즈수 R_e가 아닌 조도 e/D만의 함수이다. 상대적으로 거친 배관 그리고/또는 대 유량의 공통적인 유동 형태이다. 따라서 배관 재질을 알 수 있으면 e/D을 알 수 있고 따라서 f 수치를 바로 구할 수 있다.
2. 가장 밑에 있는 선은 매끄러운 배관(smooth-pipe)선이라 불리며 다음과 같은 경험식에 의해 기술된다.

$$1/\sqrt{f} = 2\log_{10}\left(R_e\sqrt{f}\right) - 0.8 \tag{1.11}$$

   이 선은 연속적인 경사를 갖고 있으며 완전 거친 유동 영역과 같은 수평선을 갖을 수 없다. 따라서 f는 항상 레이놀즈수에 좌우된다. PVC 배관 내 유동은 이 선에 의해 기술되므로 최근에는 특정 분야에서는 그 중요성이 더욱 증가되고 있다.
3. 영역 1과 2사이는 중요한 과도적인 영역으로 난류 천이 영역이라 불린다. 이 영역에서 f는 레이놀즈수와 e/D에 의해 좌우된다. 이 영역에서는 Colebrook-White 공식이 사용된다.

$$\frac{1}{\sqrt{f}} = 1.14 - 2\log_{10}\left(\frac{e}{D} + \frac{9.35}{R_e\sqrt{f}}\right) \qquad 1.12$$

특히 무디 선도의 이 영역에서 반복적으로 수치를 구하기 위해 컴퓨터 프로그램을 작성하여 사용한다. 전술한 바와 같이 마찰 계수들의 정밀도가 제한됨에도 불구하고 때때로 컴퓨터 알고리즘이 수렴할 수 있도록 하기 위해 더욱 큰 수치를 채택할 필요가 있다. 그리고 연산된 수치의 여러 자리 숫자는 연산 문제의 성공 여부를 확인하기 위해 도움이 되기도 한다. 따라서 이러한 이유로 실용적인 측면을 고려할 때 보장할 수 없는 것처럼 보일지라도 더욱 많은 자리 수를 갖는 결과 수치를 이 책에서 표현한다.

유동형태에 따른 마찰 계수 f을 구하기 위해 사용되는 공식을 표 1.2에 기술하였으며 독자의 편의를 위해서 CD에 인치단위와 미터단위를 사용하여 마찰 계수 f를 구하는 프로그램 colebrook_e.for와 colebrook_m.for를 첨부하였다.

유동 형태	f 공식	범위
층류	$f = 64/R_e$	$R_e < 2100$
매끄러운 배관	$1/\sqrt{f} = 2\log_{10}(R_e\sqrt{f}) - 0.8$	$R_e > 4000$ & $e/D \to 0$
Colebrook-White공식	$\frac{1}{\sqrt{f}} = 1.14 - 2\log_{10}\left(\frac{e}{D} + \frac{9.35}{R_e\sqrt{f}}\right)$	$R_e > 4000$
완전 거친 유동	$\frac{1}{\sqrt{f}} = 1.14 - 2\log_{10}(\frac{e}{D})$	$R_e > 4000$

표 1.2 달시-바하 마찰 공식

1.2.3 경험 공식들

경험적 수두 손실 공식들은 오래 전부터 관로 문제를 해결하고자 사용하여 왔다. 무디 선도가 개발되기 상당히 오래 전에 사용된 공식들은 아직도 전문적인 분야에서 널리 사용되고 있다. 혹자는 습관에 의해 이 경험식들을 계속적으로 사용하는 것을 선호하는 반면 다른 사람들은 달시-바하 공식에서 마찰 계수를 결정하는데 어려움을 피하기 위해 경험식들을 사용하는 것을 선호한다. 경험식들은 공통적으로 선택 단위에 좌우되는 상수를 포함한다. 경험식들 중 가장 광범위하게 사용되는 것은 하젠-윌리엄 공식이다. 유량을 계산하기 위한 하젠-윌리엄 공식은 다음과 같다.

$$Q = 1.318\,C_{HW}AR^{0.63}S^{0.54} \qquad ES\text{단위} \qquad 1.13$$

상기 식에서 사용된 단위는 $A = m^2$, $R = m$, $Q = m^3/\text{sec}$이다. 또는

$$Q = 0.849 C_{HW} A R^{0.63} S^{0.54} \quad SI\text{단위} \tag{1.14}$$

상기 식에서 사용된 단위는 $A = ft^2$, $R = ft$, $Q = ft^3/\text{sec}$이다. 여기서 C_{HW}는 하젠-윌리엄 조도 계수, $S = h_f/L$은 에너지선의 구배, $R = A/P$ 수력 반경, A는 단면적, 그리고 P는 접수 길이이고, 따라서 만수 배관은 항상 $R = D/4$이다. 표 1.3은 일반적으로 사용되는 배관 재질에 대한 C_{HW} 수치를 보여주고 있다. 개방 수로 유동을 위한 최초로 개발된 다른 경험 공식은 매닝 공식이다.

$$Q = \frac{1.49}{n} A R^{2/3} S^{1/2} \quad ES\text{단위} \tag{1.15}$$

또는

$$Q = \frac{1}{n} A R^{2/3} S^{1/2} \quad SI\text{단위} \tag{1.16}$$

배관의 경계 조도는 매닝 n으로 기술되고 이 수치들은 표 1.3에 나타내었다.

배관 재질	C_{HW}	n
PVC	150	0.009
매우 매끄러운 관	140	0.010
시멘트 라이닝 주철관	140	0.012
신 주철관, 용접 강관	130	0.014
나무, 콘크리트	120	0.016
진흙, 신규 리베트 강	110	0.017
구 주철관, 벽돌	100	0.020
매우 부식된 주철관	80	0.035

표 1.3 하젠 윌리엄 및 매닝 조도

경험공식들인 하젠-윌리엄과 매닝 공식을 달시-바하 공식과 비교하면 경험공식들의 적용 범위가 상당히 제한된다는 것을 보여준다. 즉, 경험공식들은 오직 물의 난류 유동에만 적용 가능하고 매닝 공식은 오직 배관 내 완전 거친 유동에만 적용이 가능하다. 만일 하젠-윌리엄 공식을 이중 로그 무디 선도에 그리게 되면 무디 선도의 천이 난류 유동 부분을 가로지르는 경사 0.15를 갖는 직선의 집단으로 나타난다. 따라서 각 하젠-윌리엄 계수의 선택에 따라 무디 선도상의 각 e/D 의 부분만을 나타낼 수 있다.

1.2.4 지수 공식

달시-바하, 하젠-윌리엄 공식 또는 매닝 공식을 사용하여 유량의 함수로 수두 손실을 나타낼 때 어떤 공식을 사용할지라도 관망에서 각 관로에서 발생하는 수두 손실을 지수 공식으로 나타내면 하나의 이론 공식으로 모든 경우를 나타낼 수 있는 이점이 있다.

$$h_f = KQ^n \tag{1.17}$$

달시-바하 공식, 하젠-윌리엄 또는 매닝 공식에 따라 K와 n의 수치들은 변한다.

하젠-윌리엄 그리고 매닝 공식들을 이용해 h_f를 구하여 지수 공식 형태로 변형시킨다. 하젠-윌리엄 공식의 경우 지수는 $n = 1.852$가 되고 계수 K는 다음과 같다.

$$K = \frac{C_K L}{C_{HW}^{1.852} D^{4.87}} \tag{1.18}$$

매닝 공식에서는 지수 $n = 2$가 되고 K는 다음과 같다.

$$K = \frac{C_K n^2 L}{D^{5.33}} \tag{1.19}$$

여기서 단위를 갖는 C_K을 여러 단위로 변화하였을 경우 표 1.4에 나타내었다.

단위 D	단위 L	하젠-윌리엄	매닝
ft	ft	4.73	4.66
in	ft	8.53×10^5	2.65×10^6
m	m	10.67	10.29

표 1.4 계수 C_K

달시-바하 공식에서 K와 n을 구하기 위해서 다음 공식을 사용하여 무디 선도상에서 제한된 범위에서 f를 대략적으로 추정한다.

$$f = a / Q^b \tag{1.20}$$

이 공식은 a와 b가 상수일 경우 무디 선도상(로그-로그 좌표)에 직선을 그리게 된다. 공식 1.20을 달시-바하 공식에 대입하여 정리하면 다음과 같다.

$$n = 2 - b \quad 1.21$$

그리고

$$K = \frac{aL}{2gDA^2} \quad 1.22$$

공식 1.17을 사용하기 위해 K와 n를 결정하는 것은 예측되는 토출 유량 범위에서 f를 대략적으로 추정하는 공식 1.20에서 a와 b 수치를 선정하는 것과 동등하다. 만일 선정 범위가 너무 클 경우 K와 n은 공식 1.17이 달시-바하와 colebrook-White 공식으로부터 직접 구할 수 있는 수치와는 약간 다른 마찰 수두 손실을 초래한다. 만일 선정 범위가 너무 작을 경우에는 실제 토출량은 이 범위를 벗어나게 되므로 K와 n을 다시 결정하여야 한다. a와 b 수치를 구하기 위해 예상되는 토출량 Q를 포함하는 적정 레이놀즈수(토출량 또는 유속) 범위를 선정한다. 이 두 개의 레이놀즈수 R_{e1}과 R_{e2}을 갖고 Colebrook-White 공식을 풀면 두 개의 f_1과 f_2와 이에 상응하는 토출량 Q_1과 Q_2를 구할 수 있다. 공식 1.20 양변에 로그(자연 로그 또는 밑변이 10인 로그)를 취하면 a와 b을 위한 두 개의 공식을 얻을 수 있다.

$$\ln f_1 = \ln a - b \ln Q_1 \quad 1.23$$

$$\ln f_2 = \ln a - b \ln Q_2$$

두 번째 공식을 첫 번째 공식으로부터 감하여 풀면

$$b = \frac{\ln(f_1/f_2)}{\ln(Q_2/Q_1)} \quad 1.24$$

따라서 a는 다음과 같다.

$$a = f_1 Q_1^b \quad 1.25$$

K와 n 결정을 위한 계산은 계산기를 사용하여 쉽게 수행할 수 있다. 그러나 만일 빈번하게 계산하려면 CD에 수록된 컴퓨터 포트란 프로그램 PIPK_N.FOR 또는 엑셀 등을 이용한다.

예제 1.1

아래 표와 같이 3개 배관에서 지수 공식에 사용되는 K와 n 수치를 결정하라. 단 $\nu = 1.217 \times 10^{-5} ft^2/s$ 또는 $\nu = 1.13 \times 10^{-6} m^2/s$이다.

배관	종류	길이	직경	e	C_{HW}	n	대략적인 Q
1	PVC	1000ft	8in	0.00006in	150	0.009	$2.5ft^3/s$
2	리벳 강관	1000ft	8in	0.035 in	110	0.015	$0.8ft^3/s$
3	주철관	3000m	300mm	0.26mm	140	0.011	$0.4m^3/s$

풀이

배관 1에 대한 자세한 풀이만이 여기에서 다루고 나머지 해답들에 대해서는 독자들이 직접 증명하기로 한다. 하젠-윌리엄과 매닝 공식의 K와 n은 공식 1.18과 1.19로부터 각각 계산될 수 있다.

하젠-윌리엄 공식은

$$n_1 = 1.852$$

$$K_1 = \frac{4.73 \times 1000}{150^{1.852} \times 0.667^{4.87}} = 3.17$$

매닝 공식은

$$n_1 = 2.0$$

$$K_1 = \frac{4.66 \times 0.009^2 \times 1000}{0.667^{5.33}} = 3.27$$

달시-바하 공식에서는 예상 범위 두 개의 토출량 $Q_1 = 2ft^3/s$ 그리고 $Q_2 = 3ft^3/s$을 선정한다. 그 다음 Colebrook-White 공식으로부터 두 토출량에 상응하는 마찰 계수 $f_1 = 0.01442812$, $f_2 = 0.01341325$을 구한다. 필요한 정밀도를 위해 이러한 수치는 무디 선도로부터 읽어서 구하지 말고 계산기 또는 컴퓨터 프로그램을 이용하여 구하여야 한다.

$$b=\frac{\log\frac{f_1}{f_2}}{\log\frac{Q_2}{Q_1}}=\frac{\log\frac{0.01442812}{0.01341325}}{\log\frac{3.0}{2.0}}=0.1799$$

$$n=2-b=1.8201$$

$$a=f_1Q_1^b=0.1442812\times 2.0^{0.1799}=0.016344$$

$$K=\frac{aL}{2gDA^2}=\frac{0.016344\times 1000}{2\times 32.2\times 0.667\times 0.349^2}=3.1239$$

나머지 배관들의 K와 n의 계산은 다음 표와 같이 요약된다.

배관	Q_1	Q_2	R_{e1}	R_{e2}	f_1	f_2	b	a
1	2.0	3.0	314000	471000	0.01443	0.01341	0.1799	0.0163
2	0.4	1.2	62800	188000	0.03073	0.02969	0.0847	0.0326
3	0.2	0.6	751000	2250000	0.01940	0.01910	0.0140	0.0189

배관	달시-바하		하젠-윌리엄		매닝	
	K	n	K	n	K	n
1	3.1239	1.8201	3.1714	1.852	3.2680	2.000
2	6.2208	1.9153	5.6326	1.852	9.0777	2.000
3	1938.9	1.9859	1194.2	1.852	2286.9	2.000

요약하면 유체의 종류와 관계없이 주어진 유량, 주어진 배관에서 마찰 수두 손실을 계산하기에 가장 좋은 공식 또는 수두 손실을 알고 있다면 토출량을 구하기 위한 가장 좋은 공식은 달시-바하 공식이다. 경험식의 적용 범위는 상당히 제한된다. 결과적으로 모든 기술자는 경험식을 사용하는 것보다는 때로는 어렵지만 달시-바하 공식 사용하는 것을 고려하여야 한다.

1.2.5 부분 및 부차적 손실

부분 손실은 배관 마찰 외 밸브, 곡관, 그리고 다른 부속품과 같은 설비에 의해 발생되는 추가적인 에너지 손실이다. 실제로 이 에너지 손실은 반드시 짧을 필요는 없지만 제한된 배관 길이에서 발생된다. 그러나 부분 손실은 일반적으로 유동 교란과 손실을 야기하는 장치 부분에서의 손실들의 합을 나타낸다. 만일 다른 에너지 손실과 배관 마찰에 비해 손실이 충분히 작으면 부차적 손실로 간주한다. 이 부차적 손실은 사전 조사시 또는 상당히 작다는 것을 알면 종종 무시하고, 관로가 상당히 긴 경우에는 실제로 무시한다. 그러나 어떤 부분 손실은 상당히 커서 부차적 손실로 절대 간주할 수 없을 경우에는 반드시 포함시켜야 하고 밸브가 부분적으로 개방될 경우가 좋은 예가 된다.

정상적으로 이론만으로는 이러한 장치들에 의해 발생되는 에너지 손실의 크기를 결정하는 것은 불가능하여 경험 자료에 주로 의존하여 손실을 결정한다. 부분 손실은 다음 공식으로 나타낸다.

$$h_L = K_L \frac{V^2}{2g} \tag{1.26}$$

여기서 $V = Q/A$는 하류측의 평균 유속이다. 확대관에서는 다음의 공식을 적용한다.

$$h_L = K_L \frac{(V_1 - V_2)^2}{2g} \tag{1.27}$$

여기서 V_1과 V_2는 각각 상류와 하류측의 유속이다. 공식 1.27에서 손실 계수 K_L은 급확대관에 적용하며 점차적으로 확대되는 원뿔인 경우 0.2～1.2사이의 수치를 취한다. 배관으로부터 저수지로 유동할 경우 수두 손실은 공식 1.27은 특별하고 중요한 경우가 되며 이를 유출 손실이라 한다. 즉, 이 경우 $K_L = 1$ 그리고 $V_2 = 0$ 되며, 유출 배관의 기하학적 형상과 관계가 없다.

일반적으로 사용되는 밸브와 배관 부속품들의 부분 손실 계수 K_L은 표 1.5에 나타내었다. 이러한 부속품들에 대한 에너지 손실들은 대부분 하류 지점에 존재하는 2 차적 유동에 의한 것보다 장치에 의해 발생하는 유체 난류의 결과이다. 정상적으로 부분적으로 가속되는 유동은 감속되는 유동에 비해 적은 에너지 손실을 야기한다. 만일 감속이 너무 급속히 수행되면 분리가 발생되고 이로 인해 추가적인 난류와 비분리(non-separated) 영역에서 높은 유속을 초래한다. 다른 특정 밸브 제작사들이 제공한 밸브 개도 함수로서의 손실 계수와 계수 수치들은 부록 D에서 구할 수 있다.

부속품	K_L	비 고
글로브 밸브, 완전 개방	10.0	
앵글 밸브, 완전 개방	5.0	
버터플라이 밸브, 완전 개방	0.4	
게이트 밸브, 완전 개방	0.2	
3/4 개방	1.0	
1/2 개방	5.6	
1/4 개방	17.0	
역지변, 스윙 형식, 완전 개방	2.3	
리프트 식, 완전 개방	12.0	
볼 형식, 완전 개방	70.0	
풋 밸브, 완전 개방	15.0	
곡관, 45°	0.4	
장 곡관, 90°	0.6	
중 곡관, 90°	0.8	
단 곡관(표준), 90°	0.9	
Closed return bend, 180°	2.2	
배관 유입부, 원형, $r/D < 0.16$	0.1	
직각 모서리	0.5	
re-entrant	0.8	

표 1.5 부속품 손실 계수

급 축소는 처음에는 가속 유동 영역을 갖고 다음에는 유동 분리에 의해 유동이 감속되는 영역을 갖게 된다. 가속 유동 영역이 비록 크다 할지라도 수두 손실은 원칙적으로 축소 부분 직 하류에서 발생하는 감속과 분리에 기인한다. 이 축소 배관의 부분 손실 계수는 그림 1.3과 같다.

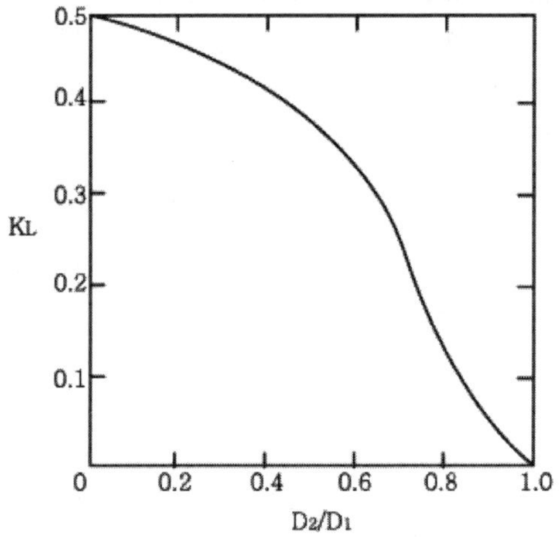

그림 1.3 급 축소관의 부분 손실 계수

1.3 펌프 이론과 특성 곡선

단위 중량당 유체에 가해지는 기계 에너지 $h_m = h_p$는 공식 1.3에서 언급한 바와 같이 펌프에 의해 추가된다. 때로는 용적형 펌프가 그 역할을 하지만, 대부분의 경우 회전하는 임펠러를 갖는 펌프는 압력 수두를 증가시키는 형태로 배관 내로 유체를 이동시킨다. 이 임펠러의 특정 형상은 펌프 운영 영역에 따라 다르다. 에너지 추가는 펌프 순수 수두 h_p라 불린다. 유체에 가해지는 수동력 P_w는 순수 수두, 유량 및 유체의 비중량의 곱으로 $P_w = \gamma Q h_p$가 된다. 펌프를 운영하기 위한 기계 동력은 이 수동력보다 크며 기계 동력은 제동력 마력 또는 $bhp = T\omega$라 불린다. 여기서 T는 토크이고 ω는 펌프 회전축의 각속도이다. 이 수동력과 제동력의 비가 바로 효율 $\eta = P_w / bhp$가 된다. 효율은 대용량 펌프의 경우 최대 효율점(bep) 부근에서 운전되면 0.8보다 크고, 이 최대 효율점을 설계점이라 부른다. 그러나 용량이 작거나 마모된 펌프의 경우 효율은 이보다 상당히 낮게 된다.

펌프는 상당히 복잡하여 이론만을 근거로 설계할 수는 없다. 새로운 또는 수정된 설계를 개선하기 위해서 모델 시험을 먼저 성공적으로 시행한 후 원래 크기의 원형 펌프를 제작한다. 차원 해석은 모형과 원형 펌프를 관련짓기 위해 사용된다. 먼저 우리는 모델과 원형 펌프는 형상이 상사하다고 가정하고 이를 기하학적 상사라 부른다. 다음은 속도 분야에서도 상사한 형상을 갖는다고 가정하며 이를 동적 상사라 한다. 이러한 요구 조건들을 만족시키는 펌프를 상사하다고 말 할 수 있다. 이러한 절차를 완성하기 위해 사용되는 무차원 매개변수들을 상사 법칙이라 한다. 이러한 무차원 매개 변수는 다음과 같이 수두계수 C_H, 유량계수 C_Q, 동력 계수 C_P가 있다.

$$C_H = \frac{gh_p}{N^2D^2},\ C_Q = \frac{Q}{ND^3},\ C_P = \frac{P}{\rho N^3 D^5} \qquad 1.28$$

여기서 D는 회전 임펠러의 직경이다. 만일 다른 크기의 임펠러 또는 회전수가 다를 경우 상사 법칙은 다음과 같이 된다.

$$\left(\frac{h_p}{N^2D^2}\right)_1 = \left(\frac{h_p}{N^2D^2}\right)_2 \ \left(\frac{Q}{ND^3}\right)_1 = \left(\frac{Q}{ND^3}\right)_2 \left(\frac{P}{\rho N^3D^5}\right)_1 = \left(\frac{P}{\rho N^3D^5}\right)_2 \qquad 1.29$$

상기 공식은 각 변수가 같은 단위로 측정되는 한 단위는 진정한 무차원 집단일 필요가 없기 때문에 공식 1.28보다 더욱 다양하게 사용된다. 따라서 회전 속도의 단위는 $rad/s, rev/s,\ rev/\min$으로 나타낼 수 있다. 만일 펌프 1과 2가 같은 직경의 임펠러일 경우 공식 1.29에서 유량, 수두, 동력은 오직 N의 변수가 된다. 또는 반대로 고정된 회전수에서는 직경 D가 변수가 된다.

비속도 N_S는 상사 펌프를 나타내기 매개변수로서 펌프의 중요한 변수들인 유량 Q, 수두 h_p 및 단위 규격이 없는 D를 포함한다. 이 비속도가 다르다는 것은 근본적으로 임펠러 형상의 차이이지 단순한 크기 차이가 아니다. 이 비속도가 다르면 한 종류의 펌프가 다른 종류의 펌프와 성능이 다르게 나타나게 된다. N이 rad/s 단위일 경우 펌프 비속도의 무차원 형태는 다음과 같다.

$$N_S = \frac{NQ^{1/2}}{(gh_p)^{3/4}} \qquad 1.30$$

미국에서는 오랜 기간동안 관례적으로 다음 식을 사용해왔다.

$$N_S' = \frac{(rev/\min)(gal/\min)^{1/2}}{[h_p(ft))]^{3/4}} \qquad 1.31$$

상기 공식은 무차원과는 거리가 멀다. 비속도 즉, 펌프 임펠러 형상에 근거한 펌프들은 표 1.6과 같이 3가지로 분류된다.

구 분	원심	사류	축류
N_S N_S'	$N_S < 1.46$ $500 < N_S' < 4000$	$1.46 < N_S < 3.7$ $4000 < N_S' < 10000$	$N_S > 3.7$ $N_S' > 10000$

표 1.6 펌프 형식-비속도

상대적으로 비속도가 작은 곳에서는 원심 펌프가 가장 효율적으로 사용된다. 즉, 이 원심펌프는 축 방향으로 물이 유입되고 축의 직각으로 유로가 변경된 후 임펠러 형상에 따라 방사선 방향으로 물이 유출된다. 이 형식의 펌프에 대한 명칭은 여러 가지가 있으나 여기서는 원심펌프라 한다. 가장 비속도가 높은 펌프는 물이 축 방향으로 유입되어 축 방향으로 유출되는 축류 펌프로서 때로는 프로펠러 펌프라고도 한다. 축 방향으로 유입되어 원심펌프와 축류 펌프의 중간 방향으로 유출되는 펌프를 사류 펌프라 한다. 상기 펌프의 형식들 사이에는 중복되는 범위가 존재하고 기술자에 따라 비속도의 범위 수치는 변할 수 있다.

각 펌프 또는 동일 펌프 케이싱과 다른 임펠러 크기를 갖는 펌프의 집단 성능은 부록 C에서 8개의 펌프 특성 곡선을 포함하는 것과 같이 통상적으로 제작사에 의해 작성된 일련의 펌프의 특성 곡선 또는 단순히 펌프 곡선으로 기술된다. 각 그림의 상부는 펌프 한 단에서의 유량-수두 곡선이고 이 곡선은 통상적으로 직선 또는 포물선으로 작성하나 독자들은 이 곡선은 이 보다는 더욱 복잡하다는 것을 인지할 수 있다. 곡선 형태의 변화는 정상적으로 펌프 내 유동의 형태가 변경된 것을 의미한다. 일련의 수두 곡선들을 가로지르는 선들은 동일한 효율 곡선들이다. 각 효율 등고선은 효율 퍼센트 수치이며 통상적으로 이 수치들은 70에서 85% 정도이다. 각 도표의 밑 부분에 나타낸 일련의 곡선들은 토출량에 따른 제동력을 나타낸다. 이 선들은 직선들로 표현하면 완벽하지는 않지만 거의 정확하다. 마지막으로 각 도표의 상부 오른쪽에는 토출량에 따른 $NPSH$를 나타내었다.

펌프의 흡입수두($NPSH$:Net Positive Suction Head)는 펌프 임펠러 흡입구에서 캐비테이션을 발생하지 않고 흡입할 수 있는 수두 z_i를 결정하기 위해 사용한다. 캐비테이션은 부분 절대 압력이 액체의 포화증기압이하로 되면 액체가 기체로 변환하는 것을 말한다. 캐비테이션이 발생하면 펌프 운전 효율이 저하되는 것을 시험을 통해 추론할 수 있다. $NPSH$ 공식은 다음과 같다.

$$NPSH = \frac{p_{atm}}{\gamma} - \frac{p_v}{\gamma} - h_L - z_i \qquad 1.32$$

여기서 p_{atm}과 p_v는 액체에 작용하는 대기압과 포화증기압, h_L은 흡입 배관 내에서 발생하는 손실 수두, z_i는 펌프 흡입구가 캐비테이션으로부터 안전하게 설치될 수 있는 최대 허용 높이이다. 펌프 곡선으로부터 운전 유량에서 $NPSH$를 읽어 z_i를 계산할 수 있다.

1.4 정상 유동 분석

본 절에서는 여러 가지 정상 유동 문제에 대해서 언급할 것이다. 비록 지수 공식 또는 경험 수두 손실 공식이 이러한 목적에 사용될지라도 여기서 우리는 때때로 마찰 계수 수치를 추정하여 단순화하지만, 널리 사용되는 달시-바하 공식을 채택할 것이다. 우선 부분 손실을 고려하는 경우와 무시하는 경우, 관로 내 펌프가 설치된 경우 직렬 배관 유동을 고찰한다. 그 다음은 병렬 배관의 유동의 경우를 고찰하고 여러 개의 저수지가 있는 경우의 문제를 다룬다.

1.4.1 직렬 배관 유동

본 절에서 기본적으로 사용하는 공식은 연속방정식, 일과 에너지 그리고 달시-바하 공식이다. 모든 직렬 배관 유동 문제는 어떤 요소가 주어지거나, 알고 있는지 그리고 무엇을 구하고자 하는지에 따라 다음 3가지 계산 범주중의 하나에 해당된다.

범주	기저	구하고자 하는 것
1	Q	h_L
2	h_L	Q
3	Q, h_L	가장 작은 직경 D

표 1.7 문제 형태

범주 1과 2 형태의 문제는 분석 문제이다. 즉, 형태 1 문제의 분석은 반복의 필요 없이 직접 구 할 수 있으나 두 번째 문제를 풀기 위해서 반복할 수는 있다. 범주 3은 설계 문제이고 이 문제를 해결하기 위해서는 통상적으로 더욱 많은 가정과 반복 계산이 필요하다. 관로 특성들은 길이, 직경 및 재질을 포함한다.

예제 1.2

주철관으로 두 저수지를 연결하였다. 관로의 길이는 1200ft이고 직경은 12인치이다. 이 관로를 통해 유량 $8ft^3/s$을 수송한다. 이 관로에서 마찰 수두 손실을 구하라. 여기서 유체의 수온은 60°F이고 동 점성계수는 $\nu = 1.2 \times 10^{-5} ft^2/s$이다.

풀이

이 문제는 범주 1에 해당된다. 관로 내 평균 유속은 다음과 같다.

$$V = \frac{Q}{A} = \frac{4 \times 8}{\pi \times 1^2} = 10.18 ft/s$$

레이놀즈수는 다음과 같다.

$$R_e = \frac{VD}{\nu} = \frac{(10.18)(1)}{1.2 \times 10^{-5}} = 8.48 \times 10^5$$

표 1.1에서 주철관의 경우 $e/D = 0.010/12 = 0.00083$이고 무디 선도로부터 $f(R_e, e/D) = 0.0185$가 된다. 달시-바하 공식 1.10으로부터 다음과 같이 계산할 수 있다.

$$h_f = f\frac{L}{D}\frac{V^2}{2g} = 0.0185\frac{1200}{12/12}\frac{10.18^2}{2(32.2)} = 35.7ft$$

예제 1.3

예제 1.2와 같은 관로를 사용하고 두 저수지의 수위 차이는 20ft이고 두 저수지는 직경 18인치 용접강관으로 연결될 경우

(a) 오직 관 마찰만을 고려할 경우 송수량은 얼마인가?

(b) 유입부는 직각-모서리, 토출 지점 근방에 게이트 밸브는 완전 개방되고, 토출 관로는 저수지에 연결되었다고 가정하면 토출 유량은 얼마가 되나?

(c) (b)에서 게이트 밸브가 1/4 개방일 경우 예상되는 토출 유량은?

풀이

상기 문제들은 손실 수두 h_L을 구하는 것이 아니라 유량 Q를 구하는 것이므로 범주 2에 속한다.

(a) 이 경우 다음과 같은 가정을 한다.

$$z_1 - z_2 = 20ft = h_f = f\frac{L}{D}\frac{V^2}{2g}$$

표 1.1로부터 용접 강관의 경우 $e/D = 0.0018/18 = 0.0001$이다. 만일 유동은 무디 선도에서 완전 거친 유동 영역이라고 가정하면 그림 1.2에서 $f = 0.012$가 된다. 따라서

$$h_f = 20 = (0.012)\frac{1200}{18/12}\frac{V^2}{2(32.2)}$$

따라서 $V = 11.6ft/s$가 된다. 이제 우리는 레이놀즈수를 계산하여 유동 영역을 확인하여야 한다. $R_e = VD/\nu = 11.6(18/12)/1.2\times10^{-5} = 1.4\times10^6$이며 이는 완전 거친 영역이 아니다. 따라서 이 레이놀즈수와 e/D의 수치로부터 $f = 0.013$으로 가정한다. 0.012 대신 0.013을 사용하면 $V = 11.1ft/s$가 된다. 약간의 레이놀즈수의 변화로는 f 값이 변화하지 않는다. 따라서 토출 유량은 다음과 같이 계산한다.

$$Q = VA = 11.1\frac{\pi}{4}(\frac{18}{12})^2 = (11.1)(1.77) = 19.6ft^3/s$$

(b) 경우

$$20 = \sum h_L = \left(K_{ent} + f\frac{L}{D} + K_{valve} + K_{exit}\right)\frac{V^2}{2g}$$

속도 수두 요소만이 괄호 밖으로 빠져나오는데 이는 모든 손실 항들이 동일 규격의 배관, 단면적, 속도이기 때문이다. 표 1.5로부터 유입과 밸브 손실 계수는 각각 0.5와 0.2가 된다. 그리고 항상 $K_{exit} = 1.0$이 된다. (a)로부터 마찰 계수를 0.013으로 가정하면 다음과 같이 된다.

$$20 = \left(0.5 + 0.013\frac{1200}{18/12} + 0.2 + 1.0\right)\frac{V^2}{2g}$$

따라서 $V=10.3ft/s$이 된다. 다시 한번 레이놀즈수를 확인하면 $R_e = VD/\nu = 10.3(18/12)/1.2\times10^{-5} = 1.3\times10^6$이 되고 따라서 부분 손실을 고려하면 토출 유량은 $Q=(10.3)(1.77)=18.2ft^3/s$가 되어 약 8% 정도인 $1.4ft^3/s$ 감소된다.

(c) 게이트 밸브가 1/4 개방될 경우 우리는 표 1.5로부터 밸브 손실 계수는 0.2에서 17.0으로 증가된 것을 알 수 있다. 이 밸브 손실은 배관 마찰 항보다 더욱 크므로 부차적 손실은 아니지만 아직은 부분 손실로서 존재한다. (b)에서 0.2대신에 17.0을 대입하여 다시 계산하면 $V=6.68ft/s$가 된다. 새로운 레이놀즈수를 계산하면 $R_e=8.4\times10^5$가 되고 새로운 마찰 계수 $f=0.015$가 된다. 속도를 다시 계산하면 $V=6.63ft/s$가 되고 따라서 유량은 $Q=11.7ft^3/s$가 된다. (b)에서의 유량의 1/3 정도가 감소된다.

1.4.2 펌프를 갖는 직렬 관로 유동

펌프를 포함하는 관로 유동 문제를 해결하기 위해서는 통상적으로 펌프 특성 곡선으로부터 자료를 구하여야 한다. 그러나 이것은 그리 어려운 문제가 아니다. 이러한 형태의 문제들에 대한 해답으로 펌프에 대한 충분한 자료를 컴퓨터 프로그램에 제공하여 펌프의 유량-수두 곡선을 일치시키는 수두 h_p를 유량을 변수로 하는 다항식으로 표현할 수 있다.

수두 h_p을 위한 펌프 특성 곡선을 2차 함수로 표현하면 $h_p = AQ^2+BQ+C$가 되고 여기서 계수 $A, B,$ 그리고 C는 펌프의 운영 범위 내에서 3개의 수두와 유량(h_p, Q) 자료를 사용하여 결정한다. 이 계수들을 구하기 위해 우리는 각 자료들을 대입하여 다음 3개의 다항식을 작성한다.

$$AQ_1^2+BQ_1+C=h_{p1} \qquad 1.33$$

$$AQ_2^2+BQ_2+C=h_{p2}$$

$$AQ_3^2+BQ_3+C=h_{p3}$$

공식을 배열로 작성하면

$$\begin{vmatrix} Q_1^2 & Q_1 & 1 \\ Q_2^2 & Q_2 & 1 \\ Q_3^2 & Q_3 & 1 \end{vmatrix} \begin{pmatrix} A \\ B \\ C \end{pmatrix} = \begin{pmatrix} h_{p1} \\ h_{p2} \\ h_{p3} \end{pmatrix} \qquad 1.34$$

계수를 결정하기 위한 상기 배열은 여러 가지 방법으로 해결할 수 있다. 여기에서는 라그란지 보간법을 사용하기로 한다. 라그란지 공식은 다음과 같다.

$$h_p = \frac{(Q-Q_2)(Q-Q_3)}{(Q_1-Q_2)(Q_1-Q_3)}h_{p1} + \frac{(Q-Q_1)(Q-Q_3)}{(Q_2-Q_1)(Q_2-Q_3)}h_{p2} + \frac{(Q-Q_1)(Q-Q_2)}{(Q_3-Q_1)(Q_3-Q_2)}h_{p3} \quad 1.35$$

수두 h_p는 다시 유량 Q의 다항식으로 표현될 수 있으며 이때 앞 공식의 항들은 다시 정렬하여야 한다. 계수 $A, B,$ 그리고 C는 다음과 같이 분자를 전개하여 구할 수 있다.

$$c_1 = h_{p1}/(Q_1-Q_2)(Q_1-Q_3) \quad 1.36$$

$$c_2 = h_{p2}/(Q_2-Q_1)(Q_2-Q_3)$$

$$c_3 = h_{p3}/(Q_3-Q_1)(Q_3-Q_2)$$

따라서

$$A = c_1 + c_2 + c_3 \quad 1.37$$

$$B = -2\left[(Q_2+Q_3)c_1 + (Q_3+Q_1)c_2 + (Q_1+Q_2)c_3\right]$$

$$C = Q_2 Q_3 c_1 + Q_3 Q_1 c_2 + Q_1 Q_2 c_3$$

어떠한 방법을 사용하던 결과들을 컴퓨터 프로그램에 삽입하면 펌프 특성 곡선으로부터 자료를 읽어야 할 필요성은 생략된다. 다항식 표현과 보간법은 제8장에서 다시 다루기로 한다.

예제 1.4

가장 큰 임펠러(부록 C에서 펌프 특성 곡선 참조)를 갖는 단단 Ingersoll-Dresser 15H277 펌프를 사용하여 저수지 수위 1350ft에 있는 물을 다른 저수지 수위 1425ft로 이송하려고 한다. 관로의 길이는 6000ft이고, 직경은 18인치, 그리고 조도 $e = 0.015$인치, $\nu = 1.14 \times 10^{-5} ft^2/s$이다. 부분 손실을 무시하고 관로의 토출 유량을 계산하라.

풀이

일과 에너지 법칙 공식 1.3을 두 개의 저수지 수위와 1 그리고 2 지점에 적용한다.

$$1350 = 1425 + h_f - h_p$$

또는

$$h_p = 75 + f\frac{L}{D}\frac{Q^2/A^2}{2g} = 75 + f\frac{6000}{1.5}\frac{Q^2}{2g(1.767)^2} = 75 + 19.9fQ^2$$

상기 공식에서 3개의 미지수 $h_p, Q,$ 그리고 f를 갖는다. 이들은 상기 공식, 펌프 곡선 및 Colebrook-White 공식을 사용하여 결정되어야 한다. 우리는 해답을 두 방법으로 구할 수 있고 처음에는 손으로 그 다음에는 컴퓨터의 도움으로 구할 수 있다.

손으로 해결하려면 (a)시행 유량을 가정하고, (b)Colebrook-White 공식 1.12에서 f를 구하고, (c)상기 일과 에너지 공식으로부터 h_p를 계산하고, (d) 이 h_p를 펌프 특성 곡선으로부터 읽은 수치와 비교하고, (e)이러한 절차를 h_p가 일치할 때까지 반복한다. 그 결과는 다음 표와 같다.

(a) Q $gal/\min$	Q ft^3/s	(b) f	(c) 관로 수두 $h_p(ft)$	(d) 펌프 수두 $h_p(ft)$
3000	6.68	0.01961	92.4	103
3500	7.80	0.01950	98.6	88
3300	7.35	0.01951	96.0	95
3280	7.31	0.01954	95.8	95.8

이 방법을 수행하면 토출 유량은 3280 gal/min이 된다.

$h_p, Q,$ 그리고 f를 구하기 위해 컴퓨터를 사용한다면 펌프 곡선은 수학적 공식으로 정의되어야 한다. (103.0, 6.68), (95.0, 7.35), 그리고 (88.0, 7.80) 세 점에서의 자료와 공식 1.33과 1.34를 적용하여 Ingersoll-Dresser 15H277 펌프 곡선을 2차항 공식으로 표현할 수 있다. 공식 1.34는 다음과 같은 형태의 배열로 정리할 수 있다.

$$\begin{vmatrix} Q_1^2 & Q_1 & 1 \\ Q_2^2 & Q_2 & 1 \\ Q_3^2 & Q_3 & 1 \end{vmatrix}\begin{pmatrix} A \\ B \\ C \end{pmatrix} = \begin{vmatrix} 44.62 & 6.68 & 1 \\ 54.02 & 7.35 & 1 \\ 60.84 & 7.80 & 1 \end{vmatrix}\begin{pmatrix} A \\ B \\ C \end{pmatrix} = \begin{pmatrix} 103 \\ 95 \\ 88 \end{pmatrix}$$

상기 공식을 풀면 $A = -3.224, B = 33.293,$ 그리고 $C = 24.472$가 되고 따라서 펌프의 곡선은 다음 식으로 표현된다.

$$h_p = -3.224Q^2 + 33.293Q + 24.472$$

MathCAD, TK_Solver 또는 엑셀 등을 사용하여 상기 공식을 해결하면 $h_p = 95.7ft$, $Q = 7.30ft^3/s = 3280gal/\min$ 그리고 $f = 0.019546$가 된다.

예제 1.5

예제 1.4를 반복하여 사용하고 두 대의 3단 Ingersoll-Dresser 15H277 펌프를 병렬로 운전한다. 각 펌프의 단은 가장 작은 임펠러를 사용하는 것으로 가정한다.

풀이

관로 분석은 변함이 없다. 따라서

$$h_p = 75 + 19.9fQ^2$$

이 경우 3단 펌프 2대가 병렬 운전하고 있으며 h_p는 각각의 펌프 1대가 가압하는 전 수두이다. 게다가 오직 관로 유량의 절반만이 각 펌프를 통과한다. 시행 오차 방법으로 수행한 결과는 다음 표와 같다.

펌프토출량 Q $gal/\min$	관로유량 Q $gal/\min$	f	관로 수두 $h_p(ft)$	펌프 1단 수두 $h_p(ft)$	펌프 3단 수두 $h_p(ft)$
3000	6000	0.01921	143.3	67	201
3500	7000	0.01915	167.7	45	135
3300	6600	0.01917	157.5	54	162
3320	6640	0.01917	158.5	53	159

전 토출 유량은 6640 gal/min이 된다.

이 문제를 컴퓨터로 해결하기 위해서는 먼저 다음과 같은 행렬을 설정함으로써 펌프 곡선을 다항식으로 표현할 수 있다.

$$\begin{vmatrix} Q_1^2 & Q_1 & 1 \\ Q_2^2 & Q_2 & 1 \\ Q_3^2 & Q_3 & 1 \end{vmatrix} \begin{pmatrix} A \\ B \\ C \end{pmatrix} = \begin{vmatrix} 44.62 & 6.68 & 1 \\ 54.02 & 7.35 & 1 \\ 60.84 & 7.80 & 1 \end{vmatrix} \begin{pmatrix} A \\ B \\ C \end{pmatrix} = \begin{pmatrix} 67 \\ 54 \\ 45 \end{pmatrix}$$

따라서 일단에서의 수두는 $h_p = -3.74643Q^2 + 34.536Q + 3.552$가 된다. 단수의 숫자를 설명하기 위해서 우리는 계수를 3으로 곱하면 $h_p = 3h_{p1}$이 된다. 각 펌프로는 유량의 절반만이 통과하므로 $Q_1 = Q/2$가 된다. 최종 펌프 곡선은 다음과 같이 된다.

$$h_p = 3(-3.74643)(Q/2)^2 + 3(34.536)Q/2 + 3(3.552)$$

$$= -2.8098Q^2 + 51.804Q + 10.656$$

상기 공식과 Colebrook-White 공식 그리고 일과 에너지 공식을 동시에 풀면 $h_p = 159.4ft$, $Q = 14.878ft^3/s = 6680gal/\min$, 그리고 $f = 0.01917$이 된다.

1.4.3 병렬 관로 유동, 등가 배관

병렬 관로 내 유체의 유동에서 에너지 손실과 유량의 역할은 직렬 관로 유동에서의 역할의 반대가 된다. 앞에서 언급한 직렬 관로에서는 유량은 각 관로에서 동일하나 수두 손실은 계속 누적된다. 그러나 두 공통 연결부 사이의 병렬 관로는 두 연결부 사이의 수두 손실은 각 관로가 동일하나 토출 유량은 각 관로 유량의 합이 된다.

직렬 관로에서의 유동 분석은 병렬 관로를 포함하는 배관의 조합을 통하는 유동 분석보다 더욱 단순하다. 따라서 병렬 관로의 배관을 단일 등가 배관으로 대체하는 것이 더욱 편리하다. 원래의 병렬 관로와 동일한 유량을 수송하는 등가 배관을 사용하면 반복법을 사용하지 않아도 되므로 상당히 간편하게 계산할 수 있다.

등가 배관 공식은 지수 공식 1.17에 의해 기술되는 수두 손실 특성을 갖는 모든 배관에 대해 사용될 수 있다. 배관 1과 2는 병렬 관로이고 마찰 손실은 KQ^n에 의해 기술된다고 가정한다. 즉, 등가 배관은 다음을 만족 시켜야 한다.

$$h_f = KQ^n = K_1Q_1^n = K_2Q_2^n \qquad 1.38$$

그리고

$$Q = Q_1 + Q_2 \qquad 1.39$$

공식 1.38을 풀어 Q_1과 Q_2를 구하고 이 결과를 공식 1.39에 대입하면 다음과 같이 된다.

$$\left(\frac{1}{K}\right)^{1/n} = \left(\frac{1}{K_1}\right)^{1/n} + \left(\frac{1}{K_2}\right)^{1/n} \tag{1.40}$$

두 개보다 많은 병렬 관로를 취급하기 위해서 단순히 공식 1.40의 오른쪽 항에 항목만을 추가하면 된다.

예제 1.6

두 개의 저수지의 수위 차이는 40ft이다. 물은 높은 저수지로부터 길이 4000ft, 12인치 직경 관로를 통해 이동하고 후단에서 한 쌍의 병렬 배관 길이 2000ft는 수위가 낮은 저수지에 연결된다. 병렬 관로 중 하나는 10인치 직경이고, 다른 관로는 직경은 8인치이다. 단순화시키기 위해서는 모든 배관의 $f = 0.02$으로 가정한다. 두 저수지 사이 각 배관에서의 유량을 구하라.

풀이

이 문제에서 우리는 지수 공식을 사용하여 수두 손실을 구한다. 각 배관 $n = 2$이고

$$K = f\frac{L}{D}\frac{1}{2g}\frac{1}{A^2}$$

주어진 관경, 관길이 및 관마찰계수를 상기 식에 대입하면

$$K_{12} = 0.02\frac{4000}{1}\frac{1}{2\times 32.2}\frac{4}{3.14\times 1^2} = 1.582$$

$$K_{10} = 0.02\frac{2000\times 12}{10}\frac{1}{2\times 32.2}\frac{4}{3.14\times\left(\frac{10}{12}\right)^2} = 1.367$$

$$K_8 = 0.02\frac{2000\times 12}{8}\frac{1}{2\times 32.2}\frac{4}{3.14\times\left(\frac{8}{12}\right)^2} = 2.67$$

자료 $K_{12} = 1.582$, $K_{10} = 1.367$ 그리고 $K_8 = 2.67$이다. 등가 배관 계수 K_e는 다음 식으로부터 구할 수 있다.

$$\left(\frac{1}{K_e}\right)^{1/2} = \left(\frac{1}{K_{10}}\right)^{1/2} + \left(\frac{1}{K_8}\right)^{1/2} = \left(\frac{1}{1.367}\right)^{1/2} + \left(\frac{1}{2.67}\right)^{1/2}$$

따라서 $K_e = 0.464$이다. 부분 손실을 생략하면 두 저수지 사이의 수위 고도 변화 $\triangle WS$을 위한 공식은 다음과 같다.

$$\triangle WS = 40 = (K_{12} + K_e)Q^2$$

그리고 $Q = 4.42 ft^3/s$가 된다. 공식 1.38로부터 우리는 유량을 다음과 같이 구할 수 있다.

$$Q_{10} = \left[\frac{K_e Q^2}{K_{10}}\right]^{\frac{1}{2}} = \left[\frac{1.014 \times 3.64^2}{1.367}\right]^{0.5} = 3.13 ft^3/s$$

$$Q_8 = \left[\frac{K_e Q^2}{K_8}\right]^{\frac{1}{2}} = \left[\frac{1.014 \times 3.64^2}{2.67}\right]^{0.5} = 2.24 ft^3/s$$

만일 마찰 계수를 알 수 있으면 상기 문제에서 반복이 필요 없다. 이것은 대 유량과 거친 배관을 포함하는 문제가 되고 마찰 요소는 무디 선도의 완전 거친 유동 영역으로부터 구한다. 마찰 요소가 무디 선도에서 천이 난류 영역에서 구할 수 있다면 약간의 반복법을 사용하여 마찰 요소를 결정한다. 그러나 이 반복은 오직 마찰 요소가 올바른지 그 여부를 결정하는데 사용된다.

1.4.4 3개 저수지 문제

두 개의 저수지 보다 많은 배관 유동을 포함하는 문제는 항상 반복법을 사용하여야 한다. 여기서는 이러한 문제들에 대해 효율적인 해결 방법을 간략히 고찰한다.

예제 1.7

아래 그림은 3개 저수지 문제의 그림이다. 저수지들은 3개의 관로로 연결되었으며 중간 접합부에서 외부로 수요량이 유출된다. 가장 높은 저수지의 수위는 100m, 중간 저수지의 수위는 85m, 그리고 가장 낮은 저수지의 수위는 60m이다. 각 관로의 유량을 결정하라.

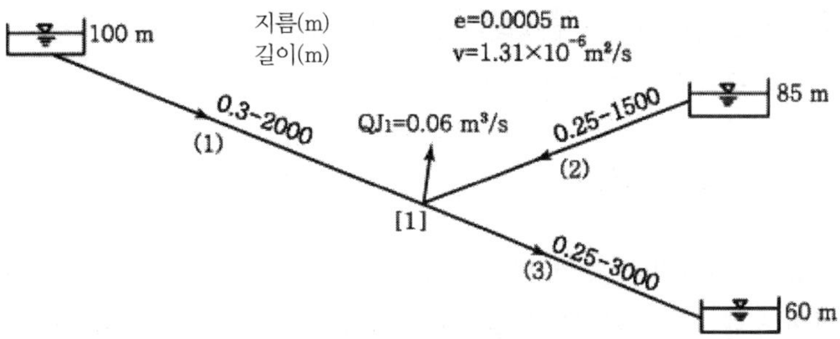

관로	K	n
1	1469	1.974
2	2432	1.927
3	5646	1.971

풀이

높은 저수지로부터 낮은 저수지로 유동이 형성되는 것은 분명하다. 불확실한 것은 중간 저수지가 시스템으로 연결된 관로 내 유동 방향이다. 이 유동 방향을 결정하기 위해서는 시행착오로 결정한다.

연결부의 수두를 H_J라 하자. 관로 1과 2의 유출량은 이 관로의 수두 손실 공식으로부터 결정할 수 있다.

$$100 - K_1 Q_1^{n_1} = H_J \qquad H_J - K_3 Q_3^{n_3} = 60$$

이제 중간 저수지의 수위$H_J = 85m$로 설정하고, 중간 관로 2에는 유동이 없다. 표로부터 K와 n 수치를 대입하면

$$Q_1 = \left[\frac{(100-85)}{K_1}\right]^{\frac{1}{n_1}} = \left[\frac{15}{1469}\right]^{\frac{1}{1.974}} = 0.098m^3/s$$

$$Q_3 = \left[\frac{(85-60)}{K_3}\right]^{\frac{1}{n_1}} = \left[\frac{25}{5646}\right]^{\frac{1}{1.971}} = 0.0639m^3/s$$

외부 수요량 Q_{J1}과 조합된 이 수치들은 접합부 J에서 연속방정식을 만족시키지 못한다. 접합부에서 연속방정식을 만족시키기 위해서 우리는 접합부의 유입량을 증가시켜야

한다. 따라서 H_J는 $85m$ 이하가 되어야 한다. 따라서 관로 2내의 유동은 접합부로 향하게 되고 다음의 공식에 의해 결정된다.

$$85 - K_2 Q_2^{n_2} = H_J$$

각 시행착오마다의 접합부 연속 방정식의 유량 오차는 $Q_e = Q_1 + Q_2 - Q_3 - Q_{J1}$ 이 된다. 이제 시행착오 수치 H_J를 설정한다. 3개의 수두 손실 공식을 사용하여 토출량을 계산하고 최종적으로 오차 Q_e를 결정한다. 각 시행착오의 결과는 아래 표와 같다.

H_J	Q_1 m^3/s	Q_2 m^3/s	Q_3 m^3/s	Q_e m^3/s
85.0	0.0980	0.0	0.0639	-0.0259
80.0	0.1134	0.0403	0.0571	0.0366
83.0	0.1045	0.0251	0.0613	0.0083
83.5	0.1029	0.0216	0.0620	0.0025
83.7	0.1023	0.0200	0.0622	0.0001

접합부에 대한 수치 설정은 해답에 체계적으로 도달하게 해 주는 단계이다. 이 방법은 3개의 저수지 보다 많은 유사한 문제에 유익하게 적용할 수 있다.

제2장 부정류

2.1 부정류의 정의

유체의 흐름이 관로 내에서 임의 시간에 관계없이 변화가 없는 흐름을 정상류라한다. 이 장에서는 부정류라 불리는 비정상 유동의 일반적인 두 개의 부류를 소개코자 한다. 모든 부정류는 정상류 흐름 상태에서 다른 상태로 변화하는 짧은 시간이던 긴 시간 동안의 변환기를 갖게된다. 두 개의 흐름 상태 중 하나는 정지 상태를 나타낼 수도 있다. 각 부정류는 유체를 제어하고 수송하는 수력 설비에서 또는 유체 유동에 영향을 주는 주위 환경의 변화에 대응하는 반응이다.

유사 정상 유동(quasi-steady flow)이라 불리는 부정류의 첫 번째 유형은 유체의 관성 또는 탄성 효과가 유동 거동에 영향을 미치지 않는 것이다. 이와 같은 유동에서는 시간에 따른 유량과 압력의 변화가 완만하고 짧은 시간이 지나면 정상류 상태로 된다. 대표적인 예는 저수지의 수위 저하, 용량이 큰 탱크로부터의 배수 또는 24시간 주기의 용수 공급 시스템에서의 수요량 변화이다.

진정한 부정류 유동이라고 알려진 부정류의 두 번째 유형에서는 유체의 관성력 그리고/또는 유체와 배관의 탄성이 유동 거동의 분석에 기본적인 요소이므로 이를 반드시 고려하여야만 한다. 만일 **관성 효과가 중요하고 배관과 유체의 압축성 효과는 상대적으로 미소하거나 무시할 수 있다면 강성주 유동**으로 인용되는 부정류 유동이 된다. 만일 부정류의 정확한 특성을 분석하기 위해 **유체의 관성 효과, 유체와 배관의 탄성 효과를 반드시 유지하여야 한다면 이것을 진정한 수충격** 조건이라 부른다. **강성주 유동과 수충격 사이의 뚜렷한 구분은 쉽지 않고 대체적으로 시스템 내에서 얼마나 신속하게 사건이 변화하는지에 의존한다.** 한 예로 수력 발전 설비의 서지 챔버 내에서 수위 변동은 강성주 유동으로 정확하게 분석될 수 있다. 이러한 경우 관성 효과는 반드시 고려되어야 하나 탄성 또는 압축 효과들은 분명하게 미소한 것이 된다. 한편 관로에 설치된 밸브의 급작스런 폐쇄는 수충격 상황이 된다. 결과 거동을 정확하게 모의실험을 하려면 분석하고자 하는 배관과 액체의 탄성을 고려하여야 한다. 밸브가 더욱 완만하게 폐쇄되면 불확실성이 발생한다. 폐쇄 시간이 충분히 길면 강성주 유동 분석은 물리학 문제가 되고 결과는 매우 양호하게 된다. 분석가가 확신을 갖지 못할 경우에는 좀 더 복잡하고 일반적인 유동의 특성을 나타내는 수충격 분석을 실시하여야 한다. 진정한 부정류 유동 연구의 토대는 강성주 유동과 수충격에 초점을 맞춘 2.3절에서 다룬다. 수충격 문제에 대한 연구는 이러한 기초를 토대로 하고 제3장으로부터 제7장까지 연장하여 다루기로 한다.

2.2 유사 정상 유동(Quasi-Steady Flow)

물로 가득찬 대 용량의 탱크 또는 소 용량의 저수지를 생각해보자. 대체적으로 우리는 탱크의 바닥으로부터 상부까지의 깊이는 상당히 깊고, 또한 탱크의 임의 수위에서의 물 표면적은 토출측 개구부에 비해 크다고 가정한다. 탱크로부터 물을 배수시키기 위해 여러 방법들을 사용할 수 있다. 그림 2.1에서 보는 바와 같이 탱크 바닥 A 지점에 출구 단면적은 작지만 일정하고 긴 관로가 연결되었으며 하류측 말단부 B에는 제어 밸브가 설치되어 있다. 밸브가 얼마나 신속하게 개방되는가에 거의 관계없이 유체는 탱크의 크기가 관로 단면적에 비해 충분히 크면 상대적으로 완만하게 배수된다. 임의 순간에서 탱크 자체에서는 인지할 수 있는 움직임이 거의 없고 다만 배관 내 유체의 완만하고 순간적인 가속만이 있을 뿐이다. 따라서 관성 효과들은 별로 중요하지 않다. 배관 유입부에서 부분적인 작은 공간(convective) 가속만을 볼 수 있다. 임의 순간에 유동의 진행은 거시적으로 진정한 정

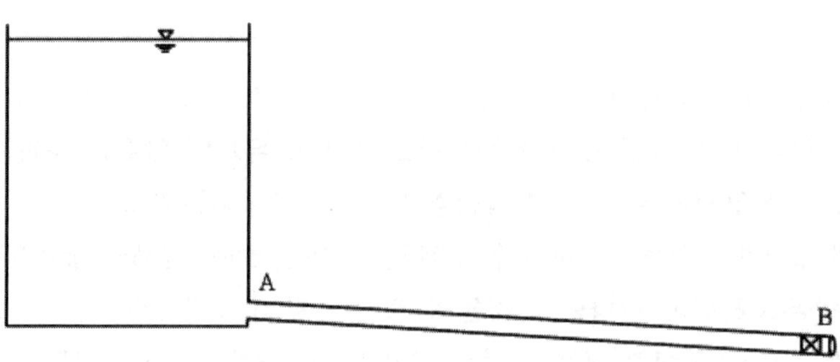

그림 2.1 유사-정상류 유동 과정을 통한 대형 탱크로부터 배수

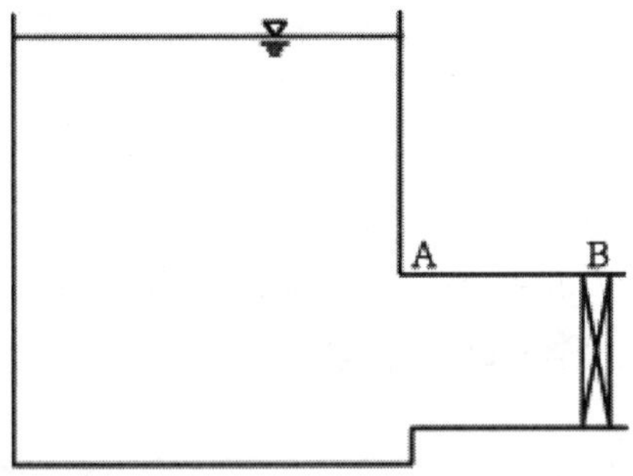

그림 2.2 크기의 변화는 유사-정상류 상태가 아닌 유동을 초래

상류 흐름과 차이가 없어 보인다. 잠시 시간이 흐른 후에는 탱크의 수위는 사실 저하되고 최종적으로는 탱크가 비게 된다. 이러한 유동은 유사 정상 유동의 좋은 예가 된다.

그림 2.2에서는 같은 용량의 탱크이나 배수 배관의 규격은 상당히 다르고, 그림으로 보아 흐름이 진행되는 동안 상당한 가속으로 유체가 흐르며 탱크는 상당히 빠르게 비게 될 것이 확실하다. 이와 같이 특별한 실례는 부정류 유체에서 유체의 가속도 활동의 역할을 강조하는 사려 깊은 비유이다. 유체에서 발생할 수 있는 부정류에서는 최소한 시간적 또는 공간적(convective) 두 종류의 유체 가속도 중 하나가 분석에 사용되는 에너지 원리에서 중요한 요소가 된다.

우리는 지금 그림 2.3이 보여주는 것과 같이 탱크의 단면적이 고도에 따라 변화되는 것을 나타내기 위해서 그림 2.1의 탱크 또는 저수지의 개념으로부터 유사 정상유동 분석으로 관심을 집중시키자. 배관의 달시 마찰 계수 f, 길이 L, 직경 D, 그리고 유동 단면적A_P의 특성을 갖고 탱크로부터 유량 Q를 수송한다. 그림에서 EL은 t 순간에서 작성된 것이다. 탱크로부터 관로를 통해 외부로 수송할 때, 유체는 부분적 유입부 손실 h_{LE}과, 달시의 배관 마찰 손실 h_f,를 갖고 평균 속도 수두 $V^2/2g$로 유출된다. 이러한 항들의 누계는 공식 2.1에 나타낸 것과 같이 순간적인 수두 h 이다.

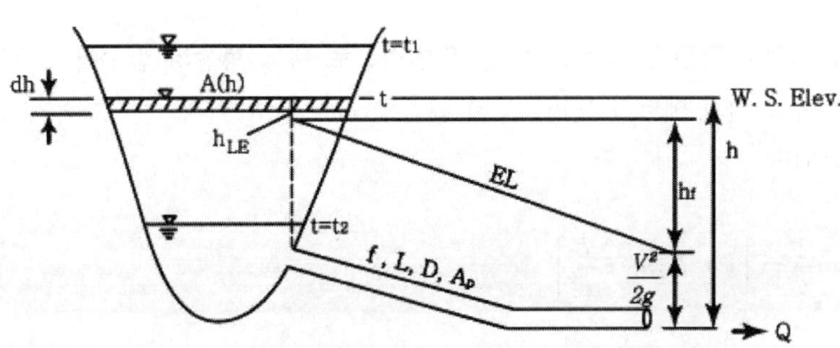

그림 2.3 탱크 임의 단면으로부터의 유사-정상 유동

$$h = \frac{V^2}{2g} + f\frac{L}{D}\frac{V^2}{2g} + K_E\frac{V^2}{2g} = \left[1 + K_E + f\frac{L}{D}\right]\frac{V^2}{2g} \qquad 2.1$$

유입구 손실을 위한 손실 계수 K_E는 탱크와 출구 사이의 유동에 의해 직면하는 임의 부분에서의 손실의 대표 또는 부분 손실들의 합이다. 이와 같은 모든 손실 수두들은 동일하게 취급한다. 공식 2.1로부터 출구 유속은

$$V = \frac{\sqrt{2gh}}{\left[1 + K_E + f\frac{L}{D}\right]^{1/2}} \qquad 2.2$$

유량은

$$Q = VA_P = \frac{A_P\sqrt{2gh}}{\left[1 + K_E + f\frac{L}{D}\right]^{1/2}} \qquad 2.3$$

만일 탱크의 표면 수위와 관로의 출구 사이에 연속방정식을 적용하면, 작은 시간 간격 dt 경과후 배관을 빠져나가는 유체의 체적과 탱크로부터 제거되는 유체의 양은 같다고 할 수 있다. 그리고

$$Qdt = A(-dh) \qquad 2.4$$

상기 식에서 좌측 항은 량은 본질적으로 +이나 dh 자신은 시간이 경과하면 저수지 수위는 저하되므로 - 부호가 된다. 따라서 저수지의 수위가 h_1에서 h_2로 변화되는 필요한 시간 간격 $t_2 - t_1$는 다음과 같다.

$$t_2 - t_1 = \int_{t_1}^{t_2} dt = -\int_{h_1}^{h_2}\frac{Adh}{Q} \qquad 2.5$$

상기 식에서 단면적 $A = A(h)$는 일반적으로 탱크 형상의 함수이고, 공식 2.1~2.3과 정상류-유동 일과 에너지 원리로부터 유출량 $Q = Q(h)$이다. 간략화하기 위해 다음과 같이 나타내면

$$\frac{1}{C} = \left[1 + K_E + f\frac{L}{D}\right]^{1/2} \qquad 2.6$$

유량은 표준 오리피스 공식과 같은 형태로 표현할 수 있다.

$$Q = CA_P\sqrt{2gh} \qquad 2.7$$

이제 우리는 상기 공식들을 적용하여 일정 단면적 $A = A_0$을 갖는 탱크에서 부분적으로 배수를 하는데 필요한 시간을 결정할 수 있다. 이러한 상황은 고정된 직경을 갖는 원통형 수직 탱크의 경우도 포함하며, 또한 사각 또는 다른 형태의 탱크들도 포함한다. 여기에서는 탱크의 수위 h_1에서 h_2까지 배수하는데 소요되는 시간은 다음과 같다.

$$\Delta t = t_2 - t_1 = -\int_{h_1}^{h_2}\frac{Adh}{CA_P\sqrt{2gh}} = \frac{-A_0}{CA_P\sqrt{2g}}\int_{h_1}^{h_2}h^{-1/2}dh = \frac{-2A_0}{CA_P\sqrt{2g}}\left[\sqrt{h_2} - \sqrt{h_1}\right] \qquad 2.8$$

여기에서 f가 상수일 경우에만 적분 공식에서 C를 제거할 수 있다. 상기 식의 분모와 분자에 $\left[\sqrt{h_2} + \sqrt{h_1}\right]$로 곱하면 다음과 같이된다.

$$\Delta t = \frac{A_0(h_1 - h_2)}{\frac{1}{2}CA_P\sqrt{2g}\left[\sqrt{h_2} + \sqrt{h_1}\right]} = \frac{\text{체적}}{\text{평균유량}} \qquad 2.9$$

한마디로 경과 시간은 비워지는 탱크 체적과 유출 시작과 종료 시점에서의 평균 토출 유량과의 비를 나타낸다. 이 결과가 유효하기 위해서는 단면적과 C의 일 부분인 마찰 계수는 배수가 진행되는 동안 일정하게 유지되어야 한다.

공식 2.5와 2.8에서 상기 제한들 중 하나라도 벗어나게 되면 적분은 공식 2.8과 같이 간략화 될 수 없다. 한 예로 만일 원통형 탱크가 옆으로 놓여 있게 되면 A(h)는 더 이상 상수가 아니다. 그러나 실용적이지는 않으나 표현 식을 타원형 적분(Byrd와 Friedman. 1971)으로 풀이할 수 있으나 수치 적분 절차를 이용하여 공식 2.5를 풀이하는 것이 더욱 편리하다. 이러한 적분을 수행하는 방법은 여러 가지가 있으나 그 중 사다리꼴(Trapizoidal) 법칙 또는 더욱 정밀한 심슨(Simpson) 법칙(Press et al., 1992)이 대표적인 방법이다. 특히 원추형, 피라미드 그리고 포물선과 같은 수직 중심선에 따른 임의 면적 변화에 적용되는 폐쇄 형태의 풀이들도 존재하지만 이러한 풀이들의 형태는 수학적으로 더욱 복잡하고 사용이 제한된다.

탱크의 최고 수위에서 일정한 유입 유량 Q_0을 가정하면 그림 2.3에서 정의된 유량은 더욱 일반화 될 수 있으며 관로로부터 유출량을 공식 2.7의 형태로 다시 쓸 수 있다. 즉, 두 가지 경우의 유입으로 구분되며 하나는 유입 유량이 유출 유량보다 큰 $Q_0 > Q$으로 탱크 내 수위가 상승하는 경우이고, 다른 하나는 유입 유량이 유출 유량보다 작은$Q_0 < Q$

으로 탱크 내 수위가 저하되는 경우이다. 그와 같은 경우를 고려하여 공식 2.4를 다시 작성하면

$$A dh = (Q_0 - Q) dt \qquad 2.10$$

만일 $A = A_{0,} f$는 상수라 가정하면 공식 2.7과 2.10은 다음과 같이 된다.

$$dt = \frac{A}{CA_P\sqrt{2g}} \cdot \frac{dh}{\dfrac{Q_0}{CA_P\sqrt{2g}} - \sqrt{h}} \qquad 2.11$$

공식 2.8에서와 같은 범위에서 적분을 하여 정리하면 다음과 같이 된다.

$$\triangle t = \frac{2A}{\left(CA_P\sqrt{2g}\right)^2}\left\{Q_1 - Q_2 - Q_0 \ln\left[\frac{Q_0 - Q_2}{Q_0 - Q_1}\right]\right\} \qquad 2.12$$

상기 결과는 Q_0가 토출 유량Q_2, Q_1 간격 밖일 때만이 유효하다. 그렇지 않으면 공식 2.12는 음의 부호를 갖게 된다. 유출되는 동안 유출 유량 Q는 Q_1 과 Q_2 사이의 모든 수치를 취할 수 있다. 만일 Q_0 수치가 상기 수치들 사이에 있다면 그 유출량에서 탱크 내 유입 유량과 유출 유량 사이의 평형이 형성되고 부정류 발생을 위한 불평형력이 중지되며 상태 2를 지속하지 못한다. 더욱이 유입량이 Q_1 또는 Q_2와 일치하면 공식 2.12는 최종 상태 도달에 필요한 시간 간격은 무한대가 된다는 것을 예측할 수 있다. (즉, 이러한 유동에서는 정상류 평형은 절대 이루어질 수 없다).

유입량을 시간 변수인 $Q_0(t)$라고 가정할 수 있는 것이 유용한 일반 개념이 된다. 공식 2.12를 다시 쓰면 다음과 같다.

$$\frac{dh}{dt} = \frac{Q_0(t) - Q(h)}{A(h)} = F(t, h) \qquad 2.13$$

여기서 $F(t,h)$는 단순하게 표현한 식으로 이 공식은 구적(求積)법과 같이 직접 적분될 수 없다. Press et al. (1992)은 다양한 다른 방법으로 상 미분 방정식을 제시하였다. 부록 B 수치 해석 방법은 이러한 종류의 문제를 해결하기 위해 신뢰할 만한 방법으로 4차 Runge-Kutta 공식(B.4.2)을 제시하였다. 부록에 제시된 공식은 변수 $h(t)$를 $y(x)$로 대체하여 표시하였다.

유사 정상 유동 개념을 다양한 시스템 형상에 적용할 수 있고 이 중 일부는 여기에서 기술하는 것보다 더욱 광범위하다.

예제 2.1

내경 $R_1 = 20ft$ 인 구형 탱크에서 내경이 8인치, 길이가 $500ft$ 인 배관($e = 0.004in$, $v = 1.217 \times 10^{-5} ft^2/s$)을 통해 내경 $R_2 = 15ft$, 길이$L = 20ft$ 인 수평 원통형 탱크에 물을 공급한다. 원통형 탱크의 바닥은 구형 탱크의 바닥보다 $25ft$ 낮다. 구형 탱크로 일정 유량 $Q_1 = 0.5ft^3/s$ 이 유입되고 이 구형 탱크는 대기압(절대압력:$14.7lb/in^2$)에 노출될 수 있도록 탱크 상부에 조그만 개구부가 있다. 원통형 탱크는 폐쇄되어 있다. 시간 $t = 0$ 에서 물위에 작용하는 공기 압력은 $13lb/in^2$ 이며 공기는 65℉이고 등온 변화를 한다. 원통형 탱크에서는 토출 유량 Q_2 에 관한 자료는 다음의 표와 같다. 이 자료들은 3승 스플라인 기능을 사용하여 연속 함수로 변환시켜야 한다.

시간 s	0	500	1000	1600	2000	2400	3000	3600
$Q_2(ft^3/s)$	0.00	3.27	3.85	4.68	5.00	4.80	4.00	0.00

시간 $t = 0$ 에서 구형 탱크의 수심 $Y_1 = 30ft$ 이고 원통형 탱크의 수심 $Y_2 = 8ft$ 라면 30초 간격으로 1 시간 동안의 탱크 사이의 유량과 각 탱크의 수심 및 체적을 결정하라.

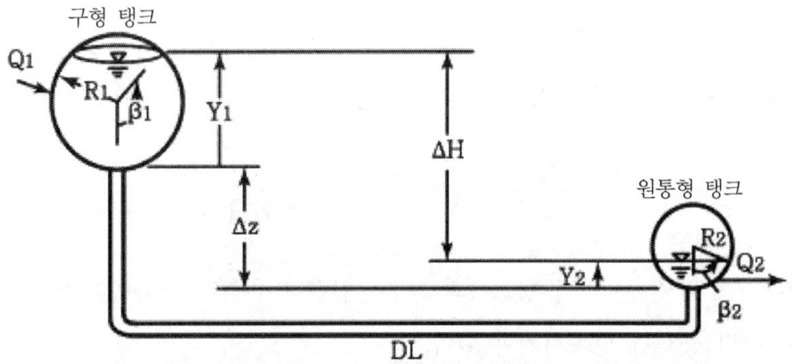

풀이

먼저 각 탱크의 수심에 따른 체적을 계산하여야 한다. 구형 탱크의 미소 체적 $d\forall$ 는 가느다란 원형 조각으로 다음과 같이 쓸 수 있다.

$d\forall = \pi r^2 dY = \pi R^2 \sin^2\beta_1 dY$이며 $\cos\beta_1 = 1 - Y_1/R_1$이다.

여기서 $dY = R_1 \sin\beta_1 d\beta_1$이다. 따라서 미소 체적은 다음과 같이 된다.

$$d\forall = \pi R_1^3 \sin^3\beta_1 d\beta_1$$

상기 식을 0부터 π까지 적분하면 전체 구의 체적은 $\forall = 4\pi R_1^3/3$이다. 구의 부분 체적은 β_1의 함수로 표시할 수 있으며 0부터 β_1까지 적분하면 다음과 같이 된다.

$$\forall = (\pi R_1^3/3)\left[2 - \cos\beta_1(\sin^2\beta_1 + 2)\right]$$

$\sin^2\beta + \cos^2\beta = 1$이므로 각도와 수심의 관계 $\beta_1(Y)$는

$$\sin^2\beta_1 = 2(Y_1/R_1) - (Y_1/R_1)^2$$

이며 이로 인해 구형 탱크에서의 물의 체적은 수심의 직접적인 함수로 표현할 수 있다.

$$\forall = (\pi R_1^3/3)\left[3(Y_1/R_1)^2 - (Y_1/R_1)^3\right] = \pi Y_1^2(R_1 - Y_1/3)$$

유사한 방법으로 원통형 탱크는 각도 β_2의 함수로 체적을 표현하면 다음과 같다.

$$\forall = LR_2^2(\beta_2 - \cos\beta_2 \sin\beta_2)$$

여기서 L은 탱크의 길이이며 $Y_2 = R_2(1 - \cos\beta_2 \sin\beta_2)$이다.

$d\forall/dt$는 탱크로부터 순수하게 유출되는 것을 나타내므로 다음의 2개 상미분 방정식은 각각 탱크 내에서 수위 변화 비율을 기술한다.

$$\frac{dY_1}{dt} = \frac{Q_1 - Q}{\pi Y_1(2R_1 - Y_1)} \qquad \frac{dY_2}{dt} = \frac{Q - Q_2}{2LR_2^2\left(1 - \cos^2\beta_2\right)}$$

여기서 Q_1과 Q_2는 각각 탱크 1과 2의 유입량과 유출량 나타내며 배관 내의 유량 Q는 반드시 수력 공식을 만족시켜야 한다.

$$F = \left(\frac{fL}{D} + \sum K_L\right)\frac{Q|Q|}{2gA^2} - Y_1 + \triangle z + Y_2 + \frac{Mp_0}{\gamma\rho_0 V_{air}} = 0$$

마지막 항은 탱크 내의 수표면에 작용하는 대기압에 의해 형성된 압력 수두이며(더욱 자세한 사항들은 2.2절 참조) 여기서 M은 탱크 내의 공기 질량, γ는 물의 비중량, p_0는 초기

절대 공기 압력이고 ρ_0는 해당 공기 밀도로서 완전 가스 법칙으로부터 수치를 알 수 있다.

이 문제를 해결하기 위해서 SHPTANK.FOR 프로그램을 사용한다. 프로그램의 상세한 구조를 검토하기 위해서 CD로부터 프로그램 리스트를 확보하여야 한다. 3승 스플라인 보간법을 수행하기 위해서 SPLINESU 부 프로그램을 호출하며, 2개의 상미분 방정식을 동시에 풀기 위해서 RUKUST 부 프로그램을 호출한다. 부 프로그램 사이에서 2개의 도함수 dY_1/dt와 dY_2/dt을 RUKUST에 제공하기 위해서 수력 공식을 뉴튼법을 사용·풀이하여 Y_1과 Y_2 수치를 구한다. 이 문제를 풀기 위한 입력 파일은 다음과 같다.

20 12 20 30 8 500 0.6666667 0.0033333 1.217E-5 1.5 30 120 32.2 25 420
3556 0.5 8 0 0 500 3.27 1000 3.85 1600 4.68 2000 5 2400 4.8 3000 4 3600 0

해답중의 일부분은 다음 표와 같다.

Time (초)	Y_1 (ft)	Beta1 (radian)	Y_2 (ft)	Volume 1 (ft^3)	Volume 2 (ft^3)	유출유량Q (ft^3/sec)
30	29.901	1.087	8.025	28181	3039.624	3.603
60	29.804	1.09	8.06	28088.2	3058.153	3.583
90	29.708	1.093	8.104	27996.04	3081.931	3.56
.						
.						
1530	26.109	1.079	7.918	24193.11	2982.972	3.304
1560	26.035	1.076	7.883	24108.89	2964.402	3.31
1590	25.961	1.074	7.85	24024.53	2947.225	3.314
1620	25.888	1.069	7.782	23939.94	2911.285	3.331
1650	25.813	1.062	7.689	23854.64	2862.425	3.356
.						
.						
3480	21.133	0.989	6.759	18177.06	2385.232	3.227
3510	21.067	0.989	6.754	18095.32	2382.962	3.222
3540	21.002	0.987	6.737	18013.68	2374.608	3.221
3570	20.937	0.985	6.709	17932	2360.287	3.224
3600	20.872	0.982	6.668	17850.18	2340.109	3.231

2.3 부정류

진정한 부정류 유동을 분석하기 위해서는 유체의 관성을 반드시 포함하여야 하며 추가로 유체와 관로의 탄성과 압축성을 포함할 수도 있다. 두 가지 경우 부정류 유동을 분석하기 위해서 오일러 공식을 유도하는 뉴튼의 제2법칙을 적용하여야 한다. 2.3절에서는 오일러 공식을 유도한다. 2.3.2절에서는 탄성력은 별로 중요하지 않아 생략될 수 있으나 유체의 관성력을 반드시 고려하여야 하는 여러 개의 강성주 유동 문제에 대해 연구한다. 2.3.3절에서는 탄성 영향을 고찰하여 이 탄성을 추가로 고려하였을 때의 해답에 접근하는 방법에 대해서 증명한다.

2.3.1 오일러 공식

뉴튼 제2법칙을 그림 2.4에서 배관 중심부의 유체에 조그만 원통형 검사 체적 적용함으로써 오일러 공식을 유도할 수 있다. 단면에서의 유동 특성 또는 유체의 변화를 무시할 때 관로의 1차원 유동에 결과식을 적용할 수 있다. 더욱이 공식은 유체의 밀도 변화 유무에 상관없이 적용할 수 있으므로 강성주(rigid-column)와 수충격(water hammer) 흐름 모두에 유효하다.

유선 방향 s에 따른 뉴튼 제2법칙은 다음과 같다.

$$\sum F_s = ma_s = m\frac{dv}{dt} \qquad 2.14$$

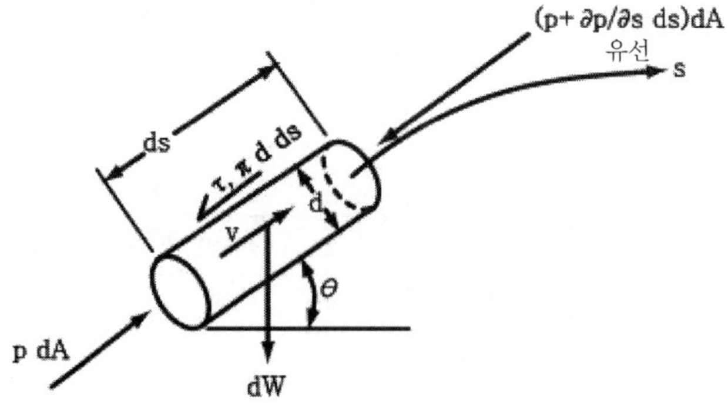

그림 2.4 모든 힘들을 보여주는 원통형 유체 요소

여기서 m은 원통형 유체 부분의 질량이다. dv/dt 항은 통상적으로 유체 유속의 상미분 또는 본질적으로 도함수가 된다. 작용하는 힘을 상기 공식에 대입하고 질량을 밀도와 체적으로 표현하면 다음과 같이 된다.

$$pdA - \left(p + \frac{\partial p}{\partial s}ds\right)dA - dW\sin\theta - \tau\pi d(ds) = \frac{dW}{g}\frac{dv}{dt} \qquad 2.15$$

단위 중량으로 표현되는 무차원의 공식으로 만들기 위해 상기 식을 $dW(\gamma\frac{\pi}{4}d^2ds)$로 나누고 관로의 경사를 길이와 고도의 항($\sin\theta = \partial z/\partial s$)으로 표현하면 다음과 같은 1 차원 오일러 공식에 도달한다.

$$-\frac{1}{\gamma}\frac{\partial p}{\partial s} - \frac{\partial z}{\partial s} - \frac{4\tau}{\gamma d} = \frac{1}{g}\frac{dv}{dt} \qquad 2.16$$

유체 부분의 단면적을 배관 단면적의 크기로 확대하며 평균 유속 V를 도입하면 더욱 유용한 식으로 된다.

$$-\frac{1}{\gamma}\frac{\partial p}{\partial s} - \frac{\partial z}{\partial s} - \frac{4\tau_0}{\gamma D} = \frac{1}{g}\frac{dV}{dt} \qquad 2.17$$

여기서 τ_0는 배관 벽에서의 전단 응력이다. 관 벽의 전단 응력은 일차적인 중요 관심사가 아니고, 우리는 대부분 원통형 배관에 대해 고찰하기 때문에 달시-바하 마찰 계수 f로 다음과 같이 표현할 수 있다(식 1.9참조).

$$\tau_0 = \frac{1}{8}f\rho V|V| \qquad 2.18$$

유체 흐름 방향의 반대 방향으로 전단 응력이 작용하는 것으로 간주하는 것이 타당하기 때문에 상기 공식과 같이 속도의 형태로 표현하는 것이 바람직하다

공식 2.18을 2.17에 대입하고 관로의 임의 부분의 고도는 위치 s의 단독 함수로 표현될 수 있으므로 다음과 같은 오일러 운동 법칙을 얻을 수 있다.

$$\frac{1}{g}\frac{dV}{dt} + \frac{1}{\gamma}\frac{\partial p}{\partial s} + \frac{dz}{ds} + \frac{f}{D}\frac{V|V|}{2g} = 0 \qquad 2.19$$

피에조미터 수두 H를 $p = \rho g(H - z)$로 표현하고 전미분 방정식(total derivative)의 형태로 확장 표현하면 다음과 같다.

$$\frac{dV}{dt} = \frac{\partial V}{\partial t} + V\frac{\partial V}{\partial s} \tag{2.20}$$

주석 전미분 방정식은 유동장(flow field)에서 유체 입자의 가속을 표현하는 특별 미분 방정식으로 유동장에서 이동하는 유체입자는 다음 두 가지 원인 중 하나로 인해 가속을 하게 된다. 유체입자는 속도가 빠른(또는 느린) 영역으로 이동(convect)되기 때문에 가속된다. 노즐을 통한 정상류 흐름을 한 예로 들 수 있다. 정상류는 시간의 함수가 아니기 때문에 속도 장(velocity field)은 시간의 함수가 아니다. 유체 입자는 노즐을 통해 이동하면서 가속될 것이다. 이 입자는 속도가 높은 영역으로 이동(convect)된다. 만일 유동장(flow field)이 부정류(unsteady)일 경우 속도장(velocity field)은 시간의 함수이기 때문에 유체 입자는 추가적인 부분 가속도(local acceleration)가 발생된다. 3차원 전미분 방정식의 실질적인 의미는 다음과 같다.

$$\overline{a}_p = \frac{D\overline{V}}{Dt} \qquad u\frac{\partial \overline{V}}{\partial x} + v\frac{\partial \overline{V}}{\partial y} + w\frac{\partial \overline{V}}{\partial z} \qquad + \qquad \frac{\partial \overline{V}}{\partial t}$$

total acceleration of partical	convective acceleration	local acceleration
전체 가속도	위치 변화에 따른 가속도	시간 변화에 따른 가속도

오일러 공식을 다음과 같은 형태로 표현할 수 있다.

$$\frac{1}{g}\frac{\partial V}{\partial t} + \frac{\partial}{\partial s}\left(H + \frac{V^2}{2g}\right) + \frac{f}{D}\frac{V|V|}{2g} = 0 \tag{2.21}$$

상기 식 중간 항 피에조미터의 수두(정압 수두)와 속도 수두의 합은 에너지 선으로 작도되는 선도에 통상적으로 표시되는 합이다.

2.3.2 동일 직경 관로 내 강성주 유동

밸브 개방

단면적이 일정한 배관 내의 유체와 배관의 탄성을 무시하는 것은 이론상으로 관로 전체에 걸쳐 동시에 속도가 변화한다고 가정한 것이다. 더욱이 정상 형태(steady form)의 질량 보존 공식을 관로 전체에 걸쳐 적용하면 관로 내 어디서든지 속도는 항상 같다. 이 절에서는 기본 원리를 강조하기 위해서 단일 관로에서의 흐름만을 연구할 것이다.

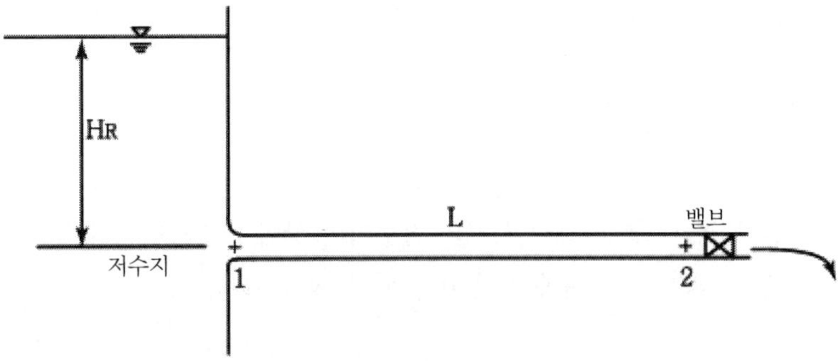

그림 2.5 하류측에 밸브가 설치된 수평관을 갖는 일정 수두 저수지

이러한 제한들을 갖고 있음에도 불구하고 폐쇄된 형태(closed-form) 공식 2.19 또는 2.21에 대한 해답은 상대적으로 거의 없다. 이러한 해답들 중 하나는 그림 2.5에서 보는바와 같이 일정 수위를 갖는 저수지로부터 수평 관로를 통해 정지된 상태로부터 유동의 시작 또는 안정화 상태를 기술한다.

유동 안정화 문제의 간단한 예제로 우리는 유체가 비점성 즉 마찰이 없다고 가정하면 공식 2.21의 마지막 항을 생략할 수 있고 따라서 오직 유체의 관성력만이 중요하게 된다. 먼저 거리 s와 관련한 적분의 범위를 정하여 공식 2.21의 풀이를 시작한다. 비록 이 부분에서의 압력이 급변하고 속도는 사실 등류가 아니라도 관로의 상류측 말단부를 1로 지정하고 밸브의 직 상류부를 2라고 지정한다. 저수지 상류 1 지점으로부터 밸브 2 지점까지 거리 s에 관해 적분한다.

$$\frac{1}{g}\int_{1}^{2}\frac{\partial V}{\partial t}ds=-\int_{1}^{2}\frac{\partial}{\partial s}\left(H+\frac{V^2}{2g}\right)ds \qquad 2.22$$

연속 방정식으로부터 관로 내 모든 유체의 가속도는 동일하다는 것을 확신하므로

$$\frac{L}{g}\frac{\partial V}{\partial t}=-\left(H+\frac{V^2}{2g}\right)_2+\left(H+\frac{V^2}{2g}\right)_1 \qquad 2.23$$

공식 2.23으로부터 가속도 항(좌측 항)은 유체의 단위 중량당 에너지(우측 항)의 차이며 두 개의 말단 지점사이의 에너지선 적분 수치의 차이다. 밸브는 $t=0$에서 순간적으로 완전 개방되고 이후로 유동이 형성된다. 2 지점에서 $t=0^+$일 때 H_2는 0으로 저하되어 그 상태를 유지하며 그 지점에서의 유속 V_2는 시간이 0부터 정상상태 유속 V_0가 될 때까지 증가한다. 만일 베르누이 방정식을 저수지와 1 지점 사이에 적용하고 에너지 손실이 없다고 가정하면 1 지점에서의 두 항의 합은 단순히 단위 중량당 저수지 에너지 또는 수두

H_R로서 상수이다. 따라서

$$\frac{L}{g}\frac{dV}{dt} = H_R - \frac{V^2}{2g} \quad 2.24$$

여기서 남아있는 미분은 오직 시간의 함수이며 상미분 방정식이다. 유동이 안정되면 즉, 정상류가 되면 상기 식의 왼쪽 항은 0이 되며 정상 유속 V_0는 다음과 같이 된다.

$$V_0 = (2gH_R)^{1/2} \quad 2.25$$

안정화되기 위한 동안 시간의 함수로 토출 유량의 거동을 결정하기 위해서 공식 2.24에서 dt를 구하여 적분하면 다음과 같다.

$$\int_0^t dt = \frac{L}{g}\int_0^V \frac{dV}{H_R - \dfrac{V^2}{2g}} \quad 2.26$$

또는

$$t = 2L\int_0^V \frac{dV}{V_0^2 - V^2} \quad 2.27$$

상기 적분 공식은 다음과 같이 변화된다.

$$t = \frac{L}{V_0} ln\left|\frac{V_0 + V}{V_0 - V}\right| \quad 2.28$$

상기 공식으로부터 엄밀히 말하면 V가 V_0에 근접하면서 로그는 제한되지 않는 상태가 되므로 유동 안정에 필요한 시간은 무한함을 알 수 있다. 따라서 이러한 결과는 실용적이지 못하므로 $V = 0.99\,V_0$가 될 때 정상류 유동이라고 통상 가정한다.

유체의 마찰과 부분적 손실이 존재하는 곳에서 유동 안정화를 고려하는 것이 더욱 현실적이므로 이 문제는 추후 다시 연구하기로 한다. 간략화하기 위해 마찰 계수는 상수라고 가정한다. 배관의 마찰을 고려한 경우 공식 2.21을 적분하면 다음과 같이 된다.

$$\frac{L}{g}\frac{\partial V}{\partial t} = -\left(H + \frac{V^2}{2g}\right)_2 + \left(H + \frac{V^2}{2g}\right)_1 - \frac{fL}{D}\frac{V^2}{2g} \quad 2.29$$

V는 항상 양 부호를 갖는다. 결과는 공식 2.24와 유사하나 유입부와 밸브 토출부에서 손실이 발생하기 때문에 지점 1과 2에서의 에너지는 각각 변화한다. 1지점과 저수지 사이에 에너지 공식을 쓰면 1 지점에서의 항들의 합으로 $H_R - K_E V^2/2g$가 된다. 다른 표현으로 유량이 유입부 지점 1를 통과하면서 발생되는 손실 수두에 의해 저수지의 에너지는 저하된다. 하류 토출 지점과 지점 2 사이에서 손실수두는 밸브에서 발생되며 수두는 기준선보다 $H_2 = K_V V^2/2g$ 만큼 상부에 위치한다. 이러한 것을 대입하여 다시 정리하면 다음과 같이 된다.

$$\frac{L}{g}\frac{dV}{dt} = H_R - \left(1 + K_E + K_V + \frac{fL}{D}\right)\frac{V^2}{2g} = H_R - C_1\frac{V^2}{2g} \qquad 2.30$$

상기 식에서 C_1은 $(1 + K_E + K_V + fL/D)$를 나타낸다. 정상 상태의 유속 V_0는 이 경우에 다음과 같다.

$$V_0 = (2gH_R/C_1)^{1/2} \qquad 2.31$$

공식 2.30을 적분하는 것은 공식 2.26과 2.27을 적분하는 절차가 거의 유사하나 공식 2.27에서 $2L$을 $2L/C_1$으로 대체하면 다음과 같이 된다.

$$t = \frac{L}{V_0 C_1} ln\left[\frac{V_0 + V}{V_0 - V}\right] \qquad 2.32$$

정상 상태 유동에 도달하기 위해 소요되는 시간은 무한대임을 알 수 있으나 정상 상태의 유속 그 자체는 배관의 마찰과 부분적 손실의 영향으로 감소된다. 이러한 실제-유체의 영향을 무시하면 $C_1 = 1$이고 공식 2.28과 동일하게 된다.

예제 2.2

저수지 수면보다 100ft 아래 내경 24인치, 길이 10,000ft인 수평 배관과 배관의 말단에 밸브가 설치되었다. 정상 상태 마찰 계수 f는 0.018이고 가속되는 동안 상수라고 가정한다.

(a) 밸브가 급작스럽게 완전 개방된다면 정상 상태 유속의 99%에 도달하기까지 소요되는 시간은? 마찰 손실과 부분적인 손실은 무시한다.

(b) 배관의 마찰 손실을 고려하고 부분적인 손실을 무시하고 다시 구하라.

(c) 배관의 마찰 손실을 고려하고 유입부와 밸브의 손실 계수를 0.5와 5.0이라 가정하고 다시 구하라.

(d) f값이 변화하고 정상 상태에서 e는 f=0.018이 되는 것으로 하여 (c)과정을 반복하라.

(e) (c)의 결과치를 도표로 작성하여 유속이 정상 상태로 어떻게 도달하는지 나타내라.

풀이 a

공식 2.25를 이용하여 정상 상태의 유속을 구한다.

$$V_0 = \sqrt{2gH_R} = \sqrt{2 \times 32.2 \times 100} = 80.2 ft/s$$

공식 2.28로부터 정상 상태 유속의 99%에 도달하는데 소요되는 시간은

$$t = \frac{L}{V_0} ln\left[\frac{V_0 + V}{V_0 - V}\right] = \frac{10,000}{80.2} ln\left[\frac{V_0 + 0.99\,V_0}{V_0 - 0.99\,V_0}\right] = \frac{10,000}{80.2} ln[199] = 660\text{초}$$

풀이 b

공식 2.30과 2.31에서 $K_E = K_V = 0$으로하여 계산한다.

$$C_1 = 1 + K_E + K_V + \frac{fL}{D} = 1 + 0 + 0 + \frac{0.018(10,000)}{24/12} = 91.0$$

$$V_0 = \left[\frac{2(32.2)(100.0)}{91.0}\right]^{1/2} = 8.41 ft/s$$

공식 2.32로부터

$$t = \frac{L}{V_0 C_1} ln\left[\frac{V_0 + V}{V_0 - V}\right] = \frac{10,000}{8.41 \times 91.0} ln[199] = 69.2\text{초}$$

풀이 c

$K_E = 0.5, K_V = 5.0$으로 하여 (b)과정을 반복한다.

$$C_1 = 1 + K_E + K_V + \frac{fL}{D} = 1 + 0.5 + 5.0 + \frac{0.018(10,000)}{24/12} = 96.5$$

$$V_0 = [2(32.2)(100.0)/96.5]^{1/2} = 8.169 ft/s$$

공식 2.32로부터

$$t=\frac{L}{V_0C_1}ln\left[\frac{V_0+V}{V_0-V}\right]=\frac{10,000}{8.169\times96.5}ln[199]=67.2초$$

풀이 d

변화하는 f를 고려한 문제를 해결하기 위해서 간단한 컴퓨터 프로그램을 작성한다. 모의실험을 위한 정확한 배관 조도 e를 결정하기 위해서 Colebrook-White 공식을 사용하여 풀면 다음과 같이 $e=0.00129ft$이고 $V_0=8.169ft/s$가 된다.

$$\frac{1}{\sqrt{f}}=1.14-2\log_{10}\left(\frac{e}{D}+\frac{9.35}{R_e\sqrt{f}}\right)$$

$$\log_{10}\left(\frac{e}{D}+\frac{9.35}{R_e\sqrt{f}}\right)=\frac{1.14-\frac{1}{\sqrt{f}}}{2}$$

양변에 10^x을 취하면

$$\left(\frac{e}{D}+\frac{9.35}{R_e\sqrt{f}}\right)=10^{\frac{1.14-\frac{1}{\sqrt{f}}}{2}}$$

$$e=\left(10^{\frac{1.14-\frac{1}{\sqrt{f}}}{2}}-\frac{9.35}{R_e\sqrt{f}}\right)\times D$$

$$=\left(10^{\frac{1.14-\frac{1}{\sqrt{0.018}}}{2}}-\frac{9.35}{1339180\sqrt{0.018}}\right)\times2$$

$$=0.00129$$

여기서 정상유동시$f=0.018$, $V_0=8.169ft/s$이므로

$$R_e=\frac{VD}{\nu}=\frac{8.169\times2}{0.0000122}=1,339,180$$

공식 2.30을 수치 적분을 수행하기 위해 변수 분리하여 다시 정리하면 다음과 같다.

$$t = \frac{L}{g}\int_0^{8.09}\frac{1}{dem}dV$$

여기서

$$dem = H_R - \left(1 + K_E + K_V + \frac{fL}{D}\right)\frac{V^2}{2g}$$

상기 식에서 다른 변수들은 시간과 상관없이 상수이나 배관 마찰계수와 유속 V는 시간의 변수이다. 그리고 정상유속은

$$0.99\,V_0 = 0.99 \times 8.169 = 8.09 ft/s$$

따라서 주어진 자료들을 대입하여 정리하면 다음과 같다.

$$t = 310.559\int_0^{8.09}\frac{1}{dem}dV$$

$$dem = 100 - \left(1 + 0.5 + 5 + f\frac{10000}{2}\right)\frac{V^2}{64.4}$$

$$= 100 - (6.5 + 5000f)\frac{V^2}{64.4}$$

수치 적분을 수행하기 위해 프로그램은 아래와 같다. 여기서 함수 EQUATE(V)는 유속을 변수로 하여 그때의 마찰 계수 f와 유속에 도달하는 시간을 구하는 프로그램이며 적분을 수행하기 위한 프로그램 명은 SIMPR로서 심슨법(부록 B 참조)을 사용한 부 프로그램이다.

```
EXTERNAL EQUAT
COMMON SF
SF = 75
CALL SIMPR(EQUAT, 0.0, 8.09, TIME, 1.0E-04, 30)
WRITE(*.*) 'Time = ', Time
END

FUCTION EQUAT(V)
COMMON SF
RE = 1.6433854E5*V
```

```
      IF (RE.LT.100.) THEN
      FR = 0.64
      ELSEIF (RE.LT.2100) THEN
      FR = 64.0/RE
      ELSE
    1 SF1 = SF
      SF = 1.14-2.0*ALOG10(6.3625-4 + 9.35*SF1/RE)
      IF(ABS (SF-SF1) .GT. 1.0E-06) GOTO 1
      FR = 1.0/SF/SF
      ENDIF
      DEM = 100.0 - (6.5+5000.0*FR)*V**2/64.4
      IF(DEM .LT. 0.01) THEN
      EQUAT = 31055.9
      ELSE
      EQUAT=310.559/DEM
      ENDIF
      RETURN
      END

      SUBROUTINE SIMPR(EQUAT,XB,XE,VALUE,ERR,MAX)
      EXTERNAL EQUAT
      EV1=-1.E30
      EV=-1.E30
      VALU1=.5*(XE-XB)*(EQUAT(XB)+EQUAT(XE))
      M=1
      I=0
   10 I=I+1
      DELX=(XE-XB)/FLOAT(M)
      X=XB+.5*DELX
      SUM=0.
      DO 20 J=1,M
      SUM=SUM+EQUAT(X)
   20 X=X+DELX
      VALU1=.5*(VALU1+(XE-XB)*SUM/FLOAT(M))
      M=2*M
      VALUE=(4.*VALU1-EV1)/3.
```

```
      write(6,30)valu1,value
30    format('value1=',f7.1,5x,'value=',f7.1)
      IF(ABS(VALUE-EV).LT.ERR*ABS(EV)) RETURN
      EV=VALUE
      EV1=VALU1
      IF(I.LT.MAX) GO TO 10
      WRITE(*,*)' Failed to satisfy error req.', VALUE-EV
      RETURN
      END
```

마찰 계수는 아래 표를 약간 변경 사용하여 결정한다. 만일 $R_e < 100$이면 $f = 0.64$, R_e수가 2000과 4000사이일 경우에는 과도기 영역 Colebrook-White 공식을 사용한다. 공식 2.30의 오른쪽 항은 0 또는 음의 부호가 되지 않도록 주의하여야 한다. V에 대한 적분의 범위는 0부터 $0.99\,V_0 = 0.99 \times 8.169 = 8.087 ft/s$이다. 이 예제의 경우 정상 유동에 도달하는데 소요되는 시간은 66.4초이다.

흐름 형태	마찰 계수 f 공식	범위
층류	$f = 64/R_e$	$R_e < 2100$
매끄러운 배관	$\frac{1}{\sqrt{f}} = 2\log_{10}(R_e\sqrt{f}) - 0.8$	$R_e > 4000$ & $e/D \to 0$
과도기 Colebrook-White공식	$\frac{1}{\sqrt{f}} = 1.14 - 2\log_{10}\left(\frac{e}{D} + \frac{9.35}{(R_e\sqrt{f})}\right)$	$R_e > 4000$ & $e/D \to 0$
완전 거친	$\frac{1}{\sqrt{f}} = 1.14 - 2\log_{10}\left(\frac{e}{D}\right)$	$R_e > 4000$

표 2.1 달시-바하 마찰 공식

문제(e)에서 요구한 (c)의 결과 도표는 정상 상태 수치의 80에서 90%에 도달할 때까지는 다소 급속히 속도가 증가하는 것을 보여준다. 그 시간부터는 가속도는 두드러지게 감소하며 완만하게 정상 유속으로 접근한다. (d)가 보여주듯이 간단한 프로그램은 연산에 더욱 정확도를 기할 필요가 있으나 이 예제에서는 관 마찰계수가 변하는 경우와 마찰계수를 무시할 경우 정상 상태에 소요되는 시간은 약 4%, 마찰계수를 상수로 하는 경우에는 약 1% 차이가 발생한다. **따라서 상기 연산 결과로부터 관로의 마찰은 관로의 길이가 길 경우에는 유동의 안정화 절차에 지배 계수(dominant factor)가 된다.** 이러한 요소를 간과하는 것은 심각한 오류를 범할 수 있으며 (a)와 같이 관로가 긴 경우 부분 손실

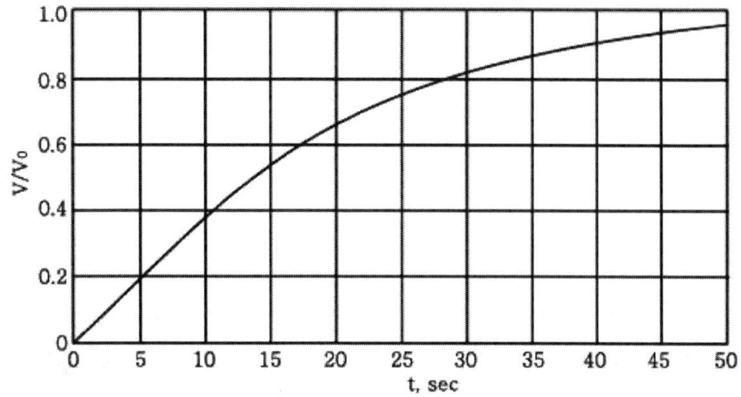

의 영향은 사실 극히 작다. 상기 예제의 경우 부분 손실을 무시할 경우와 고려할 경우 정상 유속에 도달하는 시간 차이는 약 3%에 불과하다.

풀이 e

여기에서는 예제 2.2(d)를 해결하기 위한 전산 프로그램의 실행과정을 중심으로 설명하기로 한다.

♺ 수치 해석 1차 시도

주 프로그램은 부 프로그램인 simpr를 호출하고 부 프로그램 simpr는 부 프로그램 equate를 호출하여 유속이 xb 즉, $V=0\ ft/\mathrm{sec}$, xe 즉, $V=8.09\ ft/\mathrm{sec}$에 도달하는데 소요되는 각각의 시간을 계산하여 가장 거친 $VALUE1$를 계산한다.

$$VALU1 = \frac{1}{2}(Xe - Xb)\times[EQUATE(XB) + EQUATE(XE)]$$

$$= 0.5(8.09-0)\times(3.1+142.3)$$

$$= 588$$

다음은 초기 M과 I는 1로 지정되어 있으므로 초기 적분 간격은

$$DELX = \frac{XE - XB}{M}$$

$$= \frac{8.09-0}{1}$$

$$= 8.09$$

새로운 적분 지점은 다음과 같다.

$$X = XB + \frac{1}{2} DELX$$

$$= 0 + 0.5 \times 8.09$$

$$= 4.045$$

유속 $V = 4.045\ ft/\sec$에 도달하는데 소요되는 시간을 부 프로그램 equate를 호출하여 계산하면 $EQUATE(4.045) = 4.1$가 된다. 이 수치를 다음의 공식에 대입한다.

$$SUM = SUM + EQUATE(4.045)$$

$$= 0 + 4.1$$

$$= 4.1$$

상기 수치를 다음 공식에 대입하여 새로운 $VALU1$을 계산한다.

$$VALU1 = \frac{1}{2}\left(VALU1 + \frac{(XE - XB) \times SUM}{M}\right)$$

$$= 0.5\left(588 + \frac{8.09 \times 4.1}{1}\right)$$

$$= 310.7$$

여기서 M은 유속 간격을 나눈 수치로서 처음에는 1로 지정되어있다. 다음 공식에 의해 $VALUE$를 계산한다.

$$VALUE = \frac{4 \times VALU1 - EV1}{3}$$

$$= \frac{4 \times 310.5 + 1.0 \times 10^{30}}{3}$$

$$= 3.333 \times 10^{29}$$

여기서 $EV1 = -1 \times 10^{30}$으로 초기 지정된 수치이다. 상기에서 구한 $VALUE$수치와 초기 지정된 $EV = -1 \times 10^{30}$, $ERR = 0.0001$수치를 이용하여 다음 판단 공식을 사용하여 프로그램의 반복 여부를 결정한다. 즉,

$$|VALUE - EV| < ERR \times |EV|$$

를 만족시키면 프로그램은 수행을 중단하고 결과를 출력하며 그렇지 않을 경우에는 $VALUE$와 $VALU1$를 각각 EV와 $EV1$으로 치환하고 프로그램을 10부터 다시 반복한다. 본 예제의 경우

$$|VALUE - EV| < ERR \times |EV|$$

$$1.333 \times 10^{30} > 1.0 \times 10^{26}$$

가 되므로 $EV = 3.333 \times 10^{29}$, $EV1 = 310.7$로 치환되어 2차 반복을 수행한다.

♺ 수치 해석 2차 반복

2차 반복하게 되면 M과 I는 2로 지정된다. 따라서 적분 간격은 다음과 같이 된다.

$$DELX = \frac{XE - XB}{M}$$

$$= \frac{8.09 - 0}{2}$$

$$= 4.045$$

따라서 새로운 적분 지점들은 각각 다음과 같다.

$$X = XB + \frac{1}{2} DELX$$

$$= 0 + 0.5 \times 4.045$$

$$= 2.0225$$

$$X = X + DELX$$

$$= 4.045 + 2.0225$$

$$= 6.0675$$

유속 $V = 2.0225\ ft/\sec$, $V = 6.0675\ ft/\sec$에 도달하는데 소요되는 시간을 부 프로그램을 호출하여 계산하면 $EQUATE(2.0225) = 3.3175$, $EQUATE(6.0675) = 6.9507$가 된다. 이 수치를 다음의 공식에 대입한다.

$$SUM = EQUATE(2.0225) + EQUATE(6.0675)$$
$$= 3.3175 + 6.9507$$
$$= 10.2682$$

상기 수치를 다음 공식에 대입하여 새로운 $VALU1$을 계산한다. 여기서 괄호 안의 $VALU1$은 1차 시도에서 구한 수치이다.

$$VALU1 = \frac{1}{2}\left(VALU1 + \frac{(XE - XB) \times SUM}{M}\right)$$
$$= 0.5\left(310.7 + \frac{8.09 \times 10.2682}{2}\right)$$
$$= 176.1$$

다음 공식에 의해 $VALUE$를 계산한다.

$$VALUE = \frac{4 \times VALU1 - EV1}{3}$$
$$= \frac{4 \times 176.1 - 310.7}{3}$$
$$= 131.2$$

여기서 $EV1$은 1차 시도에서 $VALU1 = 310.7$로 치환된 수치이다. 상기에서 구한 $VALUE$수치와 1차 시도에서 구한 $EV = 3.333 \times 10^{29}$ 수치 및 초기 지정된 수치인 $ERR = 0.0001$를 이용하여 다음 판단 공식을 사용하여 프로그램의 반복 여부를 결정한다. 즉,

$$|VALUE - EV| < ERR \times |EV|$$

를 만족시키면 프로그램은 수행을 중단하고 결과를 출력하며 그렇지 않을 경우에는 $VALUE$와 $VALU1$를 각각 EV와 $EV1$으로 치환하고 프로그램을 10부터 다시 반복한다.

$$|VALUE - EV| < ERR \times |EV|$$
$$3.333 \times 10^{29} > 3.333 \times 10^{25}$$

가 되므로 $EV = 131.2$, $EV1 = 176.1$로 치환되어 상기 조건이 만족될 때까지 반복 수행한다.

♻ 도해적 해석 1차 시도

상기 과정을 좀 더 쉽게 이해하기 위해 그림으로 해석하면 다음과 같다. 즉, 가장 거친 사다리꼴법으로 정상 유속에 도달하는데 소요되는 시간을 구하면

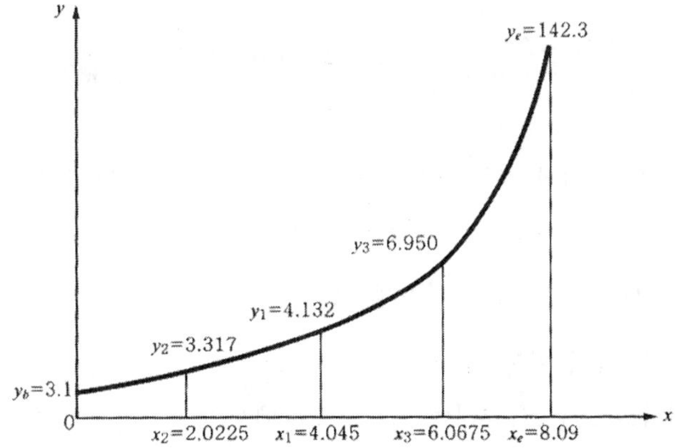

$$A_0 = \frac{\triangle x(y_b + y_e)}{2} = \frac{8.09(142.3 + 3.1)}{2} = 588\text{초}$$

여기서 $\triangle x$은 전체 유속 변화이고, y_b는 초기 유속에 도달하는 시간 t로서 $V = x_b = 0$인 경우 EQUATE 함수인 부 프로그램으로부터 $y_b = 3.1$이고(다음 식 참조), y_e는 최종 유속에 도달하는 시간 t로서 $V = x_e = 8.09$인 경우 EQUATE 함수인 부 프로그램으로부터 주어진 유속에서의 레이놀즈수 $R_e = 1.33 \times 10^6$, 마찰계수 $f = 0.01795$를 구하여 다음 식에 대입하여 $y_e = 142.3$을 구한다.

$$t = 310.559 \times \frac{1}{dem}$$

$$dem = 100 - \left(1 + 0.5 + 5 + f\frac{10000}{2}\right)\frac{V^2}{64.4}$$

$$= 100 - (6.5 + 5000f)\frac{V^2}{64.4}$$

중간 유속 $V = x_1 = 4.045$에 도달하는데 소요되는 시간은 상기와 동일한 방법으로 $y_1 = 4.132$을 구하여 상기에서 구한 A_0와 평균 시간을 구한다.

$$A_1 = \frac{A_0 + \Delta x \times y_1}{2} = \frac{588 + 8.09 \times 4.132}{2} = 310.7\text{초}$$

초기 조건 즉, $EV_1 = -1.0 \times 10^{30}$과 상기 자료들을 다음 심슨 공식에 대입한다.

$$A_{1-1} = \frac{4A_1 - EV_1}{3} = \frac{4 \times 310.7 + 1.0 \times 10^{30}}{3} = 3.333 \times 10^{29}\text{초}$$

초기 조건에서 주어진 자료 $EV_1 = -1.0 \times 10^{30}$가 상당히 크기 때문에 상기에서 구한 A_1과 A_{1-1} 수치 차이는 상당히 크다. 그러나 유속 즉 x의 간격을 더욱 세밀하게 나누어 구하면 A_1과 A_{1-1} 수치는 근접하게 된다.

♻ 도해적 해석 2차 반복

1차 시도에서는 x를 2등분하여 x_b, x_1, x_e에서의 y_b, y_1, y_e 수치를 구하여 평균 시간을 구하였다. 이제는 x를 4등분하여 x_2, x_3에서의 y_2, y_3 수치를 구하여 1차 시도에서 구한 수치와의 평균을 구한다. 즉, $x_2 = 2.0225$, $x_3 = 6.0675$ 수치를 EQUATE 함수인 부 프로그램에 입력하여 $y_2 = 3.317$, $y_3 = 6.951$를 구하여 다음식에 대입하여 평균을 구한다.

$$A_1' = \frac{A_1 + \Delta x \times \frac{y_2 + y_3}{2}}{2} = \frac{310.7 + 8.09 \times \frac{10.268}{2}}{2} = 176\text{초}$$

1차시도 종료부에서 EV_1은 A_1으로 치환되므로

$$A_{1-1}' = \frac{4A_1' - A_1}{3} = \frac{4 \times 176 - 310.7}{3} = 131.1\text{초}$$

상기에서 구한 A_1'과 A_{1-1}' 수치 차이가 허용 오차 범위 내로 들어올 때까지 x를 8, 16, 32, · · · 등분하여 상기 과정을 반복한다. 본 예제에서는 256등분하여 상기 과정을 반복하면 A_1'과 A_{1-1}' 수치가 일치하며 프로그램 수행 결과 정상유속에 도달하는데 소요되는 시간은 66.4초가 된다.

♺ 밸브 폐쇄

그림 2.5와 같은 시스템에서 공식 2.30을 사용하여 유동의 정지를 모의하는 것은 밸브가 급 개방하는 조건으로 유동의 시작을 모의하는 것보다 더욱 어렵다. 주된 애로 사항은 밸브가 폐쇄되면서 변화하는 밸브의 손실 계수 K_V을 정확하게 나타내는 것이다. 배관에 설치된 밸브를 폐쇄하기 시작하면 이 밸브의 손실 계수가 점차적으로 증가하고 따라서 손실 수두가 점차적으로 증가하여 이로 인해 유동은 감속되고 궁극적으로는 정지하게 된다. 동일한 속도에서 정상 유동 조건으로부터 비정상 유동(unsteady-flow) 조건으로 변할 때 모든 손실 계수들은 변하지 않는 것으로 가정한다. 시스템에서 손실 수두는 달시-바하 공식에 의해 기술되는 관로 마찰 손실, 유입부의 부분 손실과 밸브의 수두 손실은 공식 2.30에 나타내었다. K_V는 밸브 개도에 따라 변화하므로 즉, 시간에 따른 미리 결정된 방법으로 변화하므로 이 상미분 방정식의 폐쇄 형태 해법(colsed-form solution)은 불가능하다. 따라서 수치해석 방법으로 비선형 방정식을 반드시 풀어야 한다.

여기서는 문제를 풀기 위한 수치해석 방법으로 부록 B에서 기술된 4차 Runge-Kutta 방법을 선택한다. 공식 2.30은 아래의 형태로 다시 쓴다.

$$\frac{L}{g}\frac{dV}{dt} = H_R - \left(1 + K_E + K_V + \frac{fL}{D}\right)\frac{V^2}{2g} = F(t, V) \qquad 2.33$$

일단 K_V와 $F(t, V)$를 연산하는 상세한 방법이 설정되었으므로 이제 Runge-Kutta 방법을 바로 적용하자. 설정을 완성하기 위해서 우리는 밸브 개폐 스케쥴(개도 P vs 시간)과 K_V와 개도 P의 상관관계를 반드시 알아야 한다.

시간이 지남에 따라 밸브에서 발생할 수 있는 최대 압력 수두를 알기 원한다면 연산 처리된 속도를 $h_L = K_V V^2/2g$에 대입하여 구할 수 있다. 또 하나의 복잡한 요소는 밸브가 폐쇄되는 순간에 발생한다. 이 순간에는 속도가 0이 되면서 손실 수두는 무한으로 $(K_V = \infty)$ 되면서 결정할 수 없는 압력 수두를 발생시킨다. 이 시점에서는 최선의 상황에서도 수치해석 절차로는 신뢰할만한 결과를 얻을 수 없다. 다행스럽게도 통상적으로 최대 압력은 밸브가 완전 폐쇄되기 직전에 발생하므로 수치해석은 완전 종료 직전 2 번째 부분에서 결정된다. 예제 2.3은 그림 2.5의 저수지-관로 시스템에서 풀이 절차를 보여준다.

예제 2.3

그림 2.5에서 관로의 저수지 수두는 60ft이다. 내경 12 인치 관로로 길이는 3000ft이고 조도 $e = 0.012$ 인치이다. 밸브는 오랜 기간동안 완전 개방되어있고 유동은 정상 상태이다.

(a) 밸브에서 손실이 발생하지 않을 때 관로 내의 정상 상태 유속을 계산하라. 그리고 밸브가 완전 개방되어 정상 상태 유동에서 완전 폐쇄시켜 유속을 0이 될 때 소요되는 시간은 20초이고 밸브가 폐쇄되는 동안 유속은 선형으로 감속된다면 관로 내 최대 압력을 구하라. 단, 관로 내 유입손실과 마찰손실만을 고려한다.

(b) 하류측에 설치된 밸브는 GA Industries 12인치 글로브 밸브이며 이 밸브의 개도에 따른 특성은 부록 D.1에 주어졌다. 밸브가 완전 개방되었을 때 정상 상태의 유속을 구하라. 시간에 따른 밸브 개도 폐쇄는 선형으로 가정하고 관로 내 최대 압력을 구하라.

(c) 밸브의 자료를 3승 스플라인 보간법을 적용하여 (b)를 반복하라.

풀이 a

문제를 풀기 위해 정상 상태 유속을 구하여야 하며 $dV/dt = 0$ 과 $K_V = 0$을 공식 2.30에 대입하여 직접 구한다.

$$H_R = \left(1 + K_E + K_V + \frac{fL}{D}\right)\frac{V_0^2}{2g}$$

$$60 = \left(1 + 0.5 + 0 + \frac{f(3000)}{1.0}\right)\frac{V_0^2}{2g}$$

Colebrook-White 공식과 상기 공식을 동시에 만족시키는 조건으로 공식을 푼다. Colebrook-White 공식 프로그램인 colebrook_e.for에 문제에서 주어진 자료 $D = 1ft.$ $e = 0.001ft$ 및 동점성계수 $v = 0.00001217ft^2/\sec$와 임의의 유량 Q을 입력하여 구한 유속 V와 마찰 계수 f의 수치들은 상기 공식을 만족시켜야 한다. 이와 같은 방법으로 구한 유속과 마찰계수는 $V_0 = 7.91ft/s$이고 $f = 0.0201$이다. 선형으로 감소하는 속도는 일정한 감속을 나타내므로

$$\frac{L}{g}\frac{dV}{dt} = \frac{3000}{32.2}\frac{(-7.91)}{20} = -36.8ft$$

공식 2.29를 1 지점과 2 지점에 적용하면 1 지점에서는

$$\left(H+\frac{V^2}{2g}\right)_1 = H_R - K_E\frac{V^2}{2g}$$

2 지점에서는

$$\left(H+\frac{V^2}{2g}\right)_2 = \left(\frac{P_2}{\gamma}+z+\frac{V^2}{2g}\right)_2$$

상기 식의 좌측 항과 우측 항의 관계로부터

$$H_2 = z_2 + \frac{p_2}{\gamma} = 0.0 + \frac{p_2}{\gamma}$$

이 되므로 우측 항은 다음과 같이 나타낼 수 있다.

$$\left(\frac{p_2}{\gamma}+\frac{V^2}{2g}\right)_2$$

상기 관계식들을 공식 2.29에 대입하면

$$\frac{L}{g}\frac{dV}{dt} = -\left(\frac{p_2}{\gamma}+\frac{V^2}{2g}\right)_2 + \left(H_R - K_E\frac{V^2}{2g}\right)_1 - f\frac{L}{D}\frac{V^2}{2g}$$

$$= -\left(\frac{p_2}{\gamma}\right) + H_R - \left(1+K_E+f\frac{L}{D}\right)\frac{V^2}{2g}$$

$$-36.8 = -\left(\frac{p_2}{\gamma}\right) + 60 - \left(1+0.5+\frac{f(3000)}{1.0}\right)\frac{V^2}{64.4}$$

$$\frac{p_2}{\gamma} = 96.8 - (1.5+3000f)\frac{V^2}{64.4}$$

상기 공식으로부터 밸브에서의 속도가 감소될수록 압력 수두는 증가하는 것을 분명히 알 수 있으며 폐쇄 순간($V=0$) 최대치에 도달한다. 따라서 다음과 같은 결론에 도달한다.

$$\left(\frac{p_2}{\gamma}\right)_{max} = 96.8ft$$

또는

$$(p_2)_{max} = 96.8\left(\frac{62.4}{144}\right) = 42.0 lb/in^2$$

(b)에서는 (a)와 동일한 절차를 반복하나 밸브의 수력적 거동을 더욱 정확하게 나타내어야 한다. 정상 상태 유속을 연산하는 것으로 다시 시작하나 이번에는 연산에 실제 밸브 손실을 포함시켜야 한다. 부록 D.1에 따라 손실 계수를 다음과 같이 나타낸다.

$$K_L = K_V = 890\frac{D^4}{C_V^2}$$

부록의 두 번째 표에서 12 인치 글로브 밸브의 용량계수 $C_V = 1750$이다. 따라서

$$K_V = 890\frac{12^4}{1750^2} = 6.0$$

해답 (a)의 처음 두 개의 공식으로 돌아가 $K_V = 0$을 $K_V = 6$로 대체시켜 동일한 방법으로 수행하면 정상 유동 상태의 속도 $V_0 = 7.55 ft/s$와 $f = 0.0201$가 된다. 즉,

$$60 = \left(1 + 0.5 + 6.0 + \frac{f(3000)}{1.0}\right)\frac{V_0^2}{2g}$$

마찰계수 f를 구하는 프로그램인 colebrook_e.for를 이용하여 상기 식을 만족시키는 V_0와 f를 구하면 된다.

풀이 b

Runge-Kutta법을 적용하기 전에 우리는 K_V 수치를 시간의 함수로 결정하는 방법을 결정하여야 한다. 밸브 개도는 폐쇄 스케쥴에 의해 임의 시간에서의 개도로 규정된다. 여기에서는 선형 특성으로 간주한다. 이제 임의 개도에서 K_V만을 찾으면 된다. GA Industries 밸브 자료는 C_V항으로 주어졌으므로 임의 개도에서 C_V를 결정하고 부록 D.1에 있는 공식을 사용함으로써 이에 상응하는 K_V로 환산한다. 아래 표의 P=개도 % 대 C_V/C_{V0}(C_{V0}는 완전 개방시 수치이다)는 부록 그림 D.1으로부터 구한다.

P	0	10	20	30	40	50	60	70	80	90	100
C_V/C_{V0}	0.00	0.055	0.13	0.26	0.42	0.60	0.74	0.83	0.92	0.97	1.00

표에서 두 번째 칸(개도 P=10)부터 점차 폐쇄되어 밸브의 완전 폐쇄 순간 $C_V = 0.0$이고 $K_V \to \infty$가 되는 것을 알 수 있다. 따라서 수치 해석시 밸브 완전 폐쇄 직전의 두 개의 미소 시간 간격 전에서 중지하여야 한다. 밸브 폐쇄 직전에 최대 압력 수두가 발생한다면 수치 해석은 거의 완벽하다고 간주할 수 있다.

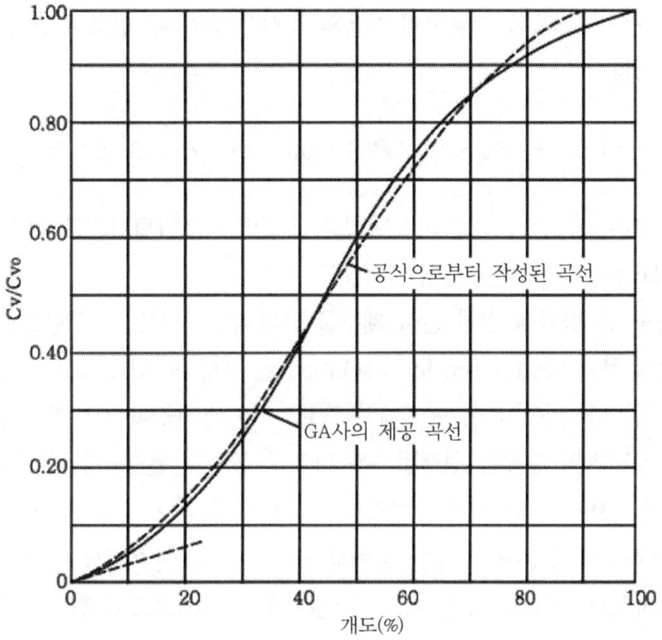

표의 자료를 만족시키기 위해 자료를 다시 도표로 작성한다. 유도 공식은 도표에서 보는 바와 같이 반드시 굴절점을 갖아야 한다. 이러한 요구를 만족시키기 위해 다음과 같이 3승 다항식으로 밸브의 C_V을 나타내는 공식을 유도한다.

$$C_V = C_{V0}\left[aP^3 + bP^2 + cP + d\right]$$

여기서 P는 밸브의 개도, a, b, c, d는 계수들이다. 4개의 계수들을 찾기 위해 다항식에 다음의 조건들을 부여한다.

$C_V / C_{V0} = 0$　　　$P = 0$ 일 때

$C_V / C_{V0} = 1.0$　　　$P = 100$ 일 때

$Slope = 0.003$　　　$P = 0$ 일 때

$C_V / C_{V0} = 0.42$　　　$P = 40$ 일 때

세 번째 조건은 첫눈에는 이상하게 보인다. 그러나 밸브는 완전 폐쇄에 가까워지면 유량을 상당히 감속시키기에 충분한 손실 수두를 발생한다. 따라서 폐쇄 지점 근방에서 가능한 실험 곡선에 정확하게 표현하는 것이 중요하다. 폐쇄 근방의 곡선의 정확한 형태를 보장하는 좋은 방법은 폐쇄 지점에서의 선의 기울기를 측정하여 이 기울기를 명시하는 것이다.

상기 4 개의 조건들을 적용하면 다음의 공식을 얻을 수 있으며 결과는 그림에서 점선으로 나타내었다.

$$C_V = C_{V0}\left[-1.96\times10^{-6}P^3 + 2.66\times10^{-4}P^2 + 3.00\times10^{-3}P\right]$$

상기와 같은 유도공식을 구하는 방법은 엑셀의 챠트마법사 기능 또는 수학 전용 프로그램인 Matlab등을 이용하여 구할 수 있다.

밸브 작동 전 범위에 걸친 손실 계수를 나타내는 공식을 작성함으로써 공식 2.33을 적분하여 폐쇄 형태 해답(closed form solution)을 구할 수 있다. 그러나 공식에 있는 변수는 분리되지 않는다. 더욱이 이 예제에서 밸브 폐쇄 스케쥴이 밸브의 작동보다 더욱 복잡하면 C_V와 시간과의 관계는 진행될수록 더욱 복잡하게 된다. 지금부터는 가장 광범위하게 적용하는 방법으로 수치 해석을 진행한다. CD에 수록된 프로그램 EP2_3_B.FOR는 특정한 조건들에서 예제 문제에 대한 일반해를 제공한다. 여기에서 밸브 손실 계수는 3차 항으로 작성하였다. 아래와 같은 자료 파일은 입력하여 프로그램을 수행한다.

시간 증가를 $\Delta T = 0.1$초로 설정하면 더욱 정확한 수치 해석 결과를 얻을 수 있다. 이러한 가정을 확인하기 위해 독자는 추가적으로 $\Delta T = 0.5,\ 0.25,\ 0.05,$ 초로 설정하여 프로그램을 수행할 수 있다. 상기 입력자료에서는 $\Delta T = 1.$로 설정되었으므로 폐쇄 시간 20초가 소요되는 밸브가 폐쇄하기 시작하여 18초에서 최대 압력 수두 215ft.가 발생하는 것을 확인할 수 있다. 공간을 절약하기 위해 1 초 시간 간격의 프로그램 수행 결과는 다음과 같다.

입력 자료

```
&SPECS HR=60., VZERO=7.57, D=12, L=3000., E=0.012, KE=0.5, TCLOSE=20.,
       DELT=1.0, A=-0.00000196, B=0.000266, C=0.00300, CZERO=1750./
```

HR = 60.0 FT
VZERO = 7.57FT/S
D = 12.00 IN
L = 3000.0 FT
e = 0.012 IN
KE = 0.50

TCLOSE = 20.0 SEC
DELT = 1.000SEC

A = -0.196E-05
B = 0.266E-03
C = 0.300E-02
CZERO = 1750.0

출력 결과

시간(초)	유속(ft/s)	압력수두(ft)
0.00	7.57	5.4
1.00	7.57	5.3
2.00	7.56	5.4
3.00	7.56	5.6
4.00	7.55	6.1
5.00	7.54	6.6
6.00	7.52	7.5
7.00	7.50	8.6
8.00	7.46	10.2
9.00	7.42	12.4
10.00	7.35	15.6
11.00	7.25	20.1
12.00	7.11	26.8
13.00	6.91	37.1
14.00	6.60	53.3
15.00	6.12	79.1
16.00	5.37	118.9

17.00	4.22	172.3
18.00	2.62	215.0
19.00	0.98	194.6

상세풀이 b

본 예제는 Runge-Kutter법(부록A 및 B 참조)을 사용하여 공식 2.33의 미분방정식을 수치해석으로 해결하는 것이다.

$$\frac{dV}{dt} = \frac{g}{L}\left[H_R - \left(1 + K_E + K_V + f\frac{L}{D}\right)\frac{V^2}{2g}\right] = F(t, V) \qquad ①$$

상기 식에서 시간 0~20초 사이에 밸브의 개도가 선형적으로 폐쇄되면서 밸브의 손실계수 K_V와 마찰계수 f 가 변화한다. 따라서 시간 간격에서의 K_V와 f를 구해 상기 식에 대입하여 도함수 dV/dt를 구하여 유속을 구한다. 여기서 구한 유속을 사용하여 밸브에서 발생하는 손실수두가 바로 2지점에서의 압력 수두가 된다.

먼저 Runge-Kutta법을 이용하여 상미분 방정식을 해결하는 과정을 살펴보자. 시간 변화에 따른 유속 변화 도함수를 $dV/dt = V' = f(t, V)$로 나타내면

$$V_{n+1} = V_n + \Delta t f(t_n, V_n)$$

$\Delta t = 1$초 시간 변화에서의 유속 V_1은 다음과 같이 나타낼 수 있다.

$$V_1 = V_0 + 1 \times f(t_0, V_0) \qquad ②$$

주어진 초기 조건 즉, $t = 0$일 경우 대략 $V_0 = 7.55 ft/\sec$가 되므로 이 유속에서의 밸브의 손실계수 K_V와 마찰계수 f 을 구하여 식 ①에 대입하여야 한다. 먼저 밸브 손실계수를 구하기 위해 시간에 따른 밸브 개도는 선형으로 변한다고 가정하였으므로

$$P = 100 \times \frac{TCLOSE - T}{TCLOSE} \qquad ③$$

$TCLOSE = 20$, $T = 1$이므로 이 수치를 상기 식에 대입하면

$$P = 100 \times \frac{20 - 1}{20} = 95\%$$

상기 수치를 밸브 용량계수 공식에 대입하면

$$C_V = C_{V0}\left[-1.96\times10^{-6}P^3 + 2.66\times10^{-4}P^2 + 3.00\times10^{-3}P\right]$$

$$= 1750\left(-1.96\times10^{-6}\times95^3 + 2.66\times10^{-4}\times95^2 + 3.00\times10^{-3}\times95\right)$$

$$= 1759.1$$

상기 수치를 밸브 손실수두 공식에 대입한다.

$$K_L = K_V = 890\frac{D^4}{C_V^2} = 890\frac{12^4}{1759^2} = 5.964$$

마찰계수를 구하기 위해 주어진 자료 $D=1$, $e=0.001$, $\nu=0.00001217ft^2/\mathrm{sec}$, 유량 $Q=A\times V_0 = 0.785\times7.55 = 5.925ft/\mathrm{sec}$를 프로그램 colebrook_e.for에 대입하여 $f=$ 0.0201를 구할 수 있다. 이제 f와 K_V수치를 공식 ①에 대입한다.

$$\frac{dV}{dt} = \frac{g}{L}\left[H_R - \left(1 + K_E + K_V + f\frac{L}{D}\right)\frac{V^2}{2g}\right]$$

$$= \frac{32.2}{3000}\left[60 - (1 + 0.5 + 5.964 + 0.0201\times3000)\frac{7.55^2}{64.4}\right]$$

$$= 0.0002137$$

상기 도함수를 공식 ②에 대입하면 1초 후 유속을 구하면

$$V_1 = 7.55 + 1\times0.0002137 = 7.55ft/\mathrm{sec}$$

상기 유속에서 밸브에서 발생하는 손실수두 즉, 수두 상승은 다음과 같다.

$$K_V\frac{V^2}{2g} = 5.964\times\frac{7.55^2}{64.4} = 5.27ft$$

2초 후의 유속과 손실수두를 구하기 위해서는 공식 ②를 사용하여 상기 과정을 반복한다.

$$V_2 = V_1 + 1 \times f(t_1, V_1)$$

$$P = 100 \times \frac{20-2}{20} = 90\%$$

상기 수치를 밸브 용량계수 공식에 대입하면

$$C_V = 1750\left(-1.96 \times 10^{-6} \times 90^3 + 2.66 \times 10^{-4} \times 90^2 + 3.00 \times 10^{-3} \times 90\right)$$
$$= 1742.6$$

상기 수치를 밸브 손실수두 공식에 대입한다.

$$K_L = K_V = 890 \frac{D^4}{C_V^2} = 890 \frac{12^4}{1742.6^2} = 6.077$$

마찰계수를 구하기 위해 주어진 자료 $D = 1$, $e = 0.001$, $\nu = 0.00001217 ft^2/\sec$, 유량 $Q = A \times V_0 = 0.785 \times 7.55 = 5.925 ft/\sec$를 프로그램 colebrook_e.for에 대입하여 $f =$ 0.0201를 구할 수 있다. 이제 f와 K_V수치를 공식 ①에 대입한다.

$$\frac{dV}{dt} = \frac{g}{L}\left[H_R - \left(1 + K_E + K_V + f\frac{L}{D}\right)\frac{V^2}{2g}\right]$$
$$= \frac{32.2}{3000}\left[60 - (1 + 0.5 + 6.077 + 0.0201 \times 3000)\frac{7.55^2}{64.4}\right]$$
$$= -0.0008597$$

상기 도함수를 공식 ②에 대입하면 1초 후 유속을 구하면

$$V_1 = 7.55 - 1 \times 0.0008597 = 7.549 ft/\sec$$

상기 유속에서 밸브에서 발생하는 손실수두 즉, 수두 상승은 다음과 같다.

$$K_V \frac{V^2}{2g} = 6.077 \times \frac{7.549^2}{64.4} = 5.377 ft$$

3, 4, 5초 · · · 후의 속도와 수두상승은 상기 과정을 반복한다. 상미분 방정식을 수치 해석하고자 할 때 독립변수 즉, 시간의 간격을 작게 할수록 정확한 해를 구할 수 있다.

본 예제에 사용된 프로그램인 EP2_3_B.FOR에서는 상미분 방정식을 수치 해석하기 위해서 부프로그램인 RUKUST.FOR를 호출하며, 시간 간격을 더욱 세밀히 하기 위해서 부프로그램 RUKU4.FOR를 호출하였다.

풀이 c

밸브 계수를 나타내는 3승 다항식을 구하기 위한 다른 방법은 계수 자료에 스플라인 보간법을 적용하고 나머지는 앞과 같은 절차로 수행하면 된다. CD에 수록된 프로그램 EP2_3_C.FOR는 이러한 방법으로 수행한다. 이러한 방법의 입력 및 출력 자료 파일은 다음과 같다.

입력 자료

&SPECS HR=60., VZERO=7.57, D=12., L=3000., E=0.012, KE=0.5, TCLOSE=20., DELT=1., CVZERO=1750./

0 0 10 0.055 20 0.13 30 0.26 40 0.42 50 0.6 60 0.74 70 0.83 80 0.92 90 0.97 100 1.0

```
    HR = 60.0 FT
 VZERO = 7.57FT/S
     D = 12.00 IN
     L = 3000.0 FT
     e = 0.012 IN
    KE = 0.50

TCLOSE = 20.0 SEC
  DELT = 1.000SEC

 CZERO = 1750.0
```

결과

시간(초)	유속(ft/s)	압력수두 H(ft)
0.00	7.57	5.4
1.00	7.57	5.5
2.00	7.56	5.7

3.00	7.55	5.9
4.00	7.54	6.3
5.00	7.53	6.9
6.00	7.51	7.7
7.00	7.49	8.5
8.00	7.46	9.5
9.00	7.42	11.2
10.00	7.37	14.1
11.00	7.28	19.0
12.00	7.14	27.1
13.00	6.92	39.6
14.00	6.57	59.8
15.00	5.99	93.8
16.00	5.06	141.6
17.00	3.77	175.0
18.00	2.40	177.4
19.00	1.14	169.8

상기 2개의 해답들에서 압력의 차이는 밸브 폐쇄가 완료되는 부분에서의 밸브 손실 계수를 나타내는 수치 차이로 인해 발생한다. 밸브가 완전폐쇄의 위치에 접근하면 용량 계수 C_V에 반비례하여 변화하는 손실 계수 K_V가 급속히 증가한다. C_V를 나타내기 위해 결정된 밸브 개도와 C_V의 상관관계는 K_V와 압력의 수치에 상당한 영향을 미친다. 압력 최대치는 통상적으로 분석에서 가장 중요한 부분이므로 밸브 폐쇄 직전에서 가능한 정확하게 C_V를 정의하도록 노력하는 것은 필수적이다. 밸브 폐쇄 자료는 대개의 경우 제작사로부터 그래프 또는 표로 제공되며 이 자료는 정상 상태 분석시에는 정확하다. 비정상 유동 거동의 정확한 분석을 위해 필요한 폐쇄 직전에서의 C_V의 정확한 변화 특성 자료들을 취득하는 것은 거의 불가능하다. 따라서 경험적으로 실험자가 밸브 폐쇄의 모델링과 분석의 결과를 보수적인 관점에서 평가 판단할 필요가 있다.

2.3.3 수충격

관로 시스템내의 속도가 급속히 변화하는 경우를 분석하려면 배관과 유체의 탄성 특성을 반드시 고려하여야 하며 이러한 수력적 부정류를 일반적으로 수충격이라 한다. 이러한 형식의 분석은 강성주 분석보다 더욱 복잡하다. 다음 장에서 이러한 형식의 현상을 광범위하게 연구하기 전에 간단한 수충격 상황을 보자. 이러한 문제는 속도가 급변할 경우 관로 내에 어떤 일이 발생하는지 이해하는데 도움이 될 것이며 수충격 현상을 이해하는데 중요한 기초 개념을 심어준다.

그림 2.6과 같이 단순한 관로와 밸브가 저수지에 설치되어있는 상황에서 단순화된 일련의 공식에 따라 수충격 파가 시간에 따라 어떻게 전개되는지 관찰할 수 있다. 관로 내 정상 유동은 속도 V에서 형성된다고 가정한다. 마찰이 없다면 관로 내 전 구간에 걸쳐 피에조미터의 수두는 H이다. 만일 밸브의 위치가 어떤 방법으로든 변화하게 되면 관로와 밸브의 상류와 하류에 부정류가 발생된다. 우리는 관로 상류부에만 집중하기로 한다.

밸브를 완전 급 폐쇄한다고 가정한다. 밸브에서 유속은 급속히 힘을 받아 유속이 0이 된다. 결과적으로 밸브에서의 수두는 제3장에서 보는 바와 같이 $\Delta H = aV/g$로 급작스럽게 증가한다. 이 증가량은 유동하는 물의 모멘텀을 충분히 감소시켜 0이 되게 한다.

밸브에서 증가된 수두는 즉시 두 개의 다른 변화를 발생시킨다. 압력의 증가는 관로를 약간 확장시키고 또한 유체의 밀도를 증가시킨다. **배관의 팽창량은 배관의 직경과 두께 및 배관 재질의 압축성과 액체에 따라 결정되나 통상적으로 1.5% 보다 적다.** 그림 2.7에서의 변형은 과장된 것이다.

압력 수두의 상승은 전면이 예리한 압력파(pressure wave)을 속도a로 상류측으로 전파되도록 한다. 이 a의 크기는 관로와 액체 특성의 함수이다. 밸브가 폐쇄된 후 L/α초 후 파동 전면은 저수지에 도달한다. 이 순간 관로 전구간에 걸쳐 유속이 0이 되며 압력 수두는 전 구간에 걸쳐 $H + \Delta H$로 형성되며 배관은 확장되고 액체는 압축된다.

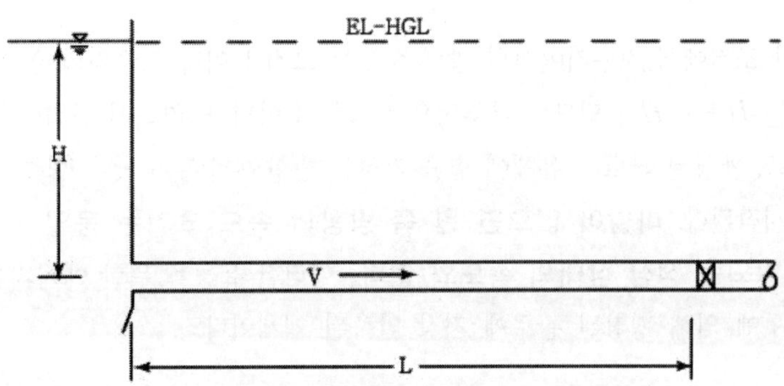

그림 2.6 마찰이 없을 때저수지로부터의 정상 유동

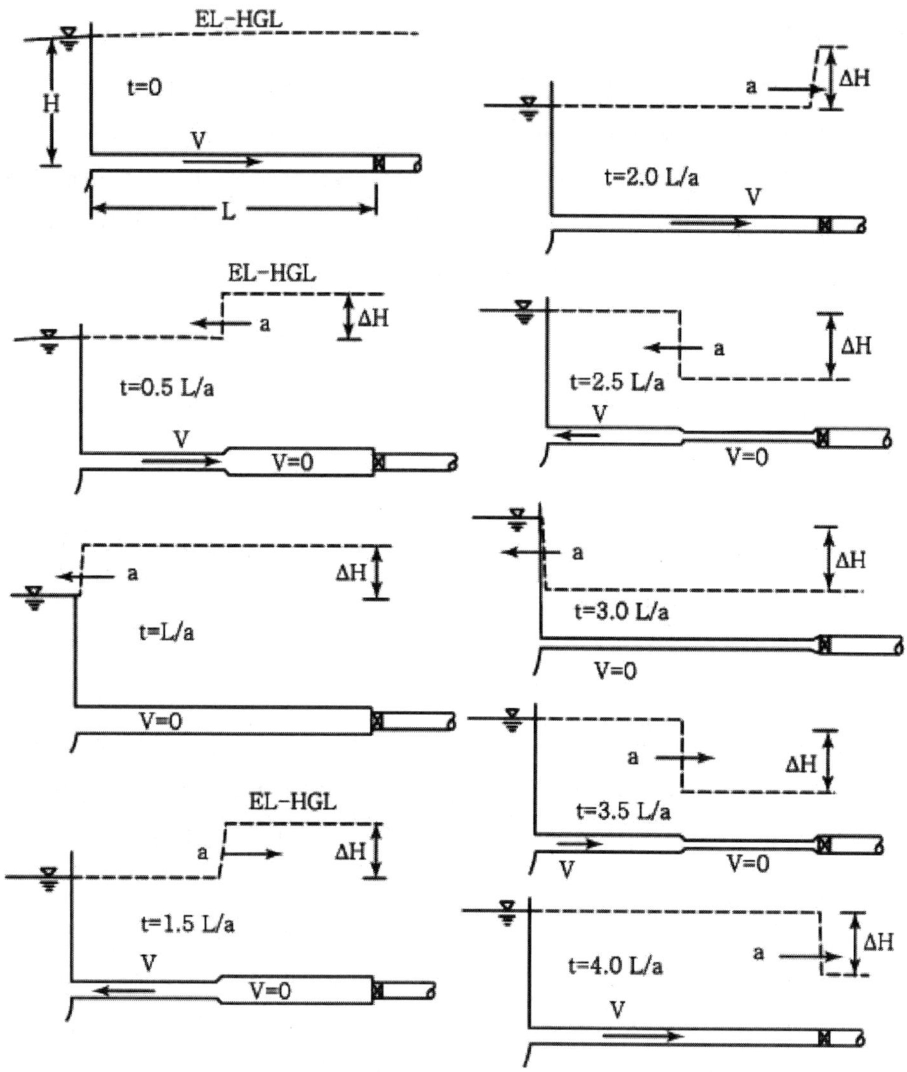

그림 2.7 그림 2.6의 관로내 부정류 압력 파동의 전개

이러한 조건에서 저수지에서의 압력 수두는 오직 H이나 저수지와 연결된 관로 내의 압력 수두는 $H+\triangle H$가 되므로 부분적으로 평형이 아니다. 따라서 압력이 높은 곳에서 낮은 곳으로 즉, 팽창된 관로가 유체에 힘을 가하는 방향인 수두가 낮은 방향(저수지 방향)으로 유동이 시작된다. **마찰이 없으면 왼 쪽 방향의 속도 크기는 동일 수두 증가 $\triangle H$에 의해 유발되는 정상 상태의 속도와 같다.** 이러한 유동을 위한 에너지의 근원은 증가된 압력 수두에 의해 팽창된 관로에 저장 압축된 액체이다.

이러한 절차는 시간과 함께 계속하여 전개된다. 시작점으로부터 시간이 $2L/a$초 경과하면 관로 전 부분의 압력은 원래의 수치로 회복되나 유속 방향은 원래 방향과 반대가 된다. 이 순간 압축된 액체의 저장은 모두 배출되고 압력파가 반사되면서 압력 수두는 원래 정상 상태의 수두보다 ΔH만큼 저하되고 이 저하된 압력과 폐쇄된 밸브는 압력파 뒤에 있는 유체의 속도가 0이 되도록 한다. 이러한 부(-)압력 파 뒤의 관로 단면은 수축되며 액체는 팽창한다.

시간이 $3L/a$에서는 부(-) 압력 파동은 저수지에 도달하고 속도는 모든 구간에서 0이 된다. 그러나 저수지 근방 관로 내 압력 수두는 저수지 수두와 불평형 상태가 되므로 유체는 속도 V로 저수지로부터 관로 방향으로 유입된다. 새로 발생된 부 압력파 뒤의 관로 내 수두는 저수지 수위와 평형이 된다.

시간이$4L/a$에서 압력파는 밸브에 도달한다. 이 순간 모든 변수들은 밸브 폐쇄 전의 정상 상태로 복귀한다. 이$4L/a$ 시간 간격은 마찰이 존재하지 않을 때 수력적 부정류의 완전한 한 주기가 되며 이러한 과정은 감소 없이 계속된다. 마찰이 존재하지 않는 한 이러한 일련의 과정은 무한히 반복되지만 현실적으로 관로에는 항상 마찰 및 부차적 손실이 존재하기 때문에 유체는 수충격이 발생된 후 일정 시간이 경과하면 이러한 부정류 현상이 종료되면서 정상 유동상태로 복귀한다.

만일 피에조미터의 수두 변화가 관로 길이에 따라 선정된 지점에서 시간의 함수로 그림 2.8과 같이 작성된다면 이 결과를 이용하여 여러 개의 기본적인 특징을 추론할 수 있다. 한 예로 임의 지점에서 수두는 시간 단독이 아닌 L/a 단위 시간의 주기로 변화한다는 것을 분명하게 보여준다. 그림 2.8a에서는 밸브에서의 수두는 $H+\Delta H$와 $H-\Delta H$ 수치를 취하나 관로의 중간 지점(그림 2.8b)에서의 수두는 H, $H+\Delta H$와 $H-\Delta H$ 수치를 취한다.

그림 2.8b와 2.8c로부터 수두 차 ΔH는 초기에는 발생하지 않으나 밸브가 급 폐쇄되면 압력파가 발생하고 이 압력파는 한정된 파속 a로 다른 지점으로 이동한다. 관로 전 구간을 이동하는데 필요한 시간의 절반이면 압력파가 관로의 중간 지점에 도달한다. 그림 2.8a에서 보여주는 것과 같이 밸브에서의 증가된 수두는 압력파가 1 왕복하는 시간동안 계속 유지되고, 저수지로부터 돌아오는 압력파에 의해 수두는 감소된다. 사실 밸브에서 발생하는 수두 증가는 순간적으로 완전하게 ΔH로 발달될 필요는 없다. 즉, 이 수두 증가는 1 왕복하는 시간보다 적은 시간동안에 작은 수두증가들이 더해져서 완전히 발달된 수두 증가ΔH로 점차적으로 발달할 수도 있다. **밸브에 커다란 손실 수두를 발생시킴으로써 관로에서 토출 유량을 감소시킬 때 부정류 압력이 발생되는 것을 방지하기 위해서 $2L/\alpha$*보다 충분히 여유를 갖고* 밸브를 폐쇄할 필요가 있다는 것을 나중에 살펴보기로 한다.**

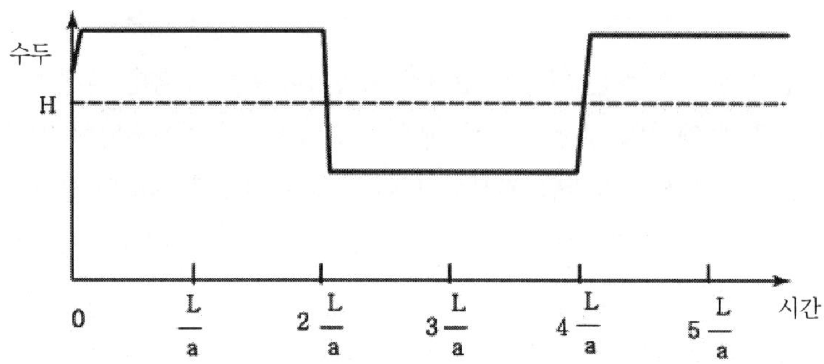

(a) 밸브에서 수두-시간

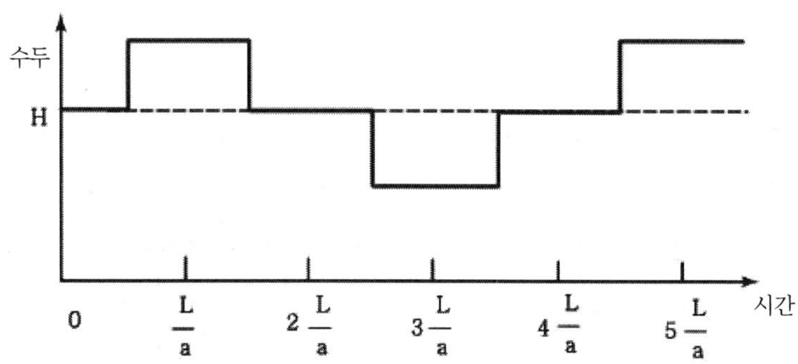

(b) 관로 중간에서 수두-시간

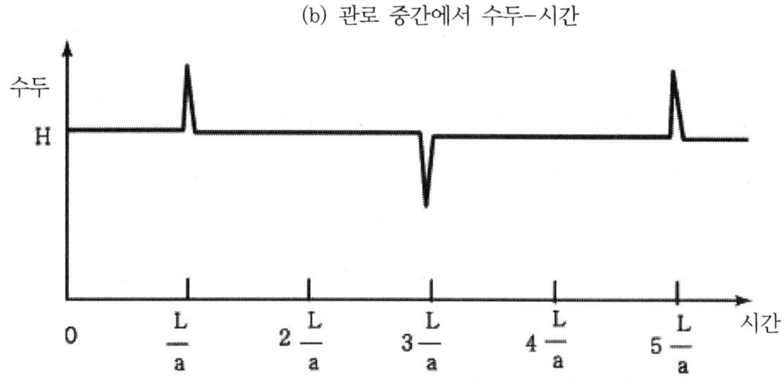

(c) 저수지에서 수두-시간

그림 2.8 3 위치에서 수두-시간

제3장 부정류의 탄성 이론

유속이 급변하고 관로가 상대적으로 긴 상황에서는 배관과 액체의 탄성 특성이 중요한 요소가 된다. 제2장에서 관로가 밸브의 급폐쇄에 어떻게 반응하는지 보았다. 이 밸브 조작은 압력 수두 ΔH 증가를 유발하고 이 압력수두는 속도 a로 전파된다. 이 장에서 ΔH와 a의 지배 관계를 전개하고 제2장에서의 단순한 예제로부터 적용 범위를 확대한다.

3.1 압력 수두 변화 ΔH 공식

ΔH의 공식을 전개하기 위해 선형 모멘텀 공식을 사용한다. 속도 변화 ΔV는 압력 수두 변화 ΔH를 임의 속도 a로 전파시키도록 유발한다. 그림 3.1a에서 ΔV는 실제는 음(−)이고 ΔH 수두 증가를 유발시킨다. 배관 단면의 미소 길이 δL은 임의 작은 량이나, 매우 작은 dL은 아니다. 압력 파와 압력 수두 변화 ΔH에 기인된 배관의 팽창은 속도 a로 전파된다. 파속은 관로와 관련하여 고정된 관찰자와의 상대적인 속도이고 물의 속도와의 상대 속도가 아니다. 상대적으로 강성 배관에서는 어느 것을 기준으로 선택하던간에 본질적으로 같은 결과가 된다.

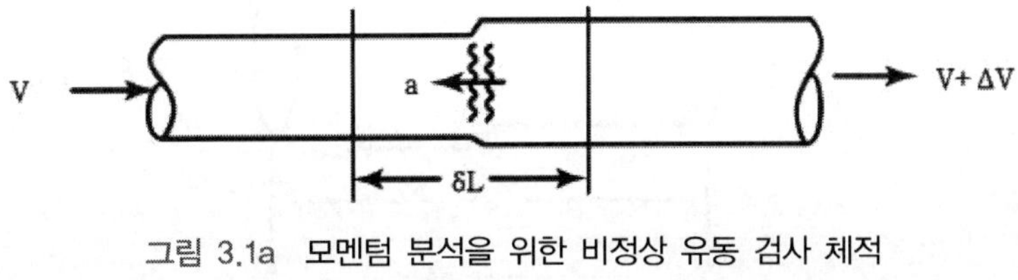

그림 3.1a 모멘텀 분석을 위한 비정상 유동 검사 체적

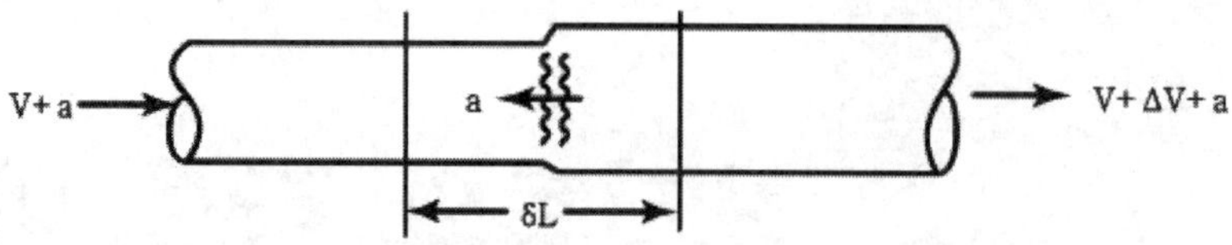

그림 3.1b 모멘텀 분석을 위한 정상 유동 검사 체적

비정상 유동 상황이기 때문에 정상류에 적용되는 선형 모멘텀 공식을 적용할 수 없다. 그러나 그림 3.1b에서 보는 바와 같이 비정상 유동이 정상 유동처럼 보이는 이동 좌표 시스템을 사용하는 것이 가능하다.

만일 기준 시스템을 속도 a로 왼쪽으로 이동하면 모든 것이 정상 유동과 같아 보인다. 기본 유체 기계역학으로부터 우리는 정상 1차원 선형 모멘텀 공식을 적용할 수 있다.

$$\sum F_{ext} = \left(\sum Q\rho V\right)_{out} - \left(\sum Q\rho V\right)_{in} \qquad 3.1$$

여기서 Q는 토출량이고, ρ는 유체 밀도, 그리고 $\sum F_{ext}$는 시스템에 작용하는 외력의 합이다. 여기에서는 부등류 속도 분포를 위한 모멘텀 수정 요소를 1.0으로 가정한다. 이 벡터 공식의 구성 성분만이 관로와 평행하다고 간주하고 모멘텀 플럭스(flux)는 한 단면에서만 δL 길이의 배관 단면을 통해 유입, 유출되므로 다음과 같이 쓸 수 있다.

$$\left(\sum F_{ext}\right)_x = Q\rho\left(V_{out} - V_{in}\right) \qquad 3.2$$

모멘텀 공식을 적용하기 위해 검사 체적을 명시하고 특정 순간에 검사 체적내 유체에 작용하는 모든 힘들을 설명하고 같은 순간에 검사 체적으로 유입, 유출되는 모멘텀 플럭스(flux)를 평가하여야 한다. 검사 체적은 길이 δL의 배관 내부와 일치한다. 배관 양 끝 단면으로 유입, 유출하는 유동도 포함한다. 이러한 검사 체적, 검사 체적 안에 있는 유체에 작용하는 외력들은 그림 3.2에 나타내었다.

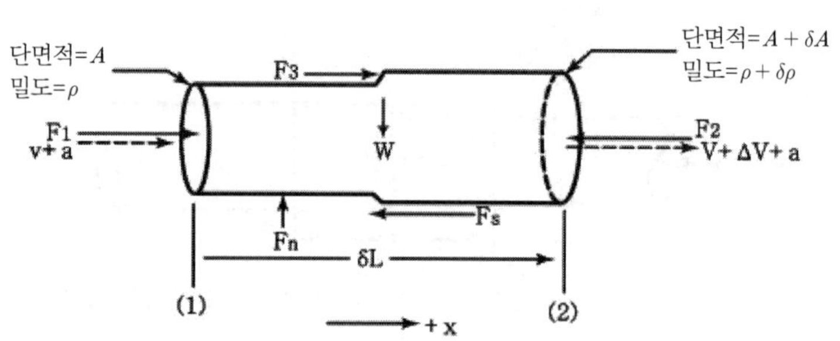

그림 3.2 모든 힘들을 보여주는 정상-유동 검사 체적

마찰에 의해 야기된 배관 안쪽의 전단 응력 F_s의 크기는 δL과 비례하기 때문에 무시한다. 또한 상대적으로 강한 배관 재질을 고려하기 때문에 배관의 팽창은 매우 작기 때문에 F_3도 무시한다.

공식 3.2를 적용하면

$$F_1 - F_2 = Q\rho[(V+\Delta V+a)-(V+a)] = Q\rho[\Delta V] \tag{3.3}$$

여기서 $Q\rho = (V+a)A\rho$이다. 만일 (1)에서 압력이 p_0이면 (2)에서 압력은 $p_0 + \Delta p$이다. 따라서

$$p_0 A - (p_0 + \Delta p)(A + \delta A) = (V+a)A\rho(\Delta V) \tag{3.4}$$

상기식 좌측항을 확장하고 $\Delta p = \gamma \Delta H$ 그리고 δA는 $\Delta H,\ A,$ 그리고 γ와 비교하여 상당히 작으므로 이러한 작은 항들을 무시하면

$$-\Delta H \gamma A = (V+a)A\rho(\Delta V) \tag{3.5}$$

상기 공식은 다음과 같이도 쓸 수 있다.

$$\Delta H = -\frac{\rho}{\gamma}\Delta V(V+a) \tag{3.6}$$

또는

$$\Delta H = -\frac{a\Delta V}{g}\left(1+\frac{V}{a}\right) \tag{3.7}$$

대부분의 강성 배관의 경우(파속 1200ft/s를 갖는 PVC 배관에서도) V/a 수치는 0.01보다 적다. 따라서 공식 3.7은 일반적으로(이 책에서는 항상) 다음과 같이 적용한다.

$$\Delta H = -\frac{a}{g}\Delta V \tag{3.8}$$

공식 3.8로부터 감속 ΔV는 수두 ΔH의 증가를 유발한다. 더욱이 ΔH는 파속인 a에 좌우되며 a가 정립될 때까지는 결정할 수 없다.

3.2 관 두께가 얇은 관로의 파속

파속 공식을 전개하기 위해 사용하였던 배관 길이 δL 부분에 질량 보존 법칙을 고려한다. 관로의 부분을 파동이 통과하기에 필요한 시간 동안 배관 부분을 입 · 출입하는 질량을 검사한다. 순수하게 유입되는 질량은 δL에 저장되어 증가되는 것으로 공식이 작성되어 파속 a를 구하기 위한 공식을 만든다. 질량이 축적되므로 속도가 감소되는 것으로 가정한다.

우선 파동이 검사 체적에 처음 도달하고 그 후 파동이 δt 시간 후에 이 검사체적을 통과할 때의 상황을 주목한다.

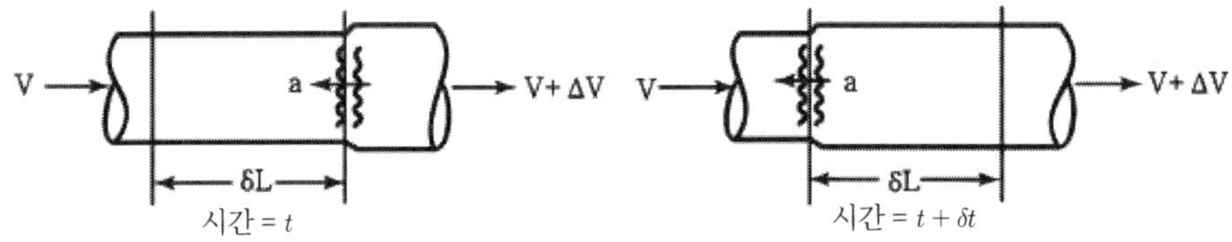

그림 3.3 두 순간에서의 압력 파동 전파

δL과 δt는 파속과 관련하여 $\delta L = a\delta t$로 나타낼 수 있다.

3.2.1 순수 유입 질량

압력파가 검사 체적을 통과하는데 소요되는 시간 동안 질량은 아래의 양만큼 증가한다.

$$\delta M = VA\rho\delta t - (V + \Delta V)(\rho + \delta\rho)(A + \delta A)\delta t \qquad 3.9$$

괄호안을 확장하여 작은 항들은 무시하면 다음과 같이 된다.

$$\delta M = -A\rho\Delta V\delta t \qquad 3.10$$

또는 파속과 δL 항으로 표시하면

$$\delta M = -A\rho\Delta V\frac{\delta L}{a} \qquad 3.11$$

이 여유 액체는 부분적으로 압축되어 밀도가 높게 되고 부분적으로 배관의 단면이 확장되어 확보된 공간에 차지하면서 검사 체적에 저장된다. 이제 액체와 배관의 체적 변화량을 측정할 수 있다.

3.2.2 압축성에 의한 액체 체적의 변화

속도의 감소에 기인하여 발생하는 양(+) 압력 파동이 통과하는 동안 압력은 증가하기 때문에 단면에 있는 체적은 압축되어 밀도가 높아지게 된다. 압력의 증가와 체적의 감소와 관련된 공식은 유체 기계 문헌에 나와 있는 액체의 체적 탄성 계수를 정의하는 공식이 된다.

$$K = -\frac{dp}{d\forall / \forall} \quad 3.12$$

여기서 K는 액체의 체적 탄성 계수이고 p 와 $\forall$는 액체의 압력과 체적이다. K는 광범위한 압력 범위에서 상대적으로 일정하므로(액체에 가스가 포함되지 않았을 때), $dp = \Delta p$이고 공식 3.12는 다음과 같이 된다.

$$\delta\forall = -\Delta p \frac{\forall}{K} \quad 3.13$$

여기서 $\delta\forall$는 압력 변화 δp에 기인한 검사 체적의 액체 체적에서의 변화이다.

3.2.3 탄성에 기인한 배관 체적의 변화

증가된 압력이 배관을 팽창시키면 순수하게 유입되어 축적되는 액체를 저장할 더 많은 공간이 생긴다. 배관은 원주 방향과 길이 방향으로 늘어나게 되므로 우리는 배관 체적 변화를 고려시 두 방향 모두 고려하여야 한다.

재료역학의 기본적인 전개는 두 개의 직각 방향으로 작용하는 배관 두께의 변형사이의 관계를 보여준다. 만일 재료가 한 방향으로 ϵ_1 만큼 변형되면 $\epsilon_2 = \mu\epsilon_1$에 따라 직각 방향으로 ϵ_2의 변형이 발생하며 여기서 μ는 프와송의 비이다. 만일 어느 한 방향으로 구속물 또는 외력에 의해 자유 변형이 제한된다면 이러한 상관관계는 더욱 복잡하게 된다. 재료역학 문헌은 두께가 얇은 배관에 작용하는 2차원 응력을 위한 다음의 공식을 제공한다.

$$\sigma_1 = \frac{\epsilon_1 + \mu\epsilon_2}{1-\mu^2} E \text{ 또는 } \epsilon_1 = \frac{\sigma_1 - \mu\sigma_2}{E} \quad 3.14a$$

$$\sigma_2 = \frac{\epsilon_2 + \mu\epsilon_1}{1-\mu^2} E \text{ 또는 } \epsilon_2 = \frac{\sigma_2 - \mu\sigma_1}{E} \quad 3.14b$$

여기서 σ_1과 ϵ_1은 배관 축 방향의 응력과 변형이고, σ_2과 ϵ_2는 원주 방향의 응력과 변형이고, E는 배관 재료의 탄성 계수이다. 만일 배관 재료가 균등질, 등방향이 아니라면 더욱 복잡한 해석이 필요하다.

주석 재료의 탄성한도 이내에서 세로 방향으로 하중을 가했을 때 세로 변형율 ϵ과 가로 변형율 ϵ'과의 비를 프와송의 비 μ, 그 역수를 프와송의 수 m이라고 한다.

$$\mu = \frac{\epsilon'}{\epsilon} = \frac{1}{m} \qquad m = \frac{\epsilon}{\epsilon'} = \frac{1}{\mu}$$

종 탄성계수(영계수) E는 재료의 탄성한도 내에서 하중 P를 작용시키면 재료는 λ만큼 늘어나고 응력 σ가 발생된다.

$$P = \sigma A,\ \epsilon = \frac{\lambda}{l},\ E = \frac{\sigma}{\epsilon}, \lambda = \frac{\sigma \cdot l}{E}$$

수충압 발생시에는 통상적으로 이미 정상 상태 유동(steady state flow)에 기인하여 응력과 변형이 배관 내에 존재한다. 지금부터는 앞의 공식을 증분의 형태로 표현한다.

$$\Delta\sigma_1 = \frac{\Delta\epsilon_1 + \mu\Delta\epsilon_2}{1-\mu^2}E \quad \text{또는} \quad \Delta\epsilon_1 = \frac{\Delta\sigma_1 - \mu\Delta\sigma_2}{E} \tag{3.15a}$$

$$\Delta\sigma_2 = \frac{\Delta\epsilon_2 + \mu\Delta\epsilon_1}{1-\mu^2}E \quad \text{또는} \quad \Delta\epsilon_2 = \frac{\Delta\sigma_2 - \mu\Delta\sigma_1}{E} \tag{3.15b}$$

원주 방향의 늘어남(팽창)에 기인한 체적의 변화는 다음과 같다.

$$\delta\forall_c = \pi D\frac{\delta D}{2}\delta L \tag{3.16}$$

여기서 $\pi\delta D = \pi D\Delta\epsilon_2$이다. 두 공식을 조합하면 다음과 같이 된다.

$$\delta\forall_c = \frac{1}{2}\pi D^2\delta L\Delta\epsilon_2 \tag{3.17}$$

배관 길이 방향의 늘어남(팽창)에 기인한 체적의 변화는 다음과 같다.

$$\delta\forall_l = \frac{1}{4}\pi D^2\delta L\Delta\epsilon_1 \tag{3.18}$$

공식 3.17과 3.18을 조합하면 배관의 팽창에 의한 전체 체적의 변화를 구할 수 있다.

$$\delta \forall = \frac{\pi}{4} D^2 \delta L (\Delta \epsilon_1 + 2\Delta \epsilon_2) \qquad 3.19$$

이제 변형으로 표현한 식을 변형을 발생시키는 응력과 압력으로 대체하여 표현한다. 정압력을 받는 상태에서 배관 두께의 원주 방향 응력의 변화는 다음과 같다.

$$\Delta \sigma_2 = \frac{\Delta p D}{2e} \qquad 3.20$$

여기서 e는 배관 두께이다. 그러나 대부분 수충격의 부정류 조건은 배관의 질량과 배관 지지물은 물론 부속품 재료를 면밀하게 고려하여 정확하게 분석할 수 있는 방법과 같이 배관이 동역학적으로 응동하도록 한다. 배관의 중량 외 밸브, 부속품, 그리고 다른 부착물들은 압력 변화에 의해 반드시 변위된다. 이러한 변위들은 배관 지지물의 탄성 거동과 형식에 의해 차례로 영향을 받는다. 이러한 형식의 해석은 전반적으로 너무나 복잡하여 수행할 수 없으므로 대개의 경우 정적 조건(static conditions)들은 충분하게 동적 거동(dynamic behavior)에 가깝다고 가정한다. 수년간에 걸친 실험 결과는 이러한 접근이 전반적으로 유효한 것으로 증명되었다. 상기 공식을 공식 3.15에 대입하면 다음과 같이 된다.

$$\frac{\Delta p D}{2e} = \frac{\Delta \epsilon_2 + \mu \Delta \epsilon_1}{1 - \mu^2} E \qquad 3.21$$

압력과 원주 방향의 응력에 관한 상관관계는 모든 형식의 지지물에 유효한 반면 길이 방향의 응력과 변형의 상관관계는 지지물 형식에 따라 변화한다. 한 예로 만일 관로가 한쪽 말단에 앵커로 지지되고 길이 방향으로 자유스럽게 늘어난다면(길이 방향이 긴 압력용기와 너무 흡사함) 정적 조건하에서 길이 방향의 응력은 다음과 같이 된다.

$$\Delta \sigma_1 = \frac{\Delta p D}{4e} \qquad 3.22$$

한편 만일 배관이 완전 앵커로 고정되어 축 방향의 변형이 없다면 $\Delta \epsilon_1 = 0$이기 때문에 $\Delta \sigma_1 = \mu \Delta \sigma_2$가 된다. 만일 관로가 길이 방향으로 신축 작용을 하는 설비가 설치된다면 $\Delta \sigma_1 = 0$이고 $\Delta \epsilon_1$은 관심 밖이 된다. Wylie and Streeter(1993)의 명명법에 따라 우리는 상기의 경우를 다음과 같이 분류한다.

경우 (a) : 상류측 말단에만 앵커로 관로를 고정
경우 (b) : 관로 전체가 앵커 등으로지지
경우 (c) : 관로 길이 방향으로 신축관 설치

실용적인 측면에서 관로 지지물 상황은 아마도 상기의 경우 중의 하나와 정확하게 일치하지 않지만 가능한 범위 내에 존재한다. 여기에서 우리는 하나의 지지물을 선정하여 각각의 경우 어떻게 해석하는지 예제를 완전하게 전개토록 한다. 그러나 매설 배관은 상대적으로 많이 사용되고 이 배관은 토양의 마찰과 앵커 블럭에 의해 길이 방향으로 완전히 고정되었다고 가정할 수 있다. 다음은 파속을 계산하기에 앞서 경우 (b) 지지물을 연구한다.

경우 (b)에서의 파속

이러한 경우에는 $\Delta\epsilon_1 = 0$이고 공식 3.15a는 다음과 같이 된다.

$$\Delta\sigma_1 = \frac{\mu\Delta\epsilon_2}{1-\mu^2}E \text{또는 } \Delta\sigma_1 = \mu\Delta\sigma_2 \qquad 3.23$$

그리고 공식 3.21은 다음과 같이 된다.

$$\frac{\Delta pD}{2e} = \frac{\Delta\epsilon_2}{1-\mu^2}E \qquad 3.24$$

상기 공식을 공식 3.19의 $\Delta\epsilon_2$에 대입하면 전체 체적 변화는 다음과 같이 된다.

$$\delta\forall = \frac{\pi}{4}D^2\delta L\left(\frac{1-\mu^2}{E}\right)\left(\frac{\Delta pD}{e}\right) \qquad 3.25$$

이제 질량 보존에 기초를 둔 공식 3.11을 상기하고 δt초 동안 배관의 검사 체적 내에 축적되는 질량의 증가분을 계산한다. 만일 파동의 통과 후 관로에 존재하는 질량으로부터 파동이 통과하기 전의 질량을 감하면 다음과 같이 된다.

$$\delta M = (\rho+\delta\rho)(A\delta L+\delta\forall) - \rho A\delta L \qquad 3.26$$

상기 식은 액체의 체적변화와 배관의 체적변화의 함수로서 질량변화 δM을 나타낸다. 상기 식을 전개하여 미소 항들을 생략하면 다음과 같이 된다.

$$\delta\rho A\delta L + \rho\delta\forall = A\rho\Delta V\frac{\delta L}{a} \qquad 3.27$$

상기 공식을 더욱 유용한 형태로 나타내기 위해 주어진 질량에서 압력이 증가하면 체적이 감소하고 밀도는 증가하게 되므로 즉, $\rho\forall$ =일정하므로 $\forall\delta\rho+\rho\delta\forall=0$의 관계식으로부터

$$\delta\rho=-\frac{\delta\forall}{\forall}\rho \qquad 3.28$$

공식 3.13을 상기 식에 대입하면

$$\delta\rho=\rho\left(\frac{\Delta p}{K}\right) \qquad 3.29$$

상기 식에서 Δp를 $\gamma\Delta H$로 대체하여 공식 3.25와 함께 공식 3.27에 대입하면 다음과 같이 된다.

$$\frac{\Delta V}{a}=\gamma\Delta H\left[\frac{1}{K}+\left(\frac{1-\mu^2}{E}\right)\frac{D}{e}\right] \qquad 3.30$$

상기 공식을 공식 3.8($\Delta H=-\frac{a}{g}\Delta V,\ \Delta V=-\Delta H\frac{g}{a}$)과 조합하면 다음과 같이 된다.

$$a^2\rho\left[\frac{1}{K}+\frac{D}{e}\left(\frac{1-\mu^2}{E}\right)\right]=1 \qquad 3.31$$

액체 관로

또는 파속의 통상적인 형태는

$$a=\frac{\sqrt{K/\rho}}{\sqrt{1+\frac{K}{E}\frac{D}{e}(1-\mu^2)}} \quad \text{경우(b)} \qquad 3.32$$

이제는 파속 계산이 가능하므로 공식 3.8이 적용되는 간단한 상황에서 압력은 파속에 직접적으로 상승한다. Wylie and Streeter(1993)는 파속을 나타내기 위한 공식을 다음과 같이 일반적인 형태로 편리하게 표현하였다. 아래 공식으로부터 파속은 액체 K가 클수록 즉, 비압축성일수록, 액체 밀도가 작을수록 그리고 배관 영계수 E와 배관 두께 e가 클수록 파속이 커지는 것을 알 수 있다.

$$a = \frac{\sqrt{K/\rho}}{\sqrt{1+\frac{K}{E}\frac{D}{e}(C)}} \quad 3.33$$

여기서

경우 (a) 지지물 $C = 5/4 - \mu$ 3.34a

경우 (b) 지지물 $C = 1 - \mu^2$ 3.34b

경우 (c) 지지물 $C = 1.0$ 3.34c

파속 일련의 공식은 오직 두께가 얇은 배관일 경우에 적용된다는 것을 명심하여야 한다. 만일 배관 두께가 충분히 두껍다면 상기 공식은 수정되어야 한다(배관 두께가 얇은 배관에 대한 토론은 3.3절을 참조한다). 일반적인 재질을 사용하는 배관 내 파속을 계산하기 위한 E와 μ 수치는 다음 표와 같다. 물의 체적 탄성 계수 K는 다른 문헌에서는 $320{,}000 lb/in^2$ 까지 제시하나 여기서는 대략 $300{,}000 lb/in^2$ 이다.

재질	$E(lb/in^2)$	프와송의 비 μ
강관	30×10^6	0.30
주철관(Ductile Cast Iron)	24×10^6	0.28
동	16×10^6	0.36
황동	15×10^6	0.34
알루미늄	10.5×10^6	0.33
PVC	4×10^5	0.45
FRP	$E_2 = 4 \times 10^6$	$\mu_2 = 0.27 - 0.30$
	$E_1 = 1.3 \times 10^6$	$\mu_1 = 0.20 - 0.24$
석면 시멘트	3.4×10^6	0.30
콘크리트	$57{,}000\sqrt{f_c'}$	동적 수치 0.24
	$f_c' = 28$ 일 강도	

표 3.1 범용적인 배관 재질의 탄성 계수와 프와송의 비

그러나 액체 중에 존재하는 소량의 공기나 가스는 K 수치와 파속을 현저하게 감소시킨다. 불행하게도 공기 량, 공기의 분포, 공기의 침투정도(pervasiveness), 그리고 공기가 파속에 미치는 영향에 대한 평가는 매우 어렵다. 결과적으로 설계시에는 보수적으로 접근하고 공기가 존재하지 않는다고 가정하는 것이 실용상 보편적이며 따라서 높은 수충압이 예상된다. 시스템 내에 공기 또는 가스가 존재하면 다행스럽게도 파속이 감소된다.

배관의 재질 E가 무한대로 강하게 되면 공식의 문모는 1이 되며 파속 $a=\sqrt{K/\rho}$ 가 되며 이것은 물의 경우 대략 $4720ft/s(1439m/sec)$ 정도가 된다. 이 수치는 사전 설계를 위한 대략적인 파속으로서도 너무나 높기 때문에 설계시 실용적인 중요성은 없다. 제한된 경험만으로도 설계자는 숙고를 하면 실용적인 파속을 구할 수 있다.

예제 3.1

대표적인 수충격 현상에 의해 야기된 압력 수두의 변화와 배관의 합성 탄성 변형에 대해 이해하기 위해 그리고 다른 배관 지지물의 영향을 증명하기 위해 다음 문제를 해석하기로 한다.

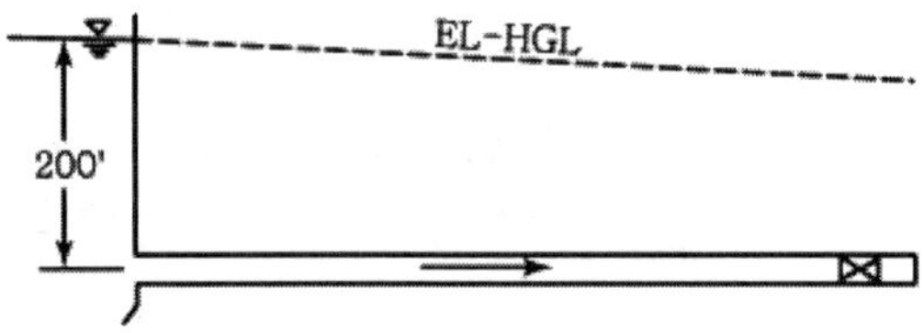

풀이

물은 내경 24 인치 배관을 통해 유속 6ft/sec로 유동한다. 관로는 0.25인치 두께를 갖는다. 먼저 공식 3.33과 3.34를 사용하여 지지물 3가지 형식에 의한 파속을 계산한다.

$$\text{경우 (a)}\quad a=\frac{\sqrt{K/\rho}}{\sqrt{1+\dfrac{K}{E}\dfrac{D}{e}(C)}}=\frac{4720}{\sqrt{1+\dfrac{3\times10^5}{3\times10^7}\dfrac{24}{0.25}(5/4-0.3)}}=3410ft/s$$

$$\text{경우 (b)}\quad a=\frac{\sqrt{K/\rho}}{\sqrt{1+\dfrac{K}{E}\dfrac{D}{e}(C)}}=\frac{4720}{\sqrt{1+\dfrac{3\times10^5}{3\times10^7}\dfrac{24}{0.25}(1-0.3^2)}}=3450ft/s$$

$$\text{경우 (c)}\quad a=\frac{\sqrt{K/\rho}}{\sqrt{1+\dfrac{K}{E}\dfrac{D}{e}(C)}}=\frac{4720}{\sqrt{1+\dfrac{3\times10^5}{3\times10^7}\dfrac{24}{0.25}(1.0)}}=3370ft/s$$

여기에서 분명히 알 수 있듯이 이러한 실용적인 배관에서 차이는 별로 없다는 것이다. 상기 3가지 경우의 지지물에서 급작스런 밸브의 폐쇄의 결과로 발생하는 압력 수두 변화는 다음과 같다.

경우 (a) $\Delta H = -\dfrac{a}{g}\Delta V = -\dfrac{3410}{32.2}(-6) = 635ft$

경우 (b) $\Delta H = -\dfrac{a}{g}\Delta V = -\dfrac{3450}{32.2}(-6) = 643ft$

경우 (c) $\Delta H = -\dfrac{a}{g}\Delta V = -\dfrac{3370}{32.2}(-6) = 628ft$

수두의 상승은 직접적으로 파속에 의존하므로 파속의 미소 차이는 수두 차이 2% 이내가 된다. 3가지 경우의 이러한 수두 상승에 기인한 배관 두께의 응력 변화를 계산하자.

경우 (a) $\Delta\sigma_2 = \dfrac{\Delta pD}{2e} = \dfrac{\left(635 \times \dfrac{62.4}{144}\right) \times 24}{2 \times 0.25} = 13,210 lb/in^2$

$\Delta\sigma_1 = \dfrac{\Delta pD}{4e} = \dfrac{1}{2}\Delta\sigma_2 = 6600 lb/in^2$

경우 (b) $\Delta\sigma_2 = \dfrac{\Delta pD}{2e} = \dfrac{\left(643 \times \dfrac{62.4}{144}\right) \times 24}{2 \times 0.25} = 13,370 lb/in^2$

$\Delta\sigma_1 = \mu\Delta\sigma_2 = 0.30 \times 13,370 = 4041 lb/in^2$

경우 (c) $\Delta\sigma_2 = \dfrac{\Delta pD}{2e} = \dfrac{\left(628 \times \dfrac{62.4}{144}\right) \times 24}{2 \times 0.25} = 13,060 lb/in^2$

$\Delta\sigma_1 = 0$

다음은 3가지 경우의 압력 수두 상승에 의해 야기된 배관 직경의 증가를 퍼센트로 계산한다. 공식 3.15를 사용하면

직경 D의 % 변화 $= 100\dfrac{\delta D}{D} = 100 \times \Delta\epsilon_2 = \dfrac{100}{E}(\Delta\sigma_2 - \mu\Delta\sigma_1)$

경우 (a) % 변화 $= \dfrac{100}{30 \times 10^6}(13,210 - 0.3 \times 6600) = 0.037\%$

경우 (b) % 변화 $= \dfrac{100}{30 \times 10^6}(13,370 - 0.3 \times 4010) = 0.041\%$

$$\text{경우 (c)} \quad \%\ \text{변화} = \frac{100}{30\times10^6}(13,060-0.3\times0)=0.044\%$$

배관에서 상대적으로 미소한 탄성 변형은 앞서 기술한 공식에서 미소 항들을 무시한 가정들을 상기 결과들이 증명하는 것을 보여준다. 최종적으로 압력파가 통과하는 동안 관로에 유입되는 물을 관찰하고 배관이 팽창되면서 수용하는 비율과 압축되는 비율을 결정한다. 압축되는 액체 부분은 공식 3.31의 첫째 항에 의해 주어진다.

$$\text{물의 체적 변화 \%} = 100\rho a^2\left(\frac{1}{K}\right)=100\frac{\rho a^2}{K}$$

나머지 항은 배관의 팽창에 의한 것이다.

$$\text{경우 (a)} \quad \text{물의 체적 변화율(\%)} = 100\frac{1.94\times3410^2}{300,000\times144}=52\%$$

배관 팽창에 의한 수용율(%) = 48%

$$\text{경우 (b)} \quad \text{물의 체적 변화율(\%)} = 100\frac{1.94\times3450^2}{300,000\times144}=53\%$$

배관 팽창에 의한 수용율(%) = 47%

$$\text{경우 (c)} \quad \text{물의 체적 변화율(\%)} = 100\frac{1.94\times3370^2}{300,000\times144}=51\%$$

배관 팽창에 의한 수용율(%) = 49%

3.3 다른 수로 형식에서의 파속

앞 절에서는 관 두께가 얇은 관로를 사용하여 수충압 계산에 기본이 되는 파속 방정식을 유도하였다. 그러나 실용적인 면에서 관을 제작할 때 관 재질에 따라 콘크리트관, 석면 시멘트 또는 주철관과 같이 관 두께가 두꺼운 경우가 많다. 또한 배관은 한 가지 재질 이상으로 제작될 수 있으며 가장 공통적으로 사용되는 것은 보강 콘크리트 관이다. 수로는 암반을 천공하여 제작하기도 하고 강관 또는 콘크리트로 라이닝되기도 한다. 이와 같은 모든 경우에도 우리는 계산할 수 있어야 한다.

3.3.1 관 두께가 두꺼운 배관

두께가 두꺼운 배관에서의 해석은 두께가 얇은 배관의 해석과 같은 방법으로 수행한다. 그러나 두께가 두꺼운 배관에서는 배관 두께에 작용하는 응력과 변형을 고려하여야 한다. 각 경우에 따른 C 계수를 다시 정의하는 것 외에는 두께가 얇은 배관에서의 파속 공식과 같다.

경우 (a) $$C=\frac{1}{1+\frac{e}{D}}\left[\left(\frac{5}{4}-\mu\right)+2\frac{e}{D}(1+\mu)\left(1+\frac{e}{D}\right)\right] \quad 3.35a$$

경우 (b) $$C=\frac{1}{1+\frac{e}{D}}\left[\left(1-\mu^2\right)+2\frac{e}{D}(1+\mu)\left(1+\frac{e}{D}\right)\right] \quad 3.35b$$

경우 (c) $$C=\frac{1}{1+\frac{e}{D}}\left[(1.0)+2\frac{e}{D}(1+\mu)\left(1+\frac{e}{D}\right)\right] \quad 3.35c$$

e/D는 무시할 만큼 미소하면 상기 모든 공식은 두께가 얇은 배관의 공식으로 간략화 된다. 따라서 언제 두께가 두꺼운 배관의 공식을 사용하여야 하나? 이 질문에 대답할 때 파속은 중요한 역할을 하며 이 것은 e/D 비율뿐만이 아니라 공식 3.33에서 다른 요소들에 의해 영향을 받는다. Watters(1984)는 $D/e > 40$일 때 두께가 두꺼운 배관의 공식을 사용하면 PVC와 같은 연질의 배관 재질을 사용할 때를 제외하고는 통상적으로 파속의 정확도에 별다른 개선이 없다는 결론에 도달하였다. 항상 두께가 두꺼운 배관 공식을 사용하여 가능하면 부정확성을 제거하려고 시도할 수 있다. 추가로 요구되는 계산 절차는 무시할 만하다. 이러한 접근은 3가지 지지물 중에 하나로 정확하게 적용되면 언제나 성공할 수 있으나 적용하고자 하는 것이 상기 3가지 중에 해당되지 않으면 엉뚱한 결과를 초래하게 된다. *두께가 얇은 배관 공식은 두꺼운 배관보다 높은 파속과 일반적으로 더욱 보수적인 결과를 야기한다는 것을 명심하여야 한다.*

예제 3.2

배관 두께에 따른 파속을 조사하기 위해 내경이 9.522인치, 두께가 0.239인치 ($D/e = 40$)인 강관에서 얇은 배관과 두꺼운 배관 공식을 사용하여 파속을 계산하라.

풀이

공식 3.34 및 3.35로 부터 C를 구하여 공식 3.33에 대입하여 파속을 계산한다. 3가지 지지물 경우의 결과를 다음의 표에 나타내었다.

지지물	얇은 배관 (파속 ft/s.)	두꺼운 배관 (파속 ft/s.)	오차 %
경우 (a)	4020	4000	0.5
경우 (b)	4050	4020	0.7
경우 (c)	4000	3970	0.7

3.3.2 원형 터널

원형 터널에서의 파속은 두께를 무한대로 하여 두꺼운 배관 공식을 사용하여 유도할 수 있다. 경우 (a)에서 파속 공식 3.33에 C을 삽입하고, D/e를 0으로 하면 다음과 같이 된다.

$$a = \sqrt{K/\rho} \qquad 3.36$$

콘크리트로 채워지고 콘크리트 또는 강관으로 라이닝된 터널의 해석은 취급하기에 더욱 복잡해진다. 이러한 경우에는 파속 계산에 필요한 약간 긴 Halliwell(1963) 공식을 참조하기로 한다.

3.3.3 보강 콘크리트 배관

보강 콘크리트 배관에서는 이에 상응하는 동질의 배관으로 변환하기 위해 단면 변형법을 사용한다. 그 후 동질의 배관 공식을 사용하여 파속의 계산을 수행한다. 정확한 파속을 보장하기 위해 배관이 어떻게 제작되었는지 정확하게 알 필요가 있다. 압력 부하를 받을 수 있는 콘크리트만이 계산에 사용될 수 있다. 이러한 형식의 콘크리트 배관은 통상적으로 초기 응력을 주어 이러한 용량을 확보한다.

단면 변형법은 다음 공식을 사용하여 콘크리트 횡단면적을 동등한 강관 단면적으로 대체하며 이때 콘크리트 전 두께에 걸쳐 응력 변화는 무시한다.

$$A_{st} = \frac{E_{con}}{E_{st}} A_{con} \qquad 3.37$$

항상 콘크리트를 강관으로 변환하여야 하며 역변환을 하게 되면 엄청나게 두꺼운 배관이 된다. 초기 응력을 주지 않은 보강 콘크리트 배관을 분석할 때는 콘크리트는 부하에 견딜 수 없는 것으로 가정한다. 보강 강관은 원주 방향으로 보강된 강관이 갖는 것과 같은 횡단면을 갖는 두께가 얇은 강관으로 간주하며 파속은 얇은 배관 공식으로 계산한다.

보강된 콘크리트 배관이 초기 장력 또는 후기 장력을 받으면 초기 또는 후기 장력에 의해 압축되는 장소의 단면적은 변형 단면에 포함되어야 한다. 이러한 초기 장력은 배관을 더욱 강하게 만드나 높은 수충압을 유발하는 높은 파속을 초래하게 된다. 다음 예제는 단면 변형법에 대해 설명한다.

예제 3.3

내경 30인치인 보강 콘크리트 배관은 직경이 3/8 인치 랩핑 와이어로 1.25 인치 간격으로 초기 장력을 주었다. 이 배관은 처음에는 두께가 0.105 인치인 강 실린더를 제작한 다음 이 실린더 내부를 원심력을 사용하여 암밀된 시멘트 몰탈로 0.75 인치 두께로 제작한다. 라이너를 양생시킨 후 강 실린더 둘레를 감싼 와이어에 응력을 주어 초기 장력을 준다. 이러한 과정은 시멘트 라이닝을 압축하게 된다. 랩핑 와이어의 끝은 강 실린더에 용접하여 초기 장력을 유지한다. $1(1.375-3/8)$인치 두께의 콘크리트 커버는 랩핑 와이어 위에 보호 코팅의 역할을 한다. 이 커버는 부하를 받지 않는다. 배관의 길이 부분은 아래와 같다. 콘크리트는 28일 강도는 $6000 lb/in^2$으로 가정한다.

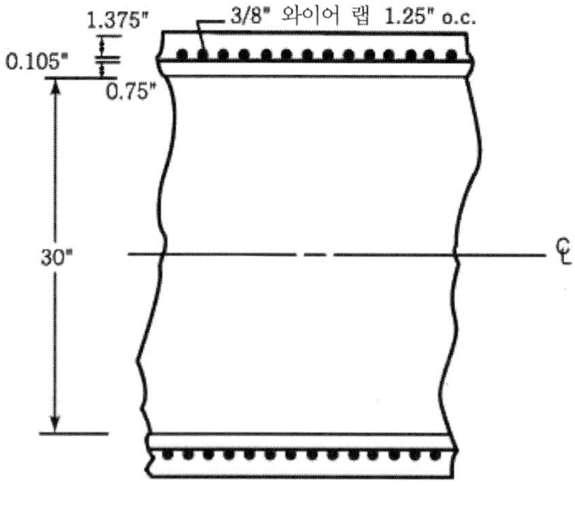

풀이

표 3.1에서 콘크리트 관일 경우 E는 다음과 같다.

$$E_{con} = 57,000\sqrt{f_c{}'} = 57,000\sqrt{6000} = 4.4 \times 10^6 lb/in^2$$

배관 1인치당 강 와이어의 단면적은 다음과 같다.

$$\frac{\pi}{4} \times \left(\frac{3}{8}\right)^2 / 1.25 = 0.0884 in^2/in$$

랩핑 과정 중에 초기 응력을 받는 시멘트 라이닝을 강의 등가 면적으로 대체할 필요가 있다.

$$A_{st} = \frac{E_{con}}{E_{st}} A_{con} = \frac{4.4 \times 10^6}{30 \times 10^6} \times 0.75 = 0.110 in^2/in$$

등가 강관의 두께는 다음과 같다.

$$e_{eq} = 0.0884 + 0.110 + 0.105 = 0.303 in$$

단면의 도심을 다음과 같이 위치시킴으로써 등가 배관의 직경을 계산한다.

$$\bar{r} = \frac{0.0884(15 + 0.75 + 0.105 + 0.375/2) + 0.110(15 + 0.75/2) + 0.105(15 + 0.75 + 0.105/2)}{0.303}$$

$$\bar{r} = 15.74 in \qquad \bar{D} = 31.5 in$$

가장 보수적으로 보이는 경우 (b) 지지물을 이용하여 파속을 계산한다.

$$a = \frac{4720}{\sqrt{1 + \frac{3 \times 10^5}{3 \times 10^7} \frac{31.5}{0.303} (1 - 0.30^2)}} = 3380 ft/s$$

만일 시멘트 몰탈 라이닝의 효과를 무시하면 파속은 $2990 ft/s$로 저하된다.

3.4 공기 동반이 파속에 미치는 영향

공기 또는 다른 가스가 작은 공기 방울 또는 큰 체적으로 관로에 존재하면 관로 내 파속은 상당히 감소된다. 결과적으로 파동 전파 양상과 최종 압력들은 상당히 변화된다. 공기가 동반된 단순한 모델을 사용하여 그 영향을 증명하기로 한다.

만일 공기와 물이 관로 내 일정 부분에서 균일하게 혼합되었다고 가정하면 관로 그 부분에서의 파속은 공식 3.33을 사용하여 계산할 수 있다. 그러나 K 와 ρ 수치를 결정하기 위해 공기-물의 혼합체를 사용하여야 한다는 것에 유의하여야 한다. 이러한 혼합체의 체적 계수 K는 공식 3.12로부터 공기와 물의 체적에서의 상대적 변화를 합하여 전체적인 체적에 대한 상대적 변화로 대체하여 전개할 수 있다.

$$K_{mix} = \frac{K_{liq}}{1+\zeta\left(\dfrac{K_{liq}}{K_{air}}-1\right)} \qquad 3.38$$

여기서 K_{liq}와 K_{air}는 액체와 공기의 체적 탄성계수이며 ζ는 공간 부분(공기 체적/혼합물 전체 체적)이다. 혼합체의 밀도는 같은 방법으로 구할 수 있다.

$$\rho_{mix} = (1-\zeta)\rho_{liq} \qquad 3.39$$

상기 공식 3.38과 3.39를 공식 3.33에 대입하고 $K_{liq}/K_{air} \gg 1$ 이므로 파속은 다음과 같이 된다.

$$a = \frac{\sqrt{K_{liq}/\rho_{mix}}}{\sqrt{1+\dfrac{K_{liq}}{E}\dfrac{D}{e}C+\zeta\dfrac{K_{liq}}{K_{air}}}} \qquad 3.40$$

이와 같은 공식과 공기를 동반한 수충격 문제의 해석시 직면하는 어려움에 대한 상세한 기술은 Tullis et al. (1976)을 참조하라.

공식 3.40으로부터 ζ 와 K_{air} 수치는 압력에 의존하기 때문에 파속은 관로 내 압력에 의존한다는 것이 명백하다. 결과적으로 파속은 압력 파동의 이동에 따라 변화한다. 이러한 요소는 해석을 복잡하게 만들고 수충압의 정확한 예측을 가장 어렵게 만든다.

다음 예제는 동반된 소량의 공기가 파속에 상당한 영향을 미치는 것을 보여준다. 첫 단계는 K_{air}를 결정하는 방법을 설정하는 것이다. 기본적인 유체 기계의 문헌에서 알 수 있듯이 K_{air}는 공기가 압축 또는 팽창에 의한 열역학적 과정에 좌우된다. Wylie와 Streeter (1993)는 $K_{air} = p$인 등온 과정을 사용할 것을 제안한다. 다른 극단적인 상항에서는 $K_{air} = kp = 1.4p$인 등엔트로피 과정을 사용하는 것이다. 만일 열전달이 가능한 상항이라면 $K_{air} = kp = 1.2p$인 폴리트로픽 과정(추후 서지 탱크에 사용)을 사용하는 것이 적합하다.

예제 3.4

예제 3.1의 관로에서 0.1, 0.5, 1.0 그리고 2.0%의 공기가 동반된다. 대기압은 $14.7 lb/in^2$이라 가정하고 경우 (b) 지지물을 사용하고 공기는 등온, 폴리트로픽 및 엔트로피 과정으로 변화할 경우 파속을 구하라.

풀이

폴리트로픽 과정으로 간주하고 공기는 0.1% 일 때의 파속은 공식 3.40으로부터

$$a = \frac{\sqrt{\dfrac{300,000 \times 144}{1.94(1-0.001)}}}{\sqrt{1 + \dfrac{3 \times 10^5}{3 \times 10^7}\dfrac{24}{0.25}(1-0.30^2) + 0.001 \times \dfrac{3 \times 10^5}{1.2 \times \left(\dfrac{200 \times 62.4}{144} + 14.7\right)}}} = 2270 ft/s$$

아래 표는 열역학 3가지 과정에 따른 파속을 요약한 것이며 각 가정된 과정에서 결과 차이는 다른 불확실성에 비교할 때 미소하다.

동반 공기 %	파 속(ft/sec)		
	등온 과정 ($k=p$)	폴리트로픽 과정 ($k=1.2p$)	등엔트로피 과정 ($k=1.4p$)
0.1	2150	2270	2360
0.5	1160	1260	1340
1.0	845	920	988
2.0	610	666	777

3.5 비정상 유동 미분 방정식

지금까지 우리는 관로에서 임의 급격한 속도 변화 ΔV를 구하여 압력 수두 변화 ΔH을 계산하였다. 이것을 연장하여 시스템 임의 지점에 부여된 경계조건과 초기 조건의 결과를 이용해 주어진 시간에서 임의 관로 지점의 속도수두와 압력 수두를 결정할 수 있다. 이러한 것을 수행하기 위해서 제2장에서의 오일러 공식과 질량 보존의 법칙을 기초로 다른 공식을 전개하기로 한다.

3.5.1 질량 보존

배관 내부 길이 ds와 일치하는 검사 체적에 질량 보존 법칙을 적용한다.
이러한 적용의 결과는 다음과 같다.

$$\rho A V - \left[\rho A V + \frac{\partial}{\partial s}(\rho A V)ds\right] = \frac{\partial}{\partial t}(\rho A ds) \qquad 3.41$$

또는

$$-\frac{\partial}{\partial s}(\rho A V)ds = \frac{\partial}{\partial t}(\rho A ds) \qquad 3.42$$

이 시점에서 검사 체적의 측면이 배관 벽에 부착되는 틀에 박히지 않은 형태의 검사 체적 개념을 도입한다. 그리하여 배관이 길이 방향으로 늘어나면 검사 체적도 같이 늘어난다. 한 가지 예외는 경우 (c)에서 배관이 늘어날지라도 검사 체적은 일정한 길이로 유지된다는 것이다(관로 중에 설치된 신축관이 미끄러진다 할지라도 관로의 전 길이는 일정하게 유지된다). 배관의 팽창은 저장 체적에 영향을 미치고 배관의 탄성과 액체가 수용 가능한 체적에 관한 상관관계는 3.2절의 것과 동일하기 때문에 이러한 검사체적 개념이 사용될 수 있다. 공식 3.42의 괄호부분을 전개하면 다음과 같이 된다.

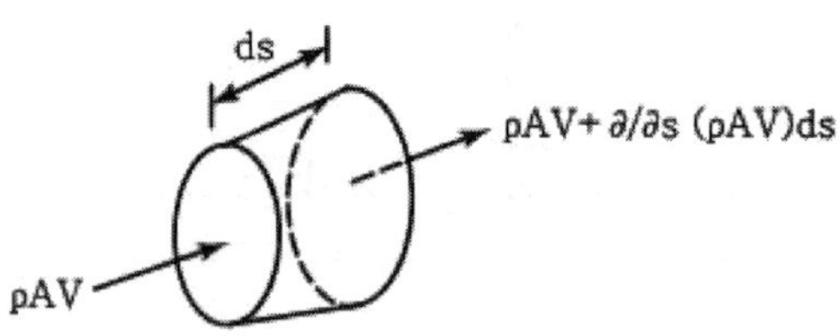

그림 3.4 배관 내부 표면과 일치하는 검사 체적

$$-\left(\rho A\frac{\partial V}{\partial s}ds+\rho V\frac{\partial A}{\partial s}ds+AV\frac{\partial \rho}{\partial s}ds\right)=\rho A\frac{\partial}{\partial t}(ds)+\rho ds\frac{\partial A}{\partial t}+Ads\frac{\partial \rho}{\partial t} \quad 3.43$$

검사 체적 질량 ρAds로 나누어 정리하면

$$\frac{1}{\rho}\left(\frac{\partial \rho}{\partial t}+V\frac{\partial \rho}{\partial s}\right)+\frac{1}{A}\left(\frac{\partial A}{\partial t}+V\frac{\partial A}{\partial s}\right)+\frac{1}{ds}\frac{\partial}{\partial t}(ds)+\frac{\partial V}{\partial s}=0 \quad 3.44$$

$\frac{\partial \rho}{\partial t}+V\frac{\partial \rho}{\partial s}=\frac{d\rho}{dt}$ 그리고 $\frac{\partial A}{\partial t}+V\frac{\partial A}{\partial s}=\frac{dA}{dt}$ 이므로 공식 3.44는 다음과 같이 된다.

$$\frac{1}{\rho}\frac{d\rho}{dt}+\frac{1}{A}\frac{dA}{dt}+\frac{\partial V}{\partial s}+\frac{1}{ds}\frac{d}{dt}(ds)=0 \quad 3.45$$

3.2절로부터 $K=-\frac{dp}{d\forall/\forall}=\frac{dp}{d\rho/\rho}$가 되므로

$$\frac{d\rho}{\rho}=\frac{dp}{K}\div dt$$

$$\frac{1}{\rho}\frac{d\rho}{dt}=\frac{1}{K}\frac{dp}{dt} \quad 3.46$$

dA/dt를 p의 항으로 전개하기 위해 탄성 배관의 변형을 반드시 고려하여야 한다. 공식 3.17에서의 단면적의 변화는

$$dA=\frac{d\forall_C}{dL}=\frac{1}{2}\pi D^2 d\epsilon_2=\frac{1}{2}\pi\frac{D^2}{E}(d\sigma_2-\mu d\sigma_1) \quad 3.47$$

$$dA=\frac{1}{2}\pi\frac{D^2}{E}(d\sigma_2-\mu d\sigma_1)\div A$$

$$\frac{1}{A}dA=\frac{2}{E}(d\sigma_2-\mu d\sigma_1) \quad 3.48$$

상기 응력을 평가하기 위해 경우 (b) 지지물을 고려하면

$$d\sigma_2=\frac{D}{2e}dp \text{ 그리고 } d\sigma_1=\mu d\sigma_2 \quad 3.49$$

공식 3.48의 괄호 안은 다음과 같이 된다.

$$d\sigma_2 - \mu d\sigma_1 = (1-\mu^2)d\sigma_2 = (1-\mu^2)\frac{D}{2e}dp \quad 3.50$$

따라서 공식 3.48은 다음과 같이 대치할 수 있다.

$$\frac{1}{A}dA = \frac{2}{E}(1-\mu^2)\frac{D}{2e}dp$$

상기 식을 dt로 나누면

$$\frac{1}{A}\frac{dA}{dt} = (1-\mu^2)\frac{D}{eE}\frac{dp}{dt} \quad 3.51$$

길이 방향의 팽창을 고려하면

$$d(ds) = d\epsilon_1 ds \quad 3.52$$

(b)의 경우 0이 되므로($d\epsilon_1 = d(ds)/ds = 0$) 이 식을 dt로 나누면 다음과 같다.

$$\frac{1}{ds}\frac{d}{dt}(ds) = 0 \quad 3.53$$

이러한 결과식(공식 3.46, 3.51, 3.53)들을 공식 3.45에 대입하면 다음과 같이 된다.

$$\frac{1}{K}\frac{dp}{dt} + (1-\mu^2)\frac{D}{eE}\frac{dp}{dt} + \frac{\partial V}{\partial s} = 0 \quad 3.54$$

$$\frac{dp}{dt}\left[\frac{1}{K} + (1-\mu^2)\frac{D}{eE}\right] + \frac{\partial V}{\partial s} = 0 \quad 3.55$$

공식 3.31로부터 괄호안의 항은 $1/a^2\rho$가 된다. 이는 경우 (a)와 (c) 배관 지지물에도 적정하다. 공식 3.55 괄호의 항을 $1/a^2\rho$으로 대체하면 다음과 같이 된다.

$$\frac{dp}{dt}\frac{1}{\rho a^2} + \frac{\partial V}{\partial s} = 0 \times a^2$$

$$\frac{1}{\rho}\frac{dp}{dt} + a^2\frac{\partial V}{\partial s} = 0 \quad 3.56$$

이러한 결과를 오일러 공식 2.19와 조합하면 $p(s,t)$ 및 $V(s,t)$ 두 개의 독립된 미분 방정식을 갖게 된다.

$$\frac{dV}{dt} + \frac{1}{\rho}\frac{\partial p}{\partial s} + g\frac{dz}{ds} + \frac{f}{2D}V|V| = 0 \qquad \text{오일러의 운동법칙} \qquad 3.57$$

$$a^2\frac{\partial V}{\partial s} + \frac{1}{\rho}\frac{dp}{dt} = 0 \qquad \text{질량보존법칙} \qquad 3.58$$

3.5.2 미분 방정식의 해석

상기 공식들에 대한 해답을 다루는 제4장으로 가기 전에 완전 공식의 선형화된 부분집합을 관찰함으로써 이러한 해답들의 본질에 대해 알게 된다. 먼저 압력 p를 $p = \rho g(H - z)$의 관계로부터 피에조미터 H의 항으로 표현할 수 있으며 공식 3.57과 3.58은 다음과 같이 된다.

$$\frac{dV}{dt} + \frac{1}{\rho}\frac{\partial}{\partial s}\rho g(H - z) + g\frac{dz}{ds} + \frac{f}{2D}V|V| = 0 \qquad 3.59$$

$$\frac{dV}{dt} + g\frac{\partial H}{\partial s} + \frac{f}{2D}V|V| = 0$$

그리고

$$a^2\frac{\partial V}{\partial s} + g\frac{dH}{dt} = 0 \qquad 3.60$$

여기에서 밀도 ρ의 변화는 현재 무시할 만 한 것으로 가정하였다. 미분항 d/dt는 실제로 시간과 공간 편미분 항을 의미한다. 한 예로

$$\frac{dV}{dt} = \frac{\partial V}{\partial t} + V\frac{\partial V}{\partial s} = 0 \qquad 3.61$$

dH/dt도 같은 의미이다.

$$\frac{dH}{dt} = \frac{\partial H}{\partial t} + V\frac{\partial H}{\partial s}$$

따라서 공식 3.59와 3.60은 실제로 비선형 마찰 항 이외 2개의 비선형 공간 항 $\left(V\frac{\partial V}{\partial s},\ V\frac{\partial H}{\partial s}\right)$을 갖는다. 먼저 공식 3.59와 3.60에서 선형 항목들은 비선형 항들보다 크다고 가정하고 비선형 항들을 무시한다. 이러한 가정의 타당성은 후에 증명하기로 한다. 따라서 공식들은 다음과 같이 된다.

$$\frac{\partial V}{\partial t}+g\frac{\partial H}{\partial s}=0 \qquad 3.62$$

그리고

$$a^2\frac{\partial V}{\partial s}+g\frac{\partial H}{\partial t}=0 \qquad 3.63$$

상기 공식들은 선형이므로 cross-differentiation과 대수학을 이용하여 두 개의 변수 V와 H 중 하나를 제거할 수 있다. 따라서 공식 3.62를 s에 관한 편미분을 취하고 공식 3.63을 t에 관한 편미분을 취하게 되면

$$\frac{\partial^2 H}{\partial t^2}=a^2\frac{\partial^2 H}{\partial s^2} \qquad 3.64$$

미분 항 s와 t를 교체하여 미분을 취하여도 V는 상기 공식에 의해 지배된다는 것을 증명할 수 있다. 공식 3.64는 소위 1차원 파동 공식이라 일컫는 수학적 물리학의 기본 공식이다. 공식 3.64에서 매개변수 a는 파동 전파 속도로 알려져 있다. 공식 3.64 H 또는 V의 해답은 파동의 거동을 나타내주기 위한 것으로 기대된다. 독립 변수를 변화시킴으로써 공식 3.64 H의 일반해를 추론할 수 있다. 이 절차는 V를 구하기 위한 것과 동일하다. $H=H(s,t)$ 그리고 $V=V(s,t)H=H(s,t)$ 그리고 $V=V(s,t)$로 설정하고 새로운 독립 변수 $u=t+s/av=t-s/a$를 선택한다. 미분방정식의 체인룰(chain rule)을 적용하여 새로운 편미분 항의 H를 계산하면 다음과 같이 새로운 형태의 지배 공식이 된다.

$$4\frac{\partial^2 H}{\partial u\partial v}=0 \qquad 3.65$$

일반해는 다음과 같다.

$$H-H_0=F_1\left(t+\frac{s}{a}\right)+F_2\left(t-\frac{s}{a}\right) \qquad 3.66$$

여기서 F_1과 F_2들은 그들 하나 인자의 각각의 전체 일반 함수이고 H_0는 수두 H을 위한 기준점을 결정하기 위한 적분 덧셈 상수이다.

다시 공식 3.66으로 표현된 결과를 해석해 보자. F_1과 F_2의 함수들은 파동 형태이다. 이 함수 둘 중 하나 또는 둘 다 특별한 초기조건과 경계조건에 좌우되는 특별 문제로 존재하게 된다. 우선 F_1에 초점을 맞추자. 임의 시간 t_1에서 F_1 함수에 의해 표현되는 파동 형태 H는 그림 3.5의 오른쪽에서 보는 바와 같이 거리 변수 s의 임의 함수가 될 수 있다.

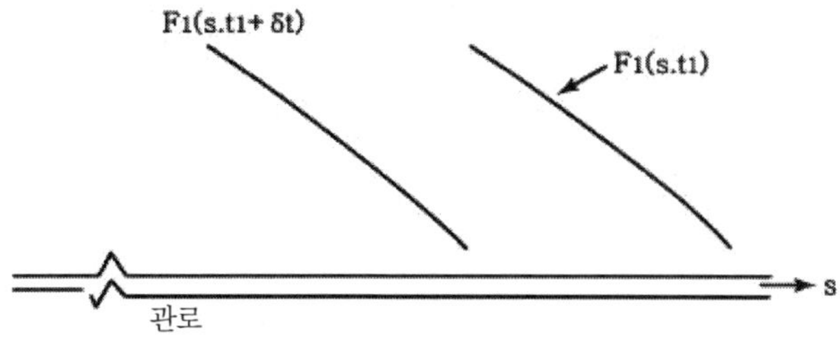

그림 3.5 파동 형태 F_1의 이동

인자$t+s/a$가 변화하지 않는 한 파동 형태도 변화하지 않는다. 그러나 시간 t가 진행되어 만일 t가 δt만큼 증가하면 인자 $t+s/a$는 상수로 유지되기 위해서는 s/a는 δt만큼 감소되어야 한다. 그리하여 일정한 파동 형태는 그림 3.5에서 보는 바와 같이 s의 반대 방향으로 즉 왼쪽으로 움직이는 것을 알 수 있다. 우리는 F_1은 왼쪽으로 진행하는 파동을 기술하는 것으로 결론지을 수 있다. 같은 추론으로 F_2는 오른쪽으로 진행하는 파동 형태를 기술한다. 공식 3.66에 대한 일반해는 하나 또는 여러 개의 왼쪽 또는 오른쪽으로 진행하는 파동을 겹쳐 놓는 것이 되다.

비선형 공간 가속 항을 무시하는 것이 정당화 될 수 있을까? 이 항들은 다음과 같다.

$$V\frac{\partial V}{\partial s} \text{ 와 } V\frac{\partial H}{\partial s} \qquad 3.67$$

만일 공식 3.67의 s의 항을 at항으로 대체(scaling)하면 다음과 같이 된다.

$$V\frac{\partial V}{\partial s} \sim \frac{V}{a}\frac{\partial V}{\partial t} \qquad 3.68$$

$$V\frac{\partial H}{\partial s} \sim \frac{V}{a}\frac{\partial H}{\partial t}$$

$V/a \ll 1$은 대부분 항상 사실이기 때문에 초기에 생략하였던 공간 항들은 거의 항상 존속하는 선형 항들보다 작다. 추후 해답에서 이러한 항들을 무시하는 것은 결과치가 어떤 면에서는 부 정확하더라도 자주 수용할 수 있는 방법인 것을 보여준다. **오직 V/a가 충분히 1보다 작지 않은 특별한 경우에만 이러한 항들을 기본적으로 유지하여야 한다.**

제4장 특성법에 의한 해석

제2장 및 제3장에 유도된 오일러와 질량 보존 공식을 해결하기 위해 다양하게 숙련되고 실용적인 기술들에 의해 수충격 해석의 역사를 특징지울 수 있다. 이러한 기술들은 그 시대 전문가의 독창력과 수치 해석 능력의 숙련 정도의 반영을 나타낸다. 최근에는 저렴하고 고성능의 컴퓨터를 쉽게 구할 수 있어 상기 공식들을 수치적으로 매우 정확하고 광범위한 경계 및 초기 조건을 수용할 수 있는 해결 방안들을 만들어 낼 수 있다.

지금 현재 상기 공식을 해결하기 위한 가장 일반적이고 널리 사용되는 기술은 특성법이다. 이 방법과 디지털 컴퓨터에 의한 수치 해석이 매우 잘 호환될 수 있다는 것은 우연의 일치가 아니다. 이러한 이유로 문제를 해결하기 위한 접근 방법으로 특성법만을 이번 장과 다음 장에서 고려한다.

4.1 특성법, 근사 지배 공식

4.1.1 특성 공식의 전개

특성법을 사용하는 것이 오늘날에도 많은 기술자들에게 익숙하지 않으므로 우선 공식 3.57과 3.58을 특성법으로 접근하는 방법을 소개한다. **이러한 근사 공식들은 같은 공식에서 공간과 시간이 변화하는 항들이 나타날 때 V와 p의 시간변화만을 고려하고 공간 변화를 무시함으로써 얻을 수 있다.** 그 이유는 거동을 결정할 때 공간 변화는 시간 변화 항보다 덜 중요하기 때문이다. 이러한 접근 방식으로 공식 3.57 오일러 운동법칙은 다음과 같이 표현할 수 있다.

$$\frac{\partial V}{\partial t}+\frac{1}{\rho}\frac{\partial p}{\partial s}+g\frac{dz}{ds}+\frac{f}{2D}V|V|=0 \quad 4.1$$

그리고 공식 3.58 질량보존법칙은 다음과 같이 된다.

$$a^2\frac{\partial V}{\partial s}+\frac{1}{\rho}\frac{\partial p}{\partial t}=0 \quad 4.2$$

특성법의 본질은 한 쌍의 편미분 방정식을 이에 상당한 상 미분 방정식으로 성공적으로 대체하는 것이다. 이러한 방법들의 전개는 한 쌍의 공식 4.1과 4.2를 다른 선형 조합으로 대체한다고 가정하는 것으로 시작된다. 때로는 라그란지 승수(Lagrange multiplier)라 불리는 일정 선형 스케일 요소(constant linear scale factor) λ를 사용하면 다음과 같이 조합된 하나의 공식으로 나타내는 것이 가능하다.

$$\lambda\left(\frac{\partial V}{\partial t}+\frac{1}{\rho}\frac{\partial p}{\partial s}+g\frac{dz}{ds}+\frac{f}{2D}V|V|\right)+\left(a^2\frac{\partial V}{\partial s}+\frac{1}{\rho}\frac{\partial p}{\partial t}\right)=0 \quad 4.3$$

항들을 다시 묶으면

$$\left(\lambda\frac{\partial V}{\partial t}+a^2\frac{\partial V}{\partial s}\right)+\left(\frac{1}{\rho}\frac{\partial p}{\partial t}+\frac{\lambda}{\rho}\frac{\partial p}{\partial s}\right)+\lambda g\frac{dz}{ds}+\frac{\lambda f}{2D}V|V|=0 \quad 4.4$$

만일 상기 식의 첫 번째 괄호 $\lambda\frac{\partial V}{\partial t}+a^2\frac{\partial V}{\partial s}$가 $\lambda\frac{dV}{dt}$로 대체되면 $\lambda\frac{ds}{dt}=a^2$가 되고, 공식 4.4의 두 번째 괄호 $\frac{1}{\rho}\frac{\partial p}{\partial t}+\frac{\lambda}{\rho}\frac{\partial p}{\partial s}$을 $\frac{1}{\rho}\frac{dp}{dt}$로 대체되면 $\frac{\lambda}{\rho}=\frac{1}{\rho}\frac{ds}{dt}$가 된다. 이러한 $\frac{ds}{dt}$가 되기 위해 필요한 두 개의 요구 조건을 만족시키기 위해서는 $\lambda^2=a^2$ 또는

$$\lambda=\pm a \quad 4.5$$

a가 상수인 경우 스케일러 요소인 λ는 선형이면서 상수이고 공식 4.1과 4.2를 조합시킬 수 있다. 우선 공식 4.4를 $\lambda=+a$로 대체하여 첫 번째 공식을 다시 작성한다. 공식 4.4를 $\lambda=-a$로 대체하여 두 번째 공식을 다시 작성한다. 합성 공식을 파속 a로 나누면 편미분 공식이라기보다 한 쌍의 상미분 공식을 얻게 된다.

$$\frac{dV}{dt}+\frac{1}{a\rho}\frac{dp}{dt}+g\frac{dz}{ds}+\frac{f}{2D}V|V|=0 \quad 4.6$$

$$\frac{dV}{dt}-\frac{1}{a\rho}\frac{dp}{dt}+g\frac{dz}{ds}+\frac{f}{2D}V|V|=0 \qquad 4.7$$

상기 각 식에서 독립 변수들에 특별한 제한 조건이 발생한다. 공식 4.6이 성립하기 위해서는 $\lambda\frac{ds}{dt}=a^2$가 되어야 하고 따라서 $\frac{ds}{dt}=\frac{a^2}{\lambda}=+a$가 되어야 한다. 따라서 공식 4.6은 오직 $ds/dt=+a$일 때만이 유용하다. 유사하게 공식 4.7은 오직 $ds/dt=-a$일 때만이 유용하다. 따라서 두 개의 편미분 방정식을 두 쌍의 상 미분 방정식으로 대체하고 독립 변수 s와 t를 관련시키는 이들의 법칙을 따라야 한다. 해수면을 기준으로 하는 기준선 상부 위치의 EL-HGL의 높이인 피에조미터 수두 $p=\gamma(H-z)$ 항으로 압력 파동의 전파를 가시화 하는 것이 쉽다고 믿기 때문에 p를 H로 변환한다. 먼저 공식 4.6 및 4.7을 변형시키면 다음과 같이 된다.

$$\frac{dV}{dt}+\frac{g}{a}\frac{dH}{dt}+\frac{f}{2D}V|V|=0 \quad \frac{ds}{dt}=+a\text{일 때} \qquad 4.8$$

$$\frac{dV}{dt}-\frac{g}{a}\frac{dH}{dt}+\frac{f}{2D}V|V|=0 \quad \frac{ds}{dt}=-a\text{일 때} \qquad 4.9$$

공식 4.8과 4.9에서 s와 t 사이에는 특별한 관계가 유지되어야 한다는 사실로부터 공식 $\frac{ds}{dt}=+a$ 그리고 $\frac{ds}{dt}=-a$은 공식 4.8과 4.9의 특성이라 불리며 분석 절차도 특성법이라 불린다.

해답을 구하기 위해 이러한 특성들을 어떻게 사용하는지 살펴보기 위해 s-t 평면으로 불리는 횡축에 s 그리고 종축을 t로 하는 좌표를 갖는 그래프를 갖고 연구한다. 그림 4.1은 실제적인 문제에 있어 s-t 평면이 어떻게 관련되는지 보여준다. 여기서 s 좌표는 상류 끝 부분으로부터의 관로의 거리를 나타낸다.

상수로서 a를 갖고 공식 4.8의 $\frac{ds}{dt}=+a$인 특성 공식은 쉽게 적분되어(적정한 형태로 역변환된 후) $t=s/a+C$(상수)가 된다. 이 공식은 s-t 평면에 $1/a$의 경사를 갖는 직선 군을 기술한다. 임의 한 직선의 위치는 적분의 상수에 좌우된다. 이러한 직선들은 + 부호의 a을 갖는 특성 공식과 관련되어 있으므로 C^+ 특성이라 한다. 그림 4.1은 원점을 지나는 C^+ 특성을 묘사한다. 유사하게 공식 4.9의 특성 공식은 s-t 평면에 $-1/a$의 경사를 갖는 직선 군을 기술한다. 공식 4.9의 특성들은 C^- 특성이라 한다. 그림 4.1에서 $s=L$ 지점을 통과하는 직선이 그려져 있다.

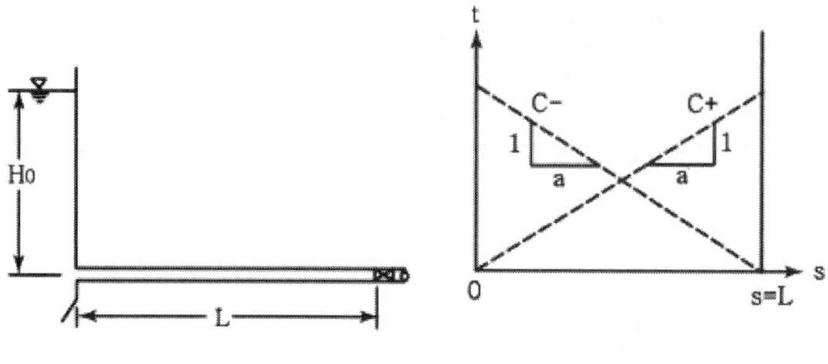

그림 4.1 제2장의 단순한 유동을 위한 s–t 평면

특성의 개념을 더욱 깊이 이해하기 위해 제2장의 단순한 수충격의 일례를 살펴보자. 이 예제에서 하류 끝 관로부에 설치된 밸브가 급작스럽게 폐쇄되어 압력파가 상류측으로 속도 a로 전파된다. 마찰은 무시된다. 이러한 상황에서 마찰을 무시하면 공식 4.8과 4.9는 다음과 같이 쓸 수 있다.

$$\frac{dV}{dt} \pm \frac{g}{a}\frac{dH}{dt} = 0 \tag{4.10}$$

dt를 곱한 다음 다시 정리하면 다음과 같이 된다.

$$dV = \pm \frac{g}{a} dH \quad \text{또는}\ dH = \pm \frac{a}{g} dV \tag{4.11}$$

상기 공식은 앞에서 유도된 공식 3.8과 같이 압력 수두 증가를 위한 공식과 같은 형태를 갖는다. 우측으로부터 좌측으로 $1/a$의 경사를 갖는 C^- 특성을 추적하면 그림 4.1로부터 파동은 $t = L/a$에서 원점인 관로의 상류 끝단에 도달한다는 것을 알 수 있다. 이러한 결과들은 제2장에서의 단순한 수충격 분석을 유효하게 하고 압력파는 특성 직선을 따라 전파되는 것을 보여준다. 추후에 보겠지만 이러한 중요한 물리적 사실은 수치 해석으로부터 신뢰성 있는 결과를 얻는데 결정적이다.

공식 4.8과 4.9의 해답을 물리적으로 이해하기 위한 절차를 더욱 조심스럽게 정식화하여 진행하도록 한다. 관로의 여러 지점들에서 시간을 함수로 한 H와 V의 수치를 계산하기 위해 s-t 평면에서 s-축에 따른 초기 조건과 모든 시간에서의 관로 말단부 $s = 0$ 과 $s = L$지점에서의 경계 조건에 대한 자료를 갖고 시작하여야 한다. H와 V의 수치를 구하기 위한 해답은 s-t 평면에서 전방 (상 방향)으로 진행 할 수 있다.

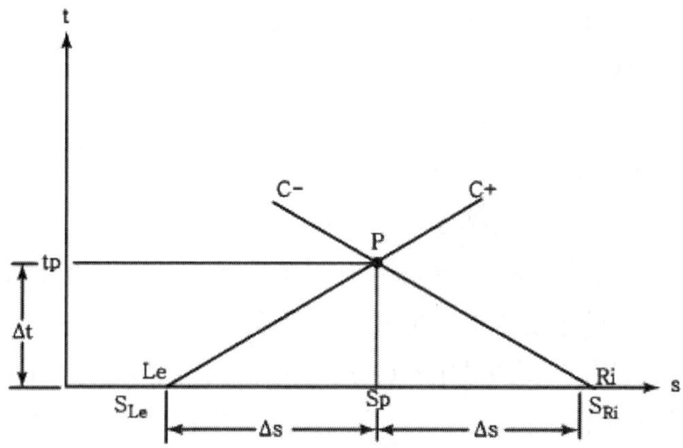

그림 4.2 공식 4.8과 4.9의 특성을 보여주는 s-t 평면

이러한 진행 과정을 어떻게 전개하는지 살펴보기 위해서 아직 정의되지 않은 s-t 평면인 그림 4.2를 참조한다. s-t 평면의 임의 점에서 즉, 점 P에서 연속적인 변수 H와 V의 수치들은 유일하다. (즉, H와 V의 수치는 그들이 관련된 특성과 관련이 없다). 다음은 C^+와 C^-특성 직선을 점 P를 지나 P점의 좌측과 우측의 s-축과 교차하도록 L_e와 R_i 점까지 연장한다. 이 경우 두 점들의 간격은 점 P로부터 같은 거리 Δs가 된다. 공식 4.8을 C^+ 특성에 따라 적용하고 공식 4.9를 C^- 특성에 따라 적용한다. H와 V를 결정하기 위한 정보는 특성을 따라 L_e와 R_i 로부터 시간이 지남에 따라 전방으로 전파된다.

4.1.2 유한 차분 법

문제에 대한 해답을 구하기 위해 공식 4.8과 4.9를 다음과 같이 유한 차분 형태로 나타낼 수 있다.

$$\frac{V_P - V_{Le}}{t_P - 0} + \frac{g}{a}\frac{H_P - H_{Le}}{t_P - 0} + \frac{f}{2D} V_{Le}|V_{Le}| = 0 \qquad 4.12$$

$$\frac{V_P - V_{Ri}}{t_P - 0} - \frac{g}{a}\frac{H_P - H_{Ri}}{t_P - 0} + \frac{f}{2D} V_{Ri}|V_{Ri}| = 0 \qquad 4.13$$

상기 공식을 전개하면서 2개의 중요한 가정을 한다. 우선 시간 간격 동안의 평균 속도가 아닌 시간 간격이 시작되는 점에서 속도는 충분히 마찰 효과를 나타낸다고 가정한다. 계산상의 함축은 중요하다. 만일 마찰 항속에 미지의 수치 V_P를 포함하여야 한다면 미분 방정식은 비선형이 되고 반복 해법을 필요로 하게 된다. 이 방정식을 풀기 위한 수많은 시간과 해결하기 위해 성가신 비선형의 특성을 고려하면 그와 같은 접근 방식을 채택하면 안 된다. 일반적으로 부정류 문제를 풀기 위해 미소한 시간 증분을 취하므로 이러한 가정은 계산 결과의 정확도를 크게 손상시키지는 않는다.

두 번째는 정상 상태의 마찰 계수는 부정류 유동에서 마찰 손실을 충분히 나타낼 수 있다고 가정한다. 부정류 분석에 있어 비-부정류 상수 마찰 계수의 가정은 항상 근사치이다. 정상 상태 달시-바하 f를 사용한다는 것은 배관 내 유동을 완전히 거친 유동으로 취급하여 상수로 간주한다는 것을 함축한다. 즉 부정류 속도가 변화하면 레이놀즈수가 변화하고 이에 따라 f 수치도 변화하여야 하나 f를 상수로 간주한다는 것이다. 하젠-윌리엄 공식의 C를 사용하면 상응하는 f가 부정류 속도의 변화에 따라 다소 조정되게 함으로써 부분적으로 보상이 된다. 그러나 두 가지 방법 모두 부정류 유동의 기본적인 거동에 기초를 두지 않는다.

속도는 반대 방향의 속도조차도 상대적으로 급속히 변화하므로 속도 분포는 상당히 복잡하게 된다. 전단 응력과 에너지 분산의 계산은 어려워지게 되며 Silva-Araya와 Chaudhry (1997)은 이러한 문제의 현대 평가 기법(state-of-the-art)에 대해 기술하였다. 그들은 달시-바하의 마찰 계수 f를 보유하나 이 f에 에너지 분산 계수를 곱하여 부정류 유동에서의 추가적인 마찰 손실을 설명한다. 이 방법은 점성에 의한 것과 난류에 의한 전단 응력의 영향을 포함하는 축 대칭 유동을 위한 분산 함수를 포함한다. 이러한 방법을 수행하기 위해 추가적으로 계산하는데 소요되는 노력은 현재로서는 실용적인 측면을 고려할 때 과도한 것으로 판단된다. 결과적으로 정상 상태의 마찰 계수의 전통적인 접근 방식을 계속해서 사용하여야 한다.

상기 공식에서 $t_P - 0$를 Δt로 대체하고 Δt를 곱하면 다음과 같이 된다.

$$C^+ : (V_P - V_{Le}) + \frac{g}{a}(H_P - H_{Le}) + \frac{f\Delta t}{2D} V_{Le}|V_{Le}| = 0 \qquad 4.14$$

$$C^- : (V_P - V_{Ri}) - \frac{g}{a}(H_P - H_{Ri}) + \frac{f\Delta t}{2D} V_{Ri}|V_{Ri}| = 0 \qquad 4.15$$

상기 공식들은 C^+와 C^-공식이라 부른다. 상기 특성 공식은 유한 차분 형태로 쓰면 다음과 같다.

$$\Delta s = \pm a\Delta t \qquad 4.16$$

이제 유한 차분 수치 해석으로 풀기 위해서 s 방향으로 공간 간격(즉, 관로가 절단되는 부분의 숫자)을 설정하여야 한다. 만일 관로를 N 분절로 나누기로 결정하면 각 분절의 길

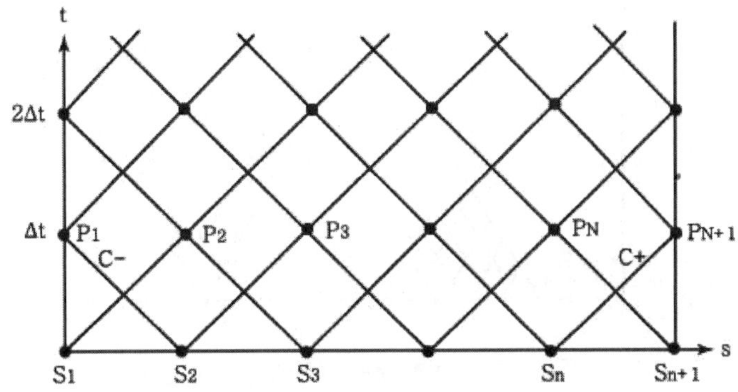

그림 4.3 단일 배관을 위한 특성 격자

이는 $\Delta s = L/N$ 이 된다. 따라서 Δs가 결정되고 공식 4.16은 Δt를 계산하기 위해 사용된다. 이제 그림 4.3에 나타낸 것과 같이 특성 격자를 구축할 수 있다.

s 축에 따른 격자점은 관로 축을 따라 공간 Δs 만큼 떨어진 점들이고 이러한 점들에서의 H와 V 수치는 초기 조건들이다. 통상적으로 이러한 초기 조건들은 부정류가 시작되기 전 관로 내에 발생하는 정상 유동에서의 H와 V의 수치들이다. 점 L_e와 R_i로부터 알 수 있는 수치로 공식 4.14와 4.15을 동시에 풀어 시간 $t = \Delta t$ 에서 지점 2로부터 N까지 각 점에서 H_P와 V_P 수치를 구한다. H_{P1}과 $H_{P_{N+1}}$ 수치를 계산하기 위해 적정한 C^+ 또는 C^- 공식과 연관지어 $s = 0$ 과 $s = L$인 지점에서의 경계 조건을 사용하여야 한다. 이렇게 함으로써 시간 $t = \Delta t$ 에서 모든 H와 V의 수치를 구할 수 있다. 다음은 시간 $t = \Delta t$에서 공식 4.14와 4.15를 사용해 방금 계산하여 구한 수치를 사용하여 시간 $t = 2\Delta t$에서의 H와 V의 수치를 계산한다. 이러한 과정을 s-t 평면에서 연속하여 반복한다.

최종적으로 지금까지 분석한 결과로부터 얻을 수 있는 중요한 개념에 대해 강조한다. **관로 내에서 한 점에서 압력파가 파속으로 다른 점으로 전파하는데 필요한 시간이 경과되기 전까지는 다른 점에서의 속도 또는 수두 변화를 결정하면 안된다. 이러한 영향을 그림 4.4에 나타내었다. 즉 S 지점에서 어디서 그리고 언제 교란이 후속적인 시간에서 결정되는지 보여준다. 그림 4.4는 이러한 개념의 추론을 설명하고 있다. 지점 P에서 H와 V의 수치는 오직 C^+와 C^- 특성 삼각형 변에 의해 형성된 구역 내에 포함된 이벤트에 의해 영향을 받는다.**

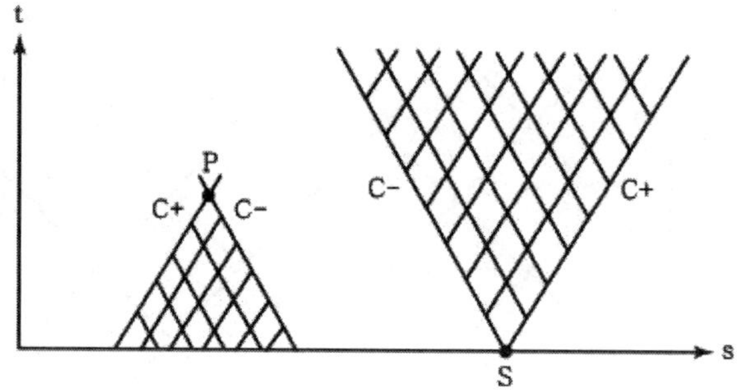

그림 4.4 s–t 평면에서 교란 전파

4.1.3 수치 해석 절차의 설정

내부절점

앞 절에서 C^+ 와 C^- 특성의 미리 설정된 교차점에서 H와 V를 계산할 수 있는 유한 차분 공식을 전개하였다. 관로의 끝에서 H와 V의 수치는 경계 조건을 사용하여 결정된다. 이제 해결 절차를 정리하여 컴퓨터가 쉽게 수행할 수 있도록 한다.

우선 내부 점(점 2부터 N까지)들에 있어 H와 V를 구하기 위한 한 쌍의 공식을 전개한다. 이것은 공식 4.14와 4.15를 동시에 풀어 얻을 수 있다. 즉, 공식 4.14와 4.15를 더하여 정리하면 다음과 같이 된다.

$$2V_P - V_{Le} - V_{Ri} + \frac{g}{a}(H_{Ri} - H_{Le}) + \frac{f\Delta t}{2D}(V_{Le}|V_{Le}| + V_{Ri}|V_{Ri}|) = 0$$

$$V_P = \frac{1}{2}\left[(V_{Le} + V_{Ri}) + \frac{g}{a}(H_{Le} - H_{Ri}) - \frac{f\Delta t}{2D}(V_{Le}|V_{Le}| + V_{Ri}|V_{Ri}|)\right]$$

4.17

공식 4.14와 4.15를 감하여 정리하면 다음과 같이 된다.

$$-V_{Ri} + V_{Le} - 2\frac{g}{a}H_P + \frac{g}{a}(H_{Ri} + H_{Le}) - \frac{f\Delta t}{2D}(V_{Le}|V_{Le}| - V_{Ri}|V_{Ri}|) = 0$$

$$H_P = \frac{1}{2}\left[\frac{a}{g}(V_{Le} - V_{Ri}) + (H_{Le} + H_{Ri}) - \frac{a}{g}\frac{f\Delta t}{2D}(V_{Le}|V_{Le}| - V_{Ri}|V_{Ri}|)\right]$$

4.18

관로의 양 끝단에서 경계 조건들은 외부에서 부여된 속도 그리고 또는 압력 수두에 의해 결정된다. 독자들에게 어떻게 경계 조건들이 적용되는지 이해를 돕기 위해 광범위하게 사용되는 몇 가지 예를 들기로 한다.

저수지 경계 조건(관로의 상류측 끝)

저수지로부터 관로가 연결되어 물이 유입된다면 이 유입부에서의 피에조미터 수두 H는 저수지 수위에 상응한 수치로 가정한다. 만일 수위가 시간이 지나도 일정하면 H는 상수가 되고 유입부에서의 유입 손실을 무시한다. 저수지 수위 고도가 시간에 따라 변화하면 H도 변화한다. 이러한 경계조건을 다음 공식으로 나타낼 수 있다.

$$H_{P1} = H_0 \tag{4.19}$$

H_{P1}을 공식 4.15 ($R_i = 2$)에 대입하여 다음과 같이 속도를 나타낸다.

$$V_{P1} = V_2 + \frac{g}{a}(H_0 - H_2) - \frac{f\triangle t}{2D} V_2|V_2| \tag{4.20}$$

만일 저수지가 하류측 관로 끝단에 있으면 C^+ 공식을 사용하여 같은 방법으로 접근하면 $V_{P_{N+1}}$에 대해 유사한 결과를 가져온다.

$$V_{P_{N+1}} = V_N + \frac{g}{a}(H_N - H_{P_{N+1}}) - \frac{f\triangle t}{2D} V_N|V_N| \tag{4.20.1}$$

속도 경계 조건(관로의 하류측 끝)

하류측 끝 부분에서 속도를 알면 C^+ 특성 공식과 조합하여 $H_{P_{N+1}}$ 공식을 전개한다. 한 예로 밸브가 시간 T_c에 걸쳐 속도 V_0에서 선형으로 감소되어 0가 된다고 가정한다. 속도 거동은 다음과 같이 된다.

$$V_{P_{N+1}} = V_0\left(1 - \frac{t}{T_c}\right), \quad 0 \le t \le T_c \tag{4.21}$$

$$V_{P_{N+1}} = 0, \qquad t \ge T_c$$

$H_{P_{N+1}}$을 구하기 위한 공식은 공식 4.21을 공식 4.14에 대입하여 아래 첨자 $P = P_{N+1}$, $Le = N$으로 대체하여 정리하면 0을 포함하여 $H_{P_{N+1}}$의 임의의 수치를 구할 수 있다.

$$(V_P - V_{Le}) + \frac{g}{a}(H_P - H_{Le}) + \frac{f\Delta t}{2D} V_N|V_N| = 0 \quad 4.22$$

$$H_{P_{N+1}} = H_N - \frac{a}{g}\left(V_{P_{N+1}} - V_N\right) - \frac{a}{g}\frac{f\Delta t}{2D} V_N|V_N|$$

정속 펌프의 경계 조건(관로의 상류측 끝 단)

이 경계 조건은 경계 공식에서 H_{P1}과 V_{P1}을 갖는 복잡성을 더한다. 결과적으로 경계 공식은 공식 4.15와 함께 동시에 풀어 H_{P1}과 V_{P1} 공식을 작성하여야 한다. 펌프 경계 조건을 나타내는 방법을 선택하여야 한다. 일반적으로 펌프의 토출 수두특성을 나타내는 가장 간단한 방법은 2차 방정식의 형태이다.

$$h_p = A_p{}'Q^2 + B_p{}'Q + C_p{}' \quad 4.23$$

여기서 Q는 펌프의 유량이고 h_p는 펌프를 통과하면서 상승하는 수두이다. 이러한 변수들은 C^- 공식의 변수와 일치하지는 않는다. 따라서 약간의 조정이 필요하다. Q를 $V_{p1}A$로 h_p는 $H_{p1} - H_{sump}$로 대체한다.

$$H_{P1} - H_{sump} = A_P'(V_{P1}A)^2 + B_P'(V_{P1}A) + C_P'$$

$$H_{P1} = A_P'A^2V_{P1}^2 + B_P'AV_{P1} + C_P' + H_{sump}$$

단, $A_P = A_P'A^2$, $B_P = B_P'A$, 그리고 $C_P = C_P' + H_{sump}$으로 대체하면 다음과 같이 된다.

$$H_{p1} = A_pV_{p1}^2 + B_pV_{p1} + C_p \quad 4.24$$

상기 곡선이 아래로 오목한 곡선이고 항상 유량 Q가 증가할수록 경사가 아래로 향한다면 $A_p < 0$, $B_p < 0$ 그리고 $C_p > 0$이 된다. 이러한 정보는 경계 조건 계산에 필요하다.

공식 4.24를 C^- 특성 공식 4.15와 동시에 풀면 H_{p1}이 제거되고 V_{p1}은 다음과 같은 공식이 된다.

$$V_{p1} - V_2 - \frac{g}{a}\left(A_pV_{p1}^2 + B_pV_{p1} + C_p\right) + \frac{g}{a}H_2 + \frac{f\Delta t}{2D}V_2|V_2| = 0 \quad 4.25$$

다시 정리하면

$$\left(\frac{g}{a}A_p\right)V_{p1}^2+\left(\frac{g}{a}B_p-1\right)V_{p1}+\left(V_2+\frac{g}{a}C_p-\frac{g}{a}H_2-\frac{f\Delta t}{2D}V_2|V_2|\right)=0 \qquad 4.26$$

상기 2차 방정식으로부터 V_{p1}을 구할 수 있다. 다시 공식 4.24에 대입하여 H_{p1}을 구한다.

덧붙여 말하면 만일 손실이 없는 역지변이 펌프의 하류측에 설치된다면 공식 4.26으로부터 V_{p1}을 계산하고 속도의 부호를 확인함으로써 수학적 모델을 작성할 수 있다. 만일 부호가 −면 C^- 특성 공식 4.15로부터 H_{p1}을 계산하기 전에 V_{p1}을 0으로 설정한다.

4.1.4 수치 해석 절차의 전산화

● 내부절점

우리가 전개한 문제 해결 방안은 상대적으로 컴퓨터 프로그램을 하기 쉽다. 관로는 N 분절로 나누어져 있기 때문에 분절들간의 절점은 관로의 상류부 1부터 시작하여 끝 단 $N+1$로 구분된다. 공식들에 있어 아래 첨자들의 조합과 컴퓨터 프로그램에 있어 아래 첨자 변수의 지표를 명심하여 공식 4.14와 4.15를 다시 쓰면 다음과 같이 된다.

$$C^+:(V_{p\,i}-V_{i-1})+\frac{g}{a}(H_{p\,i}-H_{i-1})+\frac{f\Delta t}{2D}V_{i-1}|V_{i-1}|=0 \qquad 4.27$$

$$C^-:(V_{p\,i}-V_{i+1})-\frac{g}{a}(H_{p\,i}-H_{i+1})+\frac{f\Delta t}{2D}V_{i+1}|V_{i+1}|=0 \qquad 4.28$$

공식 4.17과 4.18의 H_p와 V_p 내부 수치에 대한 해답은 다음과 같다. $(2 \leqq i \leqq N)$

$$V_{p\,i}=\frac{1}{2}\left[(V_{i-1}+V_{i+1})+\frac{g}{a}(H_{i-1}-H_{i+1})-\frac{f\Delta t}{2D}(V_{i-1}|V_{i-1}|+V_{i+1}|V_{i+1}|)\right] \qquad 4.29$$

$$H_{pi}=\frac{1}{2}\left[\frac{a}{g}(V_{i-1}-V_{i+1})+(H_{i-1}+H_{i+1})-\frac{a}{g}\frac{f\Delta t}{2D}(V_{i-1}|V_{i-1}|-V_{i+1}|V_{i+1}|)\right] \qquad 4.30$$

모든 경계 조건들은 일관성 있는 아래첨자 변수의 형태로 표기되어야 한다. 저수지와 선형으로 변화하는 속도를 위한 경계 조건은 이미 적정한 형태를 취하고 있다. 그러나 두 개의 공식을 동시에 풀 것을 요구하는 정속 펌프 경계 조건은 추가적인 작업이 필요기 때문에 실행자는 전술한 과정을 수행한 후 컴퓨터 프로그램을 수행하여야 한다. 반드시 풀어야 하는 한 쌍의 공식을 도출하는 경계 조건은 부정류 문제에서 매우 광범위하게 사용되므로 이러한 절차를 상세하게 검토하기로 한다. 예제에서는 상당한 양의 C^+와 C^- 공식들을 컴퓨터 코드로 직접 도입하여 효율적인 방법으로 처리하는 기술을 보여준다.

정속 펌프

앞으로 사용될 공식을 단일 기호에 의해 알려진 항의 집합으로 표현하는 공식으로 단순화하는 것이 편리하다. 여기에서는 공식 4.28을 관로의 상류 끝에 적용할 수 있도록 다음과 같이 사용한다.

$$V_{P1} = V_2 + \frac{g}{a} H_{p1} - \frac{g}{a} H_2 - \frac{f \Delta t}{2D} V_2 |V_2|$$

$$V_{P1} = C_3 + C_4 H_{P1} \qquad 4.31$$

여기서

$$C_3 = V_2 - \frac{g}{a} H_2 - \frac{f \Delta t}{2D} V_2 |V_2| \qquad 4.32$$

$$C_4 = \frac{g}{a}$$

컴퓨터에서 전 시간(previous time)으로부터 알려진 수치들을 사용하여 계산하기 때문에 C_3와 C_4는 단순한 숫자이다. 공식 4.31을 공식 4.24와 조합하여 H_{p1}을 제거하면 다음과 같이 된다.

$$\frac{V_{p1} - C_3}{C_4} = A_p V_{p1}^2 + B_p V_{p1} + C_p \qquad 4.33$$

상기 공식을 표준 2차 방정식의 형태로 변형하면

$$V_{p1}^2 + \frac{B_p - 1/C_4}{A_p} V_{p1} + \frac{C_p + C_3/C_4}{A_p} = 0 \qquad 4.34$$

$C_5 = \dfrac{B_p - 1/C_4}{A_p}$ 그리고 $C_6 = \dfrac{C_p + C_3/C_4}{A_p}$ 라 놓으면 상기 공식은 다음과 같이 된다.

$$V_{p1}^2 + C_5 V_{p1} + C_6 = 0 \qquad 4.35$$

해답은 다음과 같다.

$$V_{P1} = \frac{C_5}{2}\left[-1 \pm \sqrt{1 - \frac{4C_6}{C_5^2}}\right] \tag{4.36}$$

이것은 ± 부호를 결정하기 위해 남는다. 부호는 여러 번 결정하여야 하므로 지금부터 상세하게 이러한 결정 과정을 검토한다. C 항의 부호를 결정하는 것부터 시작한다. 공식 4.32로부터 우리는 다음을 알 수 있다.

$$C_3 = \text{미지의 부호} \qquad C_4 = (+) \tag{4.37}$$

공식 4.24 펌프 모델의 계수를 위한 통상적인 거동을 가정하면 다음과 같다.

$$A_P = (-) \qquad B_P = (-) \qquad C_P = (+) \tag{4.38}$$

C_5와 C_6를 위한 공식 정의로부터

$$C_5 = \frac{(-)-(+)}{(-)} = (+) \qquad C_6 = \frac{(+)+(unknown)}{(-)} = (unknown) \tag{4.39}$$

우리는 C_5는 항상 양 부호이나 C_6의 부호는 확신할 수 없다고 결론지을 수 있다. 공식 4.36의 부호를 표시하면 다음과 같이 된다.

$$(V_{P1}\text{의 부호}) = (+)\left[-1 \pm \sqrt{1 - \frac{(?)}{(+)}}\right] \tag{4.40}$$

정상 유동 과정 초기에서는 V_{P1}은 양의 부호를 갖기 때문에 상기 공식으로부터 반드시 양의 수치를 얻을 수 있어야 한다. 이것은 괄호들 안의 항들이 양일 경우에만 가능하다. 음의 속도의 가능성도 존재하기 때문에 이 경우에는 각 괄호들 안에 있는 항은 음의 수치를 취하여야 한다. 제곱근의 부호는 반드시 양이기 때문에 괄호가 양의 부호 또는 음의 부호가 될 수 있는 유일한 가능성은 ±으로부터 선택 사항으로부터 +의 부호를 취할 때이다. 따라서 V_{P1} 공식은 다음과 같다.

$$V_{P1} = \frac{C_5}{2}\left[-1 + \sqrt{1 - \frac{4C_6}{C_5^2}}\right] \tag{4.41}$$

그리고 공식 4.31로부터

$$H_{P1} = \frac{V_{P1} - C_3}{C_4} \qquad 4.42$$

역류의 경우 역지변이 설치되었다고 가정할 수 있다. **역지변을 모의하기 위해** V_{P1}**의 부호를 확인하여야 하는데 만일 음일 때는** $V_{P1} = 0$**으로 설정한다. 그 후 부압발생** H_{P1}**를 계산하기 위해 공식 4.42를 사용한다. 전술한 바와 같이 역지변은 펌프를 관로로부터 분리시키기 때문에** H_{P1}**을 계산하기 위해 공식 4.24를 사용할 수 없다.**

4.1.5 기본적인 컴퓨터 프로그램

수충격 해석 컴퓨터 코드 구조를 보여주기 위해 첫 번째 기본적인 컴퓨터 프로그램 EP4_1.FOR를 CD에 수록하였다. 프로그램은 포트란으로 작성하였으며 본서에 첨부된 CD에는 소스 코드와 실행 요소(executable element)를 동적 배열 차원 형태로 제공하였다. 독자들은 수충격 해석을 구성하는 다양한 코드의 블록을 검토할 수 있도록 CD에 소스를 첨부하였다.

입력 자료 파일을 쉽게 읽을 수 있도록 입력 목록(NAMELIST)을 프로그램에 포함시켰다. 입력 매개 변수는 프로그램에서 NAMELIST/SPECPS/문장으로 명시된다. 각 입력 매개 변수는 주 프로그램 초반부에 참고 사항으로 기술하였다.

이 기본 프로그램에서 사용자는 입력 자료를 프로그램에 제공하기 위해 필요한 정상류 상태의 수력 계산을 반드시 수행하여야 한다. 이러한 정상 상태 수치들은 사용자에 의해 생산되는 자료 파일에 입력될 초기 조건들이다. 이 프로그램에서 경계 조건들은 소스 코드에 기술되었으며 상류측 끝단에서 저수지 일정-수위와 하류측 끝단에서 선형적으로 감속되는 속도로 구성된다. 다음에서 설명되겠지만 다른 경계 조건들을 갖는 프로그램을 사용하려면 사용자가 코드를 수정하고 다시 컴파일하여야 한다.

이 프로그램을 이용하여 시간이 TMAX에 도달할 때까지 수충격 과정을 모의한다. 프로그램은 시간이 TMAX에 도달하면 실행을 중지한다. 그 후 각 절점에서 발생하는 수두 H와 유속 V의 최대, 최소 수치를 결정하여 출력한다. 사용자는 프로그램이 실행하는 동안 프롬프트를 이용하여 출력 파일을 프린트한다. 다음의 예제는 프로그램의 입력 자료 파일과 출력을 보여준다.

예제 4.1 **(참고 프로그램 EP41.FOR)**

길이 5000ft, 직경30 인치의 강관 내 파속이 2500ft/s로 발생되었다. 정상 상태의 유속은 5ft/s이다. 하류측 끝단에 설치된 밸브는 10초 동안 선형적으로 밸브에서 유속이 감소되어 0이 되었다. 초기 밸브의 손실 수두는 무시할 만 하다. 시스템에서 부정류 동안 최대, 최소 압력 수두를 구하고 그들의 위치를 기술하라.

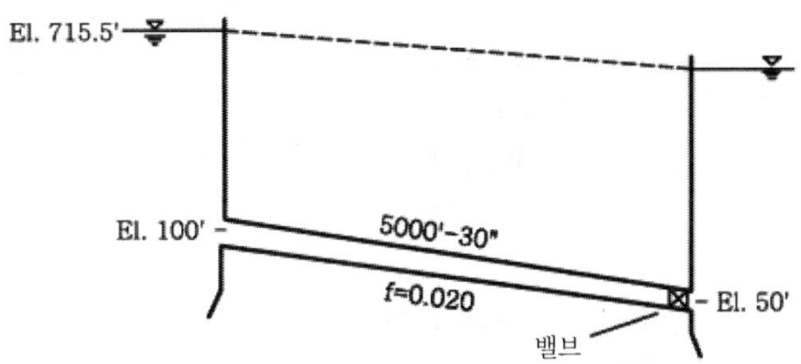

풀이

EP41.FOR를 사용하여 문제를 해결한다. 관로는 8개 부분으로 나누고 문장 편집기를 이용해 다음과 같은 자료 파일을 작성한다.

♺ 예제 4.1 프로그램 – 입력 자료 파일 "EP41.DAT"

상류측 일정 수위 저수지, 하류측 선형유속 감속 밸브

```
&SPECS IOUT=4, NPARTS=8, D=30., L=5000., F=0.02, A=2500., VZERO=5.00,
    HZERO=715.5, ELEVUP=100., ELEVDN=50., TMAX=20.00, TCLOSE=10.00/
```

해석 결과는 아래와 같다. 공간을 절약하기 위해 출력 자료 파일의 시작부와 종료부만을 프린트한다. 최대 수치 표를 살펴보면 밸브에서 최대 압력 수두 810ft, 관로의 중간 부분에서 최소 압력 수두 569ft임을 보여준다.

단일 관로 수충격

♺ 예제 4.1 프로그램 - 입력 자료 파일 "EP41.DAT"
상류측 일정 수두 저수지 및 하류측 선형 감속 밸브

입력 자료

IOUT = 1
NPARTS = 8

L = 5000.0 FT
A = 2500.0 FPS
D = 30.00 IN
F = 0.0200

VZERO = 5.00 FPS
HZERO = 715.5 FT
ELEVUP = 100.0 FT
ELEVDN = 50.0 FT

L/A = 2.000 SEC

TCLOSE = 10.00 SEC
TMAX = 20.00 SEC
DELT = 0.250 SEC

[시간 함수의 압력수두, 고도 및 유속]

TIME = 0.000 SEC

X	HEAD-FT	H-FT	V-FPS
0.000	616.	716.	5.00
0.125	620.	714.	5.00
0.250	624.	712.	5.00
0.375	628.	710.	5.00
0.500	633.	708.	5.00
0.625	637.	706.	5.00
0.750	641.	704.	5.00
0.875	646.	702.	5.00
1.000	650.	700.	5.00

TIME = 0.250 SEC

X	HEAD-FT	H-FT	V-FPS
0.000	616.	716.	5.00
0.125	620.	714.	5.00
0.250	624.	712.	5.00
0.375	628.	710.	5.00
0.500	633.	708.	5.00
0.625	637.	706.	5.00
0.750	641.	704.	5.00
0.875	646.	702.	5.00
1.000	660.	710.	4.88

TIME = 0.500 SEC

X	HEAD-FT	H-FT	V-FPS
0.000	616.	716.	5.00
0.125	620.	714.	5.00
0.250	624.	712.	5.00
0.375	628.	710.	5.00
0.500	633.	708.	5.00
0.625	637.	706.	5.00
0.750	641.	704.	5.00
0.875	655.	712.	4.88
1.000	669.	719.	4.75

TIME = 0.750 SEC

X	HEAD-FT	H-FT	V-FPS
0.000	616.	716.	5.00
0.125	620.	714.	5.00
0.250	624.	712.	5.00
0.375	628.	710.	5.00
0.500	633.	708.	5.00
0.625	637.	706.	5.00
0.750	651.	713.	4.88
0.875	665.	721.	4.75
1.000	679.	729.	4.63

TIME = 1.000 SEC

X	HEAD-FT	H-FT	V-FPS
0.000	616.	716.	5.00
0.125	620.	714.	5.00
0.250	624.	712.	5.00
0.375	628.	710.	5.00
0.500	633.	708.	5.00
0.625	647.	715.	4.88
0.750	661.	723.	4.75
0.875	675.	731.	4.63
1.000	689.	739.	4.50
·	·	·	·
·	·	·	·
·	·	·	·

TIME = 20.000 SEC

X	HEAD-FT	H-FT	V-FPS
0.000	616.	716.	-0.95
0.125	630.	724.	-0.82
0.250	645.	733.	-0.70
0.375	660.	742.	-0.58
0.500	675.	750.	-0.46
0.625	690.	759.	-0.34
0.750	705.	767.	-0.23
0.875	720.	776.	-0.11
1.000	735.	785.	0.00

최대 수치 표

X	MAX HEAD	MIN HEAD	MAX H	MIN H
0.000	616.	616.	716.	716.
0.125	641.	603.	735.	697.
0.250	666.	592.	753.	679.
0.375	691.	580.	772.	661.
0.500	715.	569.	790.	644.
0.625	740.	575.	808.	644.
0.750	763.	581.	826.	643.
0.875	787.	586.	843.	642.
1.000	810.	592.	860.	642.

상세풀이

문제로부터 주어진 자료들은 관로 분절 수는 8개, 관로 길이 $L=5000ft$, 직경 $D=30$인치, 마찰계수 $f=0.02$, 파속 $a=2500ft/\sec$, 유속 $V_0=5ft/\sec$, 상류 저수지 수위 $HZERO=715.5ft$, 상류측 배관 고도 $ELEVUP=100ft$, 하류측 배관 고도 $ELEVDN=50ft$, 밸브는 10초 동안 폐쇄되며 분석 최대 시간은 20초이다.

1. 정상 유동 분석

먼저 주어진 자료들로부터 분절의 수와 관로 길이를 알 수 있으므로 각 분절의 길이는 다음과 같다.

$$\triangle L=\frac{관로길이}{분절수}=\frac{5000}{8}=625ft$$

관로 분절길이에 파속이 도달하는 시간은

$$\triangle T=\frac{분절길이}{파속}=\frac{625}{2500}=0.25\sec$$

분절 길이당 관로 고도 기울기는

$$\triangle EL=\frac{하류측배관고도-상류측배관고도}{분절수}=\frac{50-100}{8}=-6.25$$

분절 길이당 마찰 손실은

$$\triangle HF=f\frac{\triangle L}{D}\frac{V^2}{2g}=0.02\frac{625\times 12}{30}\frac{5^2}{64.4}=1.94099$$

그리고 연산을 용이하게 하기 위해서

$$C=\frac{g}{a}=\frac{32.2}{2500}=0.01288$$

$$AK=\frac{12\times f\times\triangle T}{2\times D}=\frac{12\times 0.02\times 0.25}{2\times 30}=0.001$$

마찰 손실을 감안한 각 분절 끝에서의 피에조미터 수두는 다음과 같이 계산된다.

$$H_n=상류측수위-분절마찰손실=HZERO-분절수\times\triangle HF$$

따라서 각 분절 끝에서의 피에조미터 수두는 다음과 같다.

$$H_1 = 715.5 - 0 \times 1.94099 = 715.5$$

$$H_2 = 715.5 - 1 \times 1.94099 = 713.5$$

$$H_3 = 715.5 - 2 \times 1.94099 = 711.6$$

$$\vdots$$

$$H_9 = 715.5 - 8 \times 1.94099 = 700$$

관로 기울기를 고려한 각 분절 위치에서의 관로 고도는 다음과 같이 계산된다.

$$PIPEZ = \text{상류측관로고도} - \text{분절수} \times \text{분절기울기} = ELEVUP - \text{분절수} \times \triangle EL$$

따라서 각 분절 끝에서의 관로 고도는 다음과 같다.

$$PIPEZ_1 = 100 - 0 \times 6.25 = 100$$

$$PIPEZ_2 = 100 - 1 \times 6.25 = 93.75$$

$$PIPEZ_3 = 100 - 2 \times 6.25 = 87.5$$

$$\vdots$$

$$PIPEZ_9 = 100 - 8 \times 6.25 = 50$$

각 분절에서의 수두는 다음과 같이 계산된다.

$$HEAD_n = H_n - PIPEZ_n$$

정상 유동의 경우 관로의 직경이 동일하므로 각 분절에서의 유속은 모두 $V_0 = 5ft/\sec$ 가 된다. 상기 계산 결과들을 표로 요약하면 다음과 같다.

절점	X(I)	V(I)	H(I)	HEAD(I)	PIPEZ(I)
1	0.000	5.00	715.50	615.50	100.00
2	0.125	5.00	713.56	619.81	93.75
3	0.250	5.00	711.62	624.12	87.50
4	0.375	5.00	709.68	628.43	81.25

표 1 정상 유동시 분석

절점	X(I)	V(I)	H(I)	HEAD(I)	PIPEZ(I)
5	0.500	5.00	707.74	632.74	75.00
6	0.625	5.00	705.80	637.05	68.75
7	0.750	5.00	703.85	641.35	62.50
8	0.875	5.00	701.91	645.66	56.25
9	1.000	5.00	699.97	649.97	50.00

표 1 (계 속)

2. 부정류 분석

하류 저수지에 설치된 밸브가 10초 동안 폐쇄되면서 유속이 감소하고 따라서 밸브에서 손실계수는 점차적으로 증가하게 되어 이로 인해 밸브에서 압력이 상승하게 된다. 미소시간 $\triangle T = 0.25$초 간격으로 부정류를 분석한다.

$t = 0.25$

1) 관로 내부 절점 수두 및 속도 결정

먼저 관로 내부 절점인 2~8까지의 피에조미터 수두와 유속은 공식 4.29, 4.30으로부터 계산할 수 있다.

$$V_{p\ i} = \frac{1}{2}\left[(V_{i-1} + V_{i+1}) + \frac{g}{a}(H_{i-1} - H_{i+1}) - \frac{f\triangle t}{2D}(V_{i-1}|V_{i-1}| + V_{i+1}|V_{i+1}|)\right] \tag{4.29}$$

$$H_{pi} = \frac{1}{2}\left[\frac{a}{g}(V_{i-1} - V_{i+1}) + (H_{i-1} + H_{i+1}) - \frac{a}{g}\frac{f\triangle t}{2D}(V_{i-1}|V_{i-1}| - V_{i+1}|V_{i+1}|)\right] \tag{4.30}$$

예를 들어 절점 2에의 유속 및 피에조미터 수두를 구하기 위해서 V_{i-1}, V_{i+1}은 정상 유동시 절점 1과 절점 3에서의 유속을 나타내며, H_{i-1}, H_{i+1}는 정상 유동시 절점 1과 절점 3에서의 피에조미터 수두를 나타낸다.

절점 2에서의 유속 $V_{pi} = VNEW(2)$과 피에조미터 수두 $H_{pi} = HNEW(2)$를 구하면

$$VNEW(2) = 0.5\,[(5+5) + 0.01288(715.5 - 711.62) - 0.001(5|5| + 5|5|)] = 5$$

$$HNEW(2) = 0.5\,[(711.62 + 715.5) + (5-5)/0.01288 - 0.001(5|5| - 5|5|)] = 713.56$$

동일한 방법으로 절점 3~8까지의 유속 및 피에조미터 수두를 구할 수 있다.

2) 상류 저수지 수두 및 속도 결정

상류 저수지는 수위가 715.5ft로 항상 일정하므로 절점 1에서는 항상 $H_0 = 715.5ft$가 된다. 이 지점에서의 유속은 공식 4.20으로부터 구할 수 있다.

$$V_{P1} = V_2 + \frac{g}{a}(H_0 - H_2) - \frac{f\Delta t}{2D}V_2|V_2| \qquad 4.20$$

여기서 V_2는 정상 유동시 절점 2지점에서의 유속, H_2는 정상 유동시 절점 2지점에서의 피에조미터 수두를 나타낸다. 절점 1에서의 유속 $V_{P1} = VNEW(1)$를 구하면 다음과 같다.

$$VNEW(1) = 5 + 0.01288(715.5 - 713.56) - 0.001 \times 5|5| = 5$$

3) 하류측 관로 밸브에서의 수두 및 속도 결정

관로의 하류측 끝에 즉, 절점9에 설치된 밸브를 통과하는 유속은 선형적으로 T_c=10초 동안 감소하여 0이 되므로 시간에 따른 유속은 공식 4.21과 같이 나타낼 수 있다.

$$V_{P_{N+1}} = V_0\left(1 - \frac{t}{T_c}\right),\ 0 \le t \le T_c \qquad 4.21$$

$$V_{P_{N+1}} = 0, \qquad t \ge T_c$$

시간 $t = 0.25$초에서의 유속 $V_{P_{N+1}} = VNEW(9)$은

$$VNEW(9) = 5\left(1 - \frac{0.25}{10}\right) = 4.875ft/\sec$$

수두는 공식 4.22로부터 구할 수 있다.

$$H_{P_{N+1}} = H_N - \frac{a}{g}\left(V_{P_{N+1}} - V_N\right) - \frac{a}{g}\frac{f\Delta t}{2D}V_N|V_N| \qquad 4.22$$

상기 식에서 H_N과 V_N은 정상 유동시 절점 8에서의 피에조미터 수두와 유속이고, $V_{P_{N+1}}$은 부정류 발생 0.25초 후 절점 9에서의 유속이다. 구한 수치들을 상기 식에 대입하여 시간 $t = 0.25$초에서의 피에조미터 수두 $H_{P_{N+1}} = HNEW(9)$를 구하면

$$HNEW(9) = H_N - \frac{a}{g}\left(V_{P_{N+1}} - V_N\right) - \frac{a}{g}\frac{f\Delta t}{2D}V_N|V_N|$$

$$= 701.91 + (5 - 4.875 - 0.001 \times 5|5|)/0.01288$$

$$= 709.68$$

수두 HEAD는 HNEW-PIPEZ가 된다. 상기 계산 결과를 표로 나타내면 다음과 같다.

절 점	X(I)	VNEW(I)	HNEW(I)	HEAD(I)
1	0.000	5.00	715.50	615.50
2	0.125	5.00	713.56	619.81
3	0.250	5.00	711.62	624.12
4	0.375	5.00	709.68	628.43
5	0.500	5.00	707.74	632.74
6	0.625	5.00	705.80	637.05
7	0.750	5.00	703.85	641.35
8	0.875	5.00	701.91	645.66
9	1.000	4.88	709.68	659.68

표 2 t=0.25초 후 부정류 분석

$t = 0.50$

$t = 0.50$초 후의 부정류 분석은$t = 0.25$초 후 부정류 분석과 동일한 방법으로 수행한다. 단$t = 0.25$초에서는 정상 유동시 자료를 기초로 분석하였으나 $t = 0.50$초에서는 $t = 0.25$에서 분석한 결과를 기초로 분석하여야 한다.

1) 관로 내부 절점 수두 및 속도 결정

관로 내부 절점인 2~8까지의 피에조미터 수두와 유속은 공식 4.29, 4.30으로부터 계산할 수 있다.

$$V_{p\,i} = \frac{1}{2}\left[(V_{i-1} + V_{i+1}) + \frac{g}{a}(H_{i-1} - H_{i+1}) - \frac{f\Delta t}{2D}(V_{i-1}|V_{i-1}| + V_{i+1}|V_{i+1}|)\right] \quad 4.29$$

$$H_{pi} = \frac{1}{2}\left[\frac{a}{g}(V_{i-1} - V_{i+1}) + (H_{i-1} + H_{i+1}) - \frac{a}{g}\frac{f\Delta t}{2D}(V_{i-1}|V_{i-1}| - V_{i+1}|V_{i+1}|)\right] \quad 4.30$$

예를 들어 절점 2에의 유속 및 피에조미터 수두를 구하기 위해서 V_{i-1}, V_{i+1}, H_{i-1}, H_{i+1}는 $\triangle T = 0.25$ 부정류시 절점 1과 절점 3에서의 유속 및 피에조미터 수두를 나타낸다. 이러한 수치들을 상기 식에 대입하여 각 절점에서의 유속과 피에조미터 수두를 구할 수 있다. 절점 2에서의 유속 $V_{pi} = VNEW(2)$과 피에조미터 수두 $H_{pi} = HNEW(2)$를 구하면

$$VNEW(2) = 0.5\,[(5+5) + 0.01288(715.5 - 711.62) - 0.001\,(5|5| + 5|5|)] = 5$$

$$HNEW(2) = 0.5\,[(711.62 + 715.5) + (5-5)/0.01288 - 0.001(5|5| - 5|5|)] = 713.56$$

동일한 방법으로 절점 3～8까지의 유속 및 피에조미터 수두를 구할 수 있다.

2) 상류 저수지 수두 및 속도 결정

상류 저수지는 수위가 $715.5ft$로 항상 일정하므로 절점 1에서는 항상 $H_0 = 715.5ft$가 된다. 이 지점에서의 유속은 공식 4.20으로부터 구할 수 있다.

$$V_{P1} = V_2 + \frac{g}{a}(H_0 - H_2) - \frac{f\Delta t}{2D}V_2|V_2| \quad 4.20$$

여기서 V_2와 H_2는 $\triangle T = 0.25$ 부정류시 절점 2지점에서의 유속과 피에조미터 수두를 나타낸다. 절점 1에서의 유속 $V_{P1} = VNEW(1)$를 구하면 다음과 같다.

$$VNEW(1) = 5 + 0.01288(715.5 - 713.56) - 0.001 \times 5|5| = 5$$

3) 하류측 관로 밸브에서의 수두 및 속도 결정

관로의 하류측 끝에 즉, 절점9에 설치된 밸브를 통과하는 유속은 선형적으로 T_c=10초 동안 감소하여 0이 되므로 시간 $t = 0.50$초에서의 유속 $V_{P_{N+1}} = VNEW(9)$은

$$VNEW(9) = 5\left(1 - \frac{0.50}{10}\right) = 4.75ft/\sec$$

수두는

$$H_{P_{N+1}} = H_N - \frac{a}{g}\left(V_{P_{N+1}} - V_N\right) - \frac{a}{g}\frac{f\Delta t}{2D}V_N|V_N| \quad 4.22$$

상기 식에서 H_N과 V_N은$t=0.50$ 부정류시 절점 8에서의 피에조미터 수두와 유속이고, $V_{P_{N+1}}$은 부정류 발생 0.5초 후 절점 9에서의 유속이다. 구한 수치들을 상기 식에 대입하여 시간 $t=0.5$초에서의 피에조미터 수두 $H_{P_{N+1}}=HNEW(9)$를 구하면

$$HNEW(9)=H_N-\frac{a}{g}\left(V_{P_{N+1}}-V_N\right)-\frac{a}{g}\frac{f\Delta t}{2D}V_N|V_N|$$

$$=701.91+(5-4.75-0.001\times 5|5|)/0.01288$$

$$=719.38$$

수두 HEAD는 HNEW-PIPEZ가 된다. 상기 계산 결과를 표로 나타내면 다음과 같다.

절 점	X(I)	VNEW(I)	HNEW(I)	HEAD(I)
1	0.000	5.00	715.50	615.50
2	0.125	5.00	713.56	619.81
3	0.250	5.00	711.62	624.12
4	0.375	5.00	709.68	628.43
5	0.500	5.00	707.74	632.74
6	0.625	5.00	705.80	637.05
7	0.750	5.00	703.85	641.35
8	0.875	4.88	711.57	655.32
9	1.000	4.75	719.38	669.38

표 3 t=0.5초 후 부정류 분석

4) 분석시간이 밸브 폐쇄시간을 초과할 때

41번째 시간 간격 $t=0.25\times 41=10.25$초에서는 밸브가 완전 폐쇄되므로 이 지점에서의 유속은 0이 된다. 따라서 $V_{P_{N+1}}=VNEW(9)=0$으로 설정하여 수두를 구한다.

$$H_{P_{N+1}}=H_N-\frac{a}{g}\left(V_{P_{N+1}}-V_N\right)-\frac{a}{g}\frac{f\Delta t}{2D}V_N|V_N| \qquad 4.22$$

상기 식에서 H_N과 V_N은 $t=10$ 부정류시 절점 8에서의 피에조미터 수두와 유속으로 각각 $780.24ft$와 $0.113ft/\sec$가 된다. 이 수치들을 상기 식에 대입하여 시간 $t=10.25$초에서의 피에조미터 수두 $H_{P_{N+1}}=HNEW(9)$를 구하면 다음과 같다.

$$HNEW(9) = H_N - \frac{a}{g}\left(V_{P_{N+1}} - V_N\right) - \frac{a}{g}\frac{f\Delta t}{2D}V_N|V_N|$$

$$= 780.24 + (0.113 - 0 - 0.001 \times 0.113|0.113|)/0.01288$$

$$= 789.03$$

상기와 같은 방법으로 시간 20초까지 분석한 수두변화는 다음 표 및 그림과 같다.

시간 \ 절점	1	2	3	4	5	6	7	8	9
0	616	620	624	628	633	637	641	646	650
1	616	620	624	628	633	647	661	675	689
2	616	629	643	657	671	685	700	714	729
3	616	639	663	686	710	725	739	754	769
4	616	640	664	689	713	737	761	786	810
5	616	640	665	690	715	731	747	763	778
6	616	632	649	665	681	697	713	729	745
7	616	623	630	638	645	662	678	694	710
8	616	623	630	637	644	651	658	665	673
9	616	622	629	636	643	658	674	690	705
10	616	631	646	661	677	692	708	724	740
11	616	640	664	688	713	719	725	731	737
12	616	631	646	661	676	691	706	721	735
13	616	621	627	633	638	645	652	658	664
14	616	613	610	607	604	601	598	595	592
15	616	604	592	580	569	575	582	588	595
16	616	613	611	608	606	603	601	598	596
17	616	622	629	636	643	648	654	660	667
18	616	631	646	661	676	692	707	723	739
19	616	640	664	688	712	718	724	730	736
20	616	630	645	660	675	690	705	720	735

표 4 수두변화(예제 4.1)

x	최대 수두(ft)	최소 수두(ft)	최대 수위(ft)	최소 수위(ft)
0.000	616	616	716	716
0.125	641	603	735	697
0.250	666	592	753	679
0.375	691	580	772	661
0.500	715	569	790	644
0.625	740	575	808	644
0.750	763	581	826	643
0.875	787	586	843	642
1.000	810	592	860	642

표 5 극한 수치표(예제 4.1)

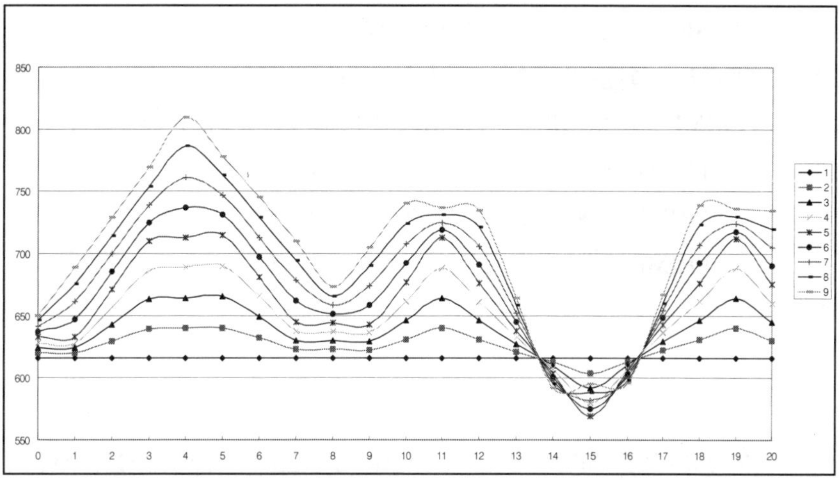

그림 1 관로 절점에서 피에조미터 수두변화(예제 4.1)

상기 그림 분석 결과 밸브가 완전 폐쇄되는 10초 후부터 상승 및 하강 압력파의 왕복 소요시간인 $t=2\times2\left(\dfrac{L}{a}\right)=2\times2\times2=8$초 간격으로 수두가 주기적으로 변화하는 것을 알 수 있다.

두 번째의 프로그램 EP42.FOR는 첫 번째 프로그램을 수정하여 관로의 상류측 끝 부분에 정속 펌프가 설치된 경계 조건을 갖도록 한 것이다. 하류측 끝단에 설치된 밸브는 초기

정상 상태 수치로부터 규정된 최종 정상 상태 수치(0 포함)까지 선형적으로 유속이 변화한다. 상류측 끝단에 설치된 펌프를 수용하기 위해 일정-수두 저수지 경계 조건들은 공식 4.41과 4.42의 경계 조건들로 대체된다. 하류측의 경계 조건들을 유속이 일정한 최저 수치까지 감소될 수 있도록 조정한다. 입력 자료 파일을 확장시켜 3개의 펌프 곡선 계수들 A_p' B_p' 그리고 C_p'와 하류측 밸브에서의 최종 유속을 제공할 수 있도록 한다. 이러한 변화를 수행하기 위해 EP42.FOR에서 필요한 새로운 코드는 다음과 같다.

```
      .        .        .        .        .        .
      .        .        .        .        .        .
*   HSUMP   = 펌프 흡수정 수위로서 단위는 ft
*   ELEVUP = 상류측 끝단에 연결된 관로의 고도로서 단위는 ft
*   ELEVDN = 하류측 끝단에 연결된 관로의 고도로서 단위는 ft
*   TMAX    = 모의실험 최대 시간으로서 단위는 초
*   TCLOSE = 밸브 폐쇄시간으로서 단위는 초
*   VFINAL = 최종 유속으로서 단위는 ft/sec
*   A PRIME, B PRIME, C PRIME의 수치는 유량 gpm, 수두는 ft로 계산된다.
*      A PRIME = 펌프 특성 공식의 첫 번째 계수
*      B PRIME = 펌프 특성 공식의 두 번째 계수
*      C PRIME = 펌프 특성 공식의 세 번째 계수
*
      .        .        .        .        .        .
      .        .        .        .        .        .
      NAMELIST /SPECS/ IOUT,NPARTS,D,L,F,A,VZERO,HSUMP,ELEVUP,
     $ELEVDN,TMAX,TCLOSE,VFINAL,APRIME,BPRIME,CPRIME
      .        .        .        .        .        .
      .        .        .        .        .        .
  AREA=0.7854*D*D/144.
      APRIME=APRIME*(AREA*449.)**2
      BPRIME=BPRIME*AREA*449.
      CPRIME=CPRIME+HSUMP
      HPUMP=APRIME*VZERO*VZERO+BPRIME*VZERO+CPRIME
```

```
     .        .        .        .        .        .

     .        .        .        .        .        .
*** 상류측 끝단(정속 펌프)에서의 H & V 계산  ***
      C1=V(2)-C*H(2)-AK*V(2)*ABS(V(2))
      C3=(BPRIME-1.0/C)/APRIME
      C4=(CPRIME+C1/C)/APRIME
      CHEK=4.*C4/(C3*C3)
      IF(CHEK.GT.0.) GO TO 25
      VNEW(1)=0.5*C3*(-1.+SQRT(1.0-CHEK))
      GO TO 26
   25 VNEW(1)=0.
   26 HNEW(1)=(VNEW(1)-C1)/C
*** 하류측 끝단(밸브)에서의 H & V 계산 ***
      IF(T.GT.TCLOSE) GO TO 30
      VNEW(NODES)=VZERO-(T/TCLOSE)*(VZERO-VFINAL)
      GO TO 31
   30 VNEW(NODES)=VFINAL
   31 HNEW(NODES)=H(NPARTS)+(V(NPARTS)-VNEW(NODES)-AK*V(NPARTS)*
     $ABS(V(NPARTS))**NEXP)/C
     .        .        .        .        .        .

     .        .        .        .        .        .
```

예제 4.2 (참고 프로그램 EP42.FOR)

임펠러 15 ¾인치인 4단 터빈 펌프인 Johnston 20CC 펌프(펌프 특성 곡선은 부록 C 참조)를 사용하여 강의 물을 상부에 위치한 저류 저수지로 송수한다. 관로는 강관으로 길이는 9600ft, 직경은 24인치, 관두께는 0.1875 인치, 마찰 계수는 0.014이다. 관로의 하류측 끝단에는 밸브에서의 유속이 시간에 따라 선형적으로 변화시킬 수 있는 특별한 밸브가 설치되었다.

펌프가 정지되기 30초 전에 밸브가 폐쇄되도록 설계한다. 이때의 최대, 최소 압력 수두를 결정하라.

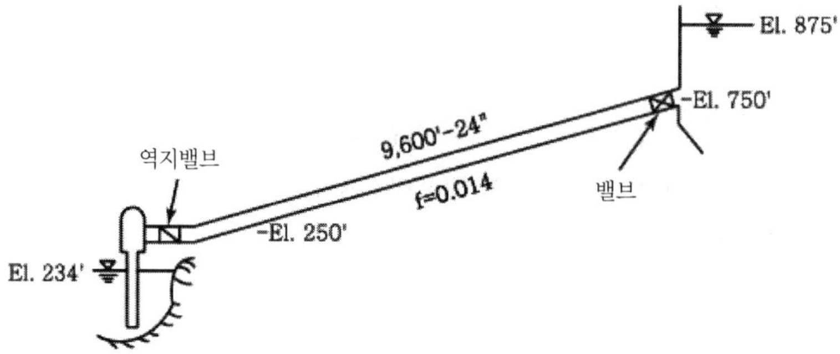

풀이

EP42.FOR를 사용하고 상기 문제를 해결하기 위해서 관로를 10 등분한다. 그러나 제일 먼저 파속과 펌프의 특성을 나타내는 포물선 공식의 계수를 계산하여야 한다.

본 배관은 D/e 비가 128이므로 두께가 얇은 배관 공식 3.33을 사용하여 파속을 계산한다. 가장 높은 파속은 경우(b) 지지물일 경우이므로 이것을 사용하기로 한다.

$$a = \frac{4720}{\sqrt{1 + \frac{3\times10^5}{30\times10^6}\frac{24}{0.1875}(1-0.3^2)}} = 3200 ft/s$$

포물선 공식의 계수를 결정하기 위해서 펌프의 특성 곡선에서 3점을 선정하여 미지의 계수를 갖는 3개의 공식들을 작성하고 이 공식을 푼다. 여기서 우리는 다음의 점들을 사용한다.

$$Q = 0, 4000, 7000 \ gal/\min \qquad h = 254, 200, 137 \ ft/stage$$

계산 결과 계수 $A_P' = -1.071\times10^{-6}$, $B_P' = -9.215\times10^{-3}$, 그리고 $C_P' = 254$가 된다(펌프 핸드북 참조). 그러나 여기서 사용되는 펌프는 4단이므로 프로그램에 입력하기 전에 상기 계수를 4배로 곱한다. 문장 편집기에 의해 작성된 자료 파일은 다음과 같다.

♺ 예제 4.2 프로그램 EP42.FOR – 입력자료 파일 "EP42.DAT"

상류측 존슨톤 20CC 펌프, 하류측 밸브는 30초 동안 완전 폐쇄되며 유속은 선형적으로 변화한다.

```
&SPECS IOUT=1000, NPARTS=10, D=24.00, L=9600., F=0.014, A=3200.,
   VZERO=4.11, HSUPM=234., ELEVUP=250., ELEVDN=750., TCLOSE=30.,
   TMAX=60., VFINAL=0., APRIME=-4.28E-6, BRRIME=-0.03686, CPRIME=1016./
```

해석 결과는 아래와 같다. 최대 압력 수두는 펌프에서 1029ft가 되며 최소 압력 수두는 밸브에서 125ft가 발생한다.

단일 관로 수충격 해석

♺ 예제 4.2 프로그램 EP42.FOR – 입력자료 파일 "EP42.DAT"

상류측 존스톤 20CC 펌프, 하류측 밸브는 30초 동안 완전 폐쇄되며 유속은 선형적으로 변화한다.

입력 자료

```
  IOUT  =  1000
NPARTS  =  10

     L  =  9600.0 FT
     A  =  3200.0 FPS
     D  =  24.00 IN
     F  =  0.0140

VFINAL  =  0.00 FPS
 VZERO  =  4.11 FPS
 HSUMP  =  234.0 FT
ELEVUP  =  250.0 FT
ELEVDN  =  750.0 FT

   L/A  =  3.000 SEC

TCLOSE  =  30.00 SEC
  TMAX  =  60.00 SEC
  DELT  =  0.300 SEC
APRIME  =  -.4280E-05
BPRIME  =  -.3686E-01
CPRIME  =  0.1016E+04
```

시간 함수로서 압력수두, 수위 및 유속

TIME = 0.000 SEC

X	HEAD-FT	H-FT	V-FPS
0.000	642.	892.	4.11
0.100	591.	891.	4.11
0.200	539.	889.	4.11
0.300	487.	887.	4.11
0.400	435.	885.	4.11
0.500	384.	884.	4.11
0.600	332.	882.	4.11
0.700	280.	880.	4.11
0.800	228.	878.	4.11
0.900	177.	877.	4.11
1.000	125.	875.	4.11

최대 및 최소 수치

X	MAX HEAD	MIN HEAD	MAX H	MIN H
0.000	1029.	642.	1279.	892.
0.100	977.	591.	1277.	891.
0.200	926.	539.	1276.	889.
0.300	874.	487.	1274.	887.
0.400	822.	435.	1272.	885.
0.500	770.	384.	1270.	884.
0.600	722.	332.	1272.	882.
0.700	674.	280.	1274.	880.
0.800	626.	228.	1276.	878.
0.900	577.	177.	1277.	877.
1.000	529.	125.	1279.	875.

상세풀이

문제로부터 주어진 자료들은 관로 분절 수는 10개, 관로 길이 $L = 9600ft$, 직경 $D = 24$인치, 마찰계수 $f = 0.014$, 파속 $a = 3200ft/\sec$, 유속 $V_0 = 4.11ft/\sec$, 펌프 흡수정 수위 $HSUMP = 234ft$, 상류측 배관 고도 $ELEVUP = 250ft$, 하류측 배관 고도 $ELEVDN = 750ft$, 밸브는 30초 동안 폐쇄되며 분석 최대 시간은 $TMAX = 60$초이다. 그리고 펌프의 특성을 나타내는 계수 $APRIME = -0.00000428$, $BPRIME = -0.03686$ 및 $CPRIME = 1016$이다.

1. 정상 유동 분석

먼저 주어진 자료들로부터 분절의 수와 관로 길이를 알 수 있으므로 각 분절의 길이는 다음과 같다.

$$\triangle L = \frac{\text{관로길이}}{\text{분절수}} = \frac{9600}{10} = 960ft$$

관로 분절길이에 파속이 도달하는 시간은

$$\triangle T = \frac{\text{분절길이}}{\text{파속}} = \frac{960}{3200} = 0.3\text{sec}$$

분절 길이당 관로 고도 기울기는

$$\triangle EL = \frac{\text{하류측배관고도} - \text{상류측배관고도}}{\text{분절수}} = \frac{750-250}{10} = 50$$

분절 길이당 마찰 손실은

$$\triangle HF = f\frac{\triangle L}{D}\frac{V^2}{2g} = 0.014\frac{960\times 12}{24}\frac{4.11^2}{64.4} = 1.76265$$

배관 단면적은

$$AREA = \frac{3.14\times D^2}{4} = \frac{3.14\times 2^2}{4} = 3.1416ft^2$$

펌프 특성을 나타내는 계수를 다음과 같이 변경한다.

$$A' = APRIME\times(449\times AREA)^2$$

$$= -0.00000428\times(449\times 3.1416)^2$$

$$= -8.51605$$

$$B' = BPRIME\times AREA\times 449$$

$$= -0.03686\times 3.1416\times 449$$

$$= -51.9939$$

$$C' = CPRIME + HSUMP = 1016 + 234 = 1250$$

펌프의 특성을 나타내는 식은 공식 4.24에 따라 다음과 같이 나타낼 수 있다.

$$HPUMP = A' V_0^2 + B' V_0 + C'$$

정상 유동시 펌핑 수두는 $V_0 = 4.11$ 및 각 계수들을 대입하면 다음과 같다.

$$HPUMP = 892.45 ft$$

그리고 연산을 용이하게 하기 위해서

$$C = \frac{g}{a} = \frac{32.2}{3200} = 0.0100625$$

$$AK = \frac{12 \times f \times \triangle T}{2 \times D} = \frac{12 \times 0.014 \times 0.3}{2 \times 24} = 0.00105$$

펌핑 수두와 마찰 손실을 감안한 각 분절 끝에서의 피에조미터 수두는 다음과 같이 계산된다.

$$H_n = \text{펌핑수두} - \text{분절마찰손실} = HPUMP - \text{분절수} \times \triangle HF$$

따라서 각 분절 끝에서의 피에조미터 수두는 다음과 같다.

$$H_1 = 892.45 - 0 \times 1.76265 = 892.45$$

$$H_2 = 892.45 - 1 \times 1.76265 = 890.69$$

$$H_3 = 892.45 - 2 \times 1.76265 = 888.93$$

$$\vdots$$

$$H_{11} = 892.45 - 10 \times 1.76265 = 874.82$$

관로 기울기를 고려한 각 분절 위치에서의 관로 고도는 다음과 같이 계산된다.

$$PIPEZ = \text{상류측관로고도} + \text{분절수} \times \text{분절기울기} = ELEVUP + \text{분절수} \times \triangle EL$$

따라서 각 분절 끝에서의 관로 고도는 다음과 같다.

$$PIPEZ_1 = 250 + 0 \times 50 = 250$$

$$PIPEZ_2 = 250 + 1 \times 50 = 300$$

$$PIPEZ_3 = 250 + 2 \times 50 = 350$$

$$\vdots$$

$$PIPEZ_{11} = 250 + 10 \times 50 = 750$$

각 분절에서의 수두는 다음과 같이 계산된다.

$$HEAD_n = H_n - PIPEZ_n$$

정상 유동의 경우 관로의 직경이 동일하므로 각 분절에서의 유속은 모두 $V_0 = 4.11 ft/\mathrm{sec}$가 된다. 상기 계산 결과들을 표로 요약하면 다음과 같다.

절점	X(I)	V(I)	H(I)	HEAD(I)	PIPEZ(I)
1	0.000	4.11	892.45	642.45	250.00
2	0.100	4.11	890.69	590.69	300.00
3	0.200	4.11	888.93	538.93	350.00
4	0.300	4.11	887.16	487.16	400.00
5	0.400	4.11	885.40	435.40	450.00
6	0.500	4.11	883.64	383.64	500.00
7	0.600	4.11	881.88	331.88	550.00
8	0.700	4.11	880.11	280.11	600.00
9	0.800	4.11	878.35	228.35	650.00
10	0.900	4.11	876.59	176.59	700.00
11	1.000	4.11	874.82	124.82	750.00

표 1 정상 유동시 분석

2. 부정류 분석

상류에 설치된 펌프가 운전하면서 하류 저수지에 설치된 밸브가 30초 동안 폐쇄되면 유속이 감소하고 따라서 밸브에서 손실계수는 점차적으로 증가하게 되어 이로 인해 밸브에서 압력이 상승하게 된다. 또한 유속이 감소하게 되면 상류측 펌프의 펌핑 수두에 영향을 미치게 된다. 이러한 영향을 검토하기 위해 미소 시간 $\triangle T = 0.3$초 간격으로 부정류를 분석한다.

$t = 0.3$초

1) 관로 내부 절점 수두 및 속도 결정

예제 4.1에서와 같이 관로 내부 절점인 2~10까지의 피에조미터 수두와 유속은 공식 4.29, 4.30으로부터 계산할 수 있다.

$$V_{p\,i} = \frac{1}{2}\left[(V_{i-1} + V_{i+1}) + \frac{g}{a}(H_{i-1} - H_{i+1}) - \frac{f\triangle t}{2D}(V_{i-1}|V_{i-1}| + V_{i+1}|V_{i+1}|)\right] \quad 4.29$$

$$H_{pi} = \frac{1}{2}\left[\frac{a}{g}(V_{i-1} - V_{i+1}) + (H_{i-1} + H_{i+1}) - \frac{a}{g}\frac{f\triangle t}{2D}(V_{i-1}|V_{i-1}| - V_{i+1}|V_{i+1}|)\right] \quad 4.30$$

예를 들어 절점 2에의 유속 및 피에조미터 수두를 구하기 위해서 V_{i-1}, V_{i+1} 및 H_{i-1}, H_{i+1}가 필요한데 이들은 정상 유동시 절점 1과 절점 2에서의 유속 및 피에조미터 수두이다. 그리고 상기 식을 간략히 표현하기 위해서 전술한 바와 같이 $C = 0.0100625$, $AK = 0.00105$로 나타내고 이러한 수치들을 상기 식에 대입하여 각 절점에서의 유속과 피에조미터 수두를 구할 수 있다. 절점 2에서의 유속 $V_{pi} = VNEW(2)$과 피에조미터 수두 $H_{pi} = HNEW(2)$를 구하면

$$\begin{aligned} VNEW(2) &= 0.5\begin{bmatrix}(4.11 + 4.11) + 0.0100625(892.45 - 888.93) \\ - 0.00105(4.11|4.11| + 4.11|4.11|)\end{bmatrix} \\ &= 4.11 \end{aligned}$$

$$\begin{aligned} HNEW(2) &= 0.5\begin{bmatrix}(892.45 + 888.93) + (4.11 - 4.11)/0.0100625 \\ - 0.00105(4.11|4.11| - 4.11|4.11|)\end{bmatrix} \\ &= 890.69 \end{aligned}$$

동일한 방법으로 절점 3~10까지의 유속 및 피에조미터 수두를 구할 수 있다.

2) 상류 펌프 수두 및 속도 결정

상류 펌프의 경계 조건은 공식 4.32로부터

$$C_3 = V_2 - \frac{g}{a}H_2 - \frac{f\triangle t}{2D}V_2|V_2| \quad 4.32$$

이 되고 상기 식을 더욱 간략히 표현하기 위해 $C_4 = C = g/a$, $AK = f\triangle t/2D$로 대체하면

$$C_3 = V_2 - C_4H_2 - AK \times V_2|V_2|$$

상기 식에서 V_2 및 H_2는 정상 유동시 절점 2에서의 유속과 피에조미터 수두다. 이 수치들은 이미 알고 있으므로 상기 식에 대입하면

$$C_3 = 4.11 - 0.0100625 \times 890.69 - 0.00105 \times 4.11|4.11| = -4.870$$

공식 4.34로부터

$$C_5 = \frac{B_p - 1/C_4}{A_p} = \frac{-51.9939 - \dfrac{1}{0.0100625}}{-8.51605} = 17.775$$

$$C_6 = \frac{C_p + C_3/C_4}{A_p} = \frac{1250 - \dfrac{4.870}{0.0100625}}{-8.51605} = -89.947$$

펌프의 유속을 나타내는 공식은 4.41로부터

$$V_{P1} = \frac{C_5}{2}\left[-1 + \sqrt{1 - \frac{4C_6}{C_5^2}}\right] \qquad 4.41$$

상기 식이 유효하기 위해서 즉, 펌프가 정상적으로 유량을 토출하기 위해서는 상기 식의 부호가 항상 +로 유지되어야 하며 따라서 루트 안의 수치가 항상 1보다는 커야 한다. 이는 $4C_6/C_5^2$가 항상 -부호를 취하여야 한다는 것을 의미한다. 만일 이 부호가 +가 될 경우에는 즉, 0보다 클 경우에는 본 예제에서는 역지변이 설치된 것으로 가정하여 $V_{P_1} = 0$로 설정된다. 따라서 이 부호를 결정하기 위해 다음 공식을 이용한다.

$$CHECK = \frac{4C_6}{C_5^2} = \frac{4 \times (-89.947)}{17.775^2} = -1.13875$$

상기 수치가 -의 부호를 취하고 있으므로 펌프는 정상적으로 운전되고 있는 것을 의미한다. 따라서 공식 4.41에 상기 수치들을 대입하여 펌프에서의 유속을 구한다.

$$V_{P1} = \frac{C_5}{2}\left[-1 + \sqrt{1 - \frac{4C_6}{C_5^2}}\right] = 4.11$$

공식 4.42를 이용하여 펌프에서의 피에조미터 수두를 구한다.

$$H_{P1} = \frac{V_{P1} - C_3}{C_4} = \frac{4.11 + 4.87}{0.0100625} = 892.45 \qquad 4.42$$

3) 하류측 관로 밸브에서의 수두 및 속도 결정

관로의 하류측 끝에 즉, 절점11에 설치된 밸브를 통과하는 유속은 선형적으로 T_c=30초 동안 감소하여 0이 되므로 시간에 따른 유속은 예제 4.1과 같이 구할 수 있다. 시간 $t = 0.3$초에서의 유속 $V_{P_{N+1}} = VNEW(11)$과 수두는

$$VNEW(11) = 4.11\left(1 - \frac{0.3}{30}\right) = 4.0689 ft/\sec$$

$$HNEW(11) = H_N - \frac{a}{g}\left(V_{P_{N+1}} - V_N\right) - \frac{a}{g}\frac{f\Delta t}{2D}V_N|V_N|$$

$$= 876.59 + (4.11 - 4.0689 - 0.00105 \times 4.11|4.11|)/0.0100625$$

$$= 878.91$$

수두 HEAD는 HNEW-PIPEZ가 된다. 상기 계산 결과를 표로 나타내면 다음과 같다.

I	x	VNEW	HNEW	HEAD
1	0.000	4.11	892.45	642.45
2	0.100	4.11	890.69	590.69
3	0.200	4.11	888.93	538.93
4	0.300	4.11	887.16	487.16
5	0.400	4.11	885.40	435.40
6	0.500	4.11	883.64	383.64
7	0.600	4.11	881.88	331.88
8	0.700	4.11	880.11	280.11
9	0.800	4.11	878.35	228.35
10	0.900	4.11	876.59	176.59
11	1.000	4.07	878.91	128.91

표 2 t=0.3초 후 부정류 분석

$t = 0.60$초

$t = 0.60$초 후의 부정류 분석은 $t = 0.3$초 후 부정류 분석과 동일한 방법으로 수행한다. 단 $t = 0.3$초에서는 정상 유동시 자료를 기초로 분석하였으나 $t = 0.6$초에서는 $t = 0.3$에서 분석한 자료를 기초로 분석하여야 한다.

1) 관로 내부 절점 수두 및 속도 결정

관로 내부 절점인 2~10까지의 피에조미터 수두와 유속은 예제 4.1과 같이 공식 4.29, 4.30으로부터 계산할 수 있다. 예를 들어 절점 2에의 유속 및 피에조미터 수두를 구하면

$$\begin{aligned} VNEW(2) &= 0.5\,[(4.11 + 4.11) + 0.0100625\,(892.45 - 888.93) \\ &\quad - 0.00105\,(4.11|4.11| + 4.11|4.11|)] \\ &= 4.11 \end{aligned}$$

$$\begin{aligned} HNEW(2) &= 0.5\,[(892.45 + 888.93) + (4.11 - 4.11)/0.0100625 \\ &\quad - 0.00105(4.11|4.11| - 4.11|4.11|)] \\ &= 890.69 \end{aligned}$$

동일한 방법으로 절점 3~10까지의 유속 및 피에조미터 수두를 구할 수 있다.

2) 상류 펌프 수두 및 속도 결정

상류 펌프의 경계 조건은 공식 4.32로부터

$$C_3 = V_2 - C_4 H_2 - AK \times V_2 |V_2|$$

상기 식에서 V_2 및 H_2는 부정류 $\triangle t = 0.3$초, 절점 2에서의 유속과 피에조미터 수두다. 이 수치들은 이미 알고 있으므로 상기 식에 대입하면

$$C_3 = 4.11 - 0.0100625 \times 890.69 - 0.00105 \times 4.11|4.11| = -4.870$$

공식 4.35로부터

$$C_5 = \frac{B_p - \dfrac{1}{C_4}}{A_p} = \frac{-51.9939 - \dfrac{1}{0.0100625}}{-8.51605} = 17.775$$

$$C_6 = \frac{C_p + \frac{C_3}{C_4}}{A_p} = \frac{1250 - \frac{4.870}{0.0100625}}{-8.51605} = -89.947$$

펌프의 운전 조건을 확인하기 위해

$$CHECK = \frac{4C_6}{C_5^2} = \frac{4 \times (-89.947)}{17.775^2} = -1.13875$$

상기 수치가 -의 부호를 취하고 있으므로 펌프는 정상적으로 운전되고 있는 것을 의미한다. 따라서 공식 4.41에 상기 수치들을 대입하여 펌프에서의 유속을 구한다.

$$V_{P1} = \frac{C_5}{2}\left[-1 + \sqrt{1 - \frac{4C_6}{C_5^2}}\right] = 4.11$$

공식 4.42를 이용하여 펌프에서의 피에조미터 수두를 구한다.

$$H_{P1} = \frac{V_{P1} - C_3}{C_4} = \frac{4.11 + 4.87}{0.0100625} = 892.45$$

3) 하류측 관로 밸브에서의 수두 및 속도 결정

관로의 하류측 끝에 즉, 절점11에 설치된 밸브를 통과하는 유속은 선형적으로 변화하므로 시간 $t = 0.6$초에서의 유속 $V_{P_{N+1}} = VNEW(11)$과 수두는

$$VNEW(11) = 4.11\left(1 - \frac{0.6}{30}\right) = 4.0278 ft/\sec$$

$$HNEW(11) = H_N - \frac{a}{g}\left(V_{P_{N+1}} - V_N\right) - \frac{a}{g}\frac{f\Delta t}{2D} V_N |V_N|$$

$$= 876.59 + \left(4.11 - 4.0278 - 0.00105 \times 4.0689^2\right)/0.0100625$$

$$= 882.99$$

수두 HEAD는 HNEW-PIPEZ가 된다. 상기 계산 결과를 표로 나타내면 다음과 같다.

I	x	VNEW	HNEW	HEAD
1	0.000	4.11	892.45	642.45
2	0.100	4.11	890.69	590.69
3	0.200	4.11	888.93	538.93
4	0.300	4.11	887.16	487.16
5	0.400	4.11	885.40	435.40
6	0.500	4.11	883.64	383.64
7	0.600	4.11	881.88	331.88
8	0.700	4.11	880.11	280.11
9	0.800	4.11	878.35	228.35
10	0.900	4.07	880.65	180.65
11	1.000	4.03	882.99	132.99

표 3 t=0.6초 후 부정류 분석

4) 분석시간이 밸브 폐쇄시간을 초과할 때

101번째 시간 간격 $t = 0.3 \times 101 = 30.3\text{sec}$에서는 밸브가 완전 폐쇄되므로 이 지점에서의 유속은 0이 된다. 따라서 $V_{P_{N+1}} = VNEW(11) = 0$으로 설정하여 수두를 구한다.

$$H_{P_{N+1}} = H_N - \frac{a}{g}\left(V_{P_{N+1}} - V_N\right) - \frac{a}{g}\frac{f\Delta t}{2D} V_N|V_N| \tag{4.22}$$

상기 식에서 H_N과 V_N은 $t = 30$초 부정류시 절점 10에서의 피에조미터 수두와 유속으로 각각 $H = 1274.77ft$ 및 $V = 0.03ft/\text{sec}$이 된다. 이 수치들을 상기 식에 대입하여 시간 $t = 30.3$초에서의 피에조미터 수두 $H_{P_{N+1}} = HNEW(11)$를 구하면 다음과 같다.

$$\begin{aligned} HNEW(11) &= H_N - \frac{a}{g}\left(V_{P_{N+1}} - V_N\right) - \frac{a}{g}\frac{f\Delta t}{2D} V_N|V_N| \\ &= 1274.77 + (0.03 - 0 - 0.00105 \times 0.03^2)/0.0100625 \\ &= 1277.3 \end{aligned}$$

5) 펌핑 유량이 0이 될 때

106번째 시간 간격 $t = 0.3 \times 106 = 31.8\,sec$에서는 다음과 같이 펌프의 운전 조건인 $CHECK$가 + 부호를 갖게 되므로 유속은 다음과 같이 설정한다.

$$V_{P1} = \frac{C_5}{2}\left[-1 + \sqrt{1 - \frac{4C_6}{C_5^2}}\right] = 0$$

$$CHECK = \frac{4C_6}{C_5^2} = \frac{4 \times 0.2475}{17.775^2} = 0.0031$$

공식 4.42를 이용하여 펌프에서의 피에조미터 수두를 구한다.

$$H_{P1} = \frac{V_{P1} - C_3}{C_4} = \frac{0 + 12.599}{0.0100625} = 1252.1$$

상기 과정을 $TMAX = 60$초가 될 때까지 반복하며 펌프와 밸브에서의 수두와 극한 수치는 다음과 같다.

Time	HEAD (Pump)	HEAD (Valve)	Time	HEAD (Pump)	HEAD (Valve)
0.0	642	125	30.0	986	529
1.2	642	141	31.2	996	522
2.4	642	158	32.4	1016	515
3.6	651	175	33.6	1026	508
4.8	668	192	34.8	1019	502
6.0	686	209	36.0	1012	529
7.2	703	230	37.2	1004	522
8.4	720	250	38.4	1016	515
9.6	738	270	39.6	1026	508
10.8	756	290	40.8	1019	502
12.0	774	309	42.0	1012	529
13.2	792	328	43.2	1004	522
14.4	809	346	44.4	1016	515

표 4 부정류 분석(t=60sec)

Time	HEAD (Pump)	HEAD (Valve)	Time	HEAD (Pump)	HEAD (Valve)
15.6	826	364	45.6	1026	508
16.8	842	381	46.8	1019	502
18.0	858	397	48.0	1012	529
19.2	873	413	49.2	1004	522
20.4	888	428	50.4	1016	515
21.6	902	443	51.6	1026	508
22.8	916	457	52.8	1019	502
24.0	929	471	54.0	1012	529
25.2	942	483	55.2	1004	522
26.4	954	496	56.4	1016	515
27.6	965	507	57.6	1026	508
28.8	976	518	58.8	1019	502
			60.0	1012	529

표 4 (계 속)

x	최대 수두(ft)	최소 수두(ft)	최대 수위(ft)	최소 수위(ft)
0.000	1029	642	1279	892
0.100	977	591	1277	891
0.200	926	539	1276	889
0.300	874	487	1274	887
0.400	822	435	1272	885
0.500	770	384	1270	884
0.600	722	332	1272	882
0.700	674	280	1274	880
0.800	626	228	1276	878
0.900	577	177	1277	877
1.000	529	125	1279	875

표 5 극한 수치표

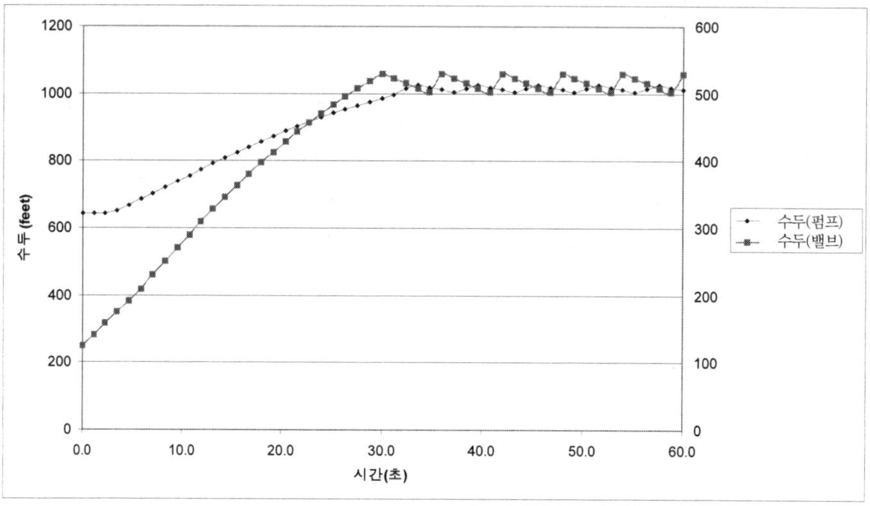

그림 1 예제 4.2 분석결과

상기 그림 분석 결과 밸브가 완전 폐쇄되는 30초까지는 밸브에서의 수두는 계속하여 상승하고 상류측 펌프에서는 밸브가 완전 폐쇄된 후 압력파의 도달 시간인 $t = L/a = 9600/3200 = 3$초 후 즉, 33초에 최대 수두 1028ft에 도달하고 다음 최대 수두는 상승 압력파의 왕복 소요시간인 $t = 2 \times 3 = 6$초 간격인 39초에서 반복되며 최소 수두는 37.5초에서 1001.46ft에 도달하고 다음 최소 수두는 6초 후인 43.5초에서 반복된다. 밸브에서의 최대 수두는 완전 폐쇄되는 30초에서 최대 수두 528ft가 되고 다음 최대 수두는 압력파의 왕복 소요시간인 6초 간격인 36초에서 반복되며 최소 수두는 34.8초에서 501.46ft에 도달하고 다음 최소 수두는 6초 후인 40.8초에서 반복된다.

4.2 완전 특성법

완전 특성법의 해결 절차는 근사법과 유사한 방법을 사용한다. 그러나 여기에서는 원래의 공식 3.57과 3.58을 사용한다.

4.2.1 완전 공식

선형 상수 승수 λ를 사용하여 오일러의 공식과 질량 보존 공식을 조합한다. 공식 3.57을 λ로 곱하고 그 결과를 공식 3.58에 더하면 다음과 같이 된다.

$$\lambda \frac{dV}{dt} + \frac{\lambda}{\rho}\frac{\partial p}{\partial s} + \lambda g \frac{dz}{ds} + \lambda \frac{f}{2D} V|V| + a^2 \frac{\partial V}{\partial s} + \frac{1}{\rho}\frac{dp}{dt} = 0 \qquad 4.43$$

같은 절차를 반복하기 위해 dV/dt 그리고 dp/dt를 같은 항목끼리 분리하여야 한다. 그 결과는 다음과 같다.

$$\left(\lambda \frac{\partial V}{\partial t} + \lambda V \frac{\partial V}{\partial s}\right) + \frac{\lambda}{\rho}\frac{\partial p}{\partial s} + \lambda g \frac{dz}{ds} + \lambda \frac{f}{2D} V|V| + a^2 \frac{\partial V}{\partial s} + \left(\frac{1}{\rho}\frac{\partial p}{\partial t} + \frac{V}{\rho}\frac{\partial p}{\partial s}\right) = 0 \qquad 4.44$$

상기 공식을 같은 항목끼리 재구성하면 다음과 같이 된다.

$$\left[\lambda \frac{\partial V}{\partial t} + (\lambda V + a^2)\frac{\partial V}{\partial s}\right] + \left[\frac{1}{\rho}\frac{\partial p}{\partial t} + \left(\frac{\lambda}{\rho} + \frac{V}{\rho}\right)\frac{\partial p}{\partial s}\right] + \lambda g \frac{dz}{ds} + \lambda \frac{f}{2D} V|V| = 0 \qquad 4.45$$

전술한바와 같이

$$\left[\lambda \frac{\partial V}{\partial t} + (\lambda V + a^2)\frac{\partial V}{\partial s}\right] = \lambda \frac{dV}{dt} \quad \text{if} \quad \lambda \frac{ds}{dt} = \lambda V + a^2 \qquad 4.46$$

그리고

$$\left[\frac{1}{\rho}\frac{\partial p}{\partial t} + \left(\frac{\lambda}{\rho} + \frac{V}{\rho}\right)\frac{\partial p}{\partial s}\right] = \frac{1}{\rho}\frac{dp}{dt} \quad \text{if} \quad \frac{1}{\rho}\frac{ds}{dt} = \frac{\lambda}{\rho} + \frac{V}{\rho} \qquad 4.47$$

따라서 ds/dt는 다음과 같아야 한다.

$$\frac{ds}{dt} = V + \frac{a^2}{\lambda} \text{ 그리고 } \frac{ds}{dt} = \lambda + V \qquad 4.48$$

상기 두 공식에서 ds/dt를 제거하고 λ에 관해 풀면 다음과 같이 된다.

$$\lambda = \pm a \qquad 4.49$$

λ는 파속과 같으므로 상기 공식의 특성은 다음과 같음을 발견할 수 있다.

$$\frac{ds}{dt} = V + a \text{ 그리고 } \frac{ds}{dt} = V - a \qquad 4.50$$

$p = \gamma(H - z)$를 이용하여 압력을 전 수두로 변경한다. 따라서 공식 4.8과 4.9의 최종 공식은 다음과 같다.

$$C^+ : \frac{dV}{dt} + \frac{g}{a}\frac{dH}{dt} - \frac{g}{a}V\frac{dz}{ds} + \frac{f}{2D}V|V| = 0 \quad \text{오직} \quad \frac{ds}{dt} = V + a \text{ 일 때} \qquad 4.51$$

$$C^- : \frac{dV}{dt} - \frac{g}{a}\frac{dH}{dt} + \frac{g}{a}V\frac{dz}{ds} + \frac{f}{2D}V|V| = 0 \quad \text{오직} \quad \frac{ds}{dt} = V - a \text{일 때} \qquad 4.52$$

상기의 상미분 방정식들은 근사법의 경우와 상당히 유사하다. 그러나 근사법에서는 s-t 평면에서 일정한 기울기였던 특성 선들은 이제 곡선이 되며 기울기는 $V(s,t)$의 함수가 된다. 이 사실은 우리가 반드시 처리하여야 할 수치 해석 과정에 복잡성을 유발하기 때문에 중요한 차이가 된다.

4.2.2 수치 해석

● 내부 절점

우선 우리는 특성 곡선들은 단일 Δt 간격에서 직선에 가깝다고 가정한다. 이러한 가정은 ①Δt 를 원하는 만큼 작게 만들 수 있고, ②통상적으로 $a \gg V$로서 ds/dt를 거의 일정하게 유지할 수 있기 때문이다. 그러나 C^+와 C^- 특성 직선들의 기울기는 크기가 다르다. 이로 인해 유한 차분법에 의한 미분방정식의 접근에서 발생되는 문제점들은 그림 4.5에서 볼 수 있다.

격자 간격Δs와Δt는 선정되었다고 가정하고(잠시 후 어떻게 수행되는지 볼 것이다), 다시 한번 P에서 H 와 V 수치를 구한다. 점 P에서 교차하는 곡선의 특성들은 직선이라 가정하고 그 기울기는 그 앞 시간에서 알고 있는 속도의 수치에 의해 결정된다. 이제 그림 4.6에서 점P에서 교차하는 특성들은 더 이상 격자 점 L_e와 R_i를 통과하지 않으나 대신 t가 일정한 선상에 L_e와 R_i 사이에 있는 L과 R로 정의된 점들을 통과한다.

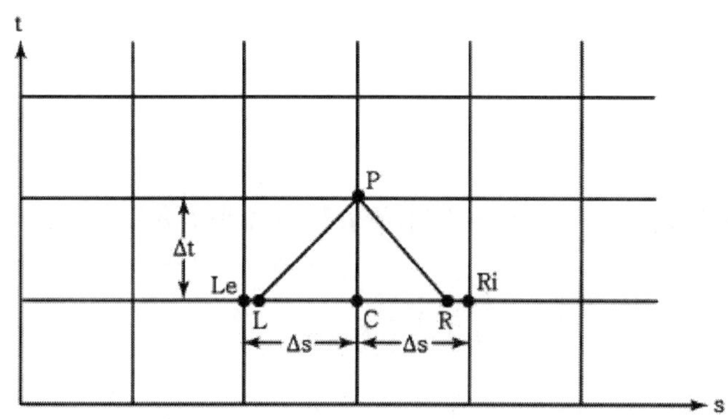

그림 4.5 $\Delta s - \Delta t$ 격자에서 H와 V 수치의 보간법

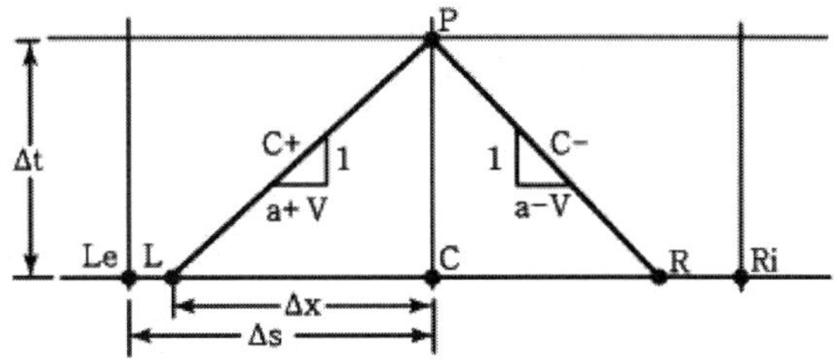

그림 4.6 보간법 절차에서 매개변수들

이러한 상황에서 공식 4.51과 4.52에 대한 유한 차분법은 다음과 같이 된다.

$$C^{+}: \quad \frac{V_P - V_L}{\Delta t} + \frac{g}{a}\frac{H_P - H_L}{\Delta t} - \frac{g}{a}V_L\frac{dz}{ds} + \frac{f}{2D}V_L|V_L| = 0 \qquad 4.53$$

$$C^{-}: \quad \frac{V_P - V_R}{\Delta t} - \frac{g}{a}\frac{H_P - H_R}{\Delta t} + \frac{g}{a}V_R\frac{dz}{ds} + \frac{f}{2D}V_R|V_R| = 0 \qquad 4.54$$

여기에서 새로운 난제는 V_L, H_L, V_R, 그리고 H_R 수치가 미지수이다. 이로 인해 공식 4.53과 4.54는(근사법에서 2개의 미지수가 발생하였다) 이제 6개의 미지수(V_P, V_L, V_R, H_P, H_L 그리고 H_R)를 갖게 된다. 이러한 어려움은 L과 R을 L_e와 R_i에 가깝도록 Δt를 선정하여 극복하여야 한다. 이제는 선형 보간법으로 점 L과 R에서 H와 V 수치를 정확하게 평가할 수 있게 된다. 그림 4.6은 보간법 절차에서 필요한 매개 변수를 정의한다.

C^{+} 특성에 따라

$$\frac{\Delta x}{\Delta s} = \frac{V_L - V_C}{V_{Le} - V_C} = \frac{H_L - H_C}{H_{Le} - H_C} \qquad 4.55$$

$$\frac{\Delta x}{\Delta t} = \frac{a + V_L}{1} \qquad 4.56$$

공식 4.55로부터 V_L과 H_L을 구하면 다음과 같다.

$$V_L = (V_{Le} - V_C)\frac{\Delta x}{\Delta s} + V_C \quad H_L = (H_{Le} - H_C)\frac{\Delta x}{\Delta s} + H_C \qquad 4.57$$

상기 공식 4.56의 $\Delta x / \Delta t$의 관계를 이용하여 $\Delta x = \Delta t(a + V_L)$을 공식 4.57에 대입하면 다음과 같다.

$$V_L = \frac{V_C + a\dfrac{\Delta t}{\Delta s}(V_{Le} - V_C)}{1 - \dfrac{\Delta t}{\Delta s}(V_{Le} - V_C)} \qquad 4.58$$

그리고

$$H_L = H_C + \frac{\Delta t}{\Delta s}(H_{Le} - H_C)(a + V_L) \qquad 4.59$$

상기 식에서 V_L은 a와 비교하면 매우 미소하므로 V_L을 생략하여 다음과 같이 나타낼 수 있다.

$$H_L = H_C + \frac{\Delta t}{\Delta s}(H_{Le} - H_C)a \qquad 4.59.1$$

유사한 방법으로 C^- 특성에 따라 해석하면

$$V_R = \frac{V_C + a\dfrac{\Delta t}{\Delta s}(V_{Ri} - V_C)}{1 + \dfrac{\Delta t}{\Delta s}(V_{Ri} - V_C)} \qquad 4.60$$

그리고

$$H_R = H_C + \frac{\Delta t}{\Delta s}(H_{Ri} - H_C)(a - V_R) \qquad 4.61$$

상기 식에서 V_R은 a와 비교하면 매우 미소하므로 V_R을 생략하여 다음과 같이 나타낼 수 있다.

$$H_R = H_C + \frac{\Delta t}{\Delta s}(H_{Ri} - H_C)a \qquad 4.61.1$$

C^+특성에서 $\Delta t/\Delta s = 1/(a+V)$가 되므로 $\dfrac{\Delta t}{\Delta s}(V_{Le} - V_C)$는 $V/(a+V)$와 유사한 것으로 이는 1과 비교하여 상당히 작다. 따라서 공식 4.58과 4.60의 분모의 두 번째 항을 무시하여도 되며 그 결과는 다음과 같다.

$$V_L = V_C + a\frac{\Delta t}{\Delta s}(V_{Le} - V_C) \qquad 4.62$$

그리고

$$V_R = V_C + a\frac{\Delta t}{\Delta s}(V_{Ri} - V_C) \qquad 4.63$$

이제 우리는 V_L, H_L, V_R그리고 H_R 수치를 알 수 있으므로 공식 4.53과 4.54를 동시에 풀어 V_P와 H_P을 구하면 다음과 같다.

$$V_P = \frac{1}{2}\left[(V_L + V_R) + \frac{g}{a}(H_L - H_R) + \frac{g}{a}\Delta t(V_L - V_R)\sin\theta - \frac{f\Delta t}{2D}(V_L|V_L| + V_R|V_R|)\right] \qquad 4.64$$

$$H_P = \frac{1}{2}\left[\frac{a}{g}(V_L - V_R) + (H_L + H_R) + \Delta t(V_L + V_R)\sin\theta - \frac{a}{g}\frac{f\Delta t}{2D}(V_L|V_L| - V_R|V_R|)\right] \qquad 4.65$$

여기서 $\sin\theta = dz/ds$는 관로의 기울기가 하류측 방향이 높아지면 양의 부호를 갖는다. 다음 단계에서는 $\Delta s - \Delta t$ 격자가 어떻게 정립되는지 결정하는 것이다.

저수지 경계조건(관로의 상류측 끝, H_0=상류저수지 피에조미터 수두)

$$H_{P1} = H_0 \qquad 4.65.1$$

공식 4.54로부터

$$V_{P1} = V_R + \frac{g}{a}(H_0 - H_R) - \frac{g}{a}\Delta t V_R \sin\theta - \frac{f\Delta t}{2D}V_R|V_R| \qquad 4.65.2$$

$$C_3 = V_R - C_4 H_R - C_4 \Delta t V_R \sin\theta - \frac{f\Delta t}{2D}V_R|V_R|$$

$$C_4 = \frac{g}{a}$$

$$\therefore V_{P1} = C_3 + C_4 H_0$$

저수지 경계조건(관로의 하류측 끝, H_0=하류저수지 피에조미터 수두)

$$H_{P_{N+1}} = H_0 \qquad 4.65.3$$

공식 4.53으로부터

$$V_{P_{N+1}} = V_L + \frac{g}{a}\left(H_L - H_{P_{N+1}}\right) + \frac{g}{a}\Delta t\, V_L \sin\theta - \frac{f\Delta t}{2D} V_L |V_L| \qquad 4.65.4$$

여기서 $C_1 = V_L + C_2 H_L + C_2 \Delta t\, V_L \sin\theta - \frac{f\Delta t}{2D} V_L |V_L|$

$$C_2 = \frac{g}{a}$$

$$\therefore V_{P_{N+1}} = C_1 - C_2 H_0$$

4.2.3 $\Delta s - \Delta t$ 격자

기울기가 일정치 않은 곡선(curve) 특성과 짧은 시간 간격에서 직선으로 근접시키기 위해서는 정확하고 수치적으로 안정된 해답을 주는 적정Δs와 Δt 수치를 구하여야 한다. 실제로 특성 직선의 임의 지점에서 보간법이 필요 없는 한 쌍의 Δs와 Δt 수치를 발견하는 것은 가능하다. 그러나 이러한 수치를 구하려면 언제 어디서 일들이 일어날지를 예측하는 정보를 얻어내기 위한 복잡한 Δs와 Δt의 배열을 유도하여야 한다.

이러한 문제점을 해결하기 위해서 항상 보간법을 최소화하고 프로그램을 단순화하도록 하는 Δs와 Δt 수치가 항상 고정되도록 s-t 평면에 균등한 사각 격자를 선정하여야 한다. 이러한 방법을 사각 격자 방법이라 한다. 격자 크기는 근사법과 유사한 방법으로 결정한다. 이 격자에서 관로를 얼마나 많은 숫자로 나눌 것인가 결정하여 Δs를 정한다. 그 후 Δt를 결정하기 위해 적분된 특성 공식들을 사용한다. 특성 공식의 적분 결과(V는 일정하다고 가정한다)는 다음과 같다.

$$\Delta t = \frac{\Delta s}{V + a} \qquad C^+ \text{ 특성} \qquad 4.66$$

$$\Delta t = \frac{\Delta s}{V - a} \qquad C^- \text{ 특성}$$

보간법 절차는 L과 R 점들은 L_e와 R_i 지점들 사이에 있다는 것을 내포하기 때문에 항상 이것을 보장하기 위해서 Δt를 제한하여야 한다. 전술한 공식들은 다음의 판단 기준을 제안한다.

$$\Delta t \le \frac{\Delta s}{\max|a+V|} \qquad 4.67$$

상기 식에서 $\max|a+V|$는 예상되는 최대 파속과 속도 합의 수치이다. 만일 L과 R 점들이 L_e와 R_i 지점 밖에 위치한다면 나중에 증명하겠지만 수치의 안정성과 정확도의 문제가 발생한다. 이러한 문제점들은 전술한 바와 같이 메시지(message)가 관로에 따라 어떻게 전달되는지와 관련된다. 만일 L과 R 점들이 격자점들 밖에 위치한다면 점 P에 도달하기에 물리적으로 충분한 시간을 갖지 못하는 정보를 갖고 H_P와 V_P를 계산하게 된다. 이것은 부적절한 수치 해석 과정으로서 최선의 경우에는 부정확한 결과를, 최악의 경우에는 수치적 불안정을 초래한다. 컴퓨터 프로그램을 함에 있어 이러한 일이 발생하지 않도록 하여야 한다.

완전 특성법 컴퓨터 프로그램(포함되지 않았음)를 구체화하는 컴퓨터 프로그램은 근사법을 사용한 EP41.FOR와 매우 유사하다. 적정한 Δt와 $\sin\theta$를 계산하기 위해 3~4 줄의 코드만을 추가할 필요가 있으며 공식 4.59, 4.61 그리고 4.63으로부터 V_L, H_L, 그리고 H_R를 계산하기 위해서는 몇 줄만 추가하면 된다.

$a \gg V$일 때 두 방법으로 수행한 결과를 비교하면 전형적인 상황에서 두 방법들은 본질적으로 같은 해답을 보여준다. 이것은 근사법 배경으로 기본적인 가정이 유효하다는 것을 보여주며 즉, V 와 H에서 시간 변화는 공간 변화보다 중대한 것을 보여준다. 따라서 왜 굳이 완전 특성법을 사용하여야 하는지 의심할 수밖에 없다. 더욱 복잡한 관로 시스템 내 크기와 파속이 다른 배관들 사이에서의 내부 경계 조건들을 일치시키기 위해서는 방금 유도한 보간법이 필요하다. 이와 같이 복잡한 문제에서는 보간법을 이미 내포하고 있는 완전 공식을 사용한다.

4.3 해답에 있어 매개 변수의 영향

문제에 대한 해답 결과에서 매개 변수의 영향을 검토하는 것은 유익하고 또한 많은 정보를 제공한다. 여기서 결과들은 마찰의 영향, 관로의 분리 숫자, 관로의 기울기, 그리고 유속의 변화율의 영향을 포함한다. 수치의 불안정성과 부정확성의 예제를 소개한다. 그림 4.7 관로는 이러한 영향들을 증명하기 위해 사용된다.

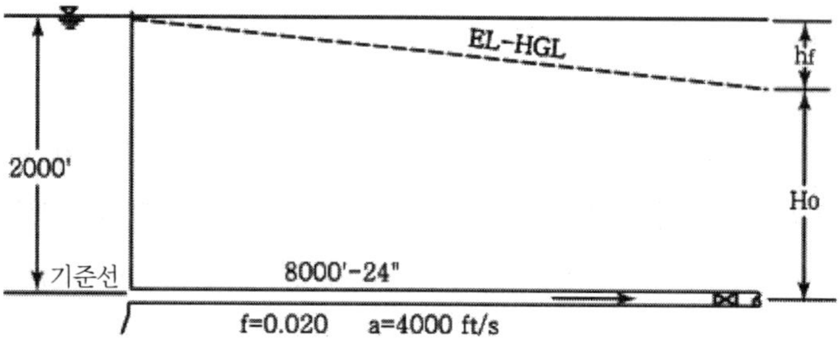

그림 4.7 시스템 매개 변수의 대한 민감도 조사를 위한 모델 시스템

4.3.1 마찰의 영향

마찰에 의한 영향은 그림 4.7과 같은 관로에서 초기 속도를 2.5ft/s, 5.0ft/s, 그리고 10ft/s로 하여 연구한다. 물론 밸브는 급폐쇄하는 것으로 한다. 결과는 표 4.1에 열거하였다. 밸브에서 압력의 증가는 관로내의 마찰 손실과 공식 3.8$\Delta H = -a\Delta V/g$ 합으로 보여 진다.

정상 유속 ft/s	계산된 Hmax(ft)	h_f ft	H_0 ft	$\Delta H = -a\Delta V/g$ ft	$h_f + H_0 + \Delta H$ ft
2.5	2311	8	1992	311	2311
5.0	2621	31	1969	621	2621
10.0	3242	124	1876	1242	3242

표 4.1 밸브 급 폐쇄시 밸브에서 최대 수충압에서 마찰의 영향들(N=6)

사실 밸브에서 발생하는 최대 압력은 다음 공식으로 평가할 수 있다.

$$H_{max} \approx H_0 + h_f + \Delta H \qquad 4.68$$

그러나 이 방법은 상기 경우에 제대로 동작하는 것처럼 보이나 다른 상황에 적용할 때는 주의하여 사용하여야 한다는 것을 명심해야 한다.

수충격 상황에서 어떻게 마찰이 결과에 영향을 미치는지 애해를 돕기 위해서 그림 4.8 압력파가 관로 내에서 전파되면서 연속적인 시간에서 EL-HGL의 위치를 보여준다. 초기 정상류 유속 10ft/s와 밸브의 급폐쇄의 조건으로 그림 4.7의 관로를 사용한다. 수두 증가 ΔH는 파속과 유사한 속도로 상류측으로 전파되고 각 점에서 정상 상태의 수두를 ΔH 만큼 증가시킨다. L/a 시간 후에는 원래의 정상류 상태 EL-HGL선보다 ΔH만큼 상부에 EL-HGL이 위치하며 따라서 이 EL-HGL선들은 서로 평행하게 보인다. 그러나 첫 번째 시간 단계(time step)에서 시작하는 연쇄사건(chain of event)이 발생하며 이로 인해 압력파가 이미 통과하였음에도 불구하고 관로 내 각 점에서의 압력 수두를 연속적으로 위 방향으로 조금씩 이동시킨다. 이것은 관로 내 유체가 평형상태가 아니기 때문에 발생한다. 유속이 0일지라도 EL-HGL 구배로 인해 발생하는 압력 구배가 존재한다. 결과적으로 약간의 하류 방향의 속도가 존재하고 이 속도는 성장하여 압력 구배를 제거하고 시스템을 평형이 되게 한다. 이러한 상류 방향의 조정 과정은 되돌아오는 압력 파에 의해 간섭될 때까지 계속된다.

밸브에서 상류 방향으로 누적된 압력 조정량은 관로 내에서 원래의 정상 상태 마찰 손실과 동등하다. 이러한 누적 압력 조정은 공식 4.68을 잘 설명하고 있다. 이 예제는 해석의 대체가 목적이 아니라 독자로 하여금 수충격 진행 절차에 대한 물리적 감각을 생성하기 위한 것임을 명심하라. 그러나 이 예제는 정확하게 마찰의 영향을 결정하는 컴퓨터 프로그램의 수치를 명확히 설명하고 있다.

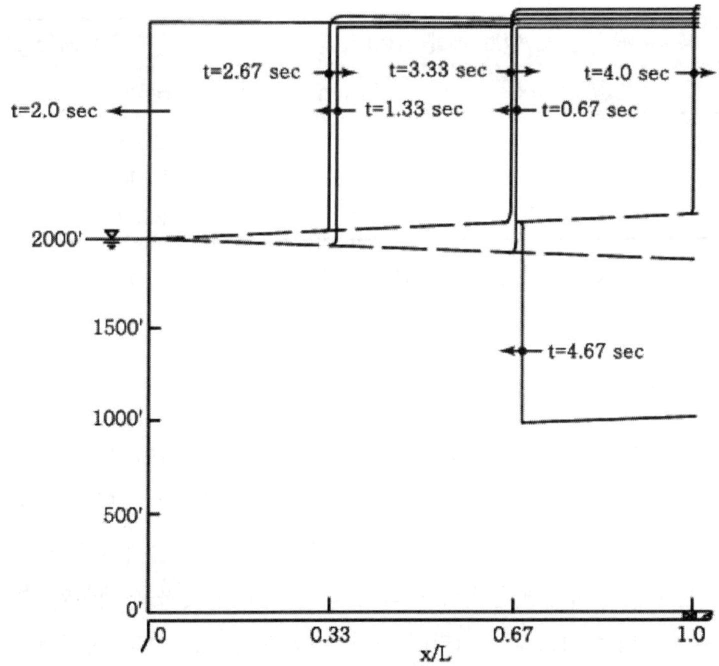

그림 4.8 단일 관로에서 밸브의 급작스런 폐쇄에 있어 마찰 영향의 진행

4.3.2 N 수치에 의한 영향

$\Delta s = L/N$ 이므로 관로 분할 N을 많이 할수록 결과의 정확성은 증가될 것으로 기대하는 것은 당연한 것으로 보인다. 그러나 **N의 선택은 해석 결과에 상대적으로 별 영향을 미치지 못하는 것을 발견한다.** 한 예로 그림 4.7에서 초기 유속 5ft/s로서 밸브가 급폐쇄시 $N = 3$과 $N = 18$사이에서 H의 최대 및 최소 수치의 차이는 표 4.2에서 보는바와 같이 10ft를 초과하지 않는다. 더욱 유속이 낮으면 차이는 별 중요하지 않게 된다.

여기서 주목해야 할 두 가지 사실이 있다. **첫 번째는 급속한 속도 변화가 발생하는 경우를 제외하고는 N를 필요 이상으로 크게 하여도 얻는 것이 별로 없다. 두 번째는 주어진 모의실험 시간에서 격자점들의 숫자와 그에 따른 컴퓨터 실행 시간은 N^2으로 변화한다.** 그러나 우리는 충분히 작은 Δt를 선정하여 밸브의 동작에 (movement) 따른 시간-변화 경계 조건들을 정확하게 구하고 Δt 적은 수치들이 직접적으로 더욱 커다란 N의 수치에 연결될 수 있도록 하여야 한다.

N	밸브 폐쇄(급폐)		밸브 폐쇄($4L/a$초)	
	Hmax	Hmin	Hmax	Hmin
3	2611	1417	2288	1969
6	2616	1412	2290	1969
18	2619	1409	2292	1969

표 4.2 N-수치가 속도의 변화에 따른 밸브에서 압력 수두(ft)에 미치는 영향

4.3.3 관로 경사에 의한 영향

관로의 기울기를 ±25%로 변화시키면서 유동 모의 실험하여 기울기의 영향을 결정한다. 결과는 2가지 극단적인 기울기(+25%, -25%)에서도 결과는 거의 유사하게 나타났다. 관로의 기울기는 무시하면 안 되는 반면 (압력 수두를 계산하는데 있어 필요함) 독자는 관로 시스템 종단도를 능숙하게 완만하게 하여 직렬 관로의 숫자를 제어할 수 있는 일정 기울기를 갖는 관로의 숫자로 감소시켜야 한다. 이러한 방법으로 제5장에서 직렬 관로 프로그램을 사용하여 Δs와 Δt을 실행하는 동안 관로 길이에 따라 정확한 압력 수두의 평가를 얻을 수 있다.

4.3.4 수치 불안정과 정확도

앞에서 Δt의 크기를 제한하여 그림 4.5에서와 같이 항상 격자 점 L_e와 R_i 사이에 점 L과 R이 유지되도록 하여야 한다. 그렇지 못한 경우에는 계산된 결과에서 부정확성은 물론 수치 불안정이 발생하는 것으로 간주된다.

이러한 두 문제점들을 증명하기 위해 다시 밸브의 급폐쇄로 그림 4.7의 관로를 사용한다. Δs가 일정하게 유지되면서 계산되는 동안 Δt는 다른 4가지의 수치를 할당하여 이러한 문제를 설명한다. 처음 Δt는 최소의 보간법으로 최대 정확성을 초래하는 L과 L_e가 일치되도록 선정한다. 이러한 수치를 Δt_0라 한다. Δt를 크게 하면 L이 L_e 밖으로 이동하여 수치적 불안정을 초래한다. Δt를 작게 하면 엉성한 직선 보간법을 초래하고 결과적으로 부정확한 결과를 초래한다. 4개의 컴퓨터 모의결과를 그림 4.9에 나타내었다.

Δt 수치가 정상일 때는 거의 직각 파동 형태를 보여준다. Δt가 정상의 90%로 감소되면 그 영향으로 예리한 모서리를 둥글게 되며 사건의 시기와 확산 과정이 왜곡된다. Δt가 정상의 102%가 되면 시간이 지남에 따라 점차적으로 모의가 왜곡되는 것을 볼 수 있다. 마지막으로 Δt가 정상의 110%가 되면 수치 안정성이 현저하게 저하된다.

요약하면 점 L과 R은 가능한 격자 교차점의 내부에 그리고 근접하도록 위치하여야 한다. 그러므로써 보간법 오차를 최소화하고 모의 수치 정확성을 유지시킬 수 있다. 점 L과 R은 격자 교차점의 외부에 위치하면 절대 안 된다는 것에 주의하여야 한다. 이러한

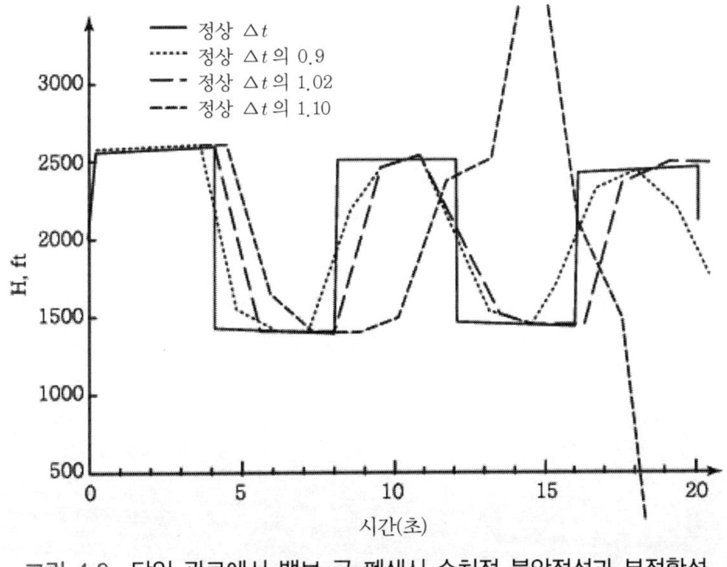

그림 4.9 단일 관로에서 밸브 급 폐쇄시 수치적 불안정성과 부정확성

주의는 계산에 있어 잠재적으로 존재할 수 있는, 특히 모의실험 실행 시간이 충분치 못하여 더욱 극적인 불안정성의 영향이 확실한 수치 불안정과 관련된 부정확성을 방지할 수 있다.

제5장 관로 시스템에서의 부정류

단일 관로 분석은 배관 시스템보다 더욱 복잡하게 된다. 실제 설계 상황들은 단일 직관 배관보다는 크고 복잡하게 된다. 우선 단순한 직렬 직관부터 연구를 시작한다. 그 후 관로의 분지 관과 실제 상황에서 제4장에서 언급한 인위적으로 선형적 속도 변화와 반대로 실제 상황에서의 밸브의 거동을 어떻게 표현할 것인지 검토하기로 한다. 이 장에서는 중력으로 흐르는 관로 내의 부정류를 분석하기로 한다.

5.1 직렬 배관

직렬 관로에서는 직렬로 구성된 각 배관(관로의 분절)은 동일한 정상류 유량을 수송하게 된다. 그러나 각 배관은 각기 다른 속도, 직경, 파속 등을 갖게 된다. 각 분절은 직관이고 일정한 특성과 형상을 갖아야 한다.

5.1.1 내부 경계 조건들

각 직렬 배관의 특성 방정식의 해를 구하는 방법은 제4장과 동일하다. 내부 격자는 공식 4.64와 4.65와 유사한 공식으로 해결한다. 하류와 상류의 말단부의 경계 조건들은 저수지, 밸브 또는 다른 특별한 조건들에 따라 C^+, C^-의 적절한 조합으로 표현할 수 있다. 중요한 차이는 배관 접합부에서의 내부 경계 조건들이 필요하다는 것이다.

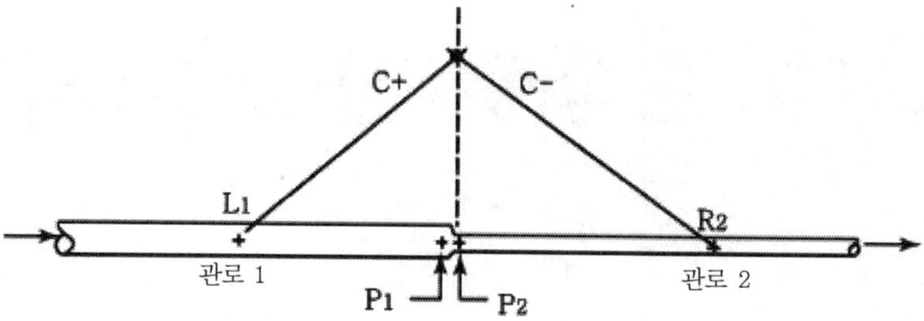

그림 5.1 대표적인 직렬배관 접합부에서의 경계 조건

그림 5.1은 대표적인 직렬 배관의 내부 경계 조건을 묘사하고 있다. 접합부 양단에는 매우 근접하게 위치한 두 점 P_1과 P_2가 있으며 이 점들은 계산하여야 할 미지의 H_{P1}, H_{P2}, V_{P1} 그리고 V_{P2} 4개의 위치를 나타낸다. 따라서 우리는 이러한 미지수를 구하기 위해 필요한 4개 공식을 찾아야 한다. 상류측 배관의 C^+ 공식은 공식 4.53으로부터 다음과 같이 쓸 수 있다.

$$Pipe\ 1\ C^+:\ V_{P1} = V_{L1} + \frac{g}{a_1}H_{L1} - \frac{f_1 \Delta t}{2D_1}V_{L1}|V_{L1}| + \frac{g}{a_1}\Delta t\, V_{L1}\sin\theta_1 - \frac{g}{a_1}H_{P1} \tag{5.1}$$

간략히 표현하면

$$V_{P1} = C_1 - C_2 H_{P1} \tag{5.2}$$

여기서 $C_1 = V_{L1} + \frac{g}{a_1}H_{L1} - \frac{f_1 \Delta t}{2D_1}V_{L1}|V_{L1}| + \frac{g}{a_1}\Delta t\, V_{L1}\sin\theta_1$

$$C_2 = \frac{g}{a_1}$$

유사하게 하류측 배관의 C^-은 공식 4.54로부터

$$Pipe\ 2\ C^-:\ V_{P_2} = V_{R2} - \frac{g}{a_2}H_{R2} - \frac{f_2 \Delta t}{2D_2}V_{R2}|V_{R2}| - \frac{g}{a_2}\Delta t\, V_{R2}\sin\theta_2 + \frac{g}{a_2}H_{P2} \tag{5.3}$$

간략히 표현하면

$$V_{P2} = C_3 + C_4 H_{P2} \tag{5.4}$$

여기서 $C_3 = V_{R2} - \frac{g}{a_2} H_{R2} - \frac{f_2 \Delta t}{2D_2} V_{R2} | V_{R2} | - \frac{g}{a_2} \Delta t V_{R2} \sin\theta_2$

$$C_4 = \frac{g}{a_2}$$

공식 5.2와 5.4로부터 2개의 공식에 4개의 미지수가 있는 것을 분명히 알 수 있다. 필요한 2개의 추가 공식들은 질량보존법칙과 일과 에너지법칙으로부터 구할 수 있다. 지점 1과 2 사이의 유체 질량은 무시할만하다고 가정하고 질량보존법칙을 적용하면

$$V_{P1} A_1 = V_{P2} A_2 \qquad 5.5$$

또 다시 유체 질량을 무시할만하다고 가정하고 같은 지점에 일과 에너지법칙을 적용하고 속도 수두와 접합부를 가로지르면서 발생하는 수두손실의 차이를 무시하면

$$H_{P1} = H_{P2} \qquad 5.6$$

만일 접합부에서 발생하는 손실수두가 상당하다면(밸브의 교축 또는 감압 밸브의 경우) 밸브를 통과하면서 발생되는 손실 수두를 공식 5.6에 포함시켜야 한다.

공식 5.2, 5.4, 5.5 그리고 5.6을 동시에 풀면 접합부에서의 수두 H를 위한 공식은 아래와 같이 된다.

$$H_{P1} = H_{P2} = \frac{C_1 A_1 - C_3 A_2}{C_4 A_2 + C_2 A_1} \qquad 5.7$$

상기 수두를 계산하여 공식 5.2와 5.4에 대입하여 속도들을 구할 수 있다.

5.1.2 Δt 선정

그림 5.1에서 보는 바와 같이 C^+, C^-의 특성들은 배관 접합부에서 교차하는 것으로 가정하였다. 그러나 각 특성 직선의 경사는 배관 내의 파속과 유체 속도에 좌우되고 배관을 나누는 숫자에 따라 절점의 수평 지점이 결정되기 때문에 이러한 가정은 비현실적이다. 즉, 임의 시간에서 인접하는 절점으로부터 C^+와 C^- 특성을 연장하면 그들은 접점에서 교차되지 않는다. 따라서 이러한 문제를 해결하기 위해서 전략이 필요하다. 공식 5.2, 5.4 그리고 5.7을 적용한다. Δt수치를 유도하기 위해 공식 4.67을 다시 쓰면 다음과 같다.

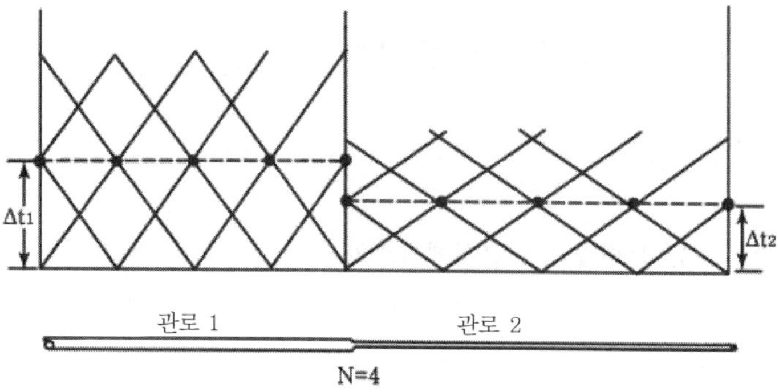

그림 5.2 직경이 다른 직렬 배관에서 같은 N의 경우 s-t 평면

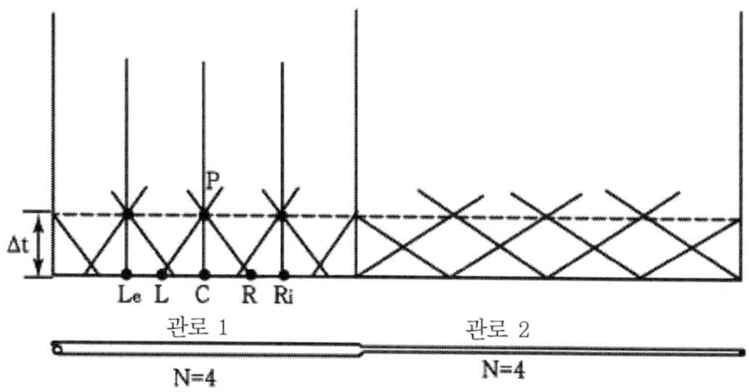

그림 5.3 동등한 △t 와 큰 보간법을 갖는 s-t 평면

$$\triangle t = \frac{\triangle s}{\max|V+a|} = \frac{\triangle s}{(V+a)} = \frac{L}{N(V+a)} \qquad 5.8$$

N이 주어지면 상기 공식으로부터 직렬 관로의 각 지점의 차분 시간 $\triangle t$를 구할 수 있다.

그림 5.2는 직경이 다른 직렬 관로의 상황을 일례로 보여준다. 관로 접합부의 두 개의 배관 단말부에서 만나지 않는 한 쌍의 특성 직선이 발생된다. 그러나 각 배관에서 N를 다르게 선택하여 특성 직선들이 접합부에서 일치하도록 할 수 있다. 이때 N은 정수이어야 하며, 이러한 선택이 올바른지는 보장할 수는 없다. 사실 성공의 확률은 매우 적어 이러한 접근은 포기하여야 한다.

더욱 유망한 접근 방법을 그림 5.3에 나타내었다. 모든 관로에서 가능한 최소의 차분 시간이 되도록 일명 조정 배관(controlling pipe)이라 불리는 $\triangle t$ 수치를 감소시키는 것이다. 이렇게 되면 모든 특성들이 배관 접합부에서 만나게 된다. 그렇게 되면 배관의 다른 말단부들은 사각 격자점들에서 교차하지 않게 된다. 이러한 문제를 극복하기 위해서 제4장에

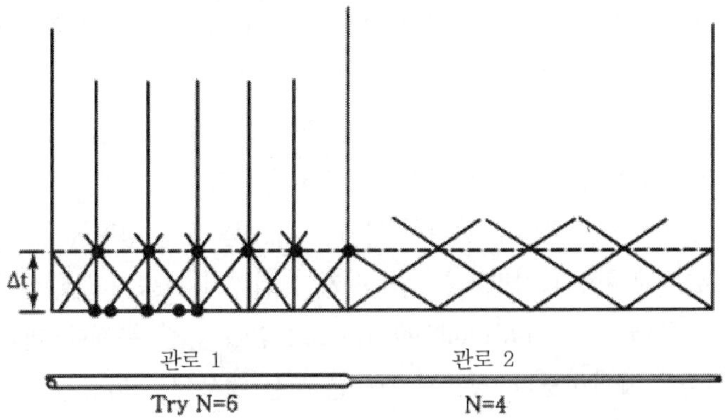

그림 5.4 다른 N의 수치와 최소 보간법을 갖는 s–t 평면

서와 같이 보간법 절차를 채택하여야 한다. 불행하게도 그림 5.3에서 보는 바와 같이 매우 큰, 너무 커서 수치 해석의 정확도를 보장할 수 없는 보간법이 필요하게 된다.

접합부에서 특성선들이 교차할 수 있도록 하면서 보간법의 오차를 감소시킬 수 있는 기술이 있다. 여기서 우리는 모든 관로에서 N을 증가시켜 조정 배관보다 큰 차분 시간 Δt를 갖도록 한다. 각 N을 증가시키면 보간법은 연속적으로 작아지게 된다. 결국 그림 5.4에서 보는 바와 같이 N을 더욱 증가시키면 사각 격자점 밖에서 특성 직선들이 교차되는 상황을 얻게 된다.

이때가 최적의 보간법 상황을 의미하는 것이므로 이러한 상황이 발생하기 직전에 N의 증가를 중지한다. 이제 직렬 관로의 각 배관은 최소 보간법을 갖는 분절의 숫자로 분할되었고, 이제 모든 배관들은 공통의 Δt를 갖는다. 각 배관 i에서의 이러한 수치 N_i는 아래의 방법으로 계산된다.

$$N_i = \frac{L_i}{\Delta t_{\min}(V_i + a_i)} \qquad 5.9$$

여기서 $\Delta t_{\min}$은 조정 배관과 관련이 있다. 직렬 관로의 각 배관들을 위한 적정 최대 N_i는 컴퓨터 정수 반올림에 의해 주어진다. 조정 배관을 위한 원래의 N은 유지된다.

보간법 오차를 최소화하는 것은 정확도를 유지하는 데에 있어 매우 중요하므로 우리는 실제로 각 직렬 배관을 위한 컴퓨터 프로그램의 보간법의 필요한 양을 계산하여야 한다. 만일 보간법의 양이 매우 크게 유지된다면 이것들을 감소시키기 위한 여러 가지 방법들이 있다. 가장 손쉬운 방법은 N의 기본 수치를 증가시키는 것이다. 그렇게 함으로써 모든 배관들을 더욱 세분화하여 나눌 수 있고 보간법이 적게 소요된다. 유일한 불리한 점은 상당한 많은 격자점들로 인해 연산하여야 할 양이 증가한다는 것이다.

아마도 직렬 관로에서 어느 배관이 가장 문제가 될 것인지 결정하기 위해서는 사전에 콤퓨테이션으로 추적해 보는 것이 최선이다. 약간의 내부 접합부를 이동시켜(시스템 전 길이의 변화는 없이 각 배관 부분들의 길이를 변화시킨다.) 보간법 오차가 적게 발생하는 배관 분지 길이가 되도록 한다. 다른 일반적인 기술은 파속을 조정하여 보간법 오차를 감소시키는 것이다. 이러한 방법의 논리적 근거는 파속은 매우 정확하게 결정될 수 없기 때문이다. 따라서 수치해석의 정밀도를 향상시키기 위해서 파속의 불확실성을 이용할 필요가 있다. 최근에 Karney와 Ghidaoui(1997)는 보간법에 관한 문제에 대해 검토하였고 더욱 유연한 신기술을 제안하였다. 그러나 그들은 모든 경우에도 최선인 방법은 없다고 견해를 밝혀다. 수치 해석에 있어서 보간법 오차를 최소화하는 기술이 있다면 그 기술을 사용하여야 한다.

이전의 기술과 함께 접합부에서 매우 효과 있는 다른 기술은 관로 종단도를 단순화하는 것이다. 대개 관로는 수많은 경사의 변화를 갖으며, 이러한 경사를 정확하게 추적하려면 수많은 배관 분절을 갖는 직렬 관로로 해석해야 한다. 보간법 오차를 최소화하면서 이러한 문제를 공식화시키려면 엄청난 계산 시간이 요구된다. 그러나 관로의 경사는 수충압에 별 영향이 없다는 것을 경험하였으므로 실제 관로 종단도는 수치 해석 결과에 중대한 영향을 미치지 않는 약간의 분절과 단순화된 종단도로 대체할 수 있다. 따라서 짧은 배관 분절을 긴 분절 그리고/또는 여러 개의 짧은 분절들을 기다란 단일 관로 분절로 결합시킬 수 있으며 이 작업은 보간법 오차를 최소화하기 위해 주의를 갖고서 수행하여야 한다. 관로에 따른 접합부의 높은 지점과 낮은 지점을 반드시 포함시켜야 한다. 이 지점들은 중요한 압력 지점들인 경향이 있기 때문이다. 관로 종단도를 어림잡을 때 약간의 경험을 갖고 주의를 한다면 사용자는 컴퓨테이션을 최소화하면서 시스템을 정확하게 해석할 수 있다.

5.1.3 컴퓨터 프로그램

직렬 관로 문제의 해결을 위한 컴퓨터 프로그램 EP51.FOR는 CD에 포함되어있다. 이 프로그램은 직렬 관로에서 다른 특성들을 설명해주는 EP41.FOR의 연장이다. 입력 변수는 프로그램 리스트에 해설과 함께 정의되어있다. 그리고 사용자는 프로그램 외에 정상류 상태의 입력 조건들을 작성하여야 한다.

이 프로그램에서 매개변수가 배관마다 다르므로 이중 아래 첨자를 사용한다. N의 기본 수치를 선택할 때는 약간의 주의를 요한다. 시스템에서 상대적으로 짧은 배관이 존재하면 이것이 조정 배관이 될 것이며 최소의 차분 시간 Δt가 된다. 시스템에서 다소 긴 배관 분절이 존재하면 이 분절들은 상당히 큰 분절 수를 갖게 된다. 작은 N를 갖고 간략히 사전 컴퓨터을 실행하면($TMAX = 2\Delta t$) 해석에서 매개변수가 미치는 영향을 검토할 수 있으며, 기술된 바와 같이 얼마나 많은 보간법이 필요한지 살펴볼 수 있다.

이 프로그램은 상류측 끝은 저수지이고, 하류측 관로 끝에는 밸브가 설치되어 있으며 저수지로 연결된 것으로 가정한 것이다. 2개의 다른 비율를 갖고 폐쇄되는 밸브의 수두 손실 계수을 입력하여야 한다. 이 프로그램은 관로에 따른 최대 압력수두와 최소 압력수두의 도표, 관로에 따른 최대 4개 지점에서의 압력수두와 시간의 도표, 같은 4개 지점에서의 압력수두와 속도-시간 표, 전통적인 압력수두와 시간의 그래프를 외부 프로그램에 의해 사용될 수 있도록 자료 파일을 제공한다. 부 프로그램인 PGRAPH와 PROFILE은 이러한 과업을 수행하기 위해 필요한 것들이다. 필요한 입력 자료와 입력 매개변수들에 대한 설명은 부 프로그램 소스 목록의 COMMENT문에 포함되어있다.

이 프로그램의 사용과 다양한 특징을 증명하기 위해 간단한 예제를 살펴보자. 어떻게 실제 밸브의 입력 자료을 작성하여야 할지 아직은 언급하지 않았지만 이 예제에서 이러한 밸브에 관한 처리 방법을 포함하였다. 밸브 손실 수두의 모델링에 관한 자세한 기술은 이 장 후반부에서 기술하기로 한다.

예제 5.1

아래 그림과 같이 직렬관로에서 유량 $800gal/\mathrm{min}$를 이송하고 하류측 끝에 설치된 밸브는 5초 동안 균등하게 폐쇄된다. 시스템에서 최대 및 최소 압력을 구하고 이 압력이 발생되는 지점과 발생 시간을 구하라. 또한 관로에 따른 극단적인 압력 수두와 밸브와 배관 접합부에서 압력 수두-시간 도표, 이 두 지점에서 압력수두-시간 표, 그리고 이 두 지점에서 전통적인 압력수두-시간 도표를 작성하여라.

풀이

이러한 과업을 수행하기 위한 입력 자료 파일은 다음과 같다.

♻ 예제 5.1 프로그램 EP51.FOR-입력자료 파일 "EP51.DAT"

상류측은 저수지, 하류측은 밸브가 5초 동안 선형적으로 폐쇄된다.

```
&SPECS NPIPES=2,NPARTS=5,IOUT=10,QZERO=800.,HZERO=1780.,ZEND=1260.,
       HATM=32.,TMAX=15.00,DTNEW=0.,TC1=0.,TC2=5.00,PC1=100.,
       PFILE=T,HVPRNT=T,PPLOT=T,GRAPH=T,RERUN=F/
```

```
0.  .0167  .0313  .0556  .100  .1787  .3333  .625  1.25  2.50  5.27
12.00  3000.  .015  3000.  1280.
 8.00  2000.  .018  2800.  1210.
&GRAF NSAVE=2,IOUTSA=2,PIPE=2,2,0,0,NODE=1,999,0,0/
```

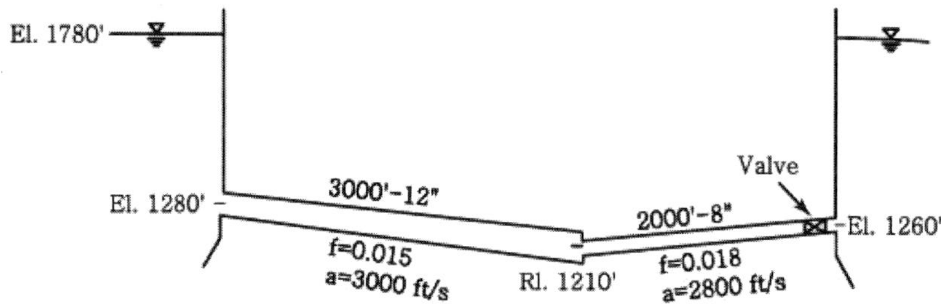

출력 파일의 초기 부분은 다음과 같다. 출력은 너무나 길어서 전체를 타나낼 수 없으나 OUT61로 CD에 포함되었으며 문장 편집기와 함께 검토될 것이다. 생략된 출력물에서는 Trimetrix사의 Axum 소프트웨어를 사용하여 작성된 압력수두-시간의 전통적인 그래프를 보여준다. GRAPG=T가 입력 데이터있을 때 (상기 데이터 파일 참조) 실행 마지막 부분에서 작성된 도표 파일을 이 소프트웨어가 읽는다.

♲ 예제 5.1 프로그램 EP51.FOR-입력자료 파일 "EP51.DAT"

상류측은 저수지, 하류측은 밸브가 5초 동안 선형적으로 폐쇄된다.

입력 자료

```
    IOUT =  10
  NPARTS =  5
  NPIPES =   2

   QZERO =  800.0 GPM
   HZERO = 1780.0 FT

    ZEND = 1260.0 FT
    HATM =   32.0 FT

    TMAX =  15.00 SEC
    DELT =  0.143 SEC
```

TC1 = 0.00 SEC

PC1 = 100.00 PERCENT OPEN

TC2 = 5.00 SEC-VALVE IS CLOSED

밸브 손실 계수

% OPEN	1.0/KL
0.	.000E+00
10.	.167E-01
20.	.313E-01
30.	.556E-01
40.	.100E+00
50.	.179E+00
60.	.333E+00
70.	.625E+00
80.	.125E+01
90.	.250E+01
100.	.527E+01

관로 입력 자료

PIPE	DIAM-IN	LENGTH-FT	WAVE	SPD-FPS	PIPEZ-FT	F-VALUE	VEL-FPS
1	12.00	3000.0	3000.	1280.	.0150	2.27	
2	8.00	2000.0	2800.	1210.	.0180	5.10	

PIPE	DELT-SEC	PARTS	SINE	L/A-SEC	INTERPOLATION
1	0.200	7	-.02333	1.00	0.002
2	0.143	5	0.02500	0.71	0.002

[시간 함수로서 수두, 피에조미터 수두 및 유속]

TIME = 0.000 SEC

	X	HEAD-FT	H-FT	V-FPS
PIPE 1	0.000	500.00	1780.00	2.27
	0.143	509.49	1779.49	2.27
	0.286	518.97	1778.97	2.27
	0.429	528.46	1778.46	2.27
	0.571	537.95	1777.95	2.27
	0.714	547.43	1777.43	2.27
	0.857	556.92	1776.92	2.27
	1.000	566.40	1776.40	2.27

TIME = 0.000 SEC

	X	HEAD-FT	H-FT	V-FPS
PIPE 2	0.000	566.40	1776.40	5.10
	0.200	552.03	1772.03	5.10
	0.400	537.67	1767.67	5.10
	0.600	523.30	1763.30	5.10
	0.800	508.93	1758.93	5.10
	1.000	494.56	1754.56	5.10

TIME = 1.426 SEC

	X	HEAD-FT	H-FT	V-FPS
PIPE 1	0.000	500.00	1780.00	2.27
	0.143	509.49	1779.49	2.27
	0.286	518.99	1778.99	2.27
	0.429	528.48	1778.48	2.27
	0.571	537.97	1777.97	2.27
	0.714	547.47	1777.47	2.27
	0.857	556.96	1776.96	2.27
	1.000	566.46	1776.46	2.27
PIPE 2	0.000	566.46	1776.46	5.10
	0.200	552.15	1772.15	5.10
	0.400	537.86	1767.86	5.10
	0.600	523.56	1763.56	5.10
	0.800	509.28	1759.28	5.10
	1.000	495.04	1755.04	5.10

최대 수치 표

	X	MAX HEAD	TIME	MIN HEAD	TIME	MAX H	MIN H
PIPE 1	0.000	500.0	15.1	500.0	15.1	1780.	1780.
	0.143	746.9	6.7	346.4	10.1	2017.	1616.
	0.286	777.7	6.6	341.1	10.1	2038.	1601.
	0.429	794.1	11.8	332.1	15.1	2044.	1582.
	0.571	820.4	11.8	280.1	15.1	2060.	1520.
	0.714	834.2	11.8	289.1	15.1	2064.	1519.
	0.857	858.7	11.4	256.7	14.8	2079.	1477.
	1.000	878.4	11.4	248.0	14.8	2088.	1458.
PIPE 2	0.000	878.4	11.4	248.0	14.8	2088.	1458.
	0.200	961.5	5.7	92.7	9.1	2182.	1313.
	0.400	962.4	5.6	60.4	9.1	2192.	1290.
	0.600	955.5	5.6	47.3	9.1	2196.	1287.
	0.800	946.0	5.7	34.2	9.4	2196.	1284.
	1.000	936.3	5.6	15.6	9.4	2196.	1276.

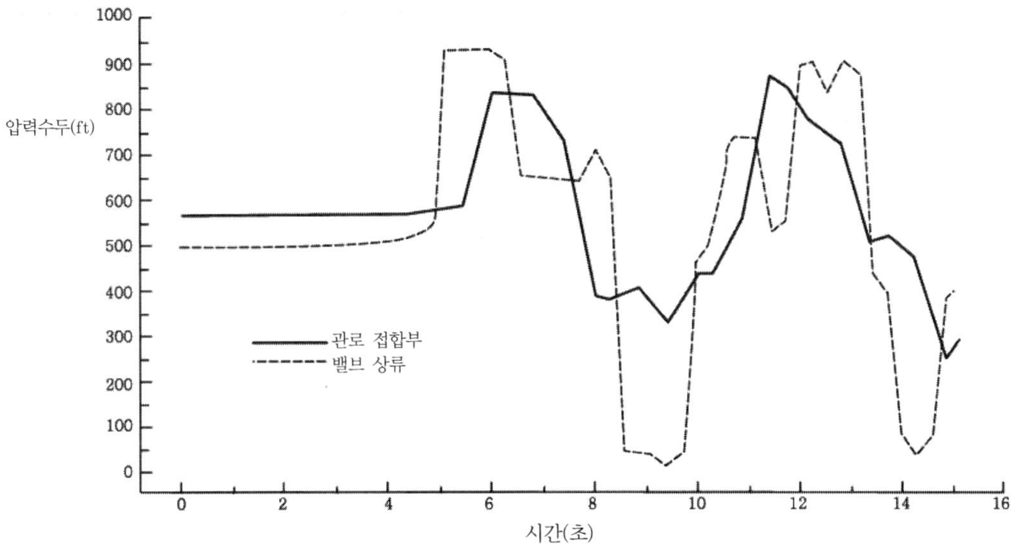

상세풀이

상류와 하류에 각각 저수지가 있으며 이들 사이는 직경이 다른 두 개의 관로가 직렬로 연결되어있다. 하류 저수지 입구부에 밸브가 설치되어 완전 개방된 상태에서 개도는 5초 만에 선형적으로 완전 폐쇄된다. 따라서 밸브가 폐쇄되면서 개도에 따른 유량계수 및 밸브 손실 계수를 연산으로 처리하여 밸브 및 관로 접합부에서의 수두를 구하는 문제이다.

1. 정상 유동 분석

위치에너지에 의해 상류 저수지로부터 하류 저수지로 자연유하로 즉, 정상적으로 운전될 경우 관로의 각 지점에서의 유량과 수두를 구한다.

1) 관로 특성

송수 유량 Q_0 : 800gal/min

상류측 저수지 수위 H_0: EL:1780ft

하류측 토출 배관 고도 $ZEND$: EL:1260ft

구 분	관로 1	관로 2
관 직경 D(인치) 단면적 $AREA(ft^2)$ 관 길이 L(ft) 파속 α(ft/sec) 배관 고도 $PIPEZ$(ft) 마찰 계수 f 분 절 수 $NPARTS$	12 4.9 3000 3000 1280 0.015 7	8 4.9 2000 2800 1210 0.018 5

표 1 관로 특성

2) 밸브 특성

I	밸브 개도	손실계수 KL	Kl=1/KL
1	0	∞	0.0000
2	10	59.88	0.0167
3	20	31.95	0.0313
4	30	17.98	0.0556
5	40	10.00	0.1000
6	50	5.60	0.1787
7	60	3.00	0.3333
8	70	1.60	0.6250
9	80	0.80	1.2500
10	90	0.40	2.5000
11	100	0.19	5.2700

표 2 밸브 특성

3) 자료 변환

상기 주어진 자료들을 이용하여 관 단면적을 계산할 수 있으며 다음 식들을 이용하여 각 수치를 구한다. 관로 기울기

$$SINE_1 = \frac{PIPEZ_2 - PIPEZ_1}{L_1} = \frac{1210-1280}{3000} = -0.02333$$

$$SINE_2 = \frac{ZEND - PIPEZ_2}{L_2} = \frac{1260 - 1210}{2000} = 0.025$$

각 관로에서의 정상 유속

$$V_{01} = \frac{Q}{AREA_1 \times 449} = \frac{800}{0.785398 \times 449} = 2.27 ft/\sec$$

$$V_{02} = \frac{Q}{AREA_2 \times 449} = \frac{800}{0.349066 \times 449} = 5.10 ft/\sec$$

상기 식에서 분모에 449로 나눈 것은 유량 gal/min를 $ft^3/\sec$으로 변환하기 위한 것이다. 즉,

$$1 \frac{gallon}{\min} = \frac{1}{(7.48051 \times 60)} = \frac{1}{449} \frac{ft^3}{\sec}$$

4) 미소 시간 $\triangle t$ 결정

수치 해석에 사용할 시간 간격은 공식 (5.8)로부터

$$\triangle t_i = \frac{L_i}{N(V_i + a_i)}$$

여기서 i는 관로 숫자를 나타내며 N은 관로 최소 분절 숫자를 나타낸다. 본 프로그램에서는 $N=5$로 주어진다. 따라서 상류측 관로인 관로 1과 하류측 관로인 관로 2에서의 시간 간격은 다음과 같다.

$$\triangle t_1 = \frac{3000}{5(2.27 + 3000)} = 0.19984 \sec$$

$$\triangle t_2 = \frac{2000}{5(5.10 + 2800)} = 0.14259 \sec$$

상기 시간 간격 중 가장 작은 시간 간격인 $\triangle t_2 = 0.14259 \sec$을 취하여야 하므로 관로 1의 분절 숫자는 다음과 같이 결정된다.

$$N_1 = \frac{L_i}{\triangle t(V_i + a_i)} = \frac{3000}{0.14259 \times (2.27 + 3000)} = 7.0078 \approx 7$$

5) 유속 및 수두 결정

상기에서 결정된 자료들로부터 분절의 수와 관로 길이를 알 수 있으므로 각 분절의 길이는 다음과 같다.

$$\triangle L_1 = \frac{\text{관로길이}}{\text{분절수}} = \frac{3000}{7} = 428.57$$

$$\triangle L_2 = \frac{\text{관로길이}}{\text{분절수}} = \frac{2000}{5} = 400ft$$

분절 길이당 마찰 손실은

$$\triangle HF_1 = f_1 \frac{\triangle L_1}{D_1} \frac{V0_1^2}{2g} = 0.015 \frac{428.57 \times 12}{12} \frac{2.77^2}{64.4} = 0.51437$$

$$\triangle HF_2 = f_2 \frac{\triangle L_2}{D_2} \frac{V0_2^2}{2g} = 0.018 \frac{400 \times 12}{8} \frac{5.10^2}{64.4} = 4.36928$$

그리고 연산을 용이하게 하기 위해서

$$C_{(1)} = \frac{g}{a_1} = \frac{32.2}{3000} = 0.0107333$$

$$C_{(2)} = \frac{g}{a_2} = \frac{32.2}{2800} = 0.0115$$

$$AK_1 = \frac{12 \times f_1 \times \triangle T}{2 \times D_1} = \frac{12 \times 0.015 \times 0.1426}{2 \times 12} = 0.0010695$$

$$AK_2 = \frac{12 \times f_2 \times \triangle T}{2 \times D_2} = \frac{12 \times 0.018 \times 0.1426}{2 \times 8} = 0.0019251$$

$$RATIO_1 = \frac{\triangle T}{\triangle L_1} = \frac{0.1426}{428.57} = 0.0003327$$

$$RATIO_2 = \frac{\triangle T}{\triangle L_2} = \frac{0.1426}{400} = 0.0003565$$

정상 유동시 각 관로 지점에서의 유속은 $V_{01} = 2.27$, $V_{02} = 5.10ft/\sec$가 되며 또한 상류측 경계 조건에 의해 항상 $H_{1,1} = H_0 = 1780$가 된다. 관로 1의 각 절점에서의 피에

조미터 수두는

$$H = \text{상류저수지수위} - \text{각 관로 지점까지의 마찰손실}$$
$$= H_{1,1} - N \times \triangle HF_1$$

따라서 관로 1의 각 절점에서의 피에조미터 수두는 다음과 같다.

$$H_{1,1} = 1780$$
$$H_{1,2} = 1780 - 1 \times 0.514375 = 1779.49$$
$$H_{1,3} = 1780 - 2 \times 0.514375 = 1778.97$$
$$\vdots$$
$$H_{1,8} = 1780 - 7 \times 0.514375 = 1776.40$$

공식 5.6에 의해 관로 접합부에서 상당한 손실이 발생하지 않는 한 관로 2의 시작점에서의 피에조미터 수두는 관로 1의 마지막 절점에서의 피에조미터 수두와 동일하다고 간주할 수 있고 관로 2의 각 절점에서의 피에조미터 수두는 다음과 같이 계산될 수 있다.

$$H_{2,N} = H_{1,9} - \text{각 관로 지점까지의 마찰손실}$$
$$= H_{1,9} - N \times \triangle HF_2$$

$$H_{2,1} = H_{1,8} = 1776.40$$
$$H_{2,2} = 1776.40 - 1 \times 4.3693 = 1772.03$$
$$H_{2,3} = 1776.40 - 2 \times 4.3693 = 1767.66$$
$$\vdots$$
$$H_{2,6} = 1776.40 - 5 \times 4.3693 = 1754.55$$

수두 $HEAD$는 피에조미터 수두 H에서 관로 경사를 뺀 수치를 나타낸다.

$$HEAD_{i,j} = H_{i,j} - \text{관로경사}$$
$$= H_{i,j} - (PIPEZ_i + N \times \triangle L_i \times SINE_i)$$

상기 식으로 관로1의 각 절점에서의 수두를 계산하면

$$HEAD_{1,1} = 1780 - (1280 + 0 \times 428.57 \times (-0.02333)) = 500$$

$$HEAD_{1,2} = 1779.48 - (1280 + 1 \times 428.57 \times (-0.02333)) = 509$$

$$\vdots$$

$$HEAD_{1,8} = 1776.40 - (1280 + 7 \times 428.57 \times (-0.02333)) = 566$$

관로 2의 각 절점에서의 수두를 계산하면

$$HEAD_{2,1} = 1776.40 - (1210 + 0 \times 400 \times 0.025) = 566$$

$$HEAD_{2,2} = 1772.03 - (1210 + 1 \times 400 \times 0.025) = 552$$

$$\vdots$$

$$HEAD_{2,6} = 1754.55 - (1210 + 5 \times 400 \times 0.025) = 495$$

상기의 방법으로 계산된 유속, 피에조미터 수두 및 수두는 표3과 같다. 마지막으로 밸브를 통과하면서 발생하는 손실 수두를 고려한 피에조미터 수두 $H_0 = HDOWN$를 공식 5.49를 이용하여 계산하면

$$HDOWN = H_{P1} - K_{L(11)} \frac{V_{P1}^2}{2g} = H_{P1} - \frac{1}{KI(11)} \frac{V_{P1}^2}{2g}$$

$$= 1754.55 - \frac{1}{5.27} \frac{5.10^2}{64.4} = 1754.48ft$$

여기서 H_{P1} 및 V_{P1}은 정상 유동시 관로 2의 절점 6에서의 피에조미터 수두 및 유속이고, $K_{L(11)}$은 밸브가 완전 개방되었을 때의 손실계수이고 $KI(11)$은 이의 역수를 나타낸다.

관로 1	X	H	V	HEAD
1	0.00	1780.0000	2.2700	500.00
2	0.14	1779.4856	2.2700	509.49
3	0.29	1778.9712	2.2700	518.97
4	0.43	1778.4569	2.2700	528.46
5	0.57	1777.9425	2.2700	537.94
6	0.71	1777.4281	2.2700	547.43
7	0.86	1776.9137	2.2700	556.91
8	1.00	1776.3994	2.2700	566.40

표 3 정상 유동 분석 결과

관로 2	X	H	V	HEAD
1	0.00	1776.3994	5.1043	566.40
2	0.20	1772.0301	5.1043	552.03
3	0.40	1767.6608	5.1043	537.66
4	0.60	1763.2915	5.1043	523.29
5	0.80	1758.9222	5.1043	508.92
6	1.00	1754.5529	5.1043	494.55

표 3 (계 속)

2. 부정류 분석

하류 저수지에 설치된 밸브가 5초 동안 폐쇄되면서 유속이 감소하고 따라서 밸브에서 손실계수는 점차적으로 증가하게 되어 이로 인해 밸브에서 압력이 상승하게 된다. 미소 시간 $\triangle T = 0.1426$초 간격으로 부정류를 분석한다.

$t = 0.1426$

1) 관로 내부 절점 수두 및 속도 결정

먼저 관로1과 2의 내부 절점인 2~7, 2~5에서의 유속은 공식 4.62 및 4.63으로부터

$$V_L = V_C + a\frac{\Delta t}{\Delta s}(V_{Le} - V_C) \quad 4.62$$

$$V_R = V_C + a\frac{\Delta t}{\Delta s}(V_{Ri} - V_C) \quad 4.63$$

여기서 V_C는 정상 유동시 관로 1의 2지점에서의 유속, V_{Le}는 관로 1의 1 지점에서의 유속, V_{Ri}는 관로 1의 3지점에서의 유속이다. 그리고 연산을 용이하게 하기 위해서

$$RA_1 = \frac{a_1 \Delta t}{\Delta L_1} = 3000 \times \frac{0.1426}{428.57} = 0.9982$$

$$RA_2 = \frac{a_2 \Delta t}{\Delta L_2} = 2800 \times \frac{0.1426}{400} = 0.9982$$

정상 유동시 각 관로 내 유속은 모두 동일하므로 즉, $V_C = V_{Le} = V_{Ri}$이므로 $V_L = V_{Ri} = V_C = 2.27 ft/\sec$가 된다. 수두는 공식 4.59.1 및 4.61.1로부터

$$H_L = H_C + a\frac{\Delta t}{\Delta L}(H_{Le} - H_C) \qquad 4.59.1$$

$$H_R = H_C + a\frac{\Delta t}{\Delta L}(H_{Ri} - H_C) \qquad 4.61.1$$

H_C는 정상 유동시 관로 1의 2지점에서의 수두, H_{Le}는 관로 1의 1 지점에서의 수두, H_{Ri}는 관로 1의 3지점에서의 수두이다.

$$H_L = 1779.48 + 0.9982(1780 - 1779.48)$$

$$= 1780$$

$$H_R = 1779.48 + 0.9982(1778.97 - 1779.47)$$

$$= 1778.97$$

부정류 발생 후 관로 1의 2지점에서의 수두 및 유속은 공식 4.64 및 4.65로부터

$$V_P = \frac{1}{2}\left[(V_L + V_R) + \frac{g}{a_1}(H_L - H_R) + \frac{g}{a_1}\Delta t(V_L - V_R)\sin\theta_1 - \frac{f_1\Delta t}{2D_1}(V_L|V_L| + V_R|V_R|)\right]$$

$$= 0.5\begin{bmatrix}(2.27 + 2.27) + 0.010733(1780 - 1778.97) + 0.010733 \times 0.1426(2.27 - 2.27) \\ \times(-0.02333) - 0.00107(2.27|2.27| + 2.27|2.27|)\end{bmatrix}$$

$$= 2.27$$

$$H_P = \frac{1}{2}\left[\frac{a}{g}(V_L - V_R) + (H_L + H_R) + \Delta t(V_L + V_R)\sin\theta - \frac{a}{g}\frac{f\Delta t}{2D}(V_L|V_L| - V_R|V_R|)\right]$$

$$= 0.5\begin{bmatrix}\frac{3000}{32.2}(2.27 - 2.27) + (1780 + 1778.97) + 0.1426(2.27 + 2.27)(-0.02333) \\ -\frac{3000}{32.2} \times 0.00107(2.27|2.27| - 2.27|2.27|)\end{bmatrix}$$

$$= 1779.48$$

동일한 방법으로 관로1의 지점 3~7, 관로 2의 지점 2~5의 유속 및 수두를 구한다.

2) 관로 접합부 수두 및 속도 결정

관로 1과 2의 접합부에서의 유속은 공식 5.2 및 5.4를 사용하여 구한다.

$$V_{P1} = C_1 - C_2 H_{P1} \quad 5.2$$

여기서 $C_1 = V_{L1} + \frac{g}{a_1} H_{L1} - \frac{f_1 \Delta t}{2D_1} V_{L1} |V_{L1}| + \frac{g}{a_1} \Delta t V_{L1} \sin\theta_1$

$= 21.33661$

$C_2 = C_{(1)} = 0.010733$

$$V_{P2} = C_3 + C_4 H_{P2} \quad 5.4$$

여기서 $C_3 = V_{R2} - \frac{g}{a_2} H_{R2} - \frac{f_2 \Delta t}{2D_2} V_{R2} |V_{R2}| - \frac{g}{a_2} \Delta t V_{R2} \sin\theta_2$

$= -15.3245$

$C_4 = C_{(2)} = 0.0115$

관로 1과 2의 접합부에서 피에조미터 수두는 공식 5.7로부터

$$H_{P1} = H_{P2} = \frac{C_1 A_1 - C_3 A_2}{C_4 A_2 + C_2 A_1} \quad 5.7$$

$$H_{P1} = H_{P2} = \frac{21.33661 \times 0.7854 - (-15.3245) \times 0.3490}{0.0115 \times 0.3490 + 0.010733 \times 0.7854} = 1776.49$$

상기에서 구한 $H_{P1} = H_{P2}$를 식 5.2 및 5.4에 대입하여 속도를 구한다.

$$V_{P1} = C_1 - C_2 H_{P1} = 21.33661 - 0.010733 \times 1776.49 = 2.269$$

$$V_{P2} = C_3 + C_4 H_{P2} = -15.3245 + 0.0115 \times 1776.49 = 5.10$$

3) 상류 저수지 수두 및 속도 결정

상류 저수지는 수위가 $1780ft$로 항상 일정하므로 관로 1의 1지점에서는 항상 $H_0 = 1780ft$가 된다. 이 지점에서의 유속 V_R은 공식 4.63으로부터

$$V_R = V_C + a\frac{\Delta t}{\Delta s}(V_{Ri} - V_C) = 2.27ft/\sec$$

여기서 V_C는 정상 유동시 관로 1의 1지점에서의 유속, V_{Ri}는 관로 1의 2 지점에서의 유속이다. 정상 유동시 관로 단면적이 동일하므로 모든 유속은 동일하다. 즉, $V_C = V_{Ri} = V_R = 2.27ft/\sec$가 된다. 피에조미터 수두는 공식 4.61.1로부터

$$H_R = H_C + \frac{\Delta t}{\Delta s}(H_{Ri} - H_C)a$$

H_C는 정상 유동시 관로 1의 1지점에서의 수두, H_{Ri}는 관로 1의 2지점에서의 수두이다. $a\Delta t/\Delta s = 0.9982$이므로

$$H_R = 1780 + 0.9982(1779.48 - 1780) = 1779.49ft$$

따라서 관로 1의 1지점에서의 유속은 공식 4.65.2로부터

$$\begin{aligned} V_{P1} &= V_R + \frac{g}{a_1}(H_0 - H_R) - \frac{g}{a_1}\Delta t\, V_R \sin\theta - \frac{f\Delta t}{2D_1} V_R|V_R| \\ &= 2.27 + 0.010733(1780 - 1779.49) - 0.010733 \times 0.1426 \times 2.27 \times (-0.02333) \\ &\quad - 0.00107 \times 2.27^2 \\ &= 2.27 \end{aligned}$$

관로 1의 1지점에서의 피에조미터 수두는 공식 4.65.1로부터

$$H_{P_1} = H_0 = 1780ft$$

상류 저수지는 수위가 $1780ft$로 항상 일정하므로 절점 1에서는 항상 $H_0 = 1780ft$가 된다.

4) 하류측 관로 밸브에서의 수두 및 속도 결정

밸브가 설치된 하류 저수지 입구부 즉 관로 2의 마지막 절점에서의 피에조미터 수두 및 유속은 밸브의 특성에 따라 결정된다. 먼저 식 4.62로부터

$$V_L = V_C + a_2\frac{\Delta t}{\Delta L_2}(V_{Le} - V_C) = 5.10$$

여기서 V_C는 정상 유동시 관로 2의 6지점에서의 유속, V_{Le}는 관로 2의 5지점에서의 유속이다. 정상 유동시 관로 단면적이 동일하므로 모든 유속은 동일하다. 즉,

$V_C = V_{Le} = V_L = 5.10 ft/\sec$가 된다. 피에조미터 수두는 공식 4.59로부터

$$H_L = H_C + \frac{\Delta t}{\Delta s}(H_{Le} - H_C)a$$

H_C는 정상 유동시 관로 2의 6지점에서의 수두, H_{Le}는 관로 2의 5지점에서의 수두이다.

$$H_L = 1754.55 + 0.9982(1758.92 - 1754.55) = 1758.91 ft$$

밸브에서의 유속을 구하기 위한 공식 5.51과 5.52로부터

$$V_{P1} = \frac{C_5}{2K_L}\left[-1 + \sqrt{1 - \frac{4C_6K_L}{C_5^2}}\right] \qquad 5.52$$

상기 식의 C_5 (프로그램에서는 CB로 표기)및 C_6(프로그램에서는 CCC로 표기)는

$$C_5 = \frac{2g}{C_2} \qquad C_6 = 2g\left(H_0 - \frac{C_1}{C_2}\right) \qquad 5.51$$

상기 식의 C_1 (또는 프로그램에서는 CC로 표기) 및 C_2은 공식 5.2로부터

$$CC \text{ 또는 } C_1 = V_L + \frac{g}{a_2}H_L - \frac{f_2\Delta t}{2D_2}V_L|V_L| + \frac{g}{a_2}\Delta t V_L \sin\theta_2$$

$$= 5.10 + 0.010733 \times 1758.91 - 0.0019251 \times 5.10^2$$

$$+ 0.010733 \times 0.1426 \times 5.1 \times 0.025$$

$$= 25.28$$

$$C_2 = C_{(2)} = \frac{g}{a_2} = 0.0115$$

상기 수치를 식 5.51에 대입하면

$$CB \text{ 또는 } C_5 = \frac{2g}{C_2} = \frac{64.4}{0.0115} = 5600$$

공식 5.51의 H_0는 공식 5.49의 일과 에너지 공식으로부터 유도된 것으로

$$H_{P1} = H_0 + K_L \frac{V_{P1}^2}{2g} \qquad 5.49$$

밸브 입구부에서의 피에조미터 수두를 H_{P1}이라하면 H_0는 밸브에서의 피에조미터 수두이고 $K_L V_{P1}^2/2g$는 밸브를 통과하면서 발생하는 손실 수두를 나타내는 것이다. 따라서 H_0는 정상 유동 분석시 계산한 $HDOWN$으로 다음과 같이 구할 수 있다.

$$H_0 = H_{2,6} - \frac{1}{KI}\frac{V_{2,6}^2}{2g}$$

$$= 1754.55 - \frac{1}{5.27}\frac{5.1^2}{64.4}$$

$$= 1754.48 ft$$

따라서

$$C_6 \text{ 또는 } CCC = 2g\left(H_0 - \frac{C_1}{C_2}\right)$$

$$= 64.4\left(1754.48 - \frac{25.28}{0.0115}\right)$$

$$= 25890$$

시간에 따른 밸브의 개도 및 손실계수는 보간법으로 구하여야 한다. 2단으로 밸브가 폐쇄되는 조건이라면 1단 폐쇄시간 TC_1, 2단 폐쇄시간 TC_2 및 1단 폐쇄개도 PC_1를 별도로 설정할 수 있다. 그러나 여기에서는 1단 폐쇄이므로 다음과 같이 설정한다.

$$TC_1 = 0\text{초}, \quad TC_2 = 5\text{초} \quad PC_1 = 100\%$$

그러나 2단 폐쇄일 경우 1단계 폐쇄 시간 TC_1와 1단계 폐쇄 개도 PC_1을 반드시 명시하여야 프로그램에 에러가 발생하지 않는다. 한 예로 1단계로 1초 동안 개도 10%까지 폐쇄하고 2단계는 4초 동안 개도를 10%에서 0%로 폐쇄시키려면 $TC_1 = 1$초, $PC_1 = 10$으로 명시하여야 한다.

미소시간 $\triangle 0.1426$초에서의 밸브 개도$OPEN$ 및 손실 계수역수 KLI는

$$OPEN = PC_1 \times \frac{TC_2 - t}{TC_2 - TC_1} = 100 \times \frac{5 - 0.1426}{5 - 0} = 97.14\%$$

$$FACT = (OPEN - PCT(10)) \times 0.1 = (97.14 - 90) \times 0.1 = 0.7148$$

개도 97.14%에서의 손실 계수는

$$\begin{aligned} KLI &= KI(10) + FACT \times (KI(11) - KI(10)) \\ &= 2.5 + 0.7148 \times (5.27 - 2.5) \\ &= 4.48 \end{aligned}$$

상기에서 구한 수치들을 식 5.52에 대입하여 관로 2 절점 6에서의 유속을 구하면

$$\begin{aligned} V_{P1} &= \frac{C_5}{2K_L}\left[-1 + \sqrt{1 - \frac{4C_6K_L}{C_5^2}}\right] \\ &= \frac{5600 \times 4.48}{2}\left[-1 + \sqrt{1 - \frac{4 \times (-28590)}{4.48 \times 5600^2}}\right] \\ &= 5.10 \end{aligned}$$

공식 5.48로부터 관로 2, 절점 6에서의 피에조미터 수두를 구할 수 있다.

$$V_{P1} = C_1 - C_2 H_{P1} \qquad 5.48$$

$$\begin{aligned} H_{P1} &= \frac{C_1 - V_{P1}}{C_2} \\ &= \frac{25.28 - 5.10}{0.0115} = 1754.56ft \end{aligned}$$

상기 절차로 구한 결과들은 다음 표와 같다.

관로 1	X	VLEFT	VRITE	HLEFT	HRITE	VNEW	HNEW
1	0.00		2.270		1779.49	2.2701	1780.00
2	0.14	2.270	2.270	1780.00	1778.97	2.2700	1779.47
3	0.29	2.270	2.270	1779.48	1778.46	2.2700	1778.96
4	0.43	2.270	2.270	1778.97	1777.94	2.2700	1778.45
5	0.57	2.270	2.270	1778.46	1777.43	2.2700	1777.93

표 4 t=0.1426초 후 부정류 분석

6	0.71	2.270	2.270	1777.94	1776.91	2.2700	1777.42
7	0.86	2.270	2.270	1777.43	1776.40	2.2700	1776.91
8	1.00	2.270		1776.91		2.2689	1776.49

CCC = 21.33661 CC = -15.3245

관로 2	X	VLEFT	VRITE	HLEFT	HRITE	VNEW	HNEW
1	0.00		5.104		1772.04	5.1051	1776.49
2	0.20	5.104	5.104	1776.39	1767.67	5.1043	1772.05
3	0.40	5.104	5.104	1772.02	1763.30	5.1043	1767.68
4	0.60	5.104	5.104	1767.65	1758.93	5.1043	1763.31
5	0.80	5.104	5.104	1763.28	1754.56	5.1043	1758.94
6	1.00	5.104		1758.91		5.1044	1754.57

CC = 25.28

표 4 (계 속)

$t = 0.2852$초

$t = 0.2852$초 후의 부정류 분석은 $t = 0.1426$초 후 부정류 분석과 동일한 방법으로 수행한다. 단 $t = 0.1426$초에서는 정상 유동시 자료를 기초로 분석하였으나 $t = 0.2852$초에서는 $t = 0.1426$에서 분석한 자료를 기초로 분석하여야 한다.

5) 분석시간이 밸브 폐쇄시간을 초과할 때

36번째 시간 간격 $t = 0.1426 \times 36 = 5.1336$초에서는 밸브가 완전 폐쇄되므로 이 지점에서의 유속은 0이 된다. 따라서 $V_{P_{N+1}} = 0$으로 설정하고 공식 5.48을 이용하여 수두를 구한다. 5.1336초에서 $C_1 = 25.26$이므로 피에조미터 수두는 다음과 같다.

$$H_{P1} = \frac{C_1 - V_{P1}}{C_2}$$

$$= \frac{25.20 - 0}{0.0115} = 2191 ft$$

상기 과정을 $TMAX = 30$초가 될 때까지 반복한 결과를 그림으로 나타내면 다음과 같다.

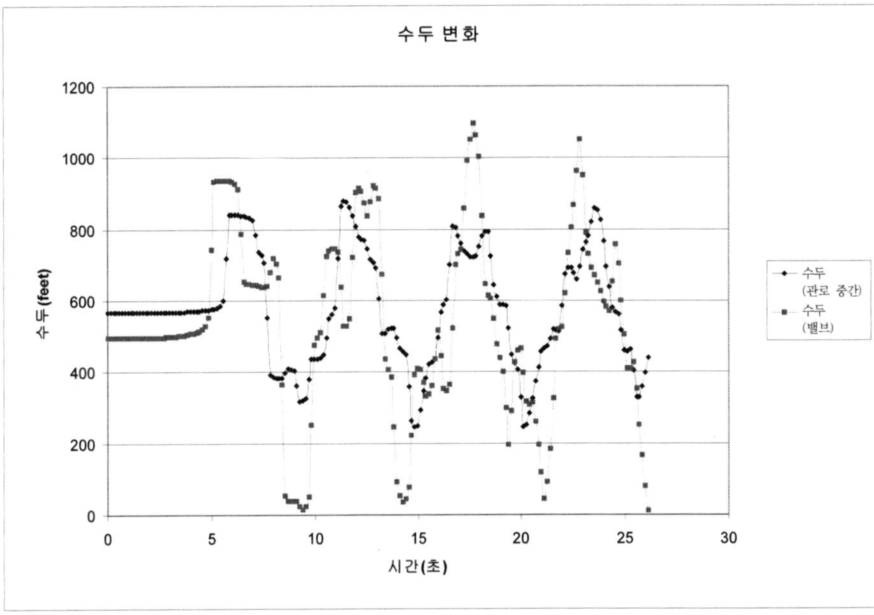

그림 1 부정류 분석 결과

상기 그림 분석 결과 밸브가 완전 폐쇄되는 5초까지는 밸브에서의 수두는 계속하여 상승하고 관로 중간 지점에서의 수두는 밸브에서 발생한 압력파가 도달하는 시간인 $t = L/a = 2000/2800 = 0.7143$초 후 즉, 5.8초까지 계속하여 상승하는 것을 알 수 있으며 분석 시간이 충분히 길지 않으므로 수두의 반복 주기를 분석하는 것은 불가능하다.

5.2 분지 관로

3개 또는 그 이상 배관의 접합부에서는 직렬관로에서 발생하지 않는 새로운 특징이 발견된다. 우리는 이러한 것을 분지관로 시스템이라 부른다. 실용적인 방안으로서 우리는 3개와 4개 배관 접합부를 고려한다.

5.2.1 3개 배관 접합

대표적인 3개 배관 접합은 그림 5.5와 같다. 그림에서 유체의 흐름 방향은 화살표로 표시되었고 이 방향은 정상 유동 상태 조건에 의해 성립된다. 즉, 공식에서 사용될 항목의 기호와 이에 따른 특성 직선들은 정상 유동 거동에 의해 결정된다.

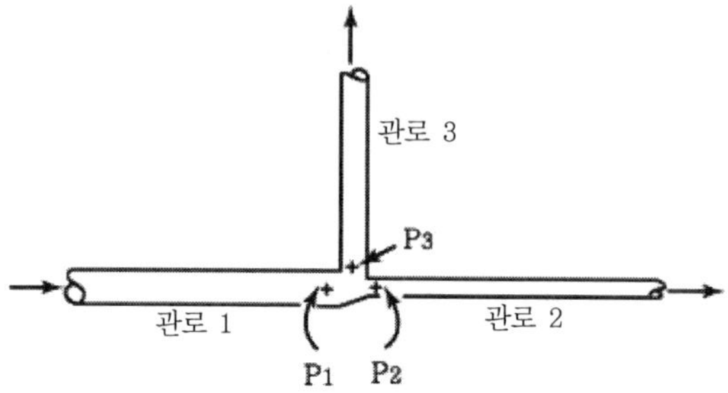

그림 5.5 1방향 유입, 2방향 유출 접합부

유입 배관이 하나이고, 유출 배관이 두 개인 배관 접합부를 위한 아래의 공식들은 6개의 미지수에 대한 관계를 기술한다.

Pipe 1, C^+ $\quad V_{P1} = C_1 - C_2 H_{P1}$ 5.10

Pipe 2, C^- $\quad V_{P2} = C_3 + C_4 H_{P2}$ 5.11

Pipe 3, C^- $\quad V_{P3} = C_5 + C_6 H_{P3}$ 5.12

질량보존법칙 $\quad V_{P1} A_1 = V_{P2} A_2 + V_{P3} A_3$ 5.13

부분손실을 무시한 일과 에너지 $\quad H_{P1} = H_{P2} = H_{P3}$ 5.14

여기서 아래첨자는 배관 접합부에서의 미지의 속도와 수두를 표시한다. 공식 5.14는 실제로 두 개의 독립 방정식들이다. 이러한 선형 공식들을 풀면 다음과 같이 된다.

$$H_{P1} = H_{P2} = H_{P3} = \frac{C_1 A_1 - C_3 A_2 - C_5 A_3}{C_2 A_1 + C_4 A_2 + C_6 A_3} \qquad 5.15$$

상기 수두를 공식 5.10, 5.11 그리고 5.12에 대입하면 속도를 구할 수 있다.

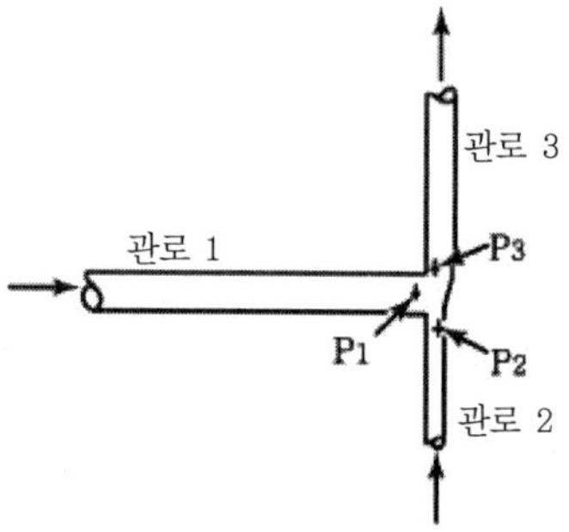

그림 5.6 2방향 유입, 1방향 유출의 3개 배관 접합

상기 그림과 같이 2방향 유입과 1방향 유출인 3개 배관 접합을 갖는다면 유사한 방법으로 미지의 속도와 수두를 구하기 위한 다음의 방정식을 유도할 수 있다.

$$H_{P1} = H_{P2} = H_{P3} = \frac{C_1A_1 + C_3A_2 - C_5A_3}{C_2A_1 + C_4A_2 + C_6A_3} \quad 5.16$$

$$V_{P1} = C_1 - C_2H_{P1} \quad 5.17$$

$$V_{P2} = C_3 - C_4H_{P2} \quad 5.18$$

$$V_{P3} = C_5 + C_6H_{P3} \quad 5.19$$

접합부에서 외부로 유출되는 경우를 제외하고는 대개의 경우 3 배관 접합부는 상기 두 개의 범주 중 하나에 해당된다. 그림 5.7은 이러한 상황을 보여준다. 이러한 외부 유출의 경우 달라지는 것은 질량 보존 법칙을 수정하는 것이다. 에너지와 C^+ 그리고 C^- 공식은 같다. 수정된 질량 보존 법칙은 다음과 같다.

$$V_{P1}A_1 = V_{P2}A_2 + V_{P3}A_3 + Q \quad 5.20$$

해답에 대한 영향은 수두 공식에 하나의 항목을 추가하는 것이다.

$$H_{P1} = H_{P2} = H_{P3} = \frac{C_1A_1 - C_3A_2 - C_5A_3 - Q}{C_2A_1 + C_4A_2 + C_6A_3} \quad 5.21$$

다양한 접합부의 H_P 상기 공식들을 검토하면 약간의 경험이 있는 독자들에게 바로 H_P를 위한 일련의 공식들을 쓸 수 있도록 형식의 일관성을 보여준다.

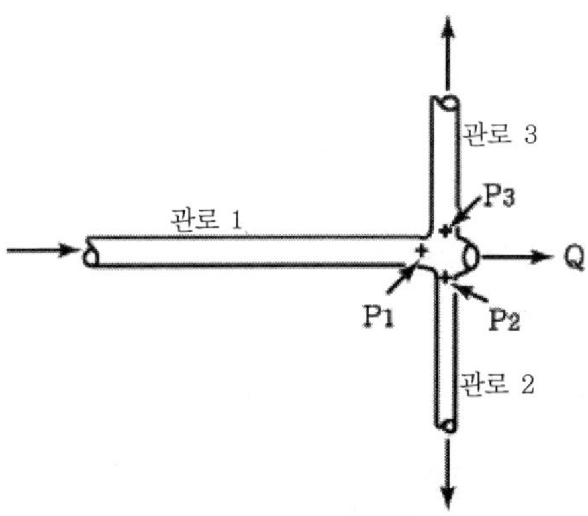

그림 5.7 외부 유출량이 일정한 3배관 접합부

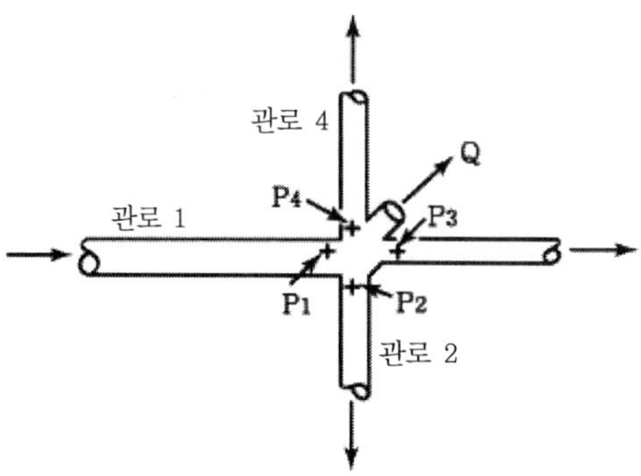

그림 5.8 1방향 유입, 3방향 유출 접합부

그림 5.8은 1방향 유입 3방향 유출되는 접합부를 보여준다. 추가로 접합부에서 일정하게 외부로 유출되는 Q가 있다.

특성선들을 위한 공식들은 다음과 같다.

관로 1, C^+	$V_{P1} = C_1 - C_2 H_{P1}$	5.22
관로 2, C^-	$V_{P2} = C_3 + C_4 H_{P2}$	5.23
관로 3, C^-	$V_{P3} = C_5 + C_6 H_{P3}$	5.24
관로 4, C^-	$V_{P4} = C_7 + C_8 H_{P4}$	5.25
질량보존법칙	$V_{P1} A_1 = V_{P2} A_2 + V_{P3} A_3 + V_4 A_4 + Q$	5.26
부분손실을 무시한 일과 에너지	$H_{P1} = H_{P2} = H_{P3} + H_{P4}$	5.27

$$H_{P1} = H_{P2} = H_{P3} = H_{P4} = \frac{C_1 A_1 - C_3 A_2 - C_5 A_3 - C_7 A_4 - Q}{C_2 A_1 + C_4 A_2 + C_6 A_3 + C_8 A_4} \qquad 5.28$$

앞에서와 같이 C^+ 그리고 C^- 공식에 다시 대입하면 속도를 구할 수 있다.

컴퓨터 프로그램은 접합부에서 각 배관을 조사할 수 있고 또한 자동으로 접합부 형상과 배관의 숫자에 따라 분류할 것이다. 이러한 해법으로 접근하려면 앞의 예제에서 관측한 형태를 채택하여야 한다.

5.3 내부 주 손실

때때로 시스템 내에 필요(예 지지물, 유량계, 부분 폐쇄된 밸브)에 의해 또는 선택(감압 밸브)에 의해 상당한 손실을 발생시키는 장치가 관로 내부에 위치할 수 있다. 어떠한 이유이던 마찰 손실에 비해 상당한 손실이 발생된다면 이 손실을 포함시켜 해석하여야 한다.

이러한 손실의 처리에 대한 해결 방안은 관로의 조도를 증가시켜 이 손실을 균등하게 분산시킴으로써 접합부들 중 하나에서 경계 조건에 일괄 처리하거나 실제 관로 위치에서 분석하는 것이다. 후자의 방법은 가장 실질적인 상황과 유사하기 때문에 이러한 방법을 사용하기로 한다.

관로에서 손실이 발생하는 양쪽 배관의 규격, 파속 그리고 길이가 다르다고 가정한다. 또한 이러한 장치를 통과하면서 발생되는 에너지 손실은 하류 배관의 유속의 자승에 비례한다. 이러한 방법은 아래 그림과 같이 직렬 관로의 접합부에 사용되는 것과 유사하다.

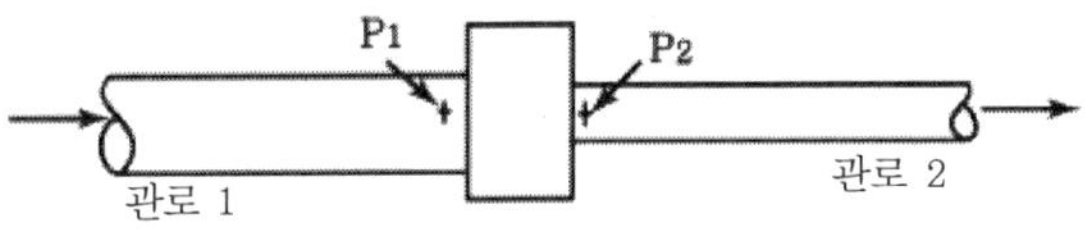

그림 5.9 내부 주 손실 모형

처음의 공식 3개를 직접 적용하여 다시 쓰면 아래와 같다.

$$Pipe\ 1,\ C^{+} \qquad V_{P1} = C_1 - C_2 H_{P1} \tag{5.29}$$

$$Pipe\ 2,\ C^{-} \qquad V_{P2} = C_3 + C_4 H_{P2} \tag{5.30}$$

$$\text{질량보존법칙} \qquad V_{P1} A_1 = V_{P2} A_2 \tag{5.31}$$

상기 손실이 발생하는 장치를 통한 일과 에너지 공식을 적용하는 것은 손실이 순간적인 비정상 속도이나 정상 유동에서 발생하는 것과 같은 것으로 가정하는 것이다.

$$\text{일과 에너지} \quad H_{P1} = H_{P2} + K_L \frac{V_{P2}^2}{2g} \tag{5.32}$$

공식 5.29부터 5.32를 조합하면 V_{P2}를 구하기 위한 공식을 아래와 같이 구할 수 있다.

$$V_{P2}^2 + \frac{2g}{K_L}\left(\frac{1}{C_4} + \frac{A_2}{A_1}\frac{1}{C_2}\right)V_{P2} - \frac{2g}{K_L}\left(\frac{C_3}{C_4} + \frac{C_1}{C_2}\right) = 0 \tag{5.33}$$

여기서 아래와 같이 가정하면

$$C_5 = \frac{2g}{K_L}\left(\frac{1}{C_4} + \frac{A_2}{A_1}\frac{1}{C_2}\right) \qquad C_6 = \frac{2g}{K_L}\left(\frac{C_3}{C_4} + \frac{C_1}{C_2}\right) \tag{5.34}$$

공식 5.33은 다음과 같이 쓸 수 있다.

$$V_{P2}^2 + C_5 V_{P2} - C_6 = 0 \tag{5.35}$$

상기 이차 방정식의 해는 다음과 같다.

$$V_{P2} = \frac{1}{2}\left[-C_5 \pm \sqrt{C_5^2 + 4C_6}\right] \tag{5.36}$$

C_2 와 $C_4(g/a)$는 항상 양의 부호이기 때문에 C_5는 반드시 양의 부호가 되어야 한다. 그렇지 않으면 속도는 항상 음의 부호를 갖게 된다. 따라서 항상 근호 앞에는 반드시 양의 부호가 유지되어야 하며 최종 공식은 다음과 같다.

$$V_{P2} = \frac{C_5}{2}\left[-1 + \sqrt{1 + \frac{4C_6}{C_5^2}}\right] \tag{5.37}$$

상기 공식을 식 5.30에 대입하여 H_{P2}를 구하고 V_{P2}와 H_{P2}를 식 5.32에 대입하여 H_{P1}을 구하고 식 5.29에 H_{P1}을 대입하여 V_{P1}을 구할 수 있다.

이러한 형식의 손실에 의해 추가적인 문제가 발생된다. 만일 V_{P2}가 반드시 음의 부호가 되어야 한다면 일과 에너지 공식 5.32는 이러한 형태에서는 유효하지 못하다. 따라서 역류에 적정한 일과 에너지 공식은 다음과 같이 된다.

$$H_{P1} + K_{Lrev}\frac{V_{P1}^2}{2g} = H_{P2} \tag{5.38}$$

이제 공식 5.33을 다시 작성하여야 하며 상수 C_5와 C_6를 수정하고 V_{P2}를 구하기 위한 공식을 새롭게 작성하여야 한다.

5.4 실제 밸브

관로 내에서 발생하는 모든 비정상 유동 상황들 중에서 밸브의 조작에 기인된 것들이 가장 흔한 경우이다. 유량 조정을 위해 밸브를 교축하면 유량이 감소되고 관로 시스템에서 손실수두가 증가하게 된다. 다른 종류의 밸브는 다른 방법으로 손실 수두를 발생시키며 이 손실 수두는 밸브의 구조뿐만 아니라 폐쇄 절차에 따라서 결정된다.

밸브를 통과하면서 발생하는 손실 수두를 구하기 위한 정상류 상태의 수력 공식은 전통적으로 무차원 해석에 근거로 한 형식에 기초를 둔다

$$h_L = K_L \frac{V^2}{2g}. \qquad 5.39$$

여기서 h_L은 손실 수두, V는 밸브에서가 아닌 배관 내에서의 속도 그리고 K_L은 밸브 손실 계수이다. 다시 우리는 정상 유동 공식을 사용하여 순간 속도에서 발생하는 수두 손실을 예측할 수 있다고 가정한다.

많은 경우 사용자는 오직 두 개 또는 세 개의 밸브 개도에서 정량화된 정보만을 알고 있다. 이제는 결과가 상당히 정확하다고 확신을 갖고 부정류 해석을 수행할 수 있도록 밸브 개도 위치에 따른 K_L의 연속적으로 변화를 작성하는 것이 중요하다.

다른 조작기 위치들에서 주어진 밸브의 손실 계수들은 실험실에서 측정한 것에 의해 결정된다. 즉, K_L은 조작기 위치의 함수이다. 만일 우리가 시간에 따라 밸브 조작기가 어떻게 동작되는지 알 수 있다면 시간에 따른 K_L 수치를 결정할 수 있다. 이 수치를 공식 5.32에 대입하여 다른 변수들의 수치를 구한다. 우리는 이제 밸브가 관로 중간에, 그리고 관로 하류측 끝단에 있는 상황에서 이러한 기술을 적용하는 것을 증명한다.

5.4.1 관로 중간에 밸브가 있을 때

우리는 관로 중간에 밸브가 계획된 시간에 따라 폐쇄되거나 개방된다고 가정한다. 이러한 내부 경계 조건을 기술하는 공식들은 공식 5.29부터 5.32에 의해 주어진다. 밸브의 양쪽 규격은 동일하며 그림 5.10은 이러한 상황을 설명한다.

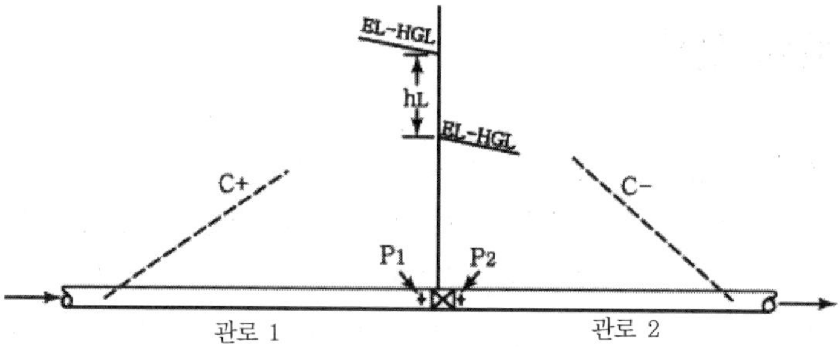

그림 5.10 동일한 직경 관로에서 밸브가 있을 때

우리는 수정된 형태의 적용 가능한 공식들을 다음과 같이 정리한다.

$Pipe\ 1,\ C^{+}$ $$V_{P1} = C_1 - C_2 H_{P1} \tag{5.40}$$

$Pipe\ 2,\ C^{-}$ $$V_{P2} = C_3 + C_4 H_{P2} \tag{5.41}$$

질량보존법칙 $$V_{P1} = V_{P2} \tag{5.42}$$

일과 에너지 $$H_{P1} = H_{P2} + K_L \frac{V_{P2}^2}{2g} \tag{5.43}$$

공식 5.33과 같이 공식 5.40부터 5.43을 조합하여 다음의 공식을 얻을 수 있다.

$$V_{P2}^2 + \frac{2g}{K_L}\left(\frac{1}{C_2} + \frac{1}{C_4}\right) V_{P2} - \frac{2g}{K_L}\left(\frac{C_1}{C_2} + \frac{C_3}{C_4}\right) = 0 \tag{5.44}$$

K_L을 분리하고 계수의 정의를 다음과 같이 내리면

$$C_5 = 2g\left(\frac{1}{C_2} + \frac{1}{C_4}\right) \qquad C_6 = 2g\left(\frac{C_1}{C_2} + \frac{C_3}{C_4}\right) \tag{5.45}$$

다음과 같이 속도를 나타낼 수 있다.

$$V_{P1} = V_{P_2} = \frac{C_5}{2K_L}\left[-1 + \sqrt{1 + \frac{4C_6 K_L}{C_5^2}}\right] \tag{5.46}$$

상기 공식은 유량이 원래의 하류측 방향인 경우에는 타당하다. 만일 유체 흐름 방향이 반대가 되면 공식 5.43을 수정하고 일련의 공식들을 다시 풀면 다음 공식을 얻을 수 있다.

$$V_{P1} = V_{P_2} = \frac{C_5}{2K_{Lrev}}\left[1 - \sqrt{1 - \frac{4C_6K_{Lrev}}{C_5^2}}\right] \qquad 5.47$$

여기서 우리는 C^+와 C^- 특성과 이들과 관련된 공식들은 원래 유체 흐름 방향에 따라 결정되고, 일시적인 유체 흐름 방향의 반전의 결과로서 다시 수정할 필요가 없다는 것을 기억하여야 한다. 그러나 밸브의 역류 손실 수두 특성들은 통상적으로 유체가 전방으로 흐를 때와는 다르며 대체적으로 자료를 구할 수도 없다. **이러한 상황에서는 분석가는 정 방향 흐름 특성만을 사용하여 정 및 역방향의 흐름을 해석하여야 한다. 그러나 이러한 방법은 게이트, 볼 밸브, 콘 밸브 그리고 플러그 밸브에서는 통용될 수 있으나 글로브 밸브, 앵글 밸브 그리고 버터플라이 밸브에서는 의문시 된다.**

5.4.2 저수지 하류측 관로의 끝단에 설치된 밸브

관의 말단부에 밸브가 설치되는 것은 흔하다. 따라서 우리는 이러한 통상적인 경우를 고려하여 이전 공식들에 어떠한 수정들이 필요한지 알아보자. 이제 우리는 더 이상 내부 경계 조건을 언급하지 않기로 한다. 그러나 방법은 동일하다. 우리는 밸브가 저수지 직전에 위치한다고 고려하여 밸브의 하류측 압력 수두는 저수지 고도에 고정시킨다(그림 5.11 참조). 그러나 유체가 밸브로부터 대기로 자유 방출할 경우 밸브의 하류측 압력은 게이지 압력 0으로 고정되는 다른 하류측 조건들이 발생될 수도 있다.

그림 5.11에서 우리는 밸브에서 오직 두 개의 미지수를 갖고 있으며, 따라서 필요한 공식들은 다음과 같다.

C^+ $\qquad V_{P1} = C_1 - C_2H_{P1} \qquad 5.48$

일과 에너지 $\qquad H_{P1} = H_0 + K_L\frac{V_{P1}^2}{2g} \qquad 5.49$

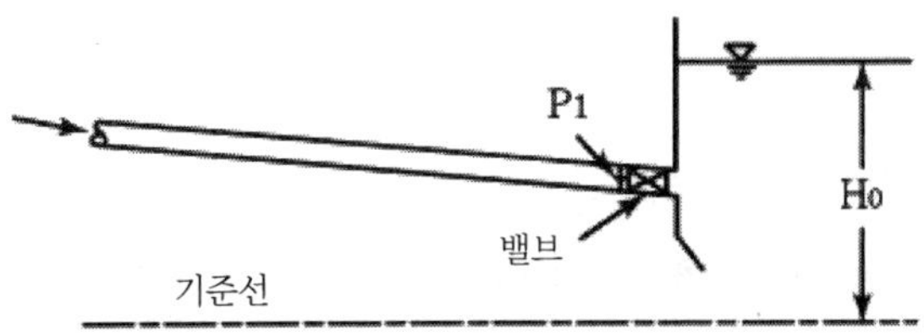

그림 5.11 관로 하류측 말단부의 밸브와 저수지

상기 두 개의 공식을 조합하여 V_{P1}의 이차 방정식의 형태를 취하면 다음과 같다.

$$V_{P1}^2 + \frac{2g}{K_L C_2} V_{P1} + \frac{2g}{K_L}\left(H_0 - \frac{C_1}{C_2}\right) = 0 \qquad 5.50$$

계수는 다음과 같다.

$$C_5 = \frac{2g}{C_2} \qquad C_6 = 2g\left(H_0 - \frac{C_1}{C_2}\right) \qquad 5.51$$

상기 이차방정식의 해답은 다음과 같다.

$$V_{P1} = \frac{C_5}{2K_L}\left[-1 + \sqrt{1 - \frac{4C_6 K_L}{C_5^2}}\right] \qquad 5.52$$

역류일 경우

$$V_{P1} = \frac{C_5}{2K_{Lrev}}\left[1 - \sqrt{1 + \frac{4C_6 K_{Lrev}}{C_5^2}}\right] \qquad 5.53$$

이제는 주어진 밸브의 폐쇄 또는 개방 스케쥴에 따른 시간 함수로서 밸브의 손실 계수를 표현할 수 있을 때 마다 관로 내에서 밸브의 동작이 압력과 속도에 미치는 영향을 결정할 수 있게 된다.

5.4.3 시간의 함수로서 K_L의 표현

밸브의 개폐에 따른 부정류 문제를 해결하기 위해서 우리는 어느 시간에서나 K_L 수치를 구할 수 있도록 밸브 위치 스케줄을 컴퓨터 프로그램에 삽입하여야 한다. 밸브 위치에 따른 1개 이상의 K_L수치를 제작사로부터 제공받는 것으로 가정한다. 밸브 위치 0%에서 100%로 균등하게 개방(폐쇄)하는 것으로 하여 K_L을 11개의 수치로 컴퓨터 프로그램이 받아들이도록 한다. 다시 말하면 주어진 자료를 활용하여 K_L 수치-밸브 개방률 표를 작성하려는 것이다. 곧 우리는 어떻게 이러한 작업을 수행하는지 볼 것이다. 결과적으로 만일 주어진 시간에서 밸브의 개방률을 알 수 있으면 컴퓨터가 K_L 수치-밸브 개방률 표 자료로부터 보간법을 사용하여 적정한 K_L수치를 구할 수 있다. 그리고 이러한 수치를 공식 5.52와 5.53에 대입하여 주어진 시간에서 해답을 구할 수 있다. 이제부터 K_L 수치-밸브 개방률 표를 작성하는 세부적인 사항들을 알아보도록 한다.

통상적으로 밸브의 손실수두 특성들은 세 가지 방법 중 하나로 표현할 수 있다. 두 가지 방법은 K_L 또는 C_v 계수를 채택하는 것이다. 세 번째 방법은 아래 공식과 같이 무차원 밸브 폐쇄 함수 τ를 이용하는 것이다.

$$\tau = \sqrt{\frac{K_{L0}}{K_L}} \tag{5.54}$$

여기서 K_{L0}는 밸브가 완전 개방시 손실 계수이다. 이 손실 계수의 무차원 형태는 0부터 1까지 변화하는 장점을 갖는다. 통상적으로 손실 계수는 K_L의 형태로 제공되므로 이제부터 이러한 형태로 사용하기로 한다. 밸브 폐쇄에 따른 부정류 압력을 그래프 형태로 나타내기 위해 여러 가지 방법이 사용된다. 그중 Wood와 Jones (1973)에 의해 작성된 대표적인 방법을 간략히 검토하고 이 방법으로 그래프로 작성하여 표현해 본다. 그들이 지적한 바와 같이 마찰의 영향과 시스템 형상을 단순한 그래프 형태에 포함시키는 것은 불가능하다. 따라서 그래프를 이용하는 방법은 생략하고 임의 관로 형상에 설치된 밸브의 표현 방법을 이용하는 연산에 집중하기로 한다.

K_L-밸브 개방률을 완성할 때 필요한 K_L 수치를 결정하는 것으로부터 시작한다. 이 예제에서는 우리는 게이트 밸브를 사용하고(Street et al., 1996 참조), K_L 수치는 아래의 표에서 보는 바와 같이 오직 4개 지점에서만 주어진다.

개방률(%)	K_L	$1/K_L$	τ
100	0.19	5.27	1
75	1.15	0.87	0.406
50	5.6	0.18	0.184
25	24.0	0.04	0.089

표 5.1 게이트 밸브의 손실 계수(Street et al., 1996)

다른 밸브들의 손실 계수와 기타 자료는 부록 D에 주어졌다. 다음 단계는 표 5.1의 수치를 사용하여 개도율의 함수로 K_L과 $1/K_L$의 관계를 부드러운 곡선으로 표현하고 100%부터 0%까지 밸브 개도율 범위를 확장한다. 이러한 결과를 그림 5.12에 나타내었다.

밸브가 완전 폐쇄되어 속도가 0에 가까워지면 K_L이 무한대로 접근하기 때문에 K_L-밸브 개도율을 작성할 때 문제가 발생된다. 이러한 문제를 제거하기 위해서 우리는 오직 $1/K_L$의 곡선을 전 범위에 걸쳐 작성한다. 공식 5.52에서 보는 바와 같이 속도를 구하기 위한 해 K_L 대신 $1/K_L$을 사용한다.

다음은 그림 5.12로부터 수치를 읽어서 개도율을 균등하게 증가시켜 $1/K_L$ 수치 표를 작성한다. 결과는 표 5.2에 나타내었다. 이제 밸브 폐쇄 스케쥴을(개도율-시간)알게 되면 임의 시간에서의 개도율을 알 수 있다. 이렇게 하기 위해서는 보간법을 수행하는 컴퓨터 프로그램을 작성하여야 한다. 이것은 표에서 두 개 또는 그 이상의 자료 점들 사이의 직선(또는 곡선)을 일치시키는 보간법에 의해 작성될 수 있다. 이러한 문제에 있어 선형(직선) 보간법으로도 대체적으로 충분히 만족시킬 수 있으며 포물선 보간법은 그 외 상황에서도 충분히 만족시킬 수 있다.

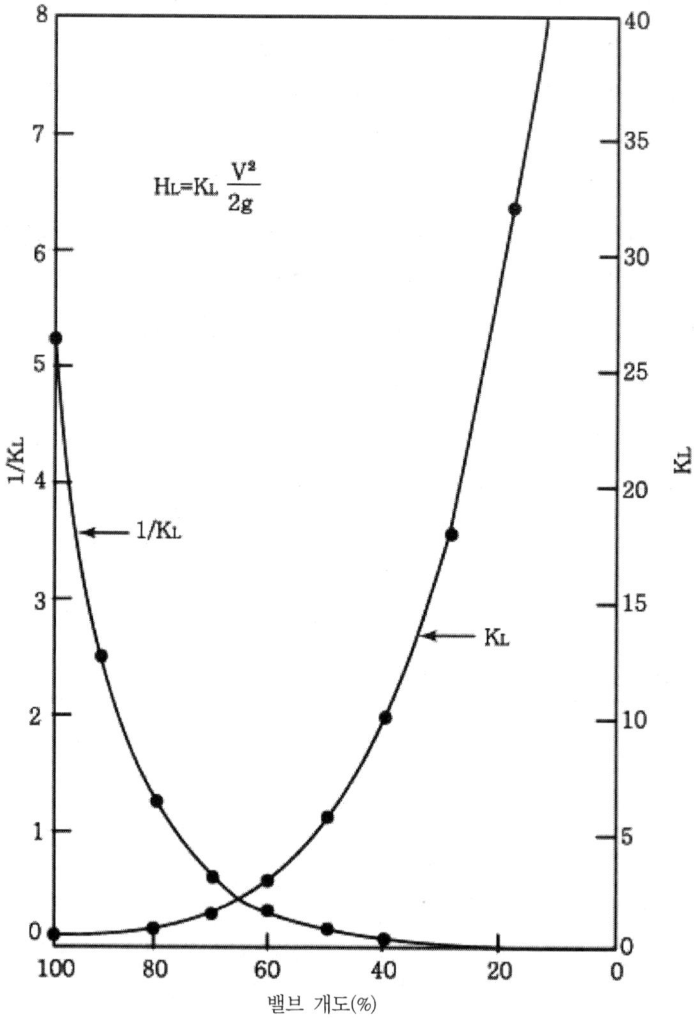

그림 5.12 개도율의 함수로서 KL과 1/KL

5.4.4 직선 보간법

선형 또는 직선 보간법이 가장 이해하기 쉽기 때문에 이것을 제일 먼저 시작하기로 한다. 임의 시간에서 밸브 개도율 스케쥴이 필요하다면, 한 예로 밸브 72.4% 개방시 밸브 폐쇄 스케쥴 $1/K_L$을 결정하려면 표 5.2와 다음 보간법을 사용하여 계산할 수 있다.

$$1/K_L = 0.625 + \frac{72.4-70}{80-70}(1.25-0.625) = 0.775 \qquad 5.55$$

PCT( ) 밸브 개도율	KI( ) $1/K_L$	K_L	$\tau = \sqrt{\frac{K_{L0}}{K_L}}$
100	5.2700	0.1900	1
90	2.5000	0.4000	0.6892
80	1.2500	0.8000	0.4873
70	0.6250	1.6000	0.3446
60	0.3330	3.0030	0.2515
50	0.1790	5.5866	0.1844
40	0.1000	10.0000	0.1378
30	0.0556	17.9856	0.1028
20	0.0313	31.9489	0.0771
10	0.0167	59.8802	0.0563
0	0.0000	∞	0

표 5.2 밸브 개도율-K_L

이제 현 단계에서 프로그램을 어떻게 하여야 하는지 살펴보자. 각 밸브 개도률에서 $1/K_L$ 수치는 프로그램에서 자료로서 읽어진다. 밸브 개도는 $PCT()$라 불리는 배열에 저장되며 $1/K_L$ 수치는 $KI()$라 불리는 배열에 저장된다. 구하고자 하는 개도율(상기 예의 경우 72.4%)을 $OPEN$, 그 때의 $1/K_L$ 수치를 KLI(상기 예의 경우 0.775)라 명명한다. 그림 5.13은 보간법을 수행하기 위한 프로그램에 삽입된 컴퓨터 코드를 나타낸다.

```
      DO 32   I=1,10
      ITEST=(OPEN-PCT(I))*0.10
      IF(ITEST.EQ.0) GOTO 33
32    CONTINUE
33    FACT=(OPEN-PCT(I))*0.10
      KLI=KI(I)+FACT*(KI(I+1)-KI(I))
```

그림 5.13 선형 보간법 컴퓨터 코드

상기와 같이 간략하기 때문에 필요시에는 언제든지 선형 보간법을 사용할 수 있다. 그러나 상당한 기울기를 갖는 곡선 또는 표에서는 상관관계를 나타내는 함수로 작성하기 위해서는 고차의 보간법을 고려하여야 한다.

5.4.5 포물선 보간법(부록 A 및 B 참조)

포물선 보간법의 목적은 선형 보간법보다 좀더 정확도를 기하는 것이다. 포물선 보간법은 통상적으로 매끄럽게 변화하는 함수들을 표현할 수 있으나 굴곡이 심하거나 많은 굴곡 점들을 갖는 일련의 자료들은 정확하게 표현할 수 없다.

이러한 경우 우리는 보간법이 필요한 범위 내에서 연속적인 3개의 일련의 점들을 통해 포물선을 일치시킨다(그림 5.14 참조). 포물선 공식을 구하면 보간법에 의해 구하려는 수치를 직접 포물선 공식에 대입하여 구할 수 있다.

그림 5.14에서 x 수치는 밸브의 개도율 $OPEN$ 수치이고 $f(x)$ 수치는 KLI로서 구하고자 하는 $1/K_L$ 수치이다. 상기 좌표에서 임의의 점 x_n과 포물선 공식을 먼저 작성한다. 포물선 공식의 일반적인 형태는 다음과 같다.

$$\eta = A\xi^2 + B\xi + C \qquad 5.56$$

그러나 상기 식에서 $C = 0$이고 주어진 x_{n-1}과 x_{n+1} 점들에서 알 수 있는 자료 수치를 사용하여 A와 B 수치를 구할 수 있다. 주어진 자료 점들에서 x좌표의 간격은 등간격 Δx라고 가정하면 A와 B를 구하기 위한 공식은 다음과 같다.

$$A = \frac{f(x_{n+1}) + f(x_{n-1}) - 2f(x_n)}{2\Delta x^2} \qquad 5.57$$

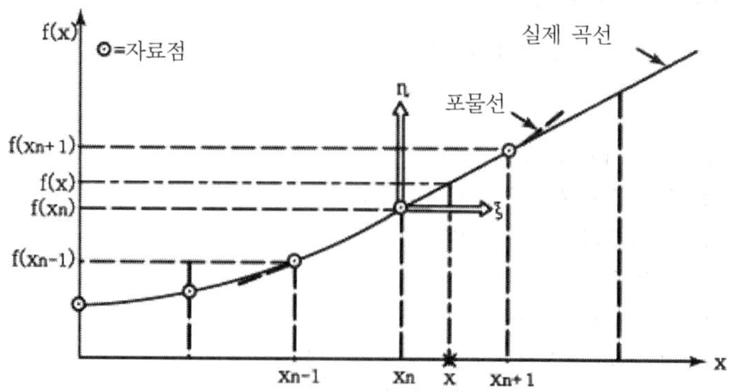

그림 5.14 포물선 보간법

$$B = \frac{f(x_{n+1}) - f(x_{n-1})}{2\Delta x} \qquad 5.58$$

두 개의 좌표 시스템들은 다음 공식들로 연관지을 수 있다는 것을 인식하면

$$\eta + f(x_n) = f(x) \qquad \xi + x_n = x \qquad 5.59$$

부분 좌표 시스템의 포물선 공식들을 원래의 좌표 시스템에 다시 대입하여 변형시키면 다음과 같다.

$$f(x) = f(x_n) + \frac{1}{2}[f(x_{n+1}) - f(x_{n-1})]\frac{x - x_n}{\Delta x} + \frac{1}{2}[f(x_{n+1}) + f(x_{n-1}) - 2f(x_n)]\left(\frac{x - x_n}{\Delta x}\right)^2 \qquad 5.60$$

상기 공식은 장황해 보이지만 컴퓨터 코드는 상당히 명료하고 연산은 효과적이다.

만일 x가 첫 번째 분절이라면 x_{n-1}은 존재하지 않게 된다. 이러한 경우 우리는 부분 좌표 시스템을 이동시켜 좌표의 원점을 x_{n-1}에 위치하게 한다. 첫 번째 간격에서 $f(x)$를 구하기 위해 우리는 다음의 공식을 사용한다.

$$f(x) = f(x_1) - \frac{1}{2}[f(x_3) + 3f(x_1) - 4f(x_2)]\frac{x - x_1}{\Delta x} + \frac{1}{2}[f(x_3) + f(x_1) - 2f(x_2)]\left(\frac{x - x_1}{\Delta x}\right)^2 \qquad 5.61$$

상기 보간법을 수행하는 컴퓨터 코드는 그림 5.15와 같다. 이 프로그램에서는 선형 보간법에서 사용했던 같은 기호를 사용한다. 이 프로그램은 부 프로그램으로 작성할 수 있지만 간략하기 때문에 그럴 필요는 없다.

포물선 보간법을 사용할 때는 상당한 주의를 요한다. 부분 포물선 곡선 형상에 대한 제어 방법이 없고 때로는 상당히 이상한 결과를 경험할 수 있다. 이와 같은 경우에는 게이트 밸브 손실 수두 자료와 함께 포물선 코드를 사용하여야 한다. 밸브가 완전 폐쇄될 직전에서 포물선 곡선은 부분적으로 횡축의 밑으로 급속히 저하되며 $1/K_L$ 수치가 음이 될 수 있다. 이렇게 되면 해석하는데 문제가 발생한다. 따라서 본문에서는 $1/K_L$을 계산하기 위해 선형 보간법을 사용하기로 한다.

```
      IF(OPEN.LT.10.0) GOTO 9000
      DO 9001 I=2,10
      ITEST=(OPEN-PCT(I))*0.10
      IF(ITEST.EQ.0) GOTO 9002
9001  CONTINUE
9002 FACT=(OPEN-PCT(I))*0.10
      KLI=KI(I)+0.5*FACT*(KI(I+1)-K(I-1)+
    $0.5*FACT*FACT*KI(I+1)+KI(I-1)-2.0*KI(I)) GOTO 9004
9000 FACT=OPEN*0.10
      KLI=KI(1)-0.5*FACT*(KI(3)+3.0*KI(1)-4.0*KI(2))+
    $0.5*FACT*FACT*(KI(3)+KI(1)-2.0*KI(2))
9004 CONTINUE
```

그림 5.15 포물선 보간법 코드

5.4.6 순간적인 밸브 폐쇄가 압력에 미치는 영향

밸브에서 유속이 선형적으로 변화한다고 인위적으로 가정하여 구한 압력수두는 실제 밸브에서 발생하는 압력수두와는 상당한 차이가 발생한다. 이러한 영향은 게이트 밸브에서 보다 많이 보고되었다. 이 경우 상당한 량의 속도를 감소시켜 충분한 손실 수두가 발생되기 전에 밸브를 거의 완전 폐쇄시켜야 한다. 단순한 관로-저수지 시스템 분석 결과 급작스런 밸브 폐쇄로 인해 발생하는 부정류 압력보다 상당히 낮은 부정류 압력으로 감소시키기 위해서는 선형 밸브 폐쇄 시간은 $2L/a$보다 상당히 커야만 한다는 것을 보여준다. 예제 5.2는 3개의 다른 폐쇄 스케쥴을 사용하여 이러한 사실들을 증명해준다.

예제 5.2

관로-저수지 시스템에서 상류 끝단은 저수지와 연결되고 게이트 밸브는 저수지는 하류측 끝단에 연결된다. 밸브에서의 정상 상태 압력 수두는 300ft이다. 밸브 급폐쇄시 압력수두의 증가는 공식 3.8을 사용하면 431ft로 예측된다.

다음과 같이 3가지 밸브 폐쇄 스케쥴에 따른 밸브에서의 압력 수두를 계산하고 급폐쇄시 수치와 결과를 비교하라. 여기에서 $L/a = 1.07$초이다.

(1) 6초 동안 선형으로 폐쇄될 때

(2) 1초 동안 100%~10%까지 선형으로 폐쇄되고 나머지는 5초 동안 선형적으로 닫혀 밸브는 6초 동안 완전히 폐쇄된다.
(3) 1초 동안 100%~5%까지 선형으로 폐쇄되고 나머지는 5초 동안 선형적으로 닫혀 밸브는 6초 동안 완전히 폐쇄된다.

풀이

해석의 결과는 다음 선도와 같다. 밸브 폐쇄의 마지막 5% 또는 그 이하는 이 경우 매우 중요하다. (1)의 경우 모든 실용적인 목적면에서 검토하면 밸브는 최종 0.2초까지는 사실상 폐쇄의 효과는 없다. 더욱이 **결정적인 폐쇄 시간인 $2L/a = 2.14$초의 3배의 시간에 걸쳐 밸브가 폐쇄되어도 압력수두 증가의 감소는 거의 없다. 사실 유속은 상기 3가지 경우에 밸브가 90%까지 폐쇄되기 전까지는 유속은 크게 변화하지 않는다. 게이트 밸브의 경우 통상적으로 조작기의 최종 개도 5~10%가 압력 수두 증가의 크기를 결정한다.**

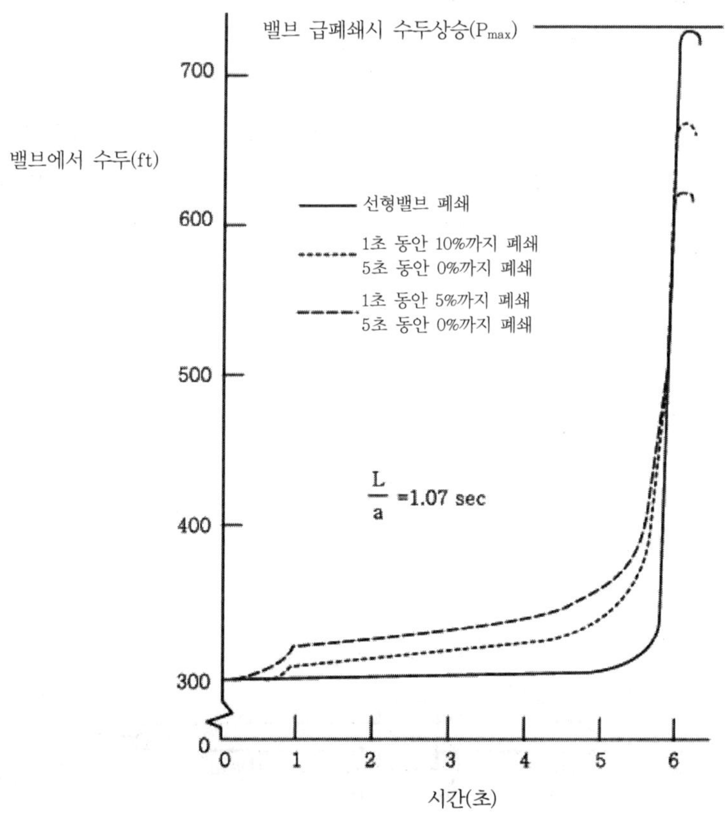

5.5 감압 밸브

관로상에서, 특히 상수도 급수 관망에 흔히 감압 밸브(PRV:Pressure Reducing Valve)를 설치하여 사용한다. 이 감압 밸브는 다른 밸브의 내부 경계조건과는 수치적으로 다소 다르게 취급되어야 하기 때문에 이 밸브에 대해서 간략히 검토하기로 한다.

5.5.1 감압밸브의 급속 반응

감압밸브는 스프링으로 작동되고 비감쇠이므로 유동 변화에 즉각적으로 반응한다. 감압 밸브의 목적은 밸브 하류측의 압력을 임의 압력 범위 내에서 일정한 압력을 유지하는 것이다. 따라서 밸브 상류측 압력이 하류측 압력보다 큰 이상 하류측 압력은 본질적으로 변화가 없다. 그러나 하류측 압력이 지정된 압력을 유지할 수 없을 정도로 상류측 압력이 저하되면 감압 밸브는 원래의 유동 방향에서 커다란 내부 손실 수두를 발생시킨다. 부정류 조건에서는 하류측 압력은 감압 밸브를 통과하면서 역류가 발생하는 지점까지 압력이 증가하고, 감압 밸브는 한쪽 방향 역지변으로 동작하며 역류를 방지한다.

감압 밸브는 세 가지 모드로 작동한다. 첫 번째 일련의 공식들은 정상적인 운영 모드를 나타내고 감압 밸브는 당초 목적대로 동작한다고 가정한다. 밸브가 정상적인 모드로 운영되지 않는 것이 발견될 경우 밸브에 관한 이러한 일련의 공식을 해결하기 위해 다른 두 가지 모드 중 하나로 다른 일련의 공식으로 변경하여야 한다. 세 가지 모드의 각 공식들은 다음과 같다.

정상 운영 모드의 경우 공식들은 5.3절의 내부 주 손실 공식과 유사하다. 그림 5.16은 이러한 경우에 적용할 수 있는 변수들을 정의한다.

결과 식들은 다음과 같다.

관로 1, C^+ $$V_{P1} = C_1 - C_2 H_{P1} \qquad 5.62$$

관로 2, C^- $$V_{P2} = C_3 + C_4 H_{P2} \qquad 5.63$$

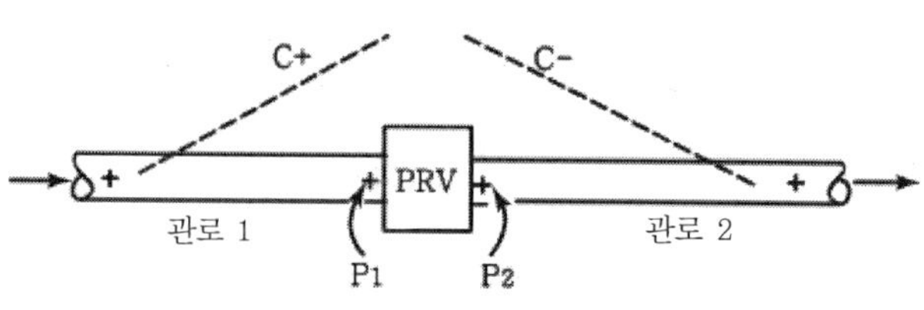

그림 5.16 감압 밸브의 정의 개략도

질량보존법칙 $V_{P1}=V_{P2}$ 5.64

일과 에너지 $H_{P1}=H_{P2}+K_{L_{PRV}}\frac{V_{P2}^2}{2g}$ 5.65

$H_{P2}=H_{PRV}=$일정하게 되면 마지막 공식은 정상적인 감압 밸브 운영으로 변경된다. 결과적으로 정상적인 운영 모드는

$$V_{P2}=C_3+C_4H_{PRV}=V_{P1} \quad 5.66$$

그리고

$$H_{P1}=\frac{C_1-V_{P1}}{C_2} \quad 5.67$$

상기 계산이 옳다고 고려되기 때문에 우리는 정상 운영이 되는지 증명하여야 한다. 한 예로 V_{P2}가 -이라고 가정하면 정상적인 운영이 되지 않는다. 그리고 적정 수두를 구하기 위해 양쪽의 유속을 0으로 하여 공식 5.62와 5.63을 풀어야 한다. 그러나 V_{P2}가 양이면 밸브를 통과하면서 발생하는 압력 수두 저하가 밸브가 전개(full open)되었을 때의 압력수두 저하보다 큰지 확인하여야 한다. 이것은 공식 5.65에서 완전 개방시 $K_{L_{PRV}}$ 수치를 사용하여 주어진 속도에서 수두 저하 $\Delta H_{\min}$를 계산하고 이 수치를 공식 5.67로부터 구한 $H_{P1}-H_{PRV}=\Delta H_{act}$ 수치와 비교하여 확인할 수 있다. $\Delta H_{act}\geq\Delta H_{\min}$이면 밸브는 정상적인 운영상태이다. $\Delta H_{act}\leq\Delta H_{\min}$이면 흐름 방향이 원래의 상태일지라도 감압 밸브는 하류측 요구 압력을 유지할 수 없다. 이제 감압 밸브 완전 개방시 $K_{L_{PRV}}$를 사용하여 공식 5.62에서 5.65로부터 속도와 수두를 계산한다.

5.5.2 감압 밸브 또는 압력 유지 밸브의 완속 반응

이러한 형태의 대부분의 밸브는 하류측 또는 상류측 압력을 감지하는 파일럿 시스템에 의해 동작하며, 필요한 압력을 유지하기 위한 밸브 설정을 변화시키기 위해 다이아프램을 이동시키는 파일럿 배관 내 밸브 시스템을 작동시킨다. 파일럿 조작을 위해서는 파일럿 시스템 내를 통과하는 유체가 필요하기 때문에 관로 내 급작스런 그리고 커다란 압력 변화에 응동할 때 불연속 응동 시간이 존재한다. 이러한 밸브들은 부정류가 발생할 때 보다도 더욱 느리게 압력 변동에 응동하도록 설계된다. 더욱이 밸브 종류마다 그리고 부정류 압력 크기에 따른 이러한 시간 변화 응동은 알 수 없다. 대개의 경우 이러한 불확실성로 인해 숙련된 해석의 접근이 불가능하다. 대신 앞에서 언급한 바와 같이 시스템은 단순히 순간적으로 응동한다고 가정한다.

5.6 배관 접합부에서 압력파의 전달과 반사

많은 경우 배관 접합부에서 얼마만큼의 압력파가 반사되고 전달되는지 추정할 수 있으면 상당히 바람직하다. 우리는 이미 압력파가 저수지내부로는 전달되지 않는 것을 알고 있다. 이제 간략하게 직렬 관로 접합부와 티 접합부에서 반사와 전달 특성을 살펴보기로 한다.

5.6.1 직렬 관로 접합부

접합부에서의 유동에 질량과 선형 모멘텀 보존 법칙을 적용하여 압력 수두 증가 $\triangle H$를 나타낼 수 있다. 그 순간 $\triangle H_1$은 접합부를 통과하고 $\triangle H - \triangle H_1$는 반사된다.

그림 5.17은 압력파가 접합부 도달 전후의 $EL-HGL$ 형상을 묘사하고 있다. 해석 결과 다음과 같은 전달 및 반사 공식을 작성할 수 있다.

$$\triangle H_1 = \frac{2a_1A_2}{a_2A_1 + a_1A_2}\triangle H \qquad 5.68$$

여기서 A는 배관 단면적이다. 파속 a들이 대략적으로 같기 때문에 다음과 같은 결과를 얻을 수 있다.

$$\triangle H_1 = \frac{2A_2}{A_1 + A_2}\triangle H \qquad 5.69$$

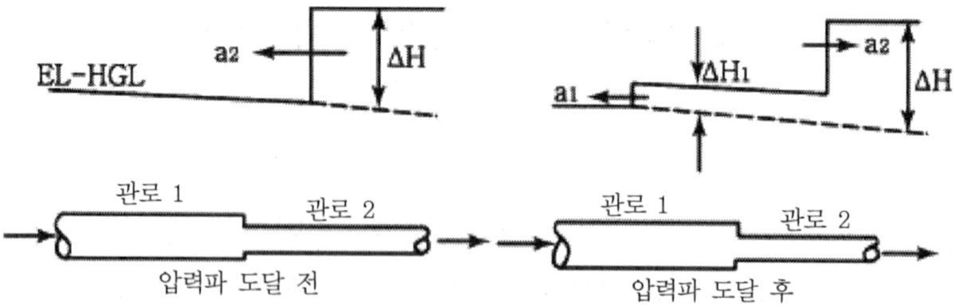

그림 5.17 직렬 관로 접합부에서의 압력파 전달 및 반사

예제 5.3

파속 $3300ft/s$를 갖는 직경 24인치 관로에서 직경 6인치로 축소되었고 파속은 $3700ft/s$로 되었다. 24인치 관로에서 유속은 $1ft/s$이며 6인치 관로에서 유속 $16ft/s$에 해당된다. 6인치 관로 내 급작스런 유속 정지시 수두 차이 $\triangle H$는 $1838ft$이다. 이때 접합부를 통과하여 전달되는 압력파의 분량을 계산하라.

풀이

공식 5.68로부터

$$\triangle H_1 = \frac{2a_1 A_2}{a_2 A_1 + a_1 A_2} \triangle H$$

$$= \frac{2(3300)(\pi/4)(6/12)^2(1838)}{3700(\pi/4)(24/12)^2 + 3300(\pi/4)(6/12)^2}$$

$$= 194ft$$

상류측으로 전달된 수두 차이는 약 10% 정도이므로 상류 관로는 저수지와 같은 역할을 하는 것으로 보인다.

5.6.2 티 접합부

티 접합을 그림 5.18에 타나내었다. 같은 분석 기법을 사용하여 다음과 같은 공식을 유도할 수 있다.

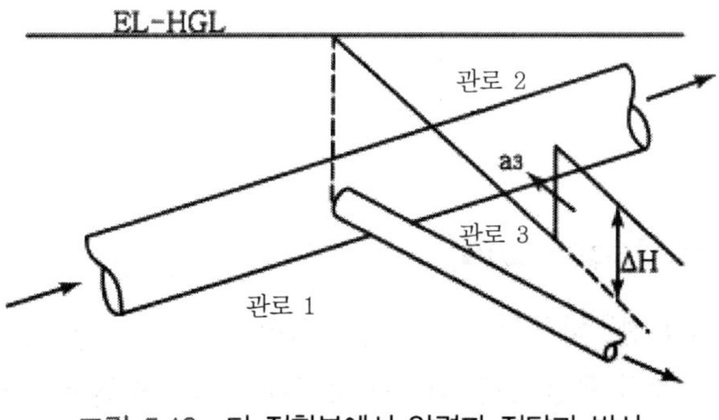

그림 5.18 티 접합부에서 압력파 전달과 반사

$$\Delta H_1 = \Delta H_2 = \frac{2a_1a_2A_3}{a_2a_3A_1 + a_1a_3A_2 + a_1a_2A_3}\Delta H \qquad 5.70$$

또는 파속들은 거의 같다고 가정하면

$$\Delta H_1 = \Delta H_2 = \frac{2A_3}{A_1 + A_2 + A_3}\Delta H \qquad 5.71$$

예제 5.4

24인치 본관에서 6인치 관으로 분지되었고(그림 5.18과 유사) 유속은 $10ft/s$이다. 분지되기 전 본관에서의 유속은 $4ft/s$이고 분지된 후 유속은 $3.8ft/s$이다. 분지된 6인치 관로에서 유속이 급속이 정지되어 수두 차이 $\Delta H = 1150ft$가 발생되었다.

모든 관로 내 파속은 유사하다고 가정하고 24인치 본관으로 반사된 ΔH의 부분을 계산하라.

풀이

압력파의 전달된 부분은 공식 5.71로부터 계산할 수 있다.

$$\Delta H_1 = \Delta H_2 = \frac{2A_3}{A_1 + A_2 + A_3}\Delta H$$

$$= \frac{2(\pi/4)(6/12)^2(1150)}{(\pi/4)(24/12)^2 + (\pi/4)(24/12)^2 + (\pi/4)(6/12)^2}$$

$$= 70ft$$

티 접합부에서 압력파의 6%만이 24인치 본관으로 전달되기 때문에 왜 관망에서 급속히 부정류가 흡수되는 이유를 쉽게 알 수 있다.

5.6.3 관 사수부(Dead-End)

관로에서 유체를 전달하지 않는 요소를 포함한다면 그리고 끝단이 맹 플랜지 또는 밸브가 설치된다면 예상치 못한 높은 압력을 유발하는 특이한 상황이 발생된다. 이것은 실제로는 앞에서의 티 접합부의 특별한 경우에 해당된다. 높은 압력파가 관의 끝단에 연결된 접합부를 통과하면서 압력파의 일부분은 사수부 배관으로 전달되어 사수부를 향한 유속

ΔV_1을 유발하고 압력을 ΔH_1만큼 증가시킨다. 압력파가 사수부에 도달할 때 유발된 속도는 급작스럽게 정지되고 따라서 압력 수두는 $2\Delta H_1$로 증가한다.

관로의 기하학적, 배관 규격 그리고 마찰 손실들 모두는 크기는 다르지만 전체적인 압력 증가에 영향을 미치며, 사수부에서 최대 영향은 사수부 배관이 본관과 비교하여 매우 작을 때 발생한다. 마찰 영향이 미소한 이러한 조건에서는 압력 수두 증가는 최초로 접합부를 통과하는ΔH의 수치보다 최대 2배가된다. 다음의 예제는 두 가지 극한 상황에서 사수부 배관의 영향을 증명한다.

예제 5.5

3000ft 길이를 갖는 사수부관로가 직경 12인치 관로로부터 분지되었다.

(a) 관로2에서 유속 $5ft/s$가 급속히 정지하면 직경 1인치 사수부 배관에서 최대 압력 수두 증가를 구하라. 모든 관로에서 파속은 $3000ft/s$이고 마찰은 무시한다고 가정한다.

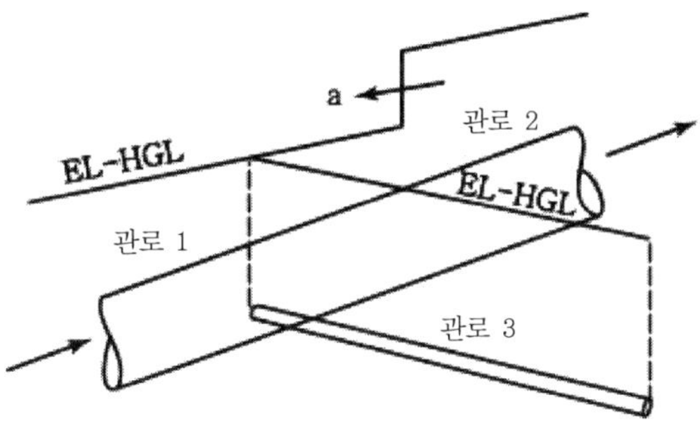

(b) (a)에서 1인치 배관의 마찰 계수가 0.02라고 가정하면 어떠한 결과가 나오나?

(c) 배관 3개가 모두 12인치이고 마찰을 무시하면 어떠한 결과가 나오나?

풀이

(a) 공식 3.8로부터 본관에서의 수두 증가는

$$\Delta H = -\frac{a}{g}\Delta V$$

$$= \frac{3000}{32.2}(-5)$$

$$= 466ft$$

공식 5.71로부터 사수부 배관에서의 수두 증가는 다음과 같다.

$$\Delta H_3 = \frac{2A_2}{A_1 + A_2 + A_3} \Delta H$$

$$= \frac{2 \times 12^2}{12^2 + 12^2 + 1^2}(466)$$

$$= 464ft$$

앞에서 예측한 바로 계산하면 가능한 최대 수두 증가는 $2(464) = 928ft$이 된다. 컴퓨터 분석 결과도 $928ft$로 일치된다. 따라서 앞에서 내린 결론이 증명되었다.

(b) 12인치 관로로 이동하는 압력 수두 증가는 다시 $466ft$가 되고 1인치 배관으로 들어가는 수두 증가는 $464ft$가 된다. 최대 가능한 압력 수두 증가는 $928ft$로 유지될지라도 컴퓨터 분석 결과 최대 수두 증가는 마찰 영향으로$770ft$로 감소된다.

(c) 관로3으로 이동하는 수두 증가는 다시 공식 5.71로 계산하면 다음과 같다.

$$\Delta H_3 = \frac{2A_2}{A_1 + A_2 + A_3} \Delta H$$

$$= \frac{2 \times 12^2}{12^2 + 12^2 + 12^2}(466)$$

$$= 311ft$$

최대 가능한 수두 증가는 $2(311) = 622ft$가 된다. 컴퓨터의 분석 결과도 또한 일치된 수치를 보여준다.

상기 예제를 통해 사수부 배관에서 마찰이 없을 경우 수두 증가가 2배가되는 법칙이 유효하다고 결론 내릴 수 있다. 마찰이 있는 경우 결정되지 않은 양만큼 수두 증가를 감소시킨다. 사수부 압력 증가를 평가할 때 마찰을 무시하면 보수적인 결론에 도달한다는 것에 주의하여야 한다.

5.7 수주 분리와 방출된 공기

관로에서 부정류로 인해 발생하는 과도한 압력 상승은 시설물에 손상을 초래한다는 것은 상식이다. 또한 얇은 배관 또는 많은 외부 하중을 받고 있을 때 낮은 압력(부압)으로 인해 관로가 붕괴될 수도 있다. 그러나 수주 분리 현상과 이 현상 발생에 따른 후속 결과는 대부분의 사람들이 인지하지 못하고 있다.

5.7.1 수주 분리와 공기 방출

관로 시스템 내 부정류 즉, 하강서지로 인해 압력이 액체의 포화 증기압에 접근하게 되면 용존 가스가 용액으로부터 방출되기 시작하고 유체 거동에 중대한 영향을 미친다. 부분 압력이 액체의 포화 증기압에 도달하도록 압력 저하가 심하면 액체는 증발하기 시작하여 커다란 에어 또는 가스 포켓이 형성되며 이 에어 포켓의 상류와 하류의 유체가 분리되며 이러한 현상을 수주 분리라 한다.

이 수주 분리 발생에 따른 결과 중 하나는 액체의 압축성에 영향을 미치는 포획된 기포와 가스의 존재에 의해 파속이 상당한 영향을 받는다는 것이다(3.4절 참조). 두 번째 결과는 수주는 더 이상 동질이 아니며 사실 커다란 공동(cavity)을 갖게 된다. 즉 우리가 이용하였던 분석 방법은 더 이상 직접 적용할 수 없다는 것이다.

관로 내 임의 지점에서 압력이 관로 소스 압력 이하로 저하하게 될 때마다 용존 가스의 포화 압력에 도달하고 그리하여 이 가스는 용액으로부터 분리되기 시작한다. 따라서 관로의 높은 지점에는 공기 배출 밸브를 설치하여 공기를 제거하여야 한다. 용액으로부터 분출되는 가스의 양은 초기 포화도와 압력저하의 정도와 크기에 좌우된다. 압력이 액체의 포화 압력 이하로 지속적으로 저하되면 커다란 기포와 가스의 공동이 형성된다.

밸브의 폐쇄 결과를 주의 깊게 살펴보면 어떻게 수주 분리가 형성되는지 단순한 예제를 볼 수 있다. 밸브의 급폐쇄시 액체 수주를 정지시키기 충분할 정도의 양만큼 밸브의 하류측 압력 수두가 저하된다(공식 3.8 참조). 그러나 이 압력 저하가 액체의 증기압보다 크게 압력이 저하되면 그 부분에서 액체는 증기압이하가 되어 액체로서 유지될 수 없기 때문에 기포 공동이 형성된다(그림 5.19 참조). 압력 저하에는 한계가 있어 유동을 정지시키기에 충분한 압력 경사가 없기 때문에 밸브에서 유동은 분리되고 기포 공동을 형성한다. 이에 따른 부정류 해석은 상당히 복잡하게 되고 최소한 시간에 따른 기포 형성, 성장 및 파괴를 나타내는 수단이 요구된다.

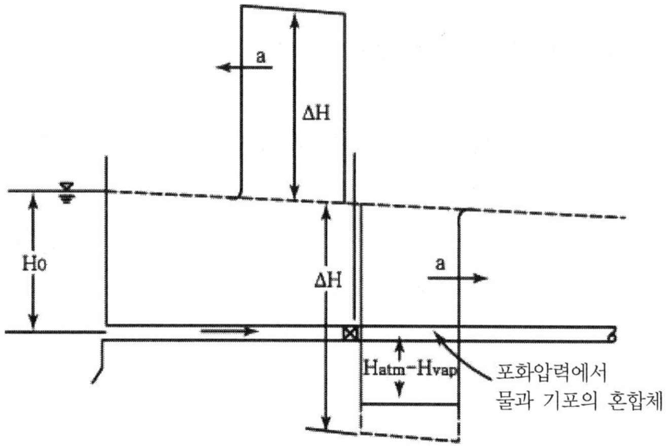

그림 5.19 밸브 급폐쇄에 기인한 수주 분리

액체와 기체 사이에는 많은 밀도 차이가 발생하기 때문에 부력에 의해 가스 공동은 관로 전 단면에 걸쳐 고르게 존재하지 않고 액체 상부에 존재하게 되며 이로 인해 일차원 유동으로 가정한 것에 대한 의문이 발생된다.

5.7.2 수주 분리와 공기 방출 분석

증기압에서 수주 분리와 더불어 저압에서 방출되는 공기의 영향에 대해서는 Tullis et al.(1976)이 충분히 언급하였다. 그들은 방출된 공기의 양은 유량 전체에 걸쳐 균등하게 분포하던지 또는 포켓에 집중된 상태로 존재한다고 제시하였다. 첫 번째 경우 공식 3.40을 사용하여 감소된 파속을 구할 수 있다. 사각 격자를 사용할 경우 파속이 변화하면 많은 보간법이 필요하기 때문에 수치 안정성을 유지하는 범위에서 최소의 보간법 오차를 허용하는 특성 직선들의 사용할 것을 제안한다.

이러한 방법을 사용하는 것이 바람직하지 않으면 정상 파속을 사용하고 공기 또는 기포는 각 공동의 끝단에 부여된 내부 경계 조건들과 함께 관로에 따라 분리된 단면에 집중된 것으로 가정한다. 공동은 성장한 후 쇠퇴하므로 공동이 사라지면 다시 정상적인 분석 기술을 사용할 수 있다.

Martin et al.(1976), Ewing(1980), Marsden & Fox(1976)들도 수주 분리 모델링 경험이 있는 다른 실험자들이다. 수주분리 문제를 언급하기 위해서는 먼저 현상의 모델을 작성하여야 한다. 가장 단순한 수주 분리 모델은 저압에서 용액으로부터 방출되는 용존 가스를 무시한다. 대신 액체는 증기압에 도달할 때까지 원래 액체 상태로 유지한다. 증기압에 도달하면 증기 공동(vapor cavity)은 증기 압력(vapor pressure)과 동등한 일정 공동 압

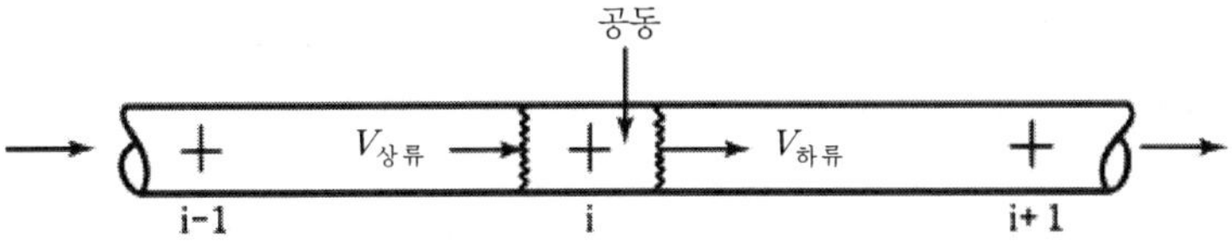

그림 5.20 수주 분리 분석을 위한 기본 모델

력에서 성장한다고 가정한다. 궁극적으로는 공동이 완료되면 증기는 다시 흡수되어 공동 완료되는 순간 사라진다. 사실 기포 공동은 진공과 매우 흡사하게 취급된다.

이 단순한 모델은 공동 형태와 관련하여 약간의 가정이 필요하다. 사실 이러한 형태는 매우 복잡하고 정확하게 모의실험하는 것이 거의 불가능하다. 따라서 우리는 가능한 가장 간단한 모델을 사용하는 것이 좋다. 그림 5.20과 같이 공동의 벽은 배관 단면에 수직으로 유지되고, 공동의 형성 또는 파괴는 전적으로 공동 끝 벽(endwall)의 상대 속도에 좌우된다고 가정한다. 즉, 공동 내부의 각 절점에 압력이 증기 압력으로 고정된 내부 경계조건을 부여할 필요가 있다. 따라서 수주 분리가 발생하는 각 절점에는 두 개의 속도가 존재한다. 하나는 공동의 상류 면과 관련된 것이고 다른 하나는 공동의 하류 면과 관련된 것이다. 이 속도들의 상대적 크기와 방향은 공동의 성장 또는 파괴를 결정한다. 공동의 모든 거동은 관로 내 계산하여야 할 절점들에 집중되며 절점들 사이의 액체는 원래의 파속을 유지한다. 이러한 모델을 그림 5.20에 설명하였다.

공동 완료의 결과를 결정하는 것은 모델에 대한 중요한 예측이 될 수 있다. 이러한 특징을 분석하기 위해 다른 속도로 이동하는 두 개의 붕괴되는 공동 벽의 충돌에 모멘텀 보존 법칙을 적용한다. 그 결과는 충돌에 기인한 수두 증가를 위한 공식이 된다.

$$\Delta H = \frac{a}{2g}\left(V_{상류} - V_{하류}\right) \tag{5.72}$$

공동 완료 즉후 발생하는 새로운 압력을 결정하기 위해 이 수두 증가 ΔH를 절점에 더한다. EP63.FOR는 펌프로 가압되는 관로에서 발생하는 수주 분리의 모델이다.

이러한 수주 분리 모델은 매우 원초적인 것처럼 보이지만 실제로 범용적으로 사용되고 있다. 비록 최근 몇 년간 많은 연구들이 이런 기본 모델을 개선하려고 추구하였지만 이 방법보다 충분히 포괄적이고 정확하게 사용자를 매료시킬만한 모델과 분석 기법 개발하지 못하였다. 이런 일과 관련하여 Wang과 Locher(1991)은 “이러한 기포 공동 모델(vapor cavity model)에 대해 이론적으로 잘 정립된 반대에도 불구하고 놀라울 정도로 효과가 있고 매우 복잡한 문제를 단순화하여 명확하게 기술하는 모델”이라고 언급하였다. 그리고 이러한 방법을 적용할 때 이 방법의 명확한 어구 및 적용 한계를 이해하고, 지난 경험과 지식에 비추어 결과를 해석하여야 하는 것이 필수이다. 이 모델을 성공적으로 적용하려면 경험과 물리적 현상의 이해는 매우 중요한 기본 요소이다.

제6장 관로 시스템에서의 펌프

액체 수송 시스템 설계자들은 자주 펌프 선택 문제와 직면한다. 펌프와 펌프 부속설비 판매자들은 통상적으로 펌프 선정 절차에 많은 도움을 주지만 설계자는 펌프와 운전 특성을 특히 부정류 조건을 숙지하는 것이 좋다. 이 장에서는 부정류에 대해 기술하고 상사 법칙에 대한 지식을 얻을 수 있도록 기술하였다. 펌프의 종류는 원심, 터빈 그리고 축류 펌프로 범위를 제한한다.

6.1 펌프의 급정지

예상치 못한 정전이나 운전자가 실수로 전원을 차단하면 펌프에 공급되는 에너지가 급작스럽게 중지된 어떤 경우이든 회전하고 있는 펌프 임펠러의 속도가 저하되면 펌프 토출측 압력은 저하되고 흡입측 압력은 상승(인라인 가압 펌프의 경우)한다. 그 결과로서 발생하는 부정류는 예측하기 어려운 결과를 초래하는 수주 분리를 발생시키며, 때로는 역지밸브의 폐쇄로 인하여 과도하게 높은 압력 또는 공동 파괴를 초래한다. 이유가 어쨌던간에 위험한 압력이 발생하는지 여부를 결정하기 위해서 이러한 현상을 다소 평범한 현상으로 모의실험이 가능하도록 하는 것이 매우 중요하다.

정전으로 펌프의 회전속도가 느려지게 되면 펌프의 유량-수두와 유량-토크 특성이 변화한다. 펌프의 회전속도가 변화하면 임의 회전속도에서 펌프의 특성들을 상사법칙에 의해 알아낼 수 있다. 펌프 토크 변화는 펌프 정지 절차에서 중요하므로 먼저 펌프 토출 유량에 따라 수두가 어떻게 변화하는지 중점적으로 고찰한다.

다양한 속도에서 펌프 특성들은 그림 6.1과 같이 나타낼 수 있다. N_0로 명명된 실선은 정속 펌프 특성 곡선이고 유사한 형상을 갖는 점선들은 회전 속도를 줄였을 경우의 펌프 특성 곡선이다. 각 점선 특성 곡선의 지점들은 정속 특성곡선으로부터 상사 법칙을 이용하여 계산할 수 있다. 펌프 임펠러 직경이 동일한 경우 아래 공식들과 같은 상사 법칙을 적용할 수 있다.

$$\frac{Q}{N} = \text{일정} \quad (6.1)$$

$$\frac{h_p}{N^2} = \text{일정} \quad (6.2)$$

$$\frac{T}{N^2} = \text{일정} \quad (6.3)$$

정속 펌프 특성 곡선상에 있는 일련의 점들 $C-3$, $C-2$ 등에서 Q_0와 h_{p0} 수치 범위를 선정하고 다음 공식으로부터 다른 회전 속도의 상응점을 계산하여 연속적인 회전속도 N_i 곡선을 작성할 수 있다.

$$Q_i = Q_0 \frac{N_i}{N_0} \quad (6.4)$$

$$h_{pi} = h_{p0}\left(\frac{N_i}{N_0}\right)^2 \quad (6.5)$$

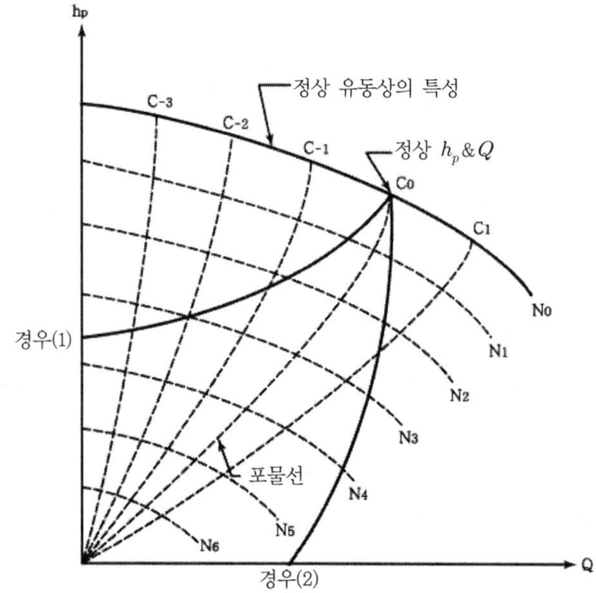

그림 6.1 펌프의 다양한 회전 속도의 특성 곡선

한 예로 C_1점 유량 Q_0와 수두 h_{p0}를 사용하고, 회전수(속도)를 변경하여 각 다른 특성 곡선 상에 일련의 상응점들을 작성할 수 있다. 이 상응점들은 좌표의 원점과 C_1을 통과하는 포물선상에 놓인다. 같은 절차로 정속 펌프 특성 곡선상 $C-3$, $C-2$ 점에 대해 수행하면 일련의 임의 회전수에서의 펌프 특성 곡선을 작도할 수 있다. 원칙적으로 모든 회전 속도에서 특성 곡선을 작도할 수 있다. 그림 6.1은 좌표의 원점을 통과하는 일련의 포물선들을 보여준다.

펌프의 회전속도가 감소되면 이에 따른 펌프의 유량과 수두 변화를 추적하는 궤적이 특성 선도에 작성된다. 그러나 이러한 궤적은 실제로 특정한 포물선 곡선을 따르지는 않는다. 즉, 궤적은 펌프와 전동기 회전 관성과 펌프 임펠러 배관에 있는 물이 작용하는 역압(back pressure)에 의해 결정된다. 대표적인 2개의 예제를 그림 6.1에 나타내었다.

경우(1) : 관로의 정수두(실수두)가 높고 관로가 비교적 짧아 관로 손실 수두가 작은 경우이다. 이 경우 관로 내 물의 관성은 상대적으로 작고 중력은 유량(유속)을 감소시키는데 일조 한다. 결과적으로 펌프를 통과하는 물은 양의 수두임에도 불구하고 펌프를 통한 토출 유량은 다소 급속하게 0이 된다. 이때 관로 내 역지 밸브가 설치되어 있지 않으면 펌프를 통한 역류가 발생한다.

경우(2) : 관로가 상대적으로 길고 펌프에 의해 형성된 수두의 대부분이 마찰 손실인 경우이다. 이 경우 정전이 되면, 이동하는 유체의 커다란 관성은 급속히 속도가 저하되는 것을 방지한다. 펌프의 회전 속도 또한 더욱 완만하게 감소되고 펌프를 통한 수두는 유량이 정지되기 전에 0이 된다. 그 후에 유동은 펌프에 에너지를 주어 수차의 역할을 하게 하며 펌프를 통해 계속 역류하던지 아니면 바이패스 배관을 통해 펌프를 우회한다.

실제로 펌프를 통한 가능한 네 가지의 유동 형태는 다음과 같다.

(1) 펌프를 통해 하류측으로 유동하며 펌프를 정 회전방향으로 회전시킨다.
(2) 펌프는 정 회전방향으로 회전하나 유동은 역 방향이다(짧은 기간 동안).
(3) 펌프와 유동 모두 역회전 방향이다.
(4) 펌프는 역회전 방향이나 유동은 상류측으로 흐른다(짧은 기간 동안).

다음 그림과 같이 하부 저수조에서 상부 저수조로 급수하는 펌프가 있을 때 운전도중 정전이 되면 관로 내에서는 다음과 같은 펌프의 과도현상이 발생된다. 이 과도 현상은 펌프 토출측에 역지변의 설치 유무에 따라 다르다.

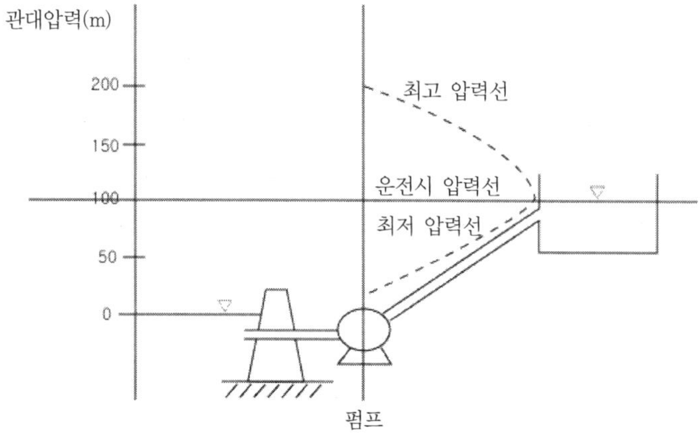

역지밸브가 없을 경우

제1단계(펌프영역, 정회전, 정류상태)

운전중의 펌프가 그 구동력을 잃어도 회전체의 관성에 의해 회전이 지속되지만 회전을 지속시키는 힘은 물을 이송하는데 필요한 에너지에 비해 작을 뿐만 아니라 보유하고 있는 에너지는 양수를 위한 에너지로서 시간이 경과함에 따라 소비되어 회전수는 급격하게 저하하여 양수량도 감소한다. 한편 송수관내의 물은 관성력에 의해 송수상태를 지속하기 때문에 펌프 토출구 부근의 압력은 급격하게 강하한다. 펌프의 회전수가 더욱 감소하게 되면 펌프는 정회전함에도 불구하고 토출측 압력에 대해 송수불능으로 되어 물의 흐름은 일단 정지한다.

제2단계(펌프 제동 영역, 정회전, 역류상태)

일단 정지한 물은 다음 순간부터 역류를 하기 시작하는데 정회전하고 있는 회전차가 역류하는 물의 저항이 되기 때문에 역류량이 증가함에 따라 압력이 상승하기 시작한다. 한편 펌프의 회전수는 역류하는 물의 제동작용에 의해 점점 감소하여 결국에는 0으로 되어 펌프는 정지한다.

제3단계(수차영역, 역회전, 역류상태)

다음 순간부터 펌프는 역류하는 물에 의해 수차가 되어 역회전을 시작하고 점점 가속되어 결국에는 무부하의 수차로서 일정한 무구속 속도의 상태로 되어 안정하게 된다. 무부하의 수차로서 안정된 상태로 도달하는 도중에 역류량, 회전수는 일시적으로 증가하는데 최종 상태에서는 역류량은 정격 유량의 60~80%, 회전수는 정격 회전수의 110~130%로 된다.

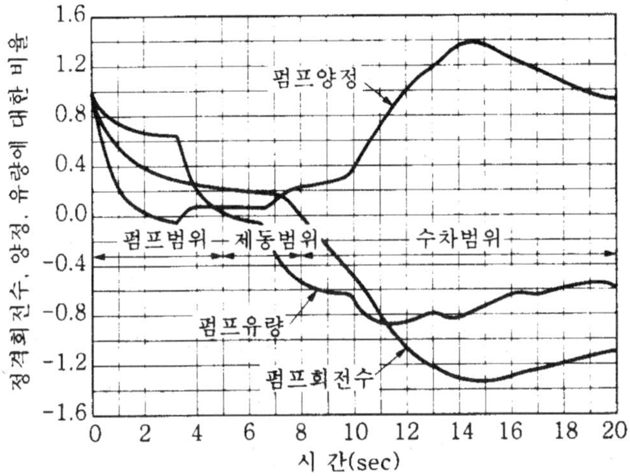

역지밸브가 있을 경우

다음 그림은 유동이 정지한 순간에 역지밸브가 닫혔을 경우의 수리적인 과도현상을 나타내었다. 역지밸브가 없을 경우 제2단계에서 물이 역류를 시작하였으나, 역지밸브가 있으면 흐름이 멈추는 순간에 역지밸브가 곧바로 닫히므로 역류는 거의 발생하지 않는다. 펌프는 차단된 물 속에서 회전을 계속하나 차차 에너지를 잃고 나중에는 정지한다. 역지밸브가 닫힌 순간부터 관로 내 압력은 상승하기 시작한다. 흐름이 멈추는 순간에 역지밸브가 닫히면 폐쇄지연에 따른 부가적인 압력상승은 방지되나, 역지밸브가 닫히기까지의 제1단계에서 생긴 강하압력이 토출조에서 반사해서 동일량의 상승압력이 되어 역지밸브에 되돌아오므로 정상상태에서 강하한 양만큼 압력이 상승한다. 그러나 실제로 역지밸브는 역류가 시작된 후에 닫히므로 그 역류를 급격히 차단한 결과로 더욱 큰 압력상승이 발생한다. 따라서 역지밸브의 상태가 나빠서 역류 유량이 상당히 커진 후 역지밸브가 급폐쇄되면 압력상승은 상당히 커진다. 역지밸브가 닫힌 후 관로 내 압력은 일정한 주기로 상승, 하강을 반복하면서 점차로 감쇄된다.

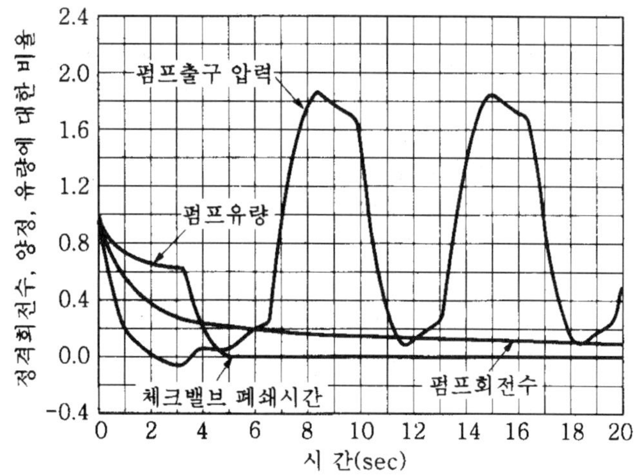

6.1.1 가압 펌프을 위한 공식 설정

그림 6.1 $C-3$, $C-2$ 등을 지나는 각 포물선 곡선에 따른 Q/N과 h_p/N^2은 일정하다. 따라서 그림 6.1의 펌프의 모든 특성 거동을 $Q/N-h_p/N^2$의 도표에 의해 나타낼 수 있다. 같은 논리를 $Q/N-T/N^2$의 도표를 만족시키는 토크에 적용한다. 대표적인 각 곡선의 예제를 그림 6.2에 나타내었다.

이 곡선들은 제작사가 제공한 성능곡선으로부터 h_p와 Q의 쌍을 선택하여 각각 N과 N^2으로 나누고 그 결과를 도표로 작성한 것이다. 어떻게 작성하는지 한 예제를 살펴보자.

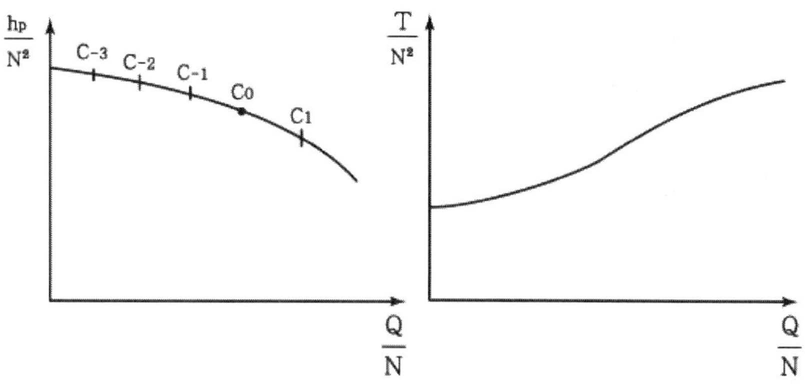

그림 6.2 펌프의 대표적인 hp/N²과 T/N² 곡선

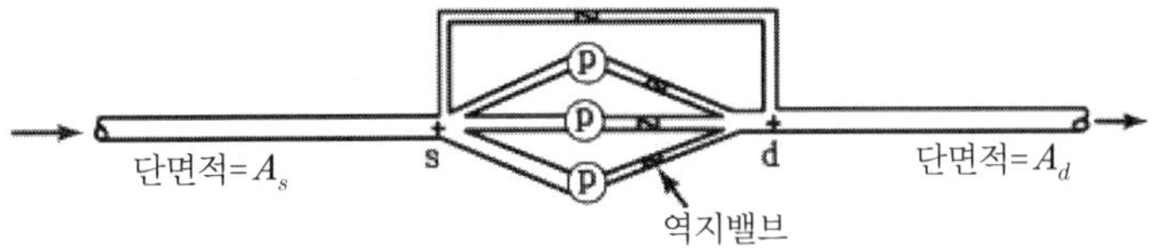

그림 6.3 대표적인 병렬 가압 펌프 개략도

그림 6.3과 같은 가압 펌프장을 고려해 보자. 각 펌프 토출측에는 역지 밸브가 설치되었고 펌프장 주변으로 역지 밸브가 설치된 바이패스가 있다. 정전이 되어 모든 펌프들 동시에 정지된다고 가정한다. 이에 적합한 공식은 다음과 같다.

흡입측 C^+	$V_{Ps} = C_1 - C_2 H_{Ps}$	6.6
토출측 C^-	$V_{Pd} = C_3 + C_4 H_{Pd}$	6.7
질량보존법칙	$V_{Ps} A_s = V_{Pd} A_d$	6.8
일과 에너지	$H_{Ps} + h_p = H_{Pd}$	6.9
펌프특성	$h_p = f(Q)$ 또는 $f_1(V_{Pd})$ 또는 $f_2(V_{Ps})$	6.10

상기 공식들은 N외 5개의 추가적인 미지수를 갖는다. 다른 미지수를 구하기 전에 N을 구할 수 있다면 해답을 구할 수 있다.

일과 에너지 공식 6.9에서 펌프 특성 선도에 의해 주어진 펌프를 통한 수두 증가를 구할 수 있다. 만일 펌프 토출 관로, 토출 수두, 역지 밸브 또는 차단 밸브에서 상당한 손실이 발생된다면 h_p를 수정하여야 한다. 즉, 주어진 토출 유량에서 발생하는 수력 손실만큼 h_p를 감하여야 한다. 결과적으로 펌프 특성 선도를 다시 작성하여야 하며, 각 토출측에서 발생하는 수두 손실을 감안하여야 한다. 이러한 손실 수두는 대표적으로 $K_L V^2/2g$의 형태로 표현하며 발생되는 각각의 손실은 모두 합산하여 펌프의 토출 수두를 감한다. h_p는 다단 펌프의 각 단을 통과하면서 증가되는 수두의 합이므로 주어진 토출 유량에서의 부분 손실들은 단수로 나누어 펌프 각 단의 수두를 계산하고 펌프 특성 선도를 다시 작성한다. 한 단에서의 펌프 특성 곡선이 컴퓨터 프로그램에 입력되고 내부적으로 단 수를 곱하기 때문에 이러한 단계가 필요하다. 바로 진행할 수 있도록 공식 6.9에 수두 손실이 포함되지 않은 것에 대해 의문을 갖을 수 있다. 그 이유는 6.1.3절에서 찾을 수 있다. 이 절에서 포물선 또는 고차의 보간법을 피하기 위해 펌프 특성 곡선을 선형으로 표현하였다. 따라서 이차 방정식을 재 도입할 수 없다. 간단히 말해 선형 보간법을 유지하기 위해 부분 손실을 위한 펌프 특성 선도를 조정한다.

다른 네 개의 공식과 조합하기 위해 공식 6.10을 다시 표현할 필요가 있다. 제4장에서 펌프 곡선을 포물선 공식으로 모델링하였다. 이런 방법은 곡선의 형상이 포물선에 가까운 특성 곡선일 경우에만 유효하다는 제한이 있다. 이제 일반적 방법인 일련의 직선 분절을 이용하여 $Q/N-h_p/N^2$ 곡선을 표현하는 것을 따르기로 한다. 임의 점에서 곡선은 Q/N의 제한된 범위에서 유효한 직선으로 된다. 이에 대한 자세한 절차는 현 회전 속도 N을 구한 후에 따르기로 한다.

6.1.2 속도 변화를 구하는 법

이제까지 우리는 새로운 수두와 속도 수치를 연산할 수 있을 때 그 시간에서 새로운 회전 속도를 구할 수 있다고 가정하여 왔다. 저하되는 토크를 연산하고 회전 동역학을 이용하여 속도 변화 ΔN을 구할 수 있다. 펌프에서 회전체인 축, 전동기 그리고 임펠러는 회전 관성 모멘트 I를 갖는다. 통상적으로 전동기가 가장 큰 관성 모멘트를 갖는다. 그러나 펌프 축과 임펠러에 충만된 물의 회전도 포함하여야 한다. 이러한 회전체들에 대한 수치는 제작사로부터 얻을 수 있고 또는 관성 모멘트 I가 알려진 유사한 펌프들의 수치와 비교하여 추정할 수 있다. 미국에서는 통상적으로 펌프 제작사가 I 수치를 Wr^2(한국에서는 GD^2)인 $lb_f \cdot ft^2$의 단위로 제공한다. 이 수치가 바로 컴퓨터 입력 자료가 된다. 특정 전동기에 대한 I수치를 얻을 수 없다면 U.S 단위를 채택한 다음 공식을(Thorley, 1991) 사용하여 추정한다.

$$I = 1818\left(\frac{HP}{N}\right)^{1.48} \qquad 6.11$$

여기서 I의 단위는 $lb_f \cdot ft^2$, HP는 마력이고 N은 분당 회전수 rpm이다.

정상 상태(steady-state) 조건하에서 전동기의 기동 토크는 펌프 임펠러에 있는 물에 의해 발생되는 저항 토크에 의해 평형을 이룬다. 정전이 되면 기동 토크가 소멸되고 저항 토크에 의해 펌프의 회전속도가 감소된다. 이 감속은 다음 식에 의해 표현된다.

$$T = Ia = I\frac{d\omega}{dt} = \frac{2\pi}{60}I\frac{dN}{dt} \qquad 6.12$$

여기서 N은 분당 회전수 rpm이고 I는 회전체의 전 회전 관성 모멘트이다. Δt 동안 발생하는 속도 변화를 구하기 위해 공식 6.12를 적분한다.

$$\int dN = \frac{60}{2\pi I}\int T dt \qquad 6.13$$

T의 함수 관계를 알지 못하므로 Δt를 작게 유지하면서 Δt 전(previous) 시간 단계에서 알려진 T를 상수로 유지하도록 한다. 통상적으로 토크는 토출 유량 전 범위에서조차 크게 변화하지 않으므로 이러한 방법은 유효하다. 새로운 회전 속도는 다음과 같이 계산할 수 있다.

$$N(t+\Delta t) = N(t) - \frac{60}{2\pi I}T(t)\Delta t \qquad 6.14$$

첫 번째 속도 변화는 정상 상태의 N_0와 T_0로부터 계산할 수 있다. 후속적인 토크 수치는 방금 계산된 Q 수치를 사용하여 $Q/N - T/N^2$ 표로부터 보간법을 사용하여 구할 수 있다. 이제 공식 6.6부터 6.10까지 사용하여 새로운 수두와 속도를 구할 수 있다.

註釋 : 회전관성 모멘트

회전 관성은 회전 상태의 변화에 저항하는 물질의 성질로서 물체가 정지해 있으면 계속 정지해 있으려고 한다. 물체가 회전하고 있으면 회전 상태로 남아 있으려고 하며 외부 토크가 작용하지 않는 한 계속해서 회전하려고 한다. 직선 운동과 달리 회전 관성은 회전축에 대한 질량 분포와 관계가 있다. 즉, 물체의 질량 분포와 회전축 사이의 거리가 멀수록 회전관성은 커진다.

전동기에서 발생한 토크는 ① 마찰을 극복하는데 사용되고, ② 관성 모멘크 I를 갖는 물체를 가속시키는데 사용된다. 전동기에 전류를 흐르게 하면 흐르는 전류에 비례하여 구동 토크가 발생된다. 관성 모멘트는 전동기의 관성모멘트 I_M과 부하 관성모멘트 I_L의 합으로 표현된다.

$$I = I_M + I_L$$

관성모멘트는

고리 모양일 때 $I = mr^2 (\text{kg} \cdot m^2)$

균질 원통일 때 $I = \frac{1}{2}mr^2$

속이 비어 있는 원통 $I = \frac{m(r_1^2 + r_2^2)}{2}$

여기서 m은 질량(kg), r은 반지름(m)이다. 그리고 각속도 일 경우 회전할 때 속도 $v = r\omega$이므로 질량 m이 갖는 회전체의 운동에너지는 다음과 같다.

$$W = \frac{1}{2}mv^2 = \frac{1}{2}mr^2\omega^2 = \frac{1}{2}I\omega^2$$

관성모멘트는 플라이휠 효과 GD^2(G는 질량, D는 직경)로 표시되며 플라이휠 효과는 회전관성모멘트의 4배 $GD^2 = G(2r)^2 = 4Gr^2 = 4I(\text{kg} \cdot m^2)$가 된다. 동력은 다음과 같이 표현된다.

$$P = T\omega = Fr\omega = Fr\frac{2\pi N}{60}$$

6.1.3 공식 해법

공식을 풀기 위한 첫 단계는 공식 6.10을 Q/N의 유한 범위에서 선형 함수로 나타내는 것이다. 그림 6.4는 $h_p/N^2 - Q/N$을 선형 분절로 나타내었다. 이 분절을 위한 선형 공식은 다음과 같다.

$$\frac{h_p}{N^2} = N_{st}\left[\left(\frac{(h_p/N^2)_A - (h_p/N^2)_B}{(Q/N)_A - (Q/N)_B}\right)\frac{Q}{N} - \left(\frac{(h_p/N^2)_A - (h_p/N^2)_B}{(Q/N)_A - (Q/N)_B}\right)\left(\frac{Q}{N}\right)_B + \left(\frac{h_p}{N^2}\right)_B\right] \quad 6.15$$

상기 식에서 h_p/N^2와 Q/N 수치는 펌프의 한 단의 것이고 N_{st}는 펌프의 단수이다. 상기 식을 간략히 하여 다시 쓰면 다음과 같다.

$$\frac{h_p}{N^2} = N_{st}\left[C_7\frac{Q}{N} + C_8\right] \quad 6.16$$

단, $C_7 = \dfrac{(h_p/N^2)_A - (h_p/N^2)_B}{(Q/N)_A - (Q/N)_B}$

$$C_8 = -\left(\frac{(h_p/N^2)_A - (h_p/N^2)_B}{(Q/N)_A - (Q/N)_B}\right)\left(\frac{Q}{N}\right)_B + \left(\frac{h_p}{N^2}\right)_B$$

$$= \left(\frac{h_P}{N^2}\right)_B - C_7\left(\frac{Q}{N}\right)_B$$

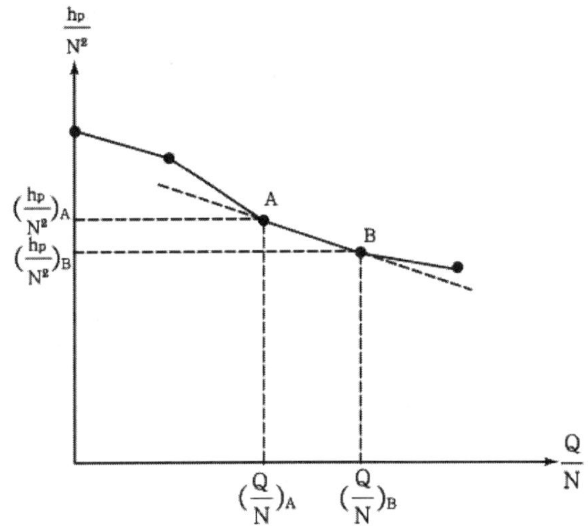

그림 6.4 hp/N²–Q/N의 불연속 선형 표현

펌프장 토출측 관로에서의 속도를 위한 5개의 공식을 동시에 풀면 다음과 같다.

$$V_{Pd} = \frac{\dfrac{C_1}{C_2} + N_{st}N^2C_8 + \dfrac{C_3}{C_4}}{\dfrac{1}{C_4} + \dfrac{A_d}{C_2A_s} - \dfrac{N_{st}NA_dC_7}{N_{pu}}} \qquad 6.17$$

여기서 N_{pu}는 병렬로 운전되는 펌프의 대수이다.

$V_{Pd} > 0$일 경우 즉, 펌프 영역의 경우 공식 6.17에서 구한 V_{Pd}를 공식 6.7 및 6.8에 대입하여 H_{Pd}, V_{Ps}를 구하고, V_{Ps}를 공식 6.6에 대입하여 H_{Ps}를 구하고, H_{Ps} 및 H_{Pd}를 공식 6.9에 대입하여 h_p를 구할 수 있다. 그러나 흡입측 수두가 토출측 수두보다 크게 되면 $h_p < 0$가 되어 바이패스 배관이 개방되므로 $h_p = 0$ 그리고 $H_{Ps} = H_{Pd}$으로 설정하고 다음 두 공식들로부터 속도를 다시 계산하고 공식 6.6과 6.7을 사용하여 H_{Ps}와 H_{Pd}를 결정한다.

$$V_{Pd} = \frac{C_1C_4 + C_2C_3}{C_2 + C_4\dfrac{A_d}{A_s}} \qquad 6.18$$

$$V_{Ps} = \frac{A_d}{A_s}V_{Pd} \qquad 6.19$$

만일 공식 6.17의 해답이 음의 속도를 갖는다면 V_{Ps}와 V_{Pd}를 0으로 설정하고 공식 6.6과 6.7을 사용하여 H_{Ps}와 H_{Pd}를 계산한다. 최종적으로 Q/N를 계산하여 그림 6.4의 A와 B 사이에 있는지 증명하여야 한다. 그렇지 않을 경우에는 C_7과 C_8를 다시 계산하고 해결 절차를 반복한다.

예제 6.1

정전시 가압 펌프의 영향을 알아보기 위해서 길이 45,000ft관로에 펌프 4대를 설치한다. 직경 30인치 관로는 강관 용접으로 마찰 계수 0.013 그리고 파속은 3590ft/s이다. 이 관로는 두 저수지 사이를 연결하고 가압장은 첫 번째 저수지로부터 15,000ft 하류에 위치한다.

펌프는 3단 Ingersoll_Dresser 15H277 터빈 펌프로서 임펠러의 직경은 11.83인치이고, 펌프 특성 곡선은 부록 C와 같다. 각 펌프와 전동기의 Wr^2은 대략 $475 lb_f \cdot ft^2$이다. 펌프 성능을 위한 자료 표를 설정하기 위해 유량 Q 축에서 6개의 점을 선정한다($Q=0$, 1000, 2000, 3000, 4000, 그리고 4500 gal/min). 각 유량 점에 해당하는 h_p와 bhp 수치를 읽어 입력 파일에 입력한다.

풀이

프로그램은 정상 토출 유량을 결정하므로 사전 수력 계산은 불필요하다. 반복 절차의 정확도 기준만을 선정해주면 된다. 이 경우 정확도는 0.5 $gal/\min$으로 선택한다.

또한 펌프의 흡입측과 토출측 두 지점에서 추가적인 출력 결과를 얻도록 한다. 먼저 PGRAPH 부 프로그램에서 이 정보를 읽는다.

입력 자료 파일은 다음과 같다.

♲ 예제 6.1 프로그램 EP71.FOR-입력자료 파일 "EP61.DAT"

```
정전시 3단 가압펌프 4대 INGERSOLL-DRESSER 15H277
&SPECS NPIPES=2,NPARTS=5,IOUT=10,HRESUP=1000.,HRESDN=1240.,ZEND=1100.,

HATM=30.,QTRY=0.,QACC=0.50,TMAX=60.,PFILE=T,HVPRNT=T,PPLOT=T,
        GRAPH=T,RERUN=F/
1  30.  15000.  .013  3590.  800.
2  30.  30000.  .013  3590.  800.
```

```
&PUMPS NPUMPS=4,NSTAGE=3,IPUMP=1,RPM=1775.,WRSQ=475.,
        QN=0.,1000.,2000.,3000.,4000.,4500.,
        HNSQ=129.,127.5,121.,103.5,67.5,0.,
        TNSQ=50.,58.,78.,92.,97.,80./
&GRAF NSAVE=2,IOUTSA=1,PIPE=1,2,0,0,NODE=999,1,0,0/
```

정전시 가압 펌프 거동 분석 프로그램인 EP61.FOR는 이러한 문제를 해결하기 위해서 사용된다. 이 원시 파일과 실행 파일은 CD에 수록되어있다. 관로에 따른 과도 압력 수치를 나타내는 아래 그림은 분석으로부터 도출된 주요 결과중의 하나이다. 우리는 높은 압력은 펌프의 흡입측에서, 낮은 압력은 펌프의 토출측에서 발생되는 것을 관측할 수 있다. 이러한 경우에 수주 분리가 발생되지 않는다.

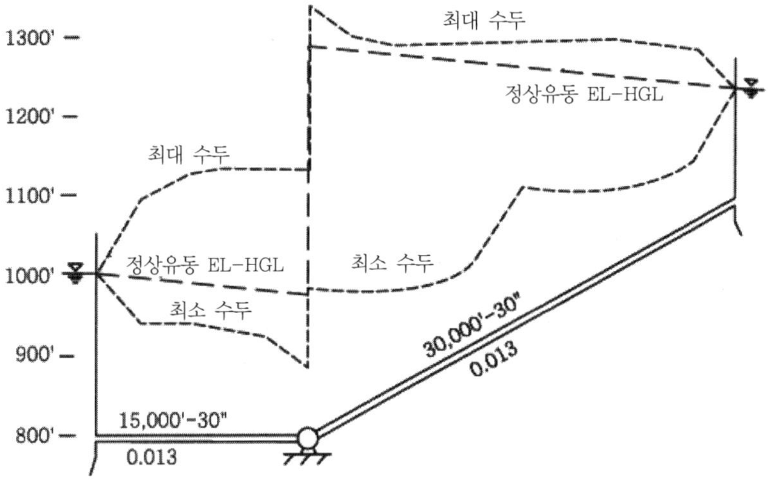

상세풀이

1. 정상 유동 분석

펌프가 정상적으로 운전될 경우 다음과 같이 주어진 펌프와 관로 특성으로부터 펌프의 운전점 즉, 유량과 수두를 구한다.

1) 관로 특성

상류측 저수지 수위 : EL:1000ft

상류측 흡입 배관 고도 : EL:800ft

구 분	관로 1	관로 2
관 직경(인치)	30	30
단면적(ft^2)	4.9	4.9
관 길이(ft)	15000	30000
파속(ft/sec)	3590	3590
배관 고도(ft)	800	800
마찰 계수(f)	0.013	0.013
관 구배(sine)	0	0.01
분 절 수	5	10

표 1 관로 특성

하류측 저수지 수위 : EL:1240ft

하류측 토출 배관 고도 : EL:1100ft

2) 펌프 특성

병렬 운전 펌프 대수 : 4대

단 수 : 3단

회전속도 : 1775rpm

관성 모멘트 : $475lb \cdot ft^2$

펌프 운전점	유량($gallon$/min)	1단 수두(ft)	동력(BHP)
1	0	129.0	50
2	1000	127.5	58
3	2000	121.0	78
4	3000	103.5	92
5	4000	67.5	97
6	4500	0.0	80

표 2 펌프 특성1

3) 펌프 운전점 결정

상기 펌프 운전 점들 중에서 본 프로그램은 4번째 유량(3000)을 초기 유량 $QTRY$로 대입하고 유량에 따른 손실 수두를 계산하여 관로와 펌프의 수두가 일치되는 유량을 다음과 같은 절차에 따라 계산한다. 즉,

$$FUNCT = HRESUP - HRESDN + NSTAGE^{*} HN - COEF \times SUM \qquad ①$$

$$FUNCT = \text{상류저수지 수위} - \text{하류저수지 수위} + \text{펌프단수} \times \text{펌프수두} - \text{손실수두}$$
$$= 1000 - 1240 + 3 \times 103.5 - 107.8$$
$$= -37.3$$

상기 식에서 손실수두는 다음과 같이 단위 환산을 한 후 달시-바하공식을 사용하여 구한다.

$$H_L = f \frac{L}{D} \frac{V^2}{2g}$$
$$= f \frac{L}{D} \frac{1}{2g} \left(\frac{4Q_T}{\pi D^2} \right)^2$$

여기서 Q_T는 총 펌핑 유량으로 $QTRY \times N_P$(병렬운전 펌프 대수)와 같다. 그리고 $1ft^3 = 7.48051gallon$, $1gpm = 1/(7.48051 \times 60) = 1/449 ft^3/\text{sec}$, $1ft = 12$인치이므로

$$H_L = f \frac{L}{D} \frac{1}{2g} \left(\frac{4}{\pi} \right)^2 \left(\frac{QTRY \times N_P}{449} \right)^2 \left(\frac{1}{\frac{D}{12}} \right)^4$$
$$= \frac{f \times L \times QTRY^2}{D^5} \times \frac{12 \times 16 \times N_P^2 \times 12^4}{2g\pi^2 449^2}$$
$$= SUM \times COEF$$

여기서 $SUM = \dfrac{f \times L \times QTRY^2}{D^5}$

$COEF = \dfrac{12 \times 16 \times N_P^2 \times 12^4}{2g\pi^2 449^2}$

상류측과 하류측 관로로 구성되어 있으므로 상기 식은 다음과 같이 표현할 수 있다.

$$H_L = (SUM1 + SUM2) \times COEF$$

주워진 자료들을 상기 식에 대입하면

$$H_L = (72.2 + 144.4) \times 0.497632$$
$$= 107.8$$

$$FPRIME = NSTAGE \times \frac{HNSQ(4) - HNSQ(3)}{QN(4) - QN(3)} - EX \times \frac{COEF \times SUM}{QTRY} \quad ②$$

$$FPRIME = 3 \times \frac{103.5 - 121}{3000 - 2000} - 2 \times \frac{107.8}{3000}$$

$$= -0.124367$$

상기의 $FUNCT$와 $FPRIME$ 수치를 다음 식에 대입하여 다시 대입할 유량 수치를 구한다.

$$QNEXT = QTRY - \frac{FUNCT}{FPRIME} \quad ③$$

$$QNEXT = 3000 - \frac{-37.3}{-0.124367}$$

$$= 2700$$

$QTRY$를 당초 3000에서 2700으로 변경하면 관로의 손실수두는 다음과 같이 변한다.

$$H_L = (SUM1 + SUM2) \times COEF$$

$$= (58.5 + 117) \times 0.497632$$

$$= 87.33$$

변화된 펌프의 펌핑 수두 HN은 다음과 같이 보간법을 사용하여 구한다.

$$HN = HNSQ(3) + (QTRY - QN(3)) \times \frac{HN(4) - HN(3)}{QN(4) - QN(3)} \quad ④$$

$$HN = 121 + (2700 - 2000) \times \frac{103.5 - 121}{3000 - 2000}$$

$$= 108.8$$

이제 $QTRY - QNEXT$의 수치가 허용 오차 범위 $QACC = 0.5\,GPM$(gallon per minute) 내에 들어 올 때까지 반복한 결과는 다음과 같다.

반복회수	*QTRY*	*FUNCT*	*FPRIME*	*QNEXT*	*QACC*	*HN*
1	3000	-37.3	-0.1244	2700	-300	103.5
2	2700	-1.1	-0.1172	2690.74	-9.2534	108.8
3	2690.74	0.0	-0.1170	2690.738	-0.00217	108.9

표 3 펌프 운전점

펌프 1대의 토출 유량 $QTRY = 2690.74\,GPM$이므로 병렬 운전 펌프 대수를 고려한 관로 유량은

$$QLINE = QTRY \times N_P = 2690.74 \times 4 = 10764\,GPM$$

이고 펌프 가압 단수를 고려한 펌핑 수두는 다음과 같다.

$$HPUMP = HN \times NSTAGE = 108.9 \times 3 = 326.7\,ft$$

펌프가 정상적으로 운전할 때 관로 내 유속은 다음과 같다.

$$\begin{aligned} VZERO &= \frac{QLINE}{AREA} \\ &= \frac{Q}{449}\frac{GPM}{ft^3/\sec} \times \frac{4}{\pi\left(\frac{D}{12}\right)^2} \\ &= \frac{4 \times 144}{449 \times \pi} \times \frac{QLINE}{D^2} \\ &= COEF\frac{QLINE}{D^2} \\ &= 0.40855 \times \frac{10764}{30^2} \\ &= 4.89\,ft/\sec \end{aligned}$$

단위를 고려한 배관 단면적은 다음과 같다.

$$AREA = \frac{\pi \times (30/12)^2}{4} = 4.90625\,ft^2$$

4) 미소 시간 $\triangle t$ 결정

수치 해석에 사용할 시간 간격은 공식 (5.8)로부터

$$\triangle t_i = \frac{L_i}{N(V_i + a_i)}$$

여기서 i는 관로 숫자를 나타내며 N은 관로 최소 분절 숫자를 나타낸다. 본 프로그램에서는 $N=5$로 주어진다. 따라서 상류측 관로인 관로 1과 하류측 관로인 관로 2에서의 시간 간격은 다음과 같다.

$$\Delta t_1 = \frac{15000}{5(4.89+3590)} = 0.8345\text{sec}$$

$$\Delta t_2 = \frac{30000}{5(4.89+3590)} = 1.669\text{sec}$$

상기 시간 간격 중 가장 작은 시간 간격인 $\Delta t = 0.8345\text{sec}$을 취하여야 하므로 관로 2의 분절 숫자는 다음과 같이 결정된다.

$$N_2 = \frac{L_i}{\Delta t(V_i + a_i)} = \frac{30000}{0.8345 \times (4.89+3590)} = 10$$

5) 펌프 상사 법칙

펌프의 회전수 변화에 따른 상사법칙을 적용하기 위해 유량, 동력 및 수두를 다음과 같이 환산한다. 먼저 유량 환산식은 다음과 같다.

$$QN_i = \frac{QN_i}{449 \times RPM}\left(\frac{ft^3}{\min}\frac{\min}{rev} = \frac{ft^3}{rev}\right)$$

상기 식의 오른쪽 항의 QN_i의 단위는 gpm, $1ft^3/\min = 449gpm$이므로 왼쪽 항의 QN_i의 단위는 회전수당 유량인 $ft^3/rev.$이 된다. 한 예로 펌프의 두 번째 유량은 다음과 같이 계산된다.

$$QN_2 = \frac{1000}{449 \times 1775} = 0.001255\frac{ft^3}{rev.}$$

동력 환산식은 다음과 같다.

$$TNSQ_i = \frac{NSTAGE \times TNQN_i \times COEF}{RPM^3}$$

상기 식의 왼쪽 항의 $TNSQ_i$의 단위는 토크, 오른쪽 항의 $TNQN_i$의 단위는 마력, $NSTAGE$는 펌프의 단수, $COEF$는 동력(P) 마력의 단위를 토크(T)의 단위로 환산해 주기 위한 계수로서 다음과 같다.

$$1Hp = 76\frac{kg_f \cdot m}{\sec} = 76 \times 2.2\frac{lb_f}{kg_f} \times 3.28\frac{ft}{m} = 550\frac{lb_f \cdot ft}{\sec}$$

$$T = \frac{P}{\omega} = \frac{550 \times 60}{2\pi}$$

$$COEF = \frac{550 \times 60}{2\pi}\left(\frac{lb_f \cdot ft}{\sec} \times \frac{\sec}{\min} = \frac{lb_f \cdot ft}{\min}\right)$$

따라서 상기 식의 최종 단위는 다음과 같이 회전수 자승당 토크의 비를 나타낸다.

$$TNSQ_i = \frac{\dfrac{lb_f \cdot ft}{\min}}{\dfrac{rev^3}{\min^3}} = \frac{lb_f \cdot ft \cdot \min^2}{rev^3}$$

한 예로 펌프의 두 번째 동력은 다음과 같이 계산된다.

$$TNSQ_2 = \frac{3 \times 58 \times 5254.77}{1775^3} = 0.0001635\frac{lb_f \cdot ft \cdot \min^2}{rev.^3}$$

수두 환산식은 다음과 같다.

$$HNSQ_i = \frac{HNSQ_i}{RPM^2}\frac{feet \cdot \min^2}{rev^2}$$

상기 식의 오른쪽 항의 $HNSQ_i$의 단위는 수두 ft, 왼쪽 항의 $HNSQ_i$의 단위는 회전수 자승당 수두를 나타낸다. 한 예로 펌프의 두 번째 수두는 다음과 같이 계산된다.

$$HNSQ_i = \frac{127.5}{1775^2} = 0.0004047\frac{feet \cdot \min^2}{rev^2}$$

상기 관계식을 이용하여 펌프의 특성을 표로 나타내면 다음과 같다.

펌프 운전점	유량 QN $ft^3/rev.$	수두 $HNSQ$ $\frac{feet \cdot \min^2}{rev^2}$	토크 $TNSQ$ $\frac{lb_f \cdot ft \cdot \min^2}{rev^3}$
1	0	0.00004094	0.0001409
2	0.001255	0.00004047	0.0001635
3	0.002509	0.00003841	0.0002199
4	0.003764	0.00003285	0.0002593
5	0.005019	0.00002142	0.0002734
6	0.005646	0	0.0002255

표 4 펌프 특성 2

6) 수두 결정

정상 유동시 즉, 펌프가 정상적으로 운전하고 있을 때 각 관로 지점에서의 유속, 수두, 피에조미터 수두는 표5 및 6과 같다. 즉, 유속은 관로 1과 2의 단면적이 같으므로 항상 동일하고, 피에조미터 수두 H는 관로 1의 경우 상류 저수지 수위에서 관로 각 지점까지의 마찰 손실을 뺀 수치, 관로 2의 경우 펌핑 수두에서 관로 각 지점까지의 마찰 손실을 뺀 수치를 나타낸다. 마찰손실은 달시바하식을 사용한다.

$$H = \text{수위} - \text{각 관로 지점까지의 마찰손실} \qquad (\text{관로}1)$$

$$= \text{펌핑 수두} - \text{각 관로 지점까지의 마찰손실} \qquad (\text{관로}2)$$

관로 1의 경우 저수지 수위는 $1000ft.$이고 관로 1은 5등분 되었으므로 각 분절에서의 마찰손실은 다음과 같다.

$$H_L = f\frac{L}{D}\frac{V^2}{2g} = 0.013 \times \frac{3000}{30/12} \times \frac{4.89^2}{2 \times 32.2} = 5.8ft$$

관로 2의 흡입측 지점에서의 유입 피에조미터 수두는 다음과 같으나

$$H = 1000 - 5.8 \times 5 = 971ft.$$

펌프가 설치되어 가압하고 있으므로 이 가압 수두인 $327ft.$를 더하면 $1298ft.$가 되며 관로 2는 10등분 되었으므로 관로 1의 분절 길이, 관경, 마찰계수가 동일하므로 같은 값을 사용할 수 있다. 수두 $HEAD$는 피에조미터 수두 H에서 관로 경사를 뺀 수치를 나타낸다. $HEAD = H -$ 관로경사이고 상기의 방법으로 계산된 결과는 다음과 같다.

관로 지점	1	2	3	4	5	6
HEAD	200	194	188	183	177	171
H	1000	994	988	983	977	971
VZERO	4.89	4.89	4.89	4.89	4.89	4.89

표 5 정상 유동시 관로 1 유동 특성

관로 지점	1	2	3	4	5	6	7	8	9	10	11
HEAD	498	462	426	390	355	319	283	247	212	176	140
H	1298	1292	1286	1280	1275	1269	1263	1257	1252	1246	1240
VZERO	4.89	4.89	4.89	4.89	4.89	4.89	4.89	4.89	4.89	4.89	4.89

표 6 정상 유동시 관로 2 유동 특성

2. 부정류 분석

펌프가 정전이 되어 유속이 급속히 저하되면 부정류가 발생하는데 여기에서는 최소 시간인 $\Delta t = 0.8345\text{sec}$의 간격으로 부정류 발생 결과를 분석하기로 한다.

1) 관로 내부 절점 수두 및 속도 결정

먼저 관로 내부 절점인 관로 1의 지점 2~5, 관로 2의 지점 2~10에서의 유속은 공식 4.62 및 4.63으로부터 계산할 수 있다. 관로 1의 지점 2에서의 유속을 구하면

$$V_L = V_C + a\frac{\Delta t}{\Delta s}(V_{Le} - V_C) \qquad 4.62$$

$$V_R = V_C + a\frac{\Delta t}{\Delta s}(V_{Ri} - V_C) \qquad 4.63$$

여기서 V_C는 정상 유동시 관로 1의 2지점에서의 유속, V_{Le}는 관로 1의 1 지점에서의 유속, V_{Ri}는 관로 1의 3지점에서의 유속이다. 그리고 파속, 미소 시간 간격 및 분절의 길이는 항상 동일하므로 $a\Delta t/\Delta s = 3590 \times 0.8345/3000 = 0.9986$ 상수로 놓을 수 있다. 정상유동시 유속은 관 직경이 동일하기 때문에 $V_L = V_{Ri} = V_C = 4.89ft/\text{sec}$가 된다.

내부 절점인 관로 1의 지점 2~5, 관로 2의 지점 2~10에서의 피에조미터 수두는

$$H_L = H_C + a\frac{\Delta t}{\Delta s}(H_{Le} - H_C) \qquad 4.59.1$$

$$H_R = H_C + a\frac{\Delta t}{\Delta s}(H_{Ri} - H_C) \qquad 4.61.1$$

H_C는 정상 유동시 관로 1의 2지점에서의 수두, H_{Le}는 관로 1의 1 지점에서의 수두, H_{Ri}는 관로 1의 3지점에서의 수두이다.

$$H_L = 994 + 0.9986(1000 - 994)$$

$$= 1000$$

$$H_R = 994 + 0.9986(988 - 994)$$

$$= 988$$

관로 1의 2지점에서의 수두 및 유속은 공식 4.64 및 4.65로부터

$$V_P = \frac{1}{2}\left[(V_L + V_R) + \frac{g}{a}(H_L - H_R) + \frac{g}{a}\Delta t(V_L - V_R)\sin\theta - \frac{f\Delta t}{2D}(V_L|V_L| + V_R|V_R|)\right]$$

$$= 0.5\left[\begin{array}{l}(4.89 + 4.89) + \dfrac{32.2}{3590}(1000 - 988) + \dfrac{32.2}{3590}0.8345(4.89 - 4.89)\sin 0 \\ - \dfrac{0.013 \times 0.8345 \times 12}{2 \times 30}(4.89|4.89| + 4.89|4.89|)\end{array}\right]$$

$$= 4.89$$

$$H_P = \frac{1}{2}\left[\frac{a}{g}(V_L - V_R) + (H_L + H_R) + \Delta t(V_L + V_R)\sin\theta - \frac{a}{g}\frac{f\Delta t}{2D}(V_L|V_L| - V_R|V_R|)\right]$$

$$= 0.5\left[\begin{array}{l}\dfrac{3590}{32.2}(4.89 - 4.89) + (1000 + 998) + 0.8345(4.89 + 4.89)\sin 0 \\ - \dfrac{3590}{32.2}(4.89|4.89| - 4.89|4.89|)\end{array}\right]$$

$$= 994$$

동일한 방법으로 관로1의 지점 3~5, 관로 2의 지점 2~10의 유속 및 수두를 구한다.

2) 관로 접합부 수두 및 속도 결정

관로 1과 2의 접합부에서는 펌프가 설치된 경계 조건들을 사용하여 유속과 수두를 구하여야 한다. 먼저 정상 유동시 펌프 1대 송수량은 $Q = 2690.7gpm$으로 단위를 다음과 같이 환산한다.

$$Q = \frac{Q(GPM)}{449 \times RPM} = \frac{2690.7}{449 \times 1775} = 0.003376 ft^3/rev$$

펌프는 운전점 3과 4사이에 위치한다. 선형 보간법을 사용하여 이 운전점에서의 토크를 구하면 다음과 같다.

$$TN2 = T_3 + (Q - Q_3)\frac{T_4 - T_3}{Q_4 - Q_3}$$

$$= 0.0002199 + (0.003376 - 0.002509)\frac{0.0002593 - 0.0002199}{0.003764 - 0.002509}$$

$$= 0.0002471$$

$\Delta t = 0.8345\mathrm{sec}$시간 경과 후 회전수의 변화는 공식 6.14로부터 구할 수 있다.

$$N(t + \Delta t) = N(t) - \frac{30}{\pi I} T(t) \Delta t N^2$$

$$= 1775 - 30 \times 0.0002471 \times 0.8345 \times \frac{1775^2}{3.14 \times \frac{475}{32.2}}$$

$$= 1354.5 rpm$$

상기 계산에서 N^2이 사용된 것은 토크는 표4에서 rev^3으로 작성되었기 때문이다.
바이패스 배관은 폐쇄된 상태이므로 토출측 유속을 구하기 위해 공식 6.17을 사용한다.

$$V_{Pd} = \frac{\frac{C_1}{C_2} + N_{st} N^2 C_8 + \frac{C_3}{C_4}}{\frac{1}{C_4} + \frac{A_d}{C_2 A_s} - \frac{N_{st} N A_d C_7}{N_{pu}}} \qquad 6.17$$

여기서 $C_1 \sim C_4$는 공식 5.2와 5.4로부터

$$C_1 = V_{L1} + \frac{g}{a_1} H_{L1} - \frac{f_1 \Delta t}{2 D_1} V_{L1} |V_{L1}| + \frac{g}{a_1} \Delta t V_{L1} \sin\theta_1$$

$$C_2 = C_4 = \frac{g}{a_1} = \frac{g}{a_2}$$

$$C_3 = V_{R2} - \frac{g}{a_2} H_{R2} - \frac{f_2 \Delta t}{2D_2} V_{R2} | V_{R2} | - \frac{g}{a_2} \Delta t \, V_{R2} \sin\theta_2$$

상기 식에서 V_{L1}, H_{L1}, V_{R2} 및 H_{R2}는 관로 1의 5지점 및 관로 2의 2 지점에서의 유속과 수두를 나타내며 이들을 구하는 식은 4.62, 4.63, 4.59.1 및 4.61.1이다. 먼저 식 4.62 및 4.63으로부터

$$V_{L1} = V_C + a\frac{\Delta t}{\Delta s}(V_{Le} - V_C) \qquad 4.62$$

$$V_{R2} = V_C + a\frac{\Delta t}{\Delta s}(V_{Ri} - V_C) \qquad 4.63$$

식 4.62에서 V_C는 정상 유동시 관로 1의 6지점에서의 유속, V_{Le}는 관로 1의 5 지점에서의 유속, 식 4.63의 V_C는 관로 2의 1지점에서의 유속, V_{Ri}는 관로 2의 2지점에서의 유속이다. 그리고 파속, 미소 시간 간격 및 분절의 길이는 항상 동일하므로 $a\Delta t/\Delta s = 3590 \times 0.8345/3000 = 0.9986$의 상수로 놓을 수 있다. $V_C = V_{Le} = V_{Ri}$이므로 $V_L = V_{Ri} = V_C = 4.89 ft/\text{sec}$가 된다.

피에조미터 수두는 공식 4.59.1 및 4.61.1로부터

$$H_{L1} = H_C + a\frac{\Delta t}{\Delta s}(H_{Le} - H_C) \qquad 4.59.1$$

$$H_{R2} = H_C + a\frac{\Delta t}{\Delta s}(H_{Ri} - H_C) \qquad 4.61.1$$

상기 식 4.59.1의 H_C는 정상유동시 관로 1의 6지점에서의 수두, H_{Le}는 관로 1의 5 지점에서의 수두, 식 4.61.1의 H_C는 관로 2의 1지점에서의 수두, H_{Ri}는 관로 2의 2지점에서의 수두이다. $a\Delta t/\Delta s = 3590 \times 0.8345/3000 = 0.9986$이므로

$$H_{L1} = 971 + 0.9986(971 - 976.87)$$

$$= 976.86$$

$$H_{R2} = 1298 - 0.9986(1298 - 1292)$$

$$= 1292$$

상기 수치들을 대입하여 C_1, C_2, 및 C_3를 구하면

$$C_1 = V_{L1} + \frac{g}{a_1} H_{L1} - \frac{f_1 \Delta t}{2D_1} V_{L1} | V_{L1} | + \frac{g}{a_1} \Delta t V_{L1} \sin\theta_1$$

$$= 4.89 + 0.008969 \times 976.86 - \frac{0.013 \times 0.8345 \times 12}{2 \times 30} 4.89 | 4.89 |$$

$$+ 0.008969 \times 0.8345 \times 4.89 \times \sin 0$$

$$= 13.5958$$

$$C_2 = C_4 = \frac{g}{a} = \frac{32.2}{3590} = 0.008969$$

$$C_3 = V_{R2} - \frac{g}{a_2} H_{R2} - \frac{f_2 \Delta t}{2D_2} V_{R2} | V_{R2} | - \frac{g}{a_2} \Delta t V_{R2} \sin\theta_2$$

$$= 4.89 - 0.008969 \times 1292 - \frac{0.013 \times 0.8345 \times 12}{2 \times 30} 4.89 | 4.89 |$$

$$- 0.008969 \times 0.8345 \times 4.89 \times \sin 0.01$$

$$= - 6.7552$$

공식 6.17의 C_7과 C_8은 공식 6.16으로부터

$$C_7 = \frac{H_3 - H_4}{Q_3 - Q_4}$$

$$= \frac{0.00003841 - 0.00003285}{0.002509 - 0.003764}$$

$$= - 0.00443$$

$$C_8 = - \left(\frac{(h_p/N^2)_A - (h_p/N^2)_B}{(Q/N)_A - (Q/N)_B} \right) \left(\frac{Q}{N} \right)_B + \left(\frac{h_p}{N^2} \right)_B$$

$$= 0.00443 \times 0.003764 + 0.00003285$$

$$= 0.000049514$$

상기에서 구한 자료들을 공식 6.17에 대입하면

$$V_{Pd} = \frac{\dfrac{C_1}{C_2} + N_{st}N^2 C_8 + \dfrac{C_3}{C_4}}{\dfrac{1}{C_4} + \dfrac{A_d}{C_2 A_s} - \dfrac{N_{st}NA_d C_7}{N_{pu}}}$$

$$= \frac{\dfrac{13.5958}{0.008969} + 3 \times 1354.5^2 \times 0.000049514 - \dfrac{6.7552}{0.008969}}{\dfrac{1}{0.008969} + \dfrac{1}{0.008969} + \dfrac{3 \times 1354.5 \times 4.9 \times 0.00443}{4}}$$

$$= 4.2240 ft/\sec$$

$V_{Pd} > 0$이므로 공식 6.6부터 6.8을 사용하여 유입 속도 및 수두들을 구한다. 공식 6.7로부터

$$H_{Pd} = \frac{V_{Pd} - C_3}{C_4}$$

$$= \frac{4.2240 + 6.7552}{0.008969}$$

$$= 1224.1$$

공식 6.8로부터

$$V_{Ps} = \frac{V_{Pd} A_d}{A_s} = V_{Pd} = 4.2240$$

공식 6.6으로부터

$$H_{Ps} = \frac{C_1 - V_{Ps}}{C_2}$$

$$= \frac{13.5958 - 4.2240}{0.008969}$$

$$= 1044.9$$

상기 계산 결과 $H_{Pd} > H_{Ps}$ 이므로 다음과 같이 펌프에 의한 가압 수두가 형성되고 있음을 의미한다.

$$H_{pump} = H_{Pd} - H_{Ps} = 1224.1 - 1044.9 = 179.2ft$$

펌프 1 회전당 유량은 다음과 같다.

$$QPD = \frac{V_{Pd} \times \text{배관2단면적}}{\text{펌프대수} \times rpm}$$

$$= \frac{4.224 \times 4.9}{4 \times 1354}$$

$$= 0.003826 \frac{ft^3}{rev}$$

앞에서 가정한 펌프는 $Q = 0.003376 ft^3/rev$으로서 운전점 3과 4사이에 위치하나 상기 수치는 운전점 4와 5사이에 위치한다(표 4 참조). 이는 펌프의 운전점이 상사법칙에서 벗어나고 있음을 의미한다. 따라서 C_7과 C_8를 다시 구하여 상기 절차를 반복하여야 한다.

$$C_7 = \frac{H_4 - H_5}{Q_4 - Q_5}$$

$$= \frac{0.00003285 - 0.00002142}{0.003764 - 0.005019}$$

$$= -0.00910648$$

$$C_8 = -\left(\frac{(h_p/N^2)_A - (h_p/N^2)_B}{(Q/N)_A - (Q/N)_B}\right)\left(\frac{Q}{N}\right)_B + \left(\frac{h_p}{N^2}\right)_B$$

$$= 0.00910648 \times 0.005019 + 0.00002142$$

$$= 0.00006713$$

상기에서 구한 자료들을 공식 6.17에 대입하면

$$V_{Pd} = \frac{\dfrac{C_1}{C_2} + N_{st}N^2 C_8 + \dfrac{C_3}{C_4}}{\dfrac{1}{C_4} + \dfrac{A_d}{C_2 A_s} - \dfrac{N_{st}NA_d C_7}{N_{pu}}}$$

$$= \frac{\dfrac{13.5958}{0.008969} + 3 \times 1354.5^2 \times 0.00006713 - \dfrac{6.7552}{0.008969}}{\dfrac{1}{0.008969} + \dfrac{1}{0.008969} + \dfrac{3 \times 1354.5 \times 4.9 \times 0.00910648}{4}}$$

$$= 4.2181 ft/\sec$$

$V_{Pd} > 0$이므로 공식 6.6부터 6.8을 사용하여 유입 속도 및 수두들을 구한다. 공식 6.7로부터

$$H_{Pd} = \frac{V_{Pd} - C_3}{C_4}$$

$$= \frac{4.2181 + 6.7552}{0.008969}$$

$$= 1223.4$$

공식 6.8로부터

$$V_{Ps} = \frac{V_{Pd} A_d}{A_s} = V_{Pd} = 4.2181$$

공식 6.6으로부터

$$H_{Ps} = \frac{C_1 - V_{Ps}}{C_2}$$

$$= \frac{13.5958 - 4.2181}{0.008969}$$

$$= 1045.5$$

상기 계산 결과 $H_{Pd} > H_{Ps}$이므로 다음과 같이 펌프에 의한 가압 수두가 형성되고 있음을 의미한다.

$$H_{pump} = H_{Pd} - H_{Ps} = 1223.4 - 1045.5 = 177.9ft$$

펌프 1 회전당 유량은 다음과 같다.

$$QPD = \frac{V_{Pd} \times \text{배관2단면적}}{\text{펌프대수} \times rpm}$$

$$= \frac{4.2181 \times 4.9}{4 \times 1354}$$

$$= 0.003821 \frac{ft^3}{rev}$$

이제 펌프의 운전점은 4와 5사이에 위치하여 일치하므로 펌프 흡입측 지점인 관로 1의 6지점에서의 유속은 V_{Ps}, 수두는 H_{Ps}가 되고 펌프 토출측 지점인 관로 2의 1지점에서의 유속은 V_{Pd}, 수두는 H_{Pd}가 된다.

3) 상류 저수지 수두 및 속도 결정

상류 저수지는 수위는 $1000ft$로 항상 일정하므로 관로 1의 1지점에서는 항상 $H=1000ft$가 된다. 이 지점에서의 유속은 공식 4.63, 4.61.1, 4.65.1 및 4.65.2로부터 구할 수 있다. 먼저 공식 4.63으로부터

$$V_R = V_C + a\frac{\Delta t}{\Delta s}(V_{Ri} - V_C) = 4.89ft/\sec$$

여기서 V_C는 정상 유동시 관로 1의 1지점에서의 유속, V_{Ri}는 관로 1의 2 지점에서의 유속이다. 정상 유동시 관로 단면적이 동일하므로 모든 유속은 동일하다. 즉, $V_C = V_{Ri} = V_R = 4.89ft/\sec$가 된다. 공식 4.61.1로부터

$$H_R = H_C + \frac{\Delta t}{\Delta s}(H_{Ri} - H_C)a$$

H_C는 관로 1의 1지점에서의 수두, H_{Ri}는 관로 1의 2지점에서의 수두이다. $a\Delta t/\Delta s = 3590 \times 0.8345/3000 = 0.9986$이므로

$$H_R = 1000 + 0.9986(994 - 1000) = 994ft$$

공식 4.65.2로부터

$$V_{P1} = C_3H_0 + C_4 = 0.008969 \times 1000 - 4.077 = 4.89ft/\sec$$

여기서 $C_3 = \frac{g}{a} = \frac{32.2}{3590} = 0.008969$

$$C_4 = V_R - C_3H_R - C_3\Delta t V_R \sin\theta - \frac{f\Delta t}{2D}V_R|V_R|$$

$$= 4.89 - 0.008969 \times 994 - 0.008969 \times 0.8345 \times 4.89 \times \sin 0$$

$$- \frac{0.013 \times 0.8345 \times 12}{2 \times 30} 4.89|4.89|$$

$$= -4.077$$

4) 하류 저수지 수두 및 속도 결정

하류 저수지는 수위가 $1240ft$로 항상 일정하므로 관로 2의 11지점에서는 항상 $H=1240ft$가 된다. 이 지점에서의 유속은 공식 4.59.1, 4.62 및 4.65.4로부터 구할 수 있다. 먼저 공식 4.62로부터

$$V_L = V_C + a\frac{\Delta t}{\Delta s}(V_{Le} - V_C)$$

여기서 V_C는 정상 유동시 관로 2의 11지점에서의 유속, V_{Le}는 관로 2의 10지점에서의 유속이다. 정상 유동시 관로 단면적이 동일하므로 모든 유속은 동일하다. 즉, $V_C = V_{Le} = V_L = 4.89ft/\text{sec}$가 된다. 피에조미터 수두는 공식 4.59.1로부터

$$H_L = H_C + \frac{\Delta t}{\Delta s}(H_{Le} - H_C)a$$

H_C는 정상 유동시 관로 2의 11지점에서의 수두, H_{Le}는 관로 2의 10지점에서의 수두이다. $a\Delta t/\Delta s = 3590 \times 0.8345/3000 = 0.9986$이므로

$$H_L = 1240 + 0.9986(1246 - 1240) = 1246ft$$

이제 공식 4.65.4로부터 관로 2의 11지점에서의 유속을 구하면

$$\begin{aligned} V_{P_{N+1}} &= C_1 - C_2 H_0 \\ &= 16.008 - 0.008969 \times 1240 \\ &= 4.89ft/\text{sec} \end{aligned}$$

여기서 $C_2 = \dfrac{g}{a} = \dfrac{32.2}{3590} = 0.008969$

$$\begin{aligned} C_1 &= V_L + C_2 H_L + C_2 \Delta t V_L \sin\theta - \frac{f\Delta t}{2D} V_L |V_L| \\ &= 4.89 + 0.008969 \times 1246 + 0.008969 \times 0.8345 \times 4.89 \times 0.01 \\ &\quad - \frac{0.013 \times 0.8345 \times 12}{2 \times 30} 4.89|4.89| \\ &= 16.008 \end{aligned}$$

지금까지 계산한 결과를 표로 나타내면 다음과 같다.

관로 지점	1	2	3	4	5	6
HEAD	200	194	188	183	177	246
H	1000	994	988	983	977	1046
V	4.89	4.89	4.89	4.89	4.89	4.22

표 7 관로 1 부정류 유동 특성(t=0.8345초)

관로 지점	1	2	3	4	5	6	7	8	9	10	11
HEAD	423	462	426	390	355	319	283	247	212	176	140
H	1223	1292	1286	1280	1275	1269	1263	1257	1252	1246	1240
V	4.22	4.89	4.89	4.89	4.89	4.89	4.89	4.89	4.89	4.89	4.89

표 8 관로 2 부정류 유동 특성(t=0.8345초)

두 번째 시간 간격 $t = 0.8345 \times 2 = 1.669$초에서의 부정류 분석은 상기의 절차를 반복하는데 여기서 주의하여야 할 것은 첫 번째 시간 간격에서는 정상 유동시 구한 수두 및 유속 자료들을 기준으로 수두, 유속을 계산하였으나 두 번째 시간 간격에서는 첫 번째 시간 간격에서 구한 수두 및 유속 자료들을 기준으로 수두 및 유속을 계산하여야 한다. 이후 결과는 프로그램 수행 결과를 참조하기로 한다.

5) 흡입 수두가 토출 수두보다 클 때

5번째 시간 간격 $t = 0.8345 \times 5 = 4.173$초에서는 흡입 관로의 수두가 점차적으로 증가되어 $HPS = 1140ft$가 되고, 토출 관로의 수두는 점차적으로 저하되어 $HPD = 1129ft$가 되어 흡입측 수두가 토출측 수두보다 크게 되고 펌프는 더 이상 수두를 형성시킬 수 없으므로 바이패스 배관이 개방된다. 따라서 토출 수두는 흡입 수두와 동일하게 즉, $HPD = HPS$로 설정하고 공식 6.18 및 6.7을 사용하여 토출 유속 V_{Pd}, 토출 수두 H_{Pd}를 구한다.

$$V_{Pd}=\frac{C_1C_4+C_2C_3}{C_2+C_4\dfrac{A_d}{A_s}}$$

$$=\frac{13.63\times 0.008969+0.008969\times(-6.72)}{0.008969+0.008969\dfrac{4.9}{4.9}}$$

$$=3.455ft/\text{sec}$$

$$H_{Pd}=\frac{V_{Pd}-C_3}{C_4}$$

$$=\frac{3.455+6.72}{0.008969}$$

$$=1134.5ft$$

6) 토출 유속이 음이 될 때

32번째 시간 간격 $t=0.8345\times 32=26.705$초에서는 토출측 유속이 음이 된다. 토출 배관 내 유체가 역류가 되면 펌프 토출측에 설치된 역지 밸브가 폐쇄되어 유속이 0이 된다. 따라서 이때부터는 $V_{Ps}=V_{Pd}=0$으로 설정하고 공식 6.6 및 6.7을 사용하여 흡입 수두 H_{Ps}, 토출 수두 H_{Pd}를 구한다.

$$H_{Ps}=\frac{C_1}{C_2}=\frac{9.74293}{0.008969}=1086ft$$

$$H_{Pd}=\frac{C_3}{C_4}=\frac{10.4834}{0.008969}=1169ft$$

3. 부정류 발생 동안의 시스템 거동 분석

1) 수두 변화

정상 유동 상태로 펌프가 운전 중 전력이 차단되면 펌프의 회전수가 급격히 감소하게 된다. 이로 인해 급속한 유속의 변화가 발생하여 펌프 상류측에서는 상승서지파가, 하류측에서는 하강서지파가 발생하여 흡입측 관로에서는 수두가 상승하고 토출측 관로에서는 수두가 저하된다.

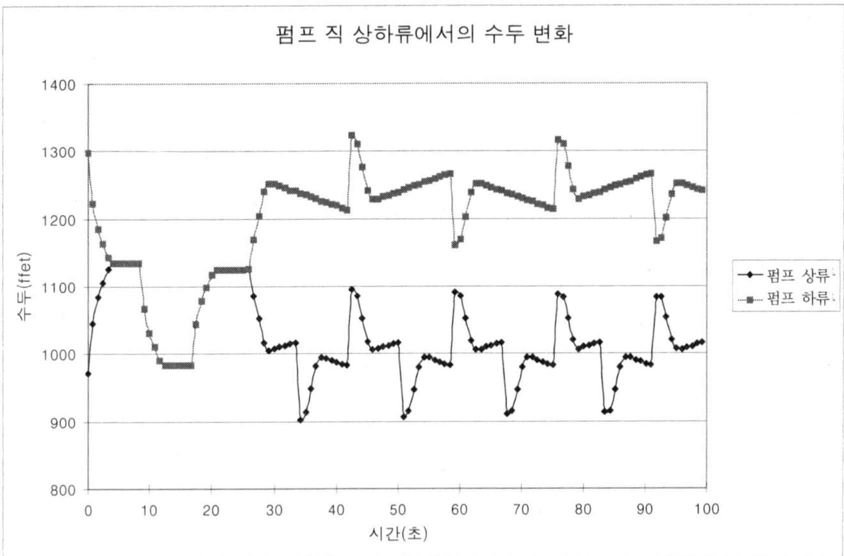

그림 1 부정류 해석 결과

♲ 0~4.17초

이 예제의 경우 펌프가 정전되는 순간부터 흡입측 관로에서는 상승서지파가 발생하기 시작하여 이 상승서지파가 상류측 저수지에 도달하는 시간인 4.17초 후에는 정상 수두 917ft에서 최대 수두 1135ft로 상승한다. 이 순간에는 펌프 토출측 수두보다 흡입측 수두가 크기 때문에 바이패스 배관이 개방된다.

♲ 4.17~8.34초

저수지에 도달한 상승서지파는 저수지로부터 반사되어 펌프 흡입측으로 전파되며 이 반사파가 펌프 흡입측에 도달할 때까지는 펌프 흡입측에서의 수두는 1135ft로 유지된다.

♲ 8.34~12.52초

펌프 흡입측에 도달한 반사파는 하강서지파가 되어 펌프 흡입측으로부터 저수지로 전파된다. 이때 펌프 흡입측에서의 수두는 1135ft로부터 983ft로 저하된다.

♲ 12.52~16.69초

저수지에 도달한 하강서지파는 저수지로부터 반사되어 펌프 흡입측으로 전파되며 이 반사파가 펌프 흡입측에 도달할 때까지는 펌프 흡입측에서의 수두는 983ft로 유지된다.

♲ 16.69~20.86초

펌프 흡입측에 도달한 반사파는 상승서지파가 되어 펌프 흡입측으로부터 저수지로 전파된다. 이때 펌프 흡입측에서의 수두는 983ft로부터 1125ft로 상승한다.

♲ 20.86~25.03초

저수지에 도달한 상승서지파는 저수지로부터 반사되어 펌프 흡입측으로 전파되며 이 반사파가 펌프 흡입측에 도달할 때까지는 펌프 흡입측에서의 수두는 1125ft로 유지된다.

25.87초 이후부터는 펌프 토출 관로 내 수두가 흡입측 관로 내 수두보다 크게 되므로 바이패스 배관이 폐쇄되고 이제부터는 흡입측 수두와 토출측 수두는 별개로 취급된다.

(1) 흡입측 수두 변화

바이패스 배관 폐쇄된 이후 흡입측 최저 수두는 정수두(static head)1000ft를 기준으로 하여 34.21초에서 $-98ft$ 수두 저하된 902ft 최대 수두는 42.56초에서 96ft 수두 상승된 1096ft.가 된다. 이후 최저 수두 및 최대 수두는 압력파의 관로 2 왕복 시간인 4.17초×4 = 16.68초를 주기로 발생하며 수두의 크기는 마찰손실 수두 5ft 가감된 907ft 및 1091ft로 나타난다. 이후 수두의 크기는 이 마찰 손실 수두의 영향으로 16.68초를 주기로 점차적으로 감쇄되어 최종적으로 1000ft가 된다.

(2) 토출측 수두 변화

바이패스 배관 폐쇄된 이후 토출측 최대 수두는 정수두(static head) 1240ft를 기준으로 하여 42.56초에서 83ft 상승된 1323ft 최저 수두는 59.25초에서 79ft저하된 1161ft가 된다. 이후 최저 수두 및 최대 수두는 압력파의 관로 2 왕복 시간인 8.35초×4 = 33.4초를 주기로 발생하며 최대 수두의 크기는 마찰손실 수두 7ft감소된 1316ft 그리고 최소 수두의 크기는 6ft 증가된 1167ft로 나타난다. 이후 수두의 크기는 이 마찰 손실 수두의 영향으로 33.4초를 주기로 점차적으로 감쇄되어 최종적으로 1240ft가 된다.

2) 속도 변화

(1) 흡입측 속도 변화

펌프 흡입측 저수지에서의 속도는 상승서지파가 도달하기 전인 4.17초까지는 정상 유속 4.887ft/sec를 유지하며 이 후부터는 펌프의 감속에 따른 영향으로 유속이 감소된다. 바이패스 배관이 폐쇄되는 25.87초 이후 저수지 속도 변화에 영향을 미치는 시간인 25.87 + 4.17 = 30.04초에서는 최저 유속 $-0.89ft/sec$가 되며 압력파 왕복 소요 시간인 30.04 + 2×4.17 = 38.38초에서는 최대 유속 $+0.87ft/sec$가 된다. 이후 최소 유속과 최대 유속은 압력파의 2 왕복 소요 시간인 16.68초 간격으로 46.72초에서 최저 유속 $-0.85ft/sec$, 55.06초에서 최대 유속$+0.83ft/sec$가 된다. 이후 속도의 크기는 16.68초를 주기로 점차적으로 감소되어 최종적으로 유속은 정지된다.

(2) 토출측 속도 변화

펌프 토출측 저수지에서의 속도는 하강서지파가 도달하기 전인 8.34초까지는 정상 유속 $4.88ft/\mathrm{sec}$를 유지하며 이 후부터는 펌프의 감속에 따른 영향으로 유속이 감소된다. 바이패스 배관의 폐쇄되는 25.87초 이후 저수지 속도 변화에 영향을 미치는 시간인 $25.87+8.34=34.21$초에서는 최저 유속 $-0.76ft/\mathrm{sec}$가 되며 압력파 왕복 소요 시간인 $34.21+2\times 8.34=50.89$초에서는 최대 유속 $+0.73ft/\mathrm{sec}$가 된다. 이후 최소 유속과 최대 유속은 압력파의 2 왕복 소요 시간인 33.36초 간격으로 67.57초에서 최저 유속 $-0.70ft/\mathrm{sec}$, 84.25초에서 최대 유속 $+0.67ft/\mathrm{sec}$가 된다. 이후 속도의 크기는 33.36초를 주기로 점차적으로 감소되어 최종적으로 유속 $0ft/\mathrm{sec}$가 된다.

3) 펌프 거동 분석

펌프에 공급되는 동력이 차단되고 바이패스 배관이 개방되기 전까지 펌프의 회전수, 토출 유량 및 펌핑 수두의 변화는 다음 표와 같다.

시 간(초)	회전수(rpm)	유량(gpm)	수두(ft)
0	1775.0	2691.5	326.7
0.835	1354.5	2323.9	178.0
1.669	1097.0	2131.3	100.1
2.504	924.4	2033.7	57.7
3.338	798.8	1935.0	16.4

표 9 부정류 발생 동안 펌프 회전수 변화

펌프의 토출 유량을 결정하는 공식 6.17은 펌프의 유량-수두-토크 특성과 관로의 특성으로 구성된다.

$$V_{Pd}=\frac{\dfrac{C_1}{C_2}+N_{st}N^2C_8+\dfrac{C_3}{C_4}}{\dfrac{1}{C_4}+\dfrac{A_d}{C_2A_s}-\dfrac{N_{st}NA_dC_7}{N_{pu}}}$$

상기 식의 C_1, C_2, C_3 및 C_4는 식 5.2 및 5.4로부터 관로 내 유속, 수두, 마찰 계수, 직경, 파속 및 관로의 기울기로 구성된 관로 특성을 나타내고, C_7 및 C_8은 식 6.16으로부터 펌프의 유량-수두 특성, N_{st}는 펌프의 단수, N은 펌프의 회전수로서 펌프의 특성을 나타낸다. 결론적으로 펌프 토출 유량은 관로와 펌프의 특성에 따라 결정되는 것을 알 수 있다.

본 프로그램에서 펌프 상사법칙을 적용하기 위해 시간 변화에 따른 펌프의 유량을 구한 다음 이 유량을 회전수로 나누어 펌프의 운전점 위치를 구하여 보간법을 올바르게 적용하였는지 반드시 확인하여야 한다. 펌프가 운전하고 있는 시간 동안인 3.338초까지의 유량과 운전점 범위는 표 10과 같다. 표에서 보는 바와 같이 정상 유동시에는 펌프의 운전점을 구하기 위해서 운전점 3과 4사이에 보간법을 적용하여야 하고, 0.835초~2.504초 사이에는 운전점 4와 5사이, 3.338초에는 운전점 5와 6사이에 보간법을 적용하여야 한다.

시 간(초)	회전수(rpm)	유량		운전점
		$ft^3/rev.$	gpm	
0	1775.0	0.003377	2691.5	3~4
0.835	1354.5	0.003821	2323.9	4~5
1.669	1097.0	0.004327	2131.3	4~5
2.504	924.4	0.004900	2033.7	4~5
3.338	798.8	0.005395	1935.0	5~6

표 10 부정류 발생 동안 펌프 운전점 변화

상기 표에서 한가지 흥미로운 사실은 정상 유동시에는 펌핑 유량 $2691.5gpm$ 수두 $326.7ft$로서 펌프의 운전점 3과 4사이에 위치하나 0.835초 후에는 펌핑 유량 $2323.9gpm$, 수두 $178ft$로서 펌프의 운전점 4과 5사이에 위치하고 시간이 지날수록 펌프 유량-수두 곡선의 우측으로 이동하여 3.338초에는 펌프 운전점 5의 오른쪽에 위치하는 것을 알 수 있다(그림 2 참조). 이것은 시간이 지날수록 정상 유량과 비교하여 펌핑 유량은 감소하나 상사법칙에 따라 회전수 변화에 따른 유량은 오히려 증가한다는 것을 의미한다.

표 9에서 구한 유량과 수두의 수치들이 펌프의 상사법칙에 따른 것인지 확인해보자. 회전수가 $1354.5rpm$으로 변화하면 상사법칙으로부터

$$\frac{Q_M}{Q_P} = \frac{N_M}{N_P}$$

$$Q_{M1} = Q_{P1}\frac{N_M}{N_P} = 0\frac{1354.5}{1775} = 0$$

$$Q_{M2} = Q_{P1}\frac{N_M}{N_P} = 1000\frac{1354.5}{1775} = 763$$

$$\vdots$$

$$Q_{M5} = Q_{P5}\frac{N_M}{N_P} = 4000\frac{1354.5}{1775} = 3,052$$

$$\frac{H_M}{H_P} = \left(\frac{N_M}{N_P}\right)^2$$

$$H_{M1} = H_{P1}\left(\frac{N_M}{N_P}\right)^2 = 387\left(\frac{1354.5}{1775}\right)^2 = 225$$

$$H_{M2} = H_{P2}\left(\frac{N_M}{N_P}\right)^2 = 382.5\left(\frac{1354.5}{1775}\right)^2 = 222.7$$

$$\vdots$$

$$H_{M5} = H_{P5}\left(\frac{N_M}{N_P}\right)^2 = 202.5\left(\frac{1354.5}{1775}\right)^2 = 118$$

동일한 방법으로 시간 1.669, 2.504 및 3.338초 후의 펌프의 유량과 수두를 구한 결과는 다음 표와 같다.

운전점		1	2	3	4	5
0초	유량(gpm)	0	1000	2000	3000	4000
	수두(ft)	387	382.5	363	310.5	202.5
0.835초	유량(gpm)	0	763	1526	2289	3052
	수두(ft)	225	222	211	181	118
1.669초	유량(gpm)	0	618	1236	1854	2472
	수두(ft)	148	146	139	119	77
2.504초	유량(gpm)	0	521	1042	1562	2083
	수두(ft)	105	104	98	84	55
3.338초	유량(gpm)	0	450	900	1350	1820
	수두(ft)	78	77	74	63	41

표 11 펌프 상사 법칙에 따른 유량-수두 특성

부정류 발생동안 펌프는 상기 표의 운전점 사이에서 운전되므로 보간법을 사용하거나 회귀분석법을 사용하여 이 운전점들을 구하여야 한다. 상기 자료를 기초로 시간에 따른 유량-수두 관계를 3차 공식으로 유도하면 다음과 같다.

0초 $H = -3\times10^{-9}Q^3 + 3\times10^{-6}Q^2 - 0.0046Q + 387.06$

0.835초 $H = -4\times10^{-9}Q^3 + 3\times10^{-6}Q^2 - 0.0035Q + 225.4$

1.669초 $H = -5\times10^{-9}Q^3 + 3\times10^{-6}Q^2 - 0.0028Q + 147.84$

2.504초 $H = -6\times10^{-9}Q^3 + 3\times10^{-6}Q^2 - 0.0024Q + 104.98$

3.338초 $H = -7\times10^{-9}Q^3 + 3\times10^{-6}Q^2 - 0.002Q + 78.39$

상기 식에 부정류 발생 시간에서의 유량을 대입하여 수두를 구하면 다음 표와 같다.

시 간(초)	유량(gpm)	수 두(ft)	
		회귀분석법	표 9
0	2691.5	337.9	326.7
0.835	2323.9	183.3	178.0
1.669	2131.3	107.1	100.1
2.504	2033.7	62.0	57.7
3.338	1935.0	35.0	16.4

표 12 펌프 상사법칙 검증

관로의 특성은 하류측 저수지 수위와 상류측 저수지 수위 차이인 정수두와 속도수두를 무시한 관로의 마찰손실수두인 동수두로 구성되며 수위차이는 주어진 자료로부터 $240ft$가 되며 정상 유동시 펌프의 전수두(H_T)인 $326.7ft$에서 정수두(H_A)를 뺀 $86.7ft$가 마찰 손실 수두(H_L)가 된다. 이를 유량(gpm)과 수두의 관계를 나타내는 수식으로 표현하면 다음과 같다.

$$H_T = H_A + H_L = 240 + 0.000011975 \times Q^2$$

상기 관계식들 이용하여 펌프와 관로 특성들을 그림으로 나타내면 다음과 같다.

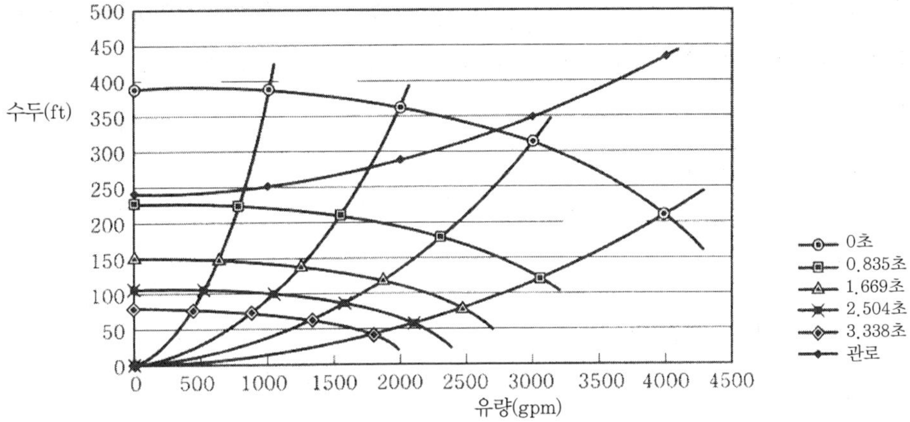

그림 2 부정류 발생 동안의 펌프 특성 변화

표 12와 상기 그림을 비교 분석해 보면 전반적으로 상사법칙이 일치하나 3.338초 에서는 상당한 수두차이가 발생한다. 이것은 3차 공식 유도과정에서 미소한 수치 차이의 결과로 해석된다.

펌프의 회전속도의 감소 비율은 처음 시간 간격에서 24%로 가장 크고 시간이 흐를수록 감소 비율이 19%, 16% 그리고 14%로 점차적으로 작아지는 것을 알 수 있다.

6.1.4 흡상 펌프를 위한 공식 설정

흡상 펌프의 경우도 가압 펌프에서와 같은 절차로 수행한다. 펌프 토출측에는 역지변이 설치된다. 마찰이 아주 작은, 근본적으로 마찰이 없는 바이패스 배관이 펌프장 주위에 설치되고 이 바이패스 관로에는 역지변이 설치된다. 이 바이패스 관로는 부정류 발생기간 동안 펌프의 수두가 0이 되는 경우 관로에 물을 공급하기 위해 사용된다. 정전이 되어 모든 펌프가 동시에 정지된다고 가정한다.

이와 같은 경우에 펌프의 거동을 모델하기 위해서 4개의 공식이 필요하다.

토출측 C^- $\qquad V_{Pd} = C_3 + C_4 H_{Pd} \qquad$ 6.20

질량보존법칙 $\qquad N_{pu} Q = V_{Pd} A_d \qquad$ 6.21

일과 에너지 $\qquad H_{sump} + h_P = H_{Pd} \qquad$ 6.22

펌프 특성 $\qquad \dfrac{h_p}{N^2} = N_{st}\left[C_7 \dfrac{Q}{N} + C_8\right] \qquad$ 6.23

여기서 N_{pu}는 병렬 운전시 펌프의 대수이고, H_{sump}는 흡수정 수위이다. 앞에서와 같이 N를 구하게 되면 4개의 미지수만 남는다. 공식 6.20부터 6.23으로부터 다음 식을 유도할 수 있다.

$$H_{Pd} = \frac{H_{sump} + \dfrac{N_{st}N}{N_{pu}} C_7 C_3 Ad + N_{st} N^2 C_8}{1 - \dfrac{N_{st}N}{N_{pu}} C_7 C_4 A_d} \qquad 6.24$$

상기 식은 다음과 같이 더욱 간략하게 나타낼 수 있다. 즉,

$$C_5 = N_{st} N^2$$

$$C_6 = H_{sump} + C_5 C_8 + \frac{C_5 C_3 A_d}{N_{pu} N}$$

$$C_9 = \frac{C_5 C_7 C_4 A_d}{N_{pu} N}$$

$$H_{Pd} = \frac{C_6}{1 - C_9} \qquad 6.24.1$$

H_{Pd}가 H_{sump}보다 작으면 펌프 바이패스 배관이 개방되고 H_{Pd}와 H_{sump}을$(h_p = 0)$ 같은 것으로 설정하고 공식 6.20을 사용하여 속도를 구한다. 만일 속도가 음일 경우 $V_{Pd} = 0$으로 설정하고 공식 6.20으로부터 H_{Pd}을 계산한다. 다음 예제는 펌프장 정전시 이러한 분석 방법을 적용하였다.

예제 6.2

다음 그림과 같이 4대의 펌프가 병렬로 운전하여 흡수위 $395ft$인 저수지로부터 $12,000\ gal/\text{min}$ 유량을 수위 $840ft$인 상류 저수지로 송수한다. 펌프 토출측 관로에는 역지변이 설치되고 관로는 직경 30인치로 용접강관으로 연결된다.

관로는 고도 $415ft$인 펌프장으로부터 수평으로 길이 $2000ft$로 연장된다. 이로부터 상방향으로 3마일 길이로 연장되고 고도는 $700ft$이다. 나머지 2마일 관로는 R.C(reinforced concrete)로 고도가 $810ft$인 상류측 저수지로 완만한 경사로 연결된다. 관로는 강관이고 마찰 계수와 파속은 각각 0.013 및 $3590ft/s$이다. R.C의 마찰 계수와 파속은 각각 0.019 및 $3490ft/s$이다. 펌프는 예제 6.1에서 사용된 펌프와 동일한 Ingersoll_Dresser

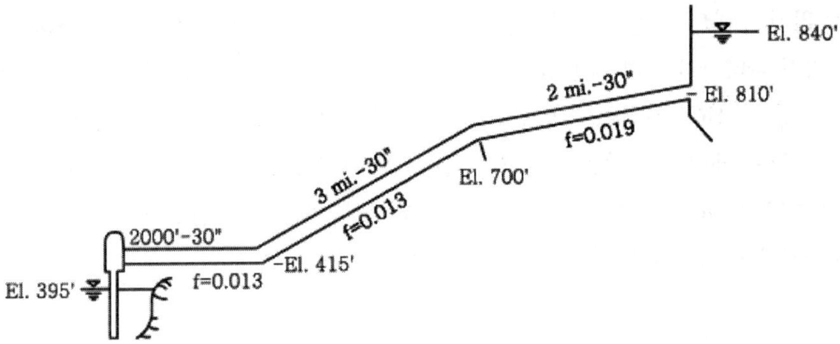

15H277 터빈 펌프이나 5단이다. 앞의 예제의 펌프 특성을 참조한다. 임펠러 직경은 11.83 인치이다. 각 펌프와 전동기의 전체 회전 관성 모멘트는 $475lb_F \cdot ft^2$이다. 펌프 동력 차단시 결과를 구하라.

풀이

펌프 동력 차단시 결과를 결정하기 위해 EP62.FOR를 사용한다. 이 프로그램의 입력 자료 파일은 다음과 같다. 또한 이 프로그램에서는 추가적인 출력 자료 표, 프린터 출력 그리고 외부 도표 프로그램을 위한 자료 파일을 생성해주는 부 프로그램인 PGRAPH를 사용한다.

예제 6.2 프로그램 EP62.FOR – 입력자료 파일 "EP62.DAT"

```
정전시 5단 펌프 4대 INGERSOLL-DRESSER 15H277
&SPECS NPIPES=3,NPARTS=3,IOUT=1,HRES=840.,HSUMP=395.,ZEND=810.,
       HATM=33.,QACC=0.50,TMAX=10.,DTNEW=0.,PFILE=T,HVPRNT=T,
       PPLOT=T,GRAPH=T,RERUN=F/
1  30.   2000.  .013  3590.  415.
2  30.  15840.  .013  3590.  415.
3  30.  10560.  .019  3486.  700.
&PUMPS NPUMPS=4,NSTAGE=5,RPM=1775.,WRSQ=475.,
       QN=0.,1000.,2000.,3000.,4000.,4500.,
       HNSQ=129.,127.5,121.,103.5,67.5,0.,
       TNSQ=50.,58.,78.,92.,97.,80./
&GRAF NSAVE=3,IOUTSA=1,PIPE=1,2,3,0,NODE=1,1,1,0/
```

결과는 동력 차단시 5초 후에 수주분리가 발생하는 것을 보여준다. 기포 공동을 분석하기 위해 준비되지 않았기 때문에 이 시점에 프로그램 실행은 종료된다. 아래 그림은 수주 분리가 나타나기 전까지의 EL-HGL 도표를 보여준다. 프로그램 출력 결과를 살펴보면 펌프 토출 측 HGL은 5초 후에도 447ft가 되어 펌프 흡입측 HGL 395ft보다 크므로 바이패스 배관은 개방되지 않는다. 그러나 관로 2의 0.435 지점으로부터 0.696지점까지는(상기 그림에서 HGL의 높이가 배관 높이보다 아래에 위치한 지점) 대기압 수두 32.2ft 이하로 저하되므로 기포가 발생하여 수주 분리가 시작된다.

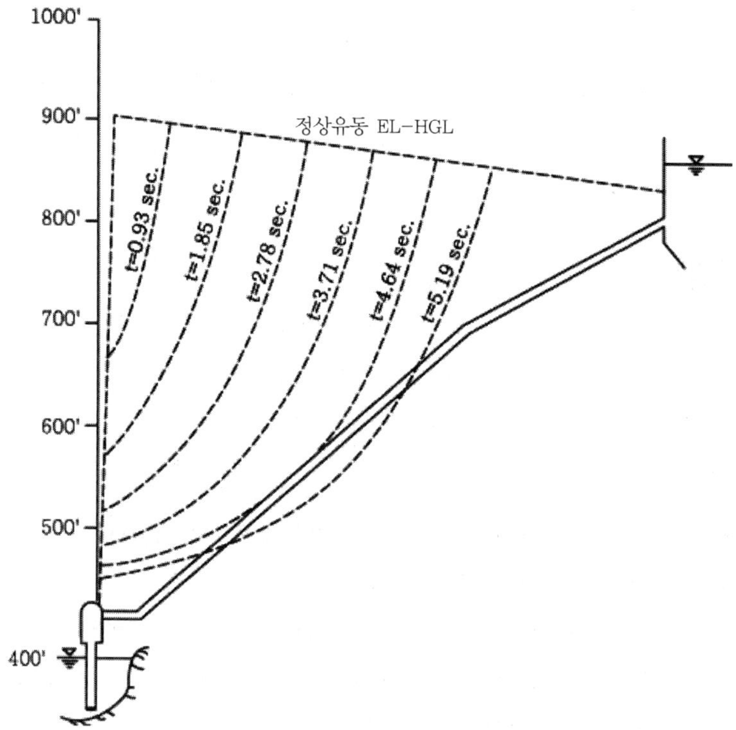

상세풀이

본 예제는 예제 6.1과 거의 유사하므로 유도과정은 예제 6.1를 참조하기로 하고 여기에서는 다른 점들을 분석하기로 한다.

1. 정상 유동 분석

펌프가 정상적으로 운전될 경우 다음과 같이 주어진 펌프와 관로 특성으로부터 펌프의 운전점 즉, 유량과 수두를 구한다.

1) 관로 특성

상류측 저수지 수위 : EL:395ft

상류측 흡입 배관 고도 : EL:415ft

하류측 저수지 수위 : EL:840ft

하류측 토출 배관 고도 : EL:810ft

구 분	관로 1	관로 2	관로 3
관 직경(인치)	30	30	30
단면적(ft^2)	4.9	4.9	4.9
관 길이(ft)	2000	15840	10560
파속(ft/sec)	3590	3590	3486
배관 고도(ft)	415	415	700
마찰 계수(f)	0.013	0.013	0.019
관 구배(sine)	0	0.018	0.0104
분 절 수	3	23	16

표 1 관로 특성

2) 펌프 특성

병렬 운전 펌프 대수 : 4대

단 수 : 5단

회전속도 : 1775rpm(BHP)

관성 모멘트 : $475 lb_f \cdot ft^2$

펌프 운전점	유량($gallon/\mathrm{min}$)	1단 수두(ft)	동력(BHP)
1	0	129.0	50
2	1000	127.5	58
3	2000	121.0	78
4	3000	103.5	92
5	4000	67.5	97
6	4500	0.0	80

표 2 펌프 특성1

3) 펌프 운전점 결정

상기 펌프 운전 점들 중에서 본 프로그램은 4번째 유량(3000)을 초기 유량 $QTRY$로 대입하고 유량에 따른 손실 수두를 계산하여 관로와 펌프의 수두가 일치되는 유량을 다음과 같은 절차에 따라 계산한다. 즉,

$$FUNCT = HSUMP - HRES + NSTAGE^{*} HN - COEF \times SUM \qquad ①$$

$$FUNCT = 상류저수지\ 수위 - 하류저수지\ 수위 + 펌프단수 \times 펌프수두 - 손실수두$$

$$= 395 - 840 + 5 \times 103.5 - 79.72$$

$$= -7.2243$$

$H_L = (SUM1 + SUM2 + SUM3) \times COEF$ (예제 6.1 해설 참조)

$$= (9.6 + 76.3 + 74.3) \times 0.497632$$

$$= 79.72$$

$$FPRIME = 5 \times \frac{103.5 - 121}{3000 - 2000} - 2 \times \frac{79.72}{3000}$$

$$= -0.1406$$

상기의 $FUNCT$와 $FPRIME$ 수치를 다음 식에 대입하여 다시 대입할 유량 수치를 구한다.

$$QNEXT = 3000 - \frac{-7.2243}{-0.1406}$$

$$= 2948.63$$

변화된 펌프의 펌핑 수두 HN은 다음과 같이 보간법을 사용하여 구한다.

$$HN = HNSQ(3) + (QTRY - QN(3)) \times \frac{HN(4) - HN(3)}{QN(4) - QN(3)} \qquad ②$$

$$HN = 121 + (2948.63 - 2000) \times \frac{103.5 - 121}{3000 - 2000}$$

$$= 104.4$$

이제 $QTRY - QNEXT$의 수치가 허용 오차 범위 $QACC = 0.5\,GPM$(gallon per minute) 내에 들어 올 때까지 반복한 결과는 다음과 같다.

반복회수	$QTRY$	$FUNCT$	$FPRIME$	$QNEXT$	$QACC$	HN
1	3000	-7.2243	-0.1406	2948.63	-51.36	103.5
2	2948.63	-0.022549	-0.1397	2948.47	-0.1613	104.4
3	2648.47	0.00003	-0.1397	2948.47	-0.000228	104.4

표 3 펌프 운전점

펌프 1대의 토출 유량 $QTRY = 2948.47\,GPM$이므로 병렬 운전 펌프 대수를 고려한 관로 유량은

$$QLINE = QTRY \times N_P = 2948.47 \times 4 = 11794\,GPM$$

이고 펌프 가압 단수를 고려한 펌핑 수두는 다음과 같다.

$$HPUMP = HN \times NSTAGE = 104.4 \times 5 = 522.01\,ft$$

펌프가 정상적으로 운전할 때 관로 내 유속은 다음과 같다.

$$\begin{aligned} VZERO &= COEF\frac{QLINE}{D^2} \\ &= 0.40855 \times \frac{11794}{30^2} \\ &= 5.35\,ft/\mathrm{sec} \end{aligned}$$

단위를 고려한 배관 단면적은 다음과 같다.

$$AREA = \frac{\pi \times (30/12)^2}{4} = 4.90625\,ft^2$$

4) 미소 시간 Δt 결정

수치 해석에 사용할 시간 간격은 공식 (5.8)로부터

$$\Delta t_i = \frac{L_i}{N(V_i + a_i)}$$

여기서 i는 관로 숫자를 나타내며 N은 관로 최소 분절 숫자를 나타낸다. 본 프로그램에서는 $N=3$으로 주어진다. 따라서 각 관로에서의 시간 간격은 다음과 같다.

$$\Delta t_1 = \frac{2000}{3(5.35+3590)} = 0.1854\text{sec}$$

$$\Delta t_2 = \frac{15840}{5(5.35+3590)} = 1.4685\text{sec}$$

$$\Delta t_3 = \frac{10560}{5(5.35+3486)} = 1.0082\text{sec}$$

상기 시간 간격중 가장 작은 시간 간격인 $\Delta t = 0.1854\text{sec}$을 취하여야 하므로 각 관로의 분절 숫자는 다음과 같이 결정된다.

$$N_2 = \frac{L_i}{\Delta t(V_i + a_i)} = \frac{15840}{0.1854 \times (5.35+3590)} = 23$$

$$N_2 = \frac{L_i}{\Delta t(V_i + a_i)} = \frac{10560}{0.1854 \times (5.35+3486)} = 16$$

5) 펌프 상사 법칙

펌프의 회전수 변화에 따른 상사법칙 계산 결과는 예제 6.1과 동일하다

펌프 운전점	유량 QN $ft^3/rev.$	수두 $HNSQ$ $\frac{feet \cdot \min^2}{rev^2}$	토크 $TNSQ$ $\frac{lb_f \cdot ft \cdot \min^2}{rev^3}$
1	0	0.00004094	0.00023
2	0.001255	0.00004047	0.00027
3	0.002509	0.00003841	0.00037
4	0.003764	0.00003285	0.00043
5	0.005019	0.00002142	0.00046
6	0.005646	0	0.00038

표 4 펌프 특성 2

6) 피에조미터 수두 및 수두 결정

정상 유동시 즉, 펌프가 정상적으로 운전하고 있을 때 각 관로 지점에서의 유속, 수두, 피에조미터 수두는 다음과 같다. 즉, 유속은 각 관로의 단면적이 같으므로 항상 동일하고, 피에조미터 수두 H는 펌핑 수두에서 관로 각 지점까지의 마찰 손실을 뺀 수치를 나타낸다. 펌프 토출 지점에서의 피에조미터 수두는

$H=$ 흡입수위 $+$ 펌핑수두

$=395+522$

$=917$

각 관로 임의 지점에서의 피에조미터 수두는

$H=$ 토출수위 $-$ 각 관로 지점까지의 마찰손실

$$H_L=f\frac{L}{D}\frac{V^2}{2g}=0.013\times\frac{666.67ft.}{30/12}\times\frac{5.35^2}{2\times 32.2}=1.54ft$$

관로 1의 두 번째 지점에서의 피에조미터 수두는 다음과 같다.

$H=917-1.54=915.46ft$

수두 $HEAD$는 피에조미터 수두 H에서 관로 경사를 뺀 수치를 나타낸다.

$HEAD=H-$ 관로경사

상기의 방법으로 계산된 정상 유동시 결과는 다음과 같다.

관로 1	X	H	HEAD	V
1	0.000	917	502	5.35
2	0.333	915	500	5.35
3	0.667	914	499	5.35
4	1.000	912	497	5.35

표 5 정상유동시 해석 결과(관로 1)

관로 2	X	H	HEAD	V
1	0.000	912	497	5.35
2	0.043	911	483	5.35
3	0.087	909	469	5.35
4	0.130	908	455	5.35
5	0.174	906	441	5.35
6	0.217	904	427	5.35

표 6 정상유동시 해석 결과(관로 2)

관로 2	X	H	HEAD	V
7	0.261	903	413	5.35
8	0.304	901	399	5.35
9	0.348	900	385	5.35
10	0.391	898	371	5.35
11	0.435	896	358	5.35
12	0.478	895	344	5.35
13	0.522	893	330	5.35
14	0.565	892	316	5.35
15	0.609	890	302	5.35
16	0.652	888	288	5.35
17	0.696	887	274	5.35
18	0.739	885	260	5.35
19	0.783	884	246	5.35
20	0.826	882	232	5.35
21	0.870	880	218	5.35
22	0.913	879	204	5.35
23	0.957	877	190	5.35
24	1.00	876	176	5.35

표 6 (계 속)

관로 3	X	H	HEAD	V
1	0.000	876	176	5.35
2	0.063	873	167	5.35
3	0.125	871	157	5.35
4	0.188	869	148	5.35
5	0.250	867	139	5.35
6	0.313	865	130	5.35
7	0.375	862	121	5.35
8	0.438	860	112	5.35
9	0.500	858	103	5.35
10	0.563	856	94	5.35
11	0.625	853	85	5.35
12	0.688	851	76	5.35

표 7 정상유동시 해석 결과(관로 3)

관로 3	X	H	HEAD	V
13	0.750	849	66	5.35
14	0.813	847	57	5.35
15	0.875	844	48	5.35
16	0.938	842	39	5.35
17	1.000	840	30	5.35

표 7 (계 속)

2. 부정류 분석

펌프가 정전이 되어 유속이 급속히 저하되면 부정류가 발생하는데 여기에서는 최소 시간인 $\Delta t = 0.1854\text{sec}$의 간격으로 부정류 발생 결과를 분석하기로 한다.

1) 관로 내부 절점 수두 및 속도 결정

관로 내부 절점에서의 피에조미터 수두와 유속은 공식 4.62, 4.63, 4.59, 4.61, 4.64 및 4.65로부터 계산할 수 있다. 먼저 유속은 공식 4.62 및 4.63으로부터

$$V_L = V_C + a\frac{\Delta t}{\Delta s}(V_{Le} - V_C) \tag{4.62}$$

$$V_R = V_C + a\frac{\Delta t}{\Delta s}(V_{Ri} - V_C) \tag{4.63}$$

상기 식에서 V_C는 정상 유동시 관로 1의 2지점에서의 유속, V_{Le}는 관로 1의 1 지점에서의 유속, V_{Ri}는 관로 1의 3지점에서의 유속이다. 피에조미터 수두는 공식 4.59.1과 4.61.1로부터

$$H_L = H_C + a\frac{\Delta t}{\Delta s}(H_{Le} - H_C) \tag{4.59.1}$$

$$H_R = H_C + a\frac{\Delta t}{\Delta s}(H_{Ri} - H_C) \tag{4.61.1}$$

H_C는 정상 유동시 관로 1의 2지점에서의 수두, H_{Le}는 관로 1의 1 지점에서의 수두, H_{Ri}는 관로 1의 3지점에서의 수두이다. $a_1 \Delta t / \Delta s_1 = 3590 \times 0.1854/666.7 = 0.9983$이므로

$$H_L = 915 + 0.9983(917 - 915)$$
$$= 916.99$$

$$H_R = 915 + 0.9983(914 - 915)$$
$$= 914$$

관로 1의 2지점에서의 피에조미터 수두 및 유속은 공식 4.64 및 4.65로부터

$$V_P = \frac{1}{2}\left[(V_L + V_R) + \frac{g}{a}(H_L - H_R) + \frac{g}{a}\Delta t(V_L - V_R)\sin\theta - \frac{f\Delta t}{2D}(V_L|V_L| + V_R|V_R|)\right]$$
$$= 0.5\left[(5.35 + 5.35) + \frac{32.2}{3590}(916.99 - 914) + 0 - \frac{0.013 \times 0.1854 \times 12}{2 \times 30}(5.35|5.35| + 5.35|5.35|)\right]$$
$$= 5.35$$

$$H_P = \frac{1}{2}\left[\frac{a}{g}(V_L - V_R) + (H_L + H_R) + \Delta t(V_L + V_R)\sin\theta - \frac{a}{g}\frac{f\Delta t}{2D}(V_L|V_L| - V_R|V_R|)\right]$$
$$= 0.5[(916.99 + 914)]$$
$$= 915$$

동일한 방법으로 관로2 및 관로3의 내부 절점에서의 유속 및 피에조미터 수두를 구한다.

2) 관로 접합부 수두 및 속도 결정

관로 1과 2의 접합부와 관로 2와 3의 접합부에서의 유속과 피에조미터 수두는 공식 5.2, 5.4 및 5.7을 사용하여 구한다.

$$V_{P1} = C_1 - C_2 H_{P1} \qquad 5.2$$

여기서

$$C_1 = V_{L1} + \frac{g}{a_1}H_{L1} - \frac{f_1\Delta t}{2D_1}V_{L1}|V_{L1}| + \frac{g}{a_1}\Delta t\, V_{L1}\sin\theta_1$$
$$= 13.537$$

$$C_2 = \frac{g}{a_1} = 0.008969$$

$$V_{P2} = C_3 + C_4 H_{P2} \qquad 5.4$$

여기서

$$C_3 = V_{R2} - \frac{g}{a_2} H_{R2} - \frac{f_2 \Delta t}{2D_2} V_{R2} | V_{R2} | - \frac{g}{a_2} \Delta t \, V_{R2} \sin\theta_2$$

$$= -2.8297$$

$$C_4 = \frac{g}{a_2} = 0.008969$$

$$H_{P1} = H_{P2} = \frac{C_3 A_1 - C_1 A_2}{C_2 A_2 + C_4 A_1} = 912 \qquad 5.7$$

상기에서 구한 $H_{P1} = H_{P2} = 912$를 식 5.2 및 5.4에 대입하여 속도를 구한다.

$$V_{P1} = C_1 - C_2 H_{P1} = 5.35$$

$$V_{P2} = C_3 + C_4 H_{P2} = 5.35$$

동일한 방법으로 관로 2와 3 접합부에서의 유속과 피에조미터 수두를 구한다.

3) 상류측 경계 조건

펌프가 설치된 경계 조건들을 사용하여 유속과 피에조미터 수두를 구하여야 한다. 먼저 정상 유동시 펌프 1대 송수량은 $Q = 2948.47 gpm$으로 단위를 다음과 같이 환산한다.

$$Q = \frac{Q(GPM)}{449 \times RPM} = \frac{2948.47}{449 \times 1775} = 0.003699 ft^3/rev$$

펌프는 운전점 3과 4사이에 위치한다. 선형 보간법을 사용하여 이 운전점에서의 토크를 구하면 다음과 같다.

$$TN2 = T_3 + (Q - Q_3) \frac{T_4 - T_3}{Q_4 - Q_3}$$

$$= 0.00037 + (0.003699 - 0.002509) \frac{0.00043 - 0.00037}{0.003764 - 0.002509}$$

$$= 0.00042884$$

$\Delta t = 0.1854 \sec$시간 경과후 회전수의 변화는 공식 6.14로부터 구할 수 있다.

$$N(t+\Delta t)=N(t)-\frac{30}{\pi I}T(t)\Delta t N^2$$

$$=1775-30\times 0.00042884\times 0.1854\times \frac{1775^2}{3.14\times \frac{475}{32.2}}$$

$$=1613rpm$$

바이패스 배관은 폐쇄된 상태이므로 토출측 피에조미터 수두를 구하기 위해 공식 6.24.1를 사용한다.

$$H_{Pd}=\frac{C_6}{1-C_9} \tag{6.24.1}$$

여기서 $C_6=H_{sump}+C_5\times C_8+\dfrac{C_5\times C_7\times C_3\times A_d}{N_{pu}\times N}$

$$C_5=N_{st}N^2$$

$$C_9=\frac{C_5\times C_7\times C_4\times A_d}{N_{pu}\times N}$$

$$C_3=V_{R1}-\frac{g}{a_1}H_{R1}-\frac{f_1\Delta t}{2D_1}V_{R1}|V_{R1}|-\frac{g}{a_1}\Delta t V_{R1}\sin\theta_1$$

$$C_4=\frac{g}{a_1}=\frac{g}{a_2}$$

상기 식에서 V_{R1} H_{R1}는 관로 1의 2지점에서의 유속과 피에조미터 수두를 나타내며 이들을 구하는 식은 4.63 및 4.61.1이다.

$$V_{R1}=V_C+a\frac{\Delta t}{\Delta s}(V_{Ri}-V_C) \tag{4.63}$$

상기 식에서 V_C는 정상 유동시 식 4.63의 관로 1의 1지점에서의 유속, V_{Ri}는 관로1의 2지점에서의 유속이다. 그리고 파속, 미소 시간 간격 및 분절의 길이는 항상 동일하므로

$$a\Delta t/\Delta s=3590\times 0.1854245/666.67=0.9985$$

의 상수로 놓을 수 있다. 또한 $V_C=V_{Ri}$이므로 다음과 같이 된다.

$$V_{Ri} = V_C = 5.35ft/\sec$$

$$H_{R1} = H_C + a\frac{\Delta t}{\Delta s}(H_{Ri} - H_C) \quad 4.61.1$$

상기 식의 H_C는 정상유동시 관로 1의 1지점에서의 수두, H_{Ri}는 관로 1의 2지점에서의 수두이다. $a\Delta t/\Delta s = 3590 \times 0.8345/3000 = 0.9986$이므로

$$H_{R1} = 917 - 0.9985(917 - 915)$$

$$= 915.454$$

상기 수치들을 대입하여 C_3 및 C_4를 구하면

$$C_3 = V_{R1} - \frac{g}{a_1}H_{R1} - \frac{f_1\Delta t}{2D_1}V_{R1}|V_{R1}| - \frac{g}{a_1}\Delta t V_{R1}\sin\theta_1$$

$$= 5.35 - 0.008969 \times 915 - \frac{0.013 \times 0.1854 \times 12}{2 \times 30}5.35|5.35|$$

$$= -2.87108$$

$$C_4 = \frac{g}{a} = \frac{32.2}{3590} = 0.008969$$

C_7과 C_8은 공식 6.16으로부터

$$C_7 = \frac{H_3 - H_4}{Q_3 - Q_4} = \frac{0.00003841 - 0.00003285}{0.002509 - 0.003764} = -0.00443$$

$$C_8 = -\left(\frac{(h_p/N^2)_A - (h_p/N^2)_B}{(Q/N)_A - (Q/N)_B}\right)\left(\frac{Q}{N}\right)_B + \left(\frac{h_p}{N^2}\right)_B$$

$$= 0.00443 \times 0.003764 + 0.00003285$$

$$= 0.000049514$$

$$C_5 = N_{st}N^2 = 5 \times 1612.738^2 = 13004626$$

$$C_6 = H_{sump} + C_5 \times C_8 + \frac{C_5 \times C_7 \times C_3 \times A_d}{N_{pu} \times N}$$

$$= 395 + 13004626 \times 0.00004951$$

$$+ \frac{13004626 \times -0.0044268 \times 2.87107 \times 4.90625}{4 \times 1612.9}$$

$$= 1164.6$$

$$C_9 = \frac{C_5 \times C_7 \times C_4 \times A_d}{N_{pu} \times N}$$

$$= \frac{13004626 \times (-0.0044268) \times 0.008969 \times 4.90625}{4 \times 1612.738}$$

$$= -0.3927092$$

상기에서 구한 자료들을 공식 6.24.1에 대입하면

$$H_{Pd} = \frac{C_6}{1 - C_9} = \frac{1164.6}{1 + 0.3927092} = 836ft$$

펌프 토출관로의 유속은 공식 6.7로부터

$$V_{Pd} = C_3 + C_4 H_{Pd} = -2.87108 + 0.008969 \times 836 = 4.63ft/\sec$$

펌프 1대 회전수당 펌핑 유량은

$$Q_{PP} = \frac{V_{Pd} A_d}{N_{pu} N} = \frac{4.63 \times 4.90625}{4 \times 1612.7} = 0.003521 ft^3/rev.$$

상기 유량은 펌프 운전점 3과 4사이에 위치하므로(표4 참조) **상류측 경계 조건**에서 가정한 운전점과 동일하므로 다음과 같이 설정할 수 있다.

$$H_{(1,1)} = H_{Pd} = 836ft$$

$$V_{(1,1)} = V_{Pd} = 4.63ft/\sec$$

펌핑 수두는

$$H_{pump} = H_{Pd} - H_{sump} = 836 - 395 = 441ft$$

펌프 1대당 펌핑 유량은

$$Q_P = QPP \times N \times 449 = 0.003521 \times 1612.7 \times 449 = 2550gpm$$

4) 하류 저수지 수두 및 속도 결정

하류 저수지는 수위가 840ft로 항상 일정하므로 관로 3의 17지점에서는 항상 $H=840ft$가 된다. 이 지점에서의 유속은 공식 4.65.4로부터

$$V_{P_{N+1}} = C_1 - C_2 H_0$$

여기서 $C_1 = V_L + C_2 H_L + C_2 \Delta t \, V_L \sin\theta - \frac{f \Delta t}{2D} V_L |V_L|$

$$C_2 = \frac{g}{a} = \frac{32.2}{3486} = 0.00923695$$

상기 식의 V_L은 공식 4.62로부터

$$V_L = V_C + a\frac{\Delta t}{\Delta s}(V_{Le} - V_C) = 5.35$$

여기서 V_C는 정상 유동시 관로 3의 17지점에서의 유속, V_{Le}는 관로 3의 16지점에서의 유속이다. $a\Delta t/\Delta s = 3590 \times 0.1854245/666.67 = 0.9985$이고, 정상 유동시 관로 단면적이 동일하므로 모든 유속은 동일하다. 즉, $V_C = V_{Le} = V_L = 5.35ft/\sec$가 된다. H_L은 공식 4.59.1로부터

$$H_L = H_C + \frac{\Delta t}{\Delta s}(H_{Le} - H_C)a$$

H_C는 정상 유동시 관로 3의 17지점에서의 수두, H_{Le}는 관로 3의 16지점에서의 수두이다.

$$H_L = 840 + 0.9985(842 - 840) = 841.997ft$$

상기에서 구한 수치들을 이용하여 C_1를 구하면

$$C_1 = 5.35 + 0.00923695 \times 842 + 0.00923695 \times 0.1854 \times 5.35 \times 0.01041667$$

$$- \frac{0.013 \times 0.1854 \times 12}{2 \times 30} 5.35|5.35|$$

$$= 13.1127808$$

이제 관로 3의 17지점에서의 유속을 구하면

$$V_{P_{N+1}} = C_1 - C_2 H_0$$

$$= 13.1127808 - 0.00923695 \times 840$$

$$= 5.35 ft/\sec$$

따라서 관로 3의 17지점에서의 속도 및 수두는

$$H_{(3,17)} = 840 ft$$

$$V_{(3,17)} = 5.35 ft/\sec$$

지금까지 계산한 결과를 표로 나타내면 다음과 같다.

관로 1	X	VLEFT	VRITE	HLEFT	HRITE	VNEW	HNEW	HEAD
1	0.000		5.35		915.454	4.63	836	421
2	0.333	5.35	5.35	917	914	5.35	915	500
3	0.667	5.35	5.35	915	912	5.35	914	499
4	1.000	5.35		914		5.35	912	497

표 8 부정류 해석 결과(관로 1)

관로 2	X	VLEFT	VRITE	HLEFT	HRITE	VNEW	HNEW	HEAD
1	0.000		5.35		911	5.35	912	497
2	0.043	5.35	5.35	912	909	5.35	911	483
3	0.087	5.35	5.35	911	908	5.35	909	469
4	0.130	5.35	5.35	909	906	5.35	908	455
5	0.174	5.35	5.35	908	904	5.35	906	441

표 9 부정류 해석 결과(관로 2)

관로 2	X	VLEFT	VRITE	HLEFT	HRITE	VNEW	HNEW	HEAD
6	0.217	5.35	5.35	906	903	5.35	904	427
7	0.261	5.35	5.35	904	901	5.35	903	413
8	0.304	5.35	5.35	903	900	5.35	901	399
9	0.348	5.35	5.35	901	898	5.35	900	385
10	0.391	5.35	5.35	900	896	5.35	898	371
11	0.435	5.35	5.35	898	895	5.35	896	358
12	0.478	5.35	5.35	896	893	5.35	895	344
13	0.522	5.35	5.35	895	892	5.35	893	330
14	0.565	5.35	5.35	893	890	5.35	892	316
15	0.609	5.35	5.35	892	889	5.35	890	302
16	0.652	5.35	5.35	890	887	5.35	888	288
17	0.696	5.35	5.35	888	885	5.35	887	274
18	0.739	5.35	5.35	887	884	5.35	885	260
19	0.783	5.35	5.35	885	882	5.35	884	246
20	0.826	5.35	5.35	884	881	5.35	882	232
21	0.870	5.35	5.35	882	879	5.35	880	218
22	0.913	5.35	5.35	880	877	5.35	879	204
23	0.957	5.35	5.35	879	876	5.35	877	190
24	1.000	5.35		877		5.35	876	176

표 9 (계 속)

관로 3	X	VLEFT	VRITE	HLEFT	HRITE	VNEW	HNEW	HEAD
1	0.000		5.35		874	5.35	876	176
2	0.063	5.35	5.35	876	871	5.35	873	167
3	0.125	5.35	5.35	873	869	5.35	871	158
4	0.188	5.35	5.35	871	867	5.35	869	148
5	0.250	5.35	5.35	869	865	5.35	867	139
6	0.313	5.35	5.35	867	862	5.35	865	130
7	0.375	5.35	5.35	864	860	5.35	862	121

표 10 부정류 해석 결과(관로 3)

관로 3	X	VLEFT	VRITE	HLEFT	HRITE	VNEW	HNEW	HEAD
8	0.438	5.35	5.35	862	858	5.35	860	112
9	0.500	5.35	5.35	860	856	5.35	858	103
10	0.563	5.35	5.35	858	853	5.35	856	94
11	0.625	5.35	5.35	856	851	5.35	853	85
12	0.688	5.35	5.35	853	849	5.35	851	76
13	0.750	5.35	5.35	851	847	5.35	849	66
14	0.813	5.35	5.35	849	844	5.35	847	57
15	0.875	5.35	5.35	847	842	5.35	844	48
16	0.938	5.35	5.35	844	840	5.35	842	39
17	1.000	5.35		842		5.35	840	30

표 10 (계 속)

두 번째 시간 간격 $t = 0.1854 \times 2 = 0.3708$초에서의 부정류 분석은 상기의 절차를 반복하는데 여기서 주의하여야 할 것은 첫 번째 시간 간격에서는 정상 유동시 구한 수두 및 유속 자료들을 기준으로 수두, 유속을 계산하였으나 두 번째 시간 간격에서는 첫 번째 시간 간격에서 구한 수두 및 유속 자료들을 기준으로 수두 및 유속을 계산하여야 한다. 이후 결과는 프로그램 수행 결과를 참조하기로 한다.

3. 부정류 발생 동안의 시스템 거동 분석

1) 수두 변화

정상 유동 상태로 펌프가 운전 중 전력이 차단되면 펌프의 회전수가 급격히 감소하게 된다. 이로 인해 급속한 유속의 변화가 발생하여 펌프 하류측에서는 하강서지파가 발생하여 하류측 관로에서는 수두가 저하된다. 펌프가 정지되기 시작하여 5.01초가 되면 관로 2의 11지점부터 17 지점에서는 수두가 절대 진공 수두 $32.2ft$보다 낮은 압력이 형성되므로 공동현상이 발생한다. 본 프로그램은 수주분리가 발생하는 공동현상이 발생하면 프로그램이 중단된다. 그러나 압력파의 영향을 살펴보기 위해서는 압력파의 왕복 소요 시간인 약 16초 정도에서의 수두와 압력의 변화 자료가 필요하나 5초만에 프로그램이 중단되어 자료가 없어 수두와 압력의 변화를 고찰할 수 없다.

6.2 펌프 기동

펌프 기동에 따른 압력 서지는 예측하기가 어렵다. 특히 시스템 내에 공기가 존재하면 더욱 예측하기가 어렵다. 공기는 펌프 토출 수주에 또는 관로의 정상 부분에 위치할 수 있다. 어떤 경우이던 펌프 기동시 발생하는 압력을 어림잡기 위해 공기 소진(exhaustion) 절차를 모의 실험하여야 한다.

다른 한편으로는 펌프 기동이 최근 동력 차단과 관련된다면 압력을 조정하기 위해 재기동 시퀀스는 중요하다. 동력이 차단되면 공기가 시스템 내로 흡입되기 때문에 우리는 다시 관로로부터 공기 제거 절차를 모델링해야 하는 문제에 부딪힌다.

이러한 일련의 이벤트 순서를 모의 실험하기 위해서 흡상 펌프 동력 차단후 재기동 절차를 검토하기 위해 EP62.FOR를 수정한다. 그리고 또한 EP63.FOR를 사용하여 동력 차단 단계 동안 발생할 수 있는 수주 분리와 펌프 기동 단계에서 발생하는 공기 제거 절차를 모의실험할 수 있다. 공기와 기포 공동들은 절점에 집중된다고 가정하여 수주 분리와 공기 소진을 가장 단순한 방법으로 모의 실험하였다. 공기와 기포 공동들은 절점에 집중된다. 즉, 공기 방울 또는 기포 공동이 존재하는 한 절점들에서의 압력들은 각각 대기압과 증기압으로 설정된다. 공동 파괴(closure)에 기인한 압력 계산은 5.7절에서 자세하게 기술된 방법을 따른다. 공기 밸브를 통한 공기 방울 제거에 기인한 압력은 같은 방법으로 처리한다. 이러한 모의실험 절차는 그리 복잡하지 않은 반면 기포 공동 형성 및 붕괴, 기포 공동과 공기 방울의 위치와 이동, 그리고 관로로부터 제거되는 공기의 정도를 이해하는 데는 많은 불확실성들이 존재한다. 더욱 철저하게 분석하여도 장담할 수 없다.

EP63.FOR에서는 관로의 배관 접합부에는 공기-진공 밸브가 설치되어 공기를 흡입 및 배출시키도록 되어있다. 기포 공동 형성과 파괴를 모델링하였다. 펌프 수두가 0으로 저하될 경우 물을 공급하기 위해 펌프장 주변으로 마찰이 있는 바이패스 배관이 설치되어있다. 프로그램은 정상-유동 상황을 계산하고, 동력 차단을 모의실험하며 펌프를 다시 가동하는 절차(with various ramp times)를 탐구할 수 있도록 해준다. 재기동 없이 펌프 동력 차단을 모의실험하기 위해 재기동 시간을 단순히 프로그램 전체 실행 시간보다 크게 선택한다. 오직 펌프 기동만을 고찰하기 위해서 프로그램을 동력 차단을 모의 실험하도록 하고 유동이 안정될 때까지 재기동을 늦춘다. 관로로부터 공기 제거와 기포 공동 거동의 모의실험은 매우 불확실한 절차이고 그러한 분석의 결과는 매우 보수적으로 검토하여야 한다는 것을 항상 명심하여야 한다.

펌프 재기동과 수주 분리의 영향을 관찰하기위해 예제 6.1의 펌핑 개략도와 관로를 더욱 자세히 고찰한다.

예제 6.3

예제 6.2의 관로 개략도를 사용한다. 펌프 동력 차단후 60초부터 20초 간격으로 펌프를 재기동한다. 펌프는 10초만에 300rpm부터 정격회전 속도인 1775rpm으로 회전한다. 내부 접합부에는 2개의 공기-진공 밸브가 설치되었다고 가정한다. 직경 24인치 바이패스 배관의 손실 계수 K_L은 2.5이다.

풀이

이 분석을 위한 입력 자료는 다음과 같다.

♺ 예제 6.3 프로그램 EP73.FOR – 입력자료 파일 “EP63.DAT”

```
예제 6.2와 동일한 설비인 경우 정전과 재기동
&SPECS NPIPES=33.,NPARTS=3,HRES=840.,HSUMP=395.,ZEND=810.,
        HATM=33.,QACC=0.50,TMAX=180.,DTNEW=0.,DB=24.,KLB=2.5,
        PFILE=F,HVPRNT=T,PPLOT=F,GRAPH=T,RERUN=F/
1  30.   2000.   0.013  3590.   415.   0
2  30.  15840.   0.013  3590.   415.   1
3  30.  10560.   0.019  3490.   700.   1
&PUMPS NPUMPS=4,NSTAGE=5,RPM=1775.,RPMZ=1775.,WRSQ=475.,
NSTART=4,QN=0.,1000.,2000.,3000.,4000.,4500.,
        HNSQ=129.,127.5,121.,103.5,67.5,0.,
        TNSQ=50.,58.,92.,97.,80./
&RESTART TSTART(1)=60.,TSTART(2)=80.,TSTART(3)=100.,
   TSTART(4)=120.,TRAMP(1)10.,TRAMP(2)=10.,TRAMP(3)=10.,
   TRAMP(4)=10.,RPMSTART(1)=300.,RPMSTART(2)=300.,
   RPMSTART(3)=300.,RPMSTART(4)=300.,RPMEND(1)=1775.,
   RPMEND(2)=1775.,RPMEND(3)=1775.,RPMEND(4)=1775./
&OUTCTRL IOU=1000,     2,      1000,    2,      1000,    1000,
   TIOU=0.,        60.,     60.5.,   179.7.,  180.,    400./
&GRAF NSAVE=4,PIPE=1,2,3,3,NODE=1,1,1,7/
```

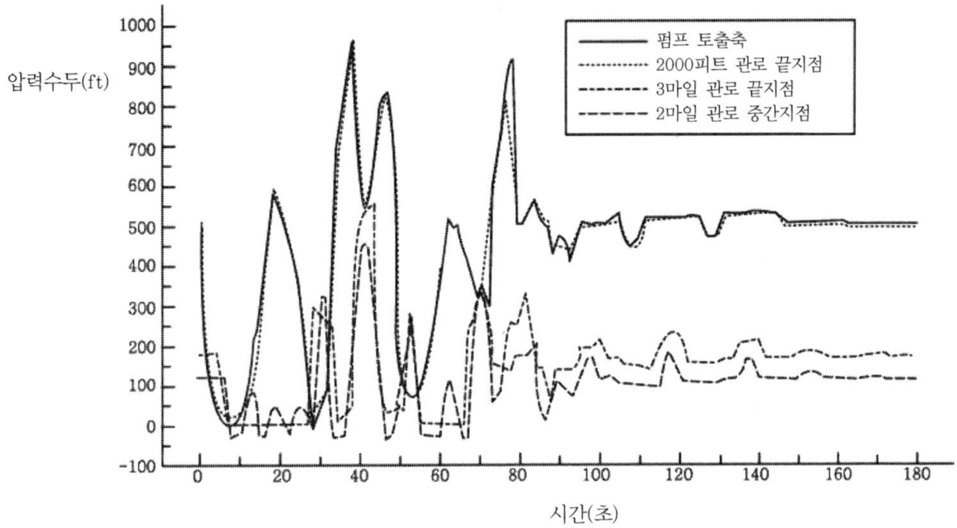
압력수두(ft)
1000
900
800
700
600
500
400
300
200
100
0
-100
펌프 토출측
2000피트 관로 끝지점
3마일 관로 끝지점
2마일 관로 중간지점
0
20
40
60
80
100
120
140
160
180
시간(초)

제7장 부정류 제어 장치와 절차

관로 시스템 내 부정류는 상당히 높은 또는 낮은 압력을 유발한다. 과도하게 높은 압력은 관로의 파열은 물론 펌프, 밸브 그리고 다른 관로 설비들에게 손상을 줄 수 있다. 작동 불량은 주어진 성능의 기준을 만족시킬 수 없는 상태를 나타낸다. 따라서 작동 불량은 물질적인 손상 없이도 발생 가능하다. 한 예로 어떤 조건에서 진공밸브를 통해 공기가 유입되어 관로 내 압력은 대기압 이하로 저하되는 것을 방지하여야 한다. 만일 분석결과 압력이 정상적인 운영 조건에서도 대기압 이하로 저하되면 이는 관로가 작동 불량인 것을 의미한다.

압력이 과도하게 저하되어도 상당한 량의 용존 공기가 방출될 수 있으며, 압력이 액체의 포화증기압 이하로 저하되면 상당한 기화가 발생할 수 있다. 외부 압력에 의해 증대된 저압의 결과로 관로가 붕괴될 수 있다. 또한 관로 내 임의 지점에서 발생한 기포 공동이 파괴되면 배관의 파괴를 유발시킬 수 있는 높은 충격 압력을 발생시킬 수 있다. 이러한 공동 파괴 충격은 관로 내에서 발생하는 실제적인 물질적 현상을 모의 실험하는 것이 어려우므로 또한 예측하는 것도 매우 어렵다. 5.7절에서 약술한 방법은 이러한 복잡한 현상을 모의 실험하기 위해 가장 보편적으로 사용되는 방법이다. 콘크리트와 같은 취성이 있는 배관 재료는 특히 이러한 형태의 문제에 민감하다. 한 예로 R.C관 중 어떤 것은 두께가 얇은 강철 실린더에 시멘트 몰탈로 라이닝한 후 보강용 와이어로 장력을 주면서 감싸게 된다. 압력 충격으로 인해 내부 시멘트 라이닝이 균열되어 작은 조각으로 파괴된다면 얇은 강철 실린더는 벽의 좌굴과 붕괴를 방지하는데 전혀 도움이 되지 않는다. 상황이 그리 나쁘지 않은 조건에서도 몰탈 라이닝이 손실되면 강이 부식에 노출되고 궁극적으로 배관의 무결성이 약화된다.

관로 내에서 문제를 야기하는 또 다른 형태의 부정류 조건은 진동이다. 정기적인 압력 변화는 고유 진동수를 갖는 관로의 일부 요소를 자극하여 압력 진동 빈도(pressure fluctuation frequency)에 가깝게 한다. 이러한 조건하에서는 커다란 응력과 변형이 발생하여 최악의 경우에는 시스템을 파괴하게 된다. 이러한 현상들을 이해하기 위해서는 시스템 구성 요소의 고유진동수와 압력 동요 빈도가 어떤 관계를 갖는지에 대한 지식이 요구되기 때문에 특성법보다는 이러한 해석을 위한 다른 방법을 이용하는 것이 좋다. 따라서 정기적 부정류 유동 분석은 이 책에서는 기술하지 않는다. 자세한 내용은 Wylie and Steeter(1993) 그리고 Chaudhry(1987)를 참조하기로 한다.

7.1 관로 시스템 내 부정류 문제

이 장에서는 관로 시스템 내 부정류 문제의 가장 공통적인 원인들을 탐구한다.

7.1.1 밸브 조작

가장 보편적이고 잘 알려진 부정류를 발생시키는 원인은 밸브의 조작이다. 밸브를 조작하게 되면 이로 인해 시스템 내에서 압력파가 발생하여 전파된다. 압력파의 크기는 밸브의 형식, 밸브의 조작 방법, 시스템의 수력 특성, 그리고 관로 시스템의 지지물과 탄성 특성에 좌우된다.

시스템내의 밸브 조작이 압력에 끼치는 영향의 적절한 평가는 밸브의 손실 특성에 크게 좌우된다. 밸브 폐쇄의 영향을 추정하기 위해 필요한 그래프와 차트가 제공되나 특별한 상황에서 영향을 계산할 수 있는 능력을 갖추는 것이 더욱 중요하며 이러한 계산이 어떻게 수행되는지는 5.4절에서 기술되었다.

7.1.2 역지 밸브

밸브의 완전 폐쇄전에 유체가 역류하여 역지변을 통과하면 이 역지변으로 인해 부정류 압력 변화가 유발된다. 그와 같은 경우는 Purcell(1977)에 의해 기술되었으며 역지 밸브의 슬램은 펌프의 토출측에 설치된 에어 챔버에 의해 발생된다. 펌프가 정전된 후 에어 챔버에 의해 유지되는 높은 토출 압력은 펌프의 토출 유량을 급격히 0으로 저하시킨 후 비감쇠 역지 밸브를 급속히 폐쇄시킨다. 이러한 상황에서 슬램 역지 밸브는 밸브의 급폐쇄에 의해 발생되는 것과 동일한 문제를 발생시킨다.

최근의 역지 밸브는 슬램을 발생시키지 않는다. 어떤 경우는 스프링 또는 중량물이 정류 유동이 끝나는 순간 역지 밸브를 폐쇄시켜 역류의 문제를 방지한다. 다른 형식은 밸브를 감쇠 기구를 통해 서서히 닫히도록 하여 역류가 서서히 정지하도록 한다.

7.1.3 관로 내 공기

특히 펌프에 의해 가압되는 시스템 내에서 빈 관로를 채우는 경우 예상되는 유속보다 매우 높은 유속이 발생될 수 있다. 관로 충수시에는 펌프의 수두가 낮은 영역에서 운전되어 유량이 상당히 과다하게 되는 경우가 흔히 존재한다. 그림 7.1에서 보는 바와 같이 관로의 끝단에 부분적으로 폐쇄된 밸브 또는 에어-진공 밸브의 개방과 같이 유동의 장애물이 있으면 심각한 수충격 상황이 발생한다.

배출되는 공기는 물보다 앞에 있는 경우가 뒤에 있는 경우보다 관로로부터 쉽게 배출된다. 공기가 최종적으로 모두 배출되면 물은 장애물을 치게 되고 물의 유속은 급격히 감소하여 커다란 압력 증가를 유발한다. 콜로라도 주립대학(Colorado State University)의 Kolp (1977), Andrews(1970), Diaz(1972), 그리고 Berlant(1974)에 의해 수행된 연구는 관로로부터 배출되는 공기의 결과로 인해 발생하는 상당한 심각성을 증명하였다. John-Manville Corporation(1977)의 기술 보고서는 그들의 연구 결과를 훌륭하게 요약하였다.

공기 배출이 상당한 압력상승을 유발하는 또 다른 상황을 그림 7.2에 기술하였다. 여기서 펌프의 토출측 배관은 초기에는 빈 배관이고 공기-진공 밸브에 의해 대기로 공기가 배출된다.

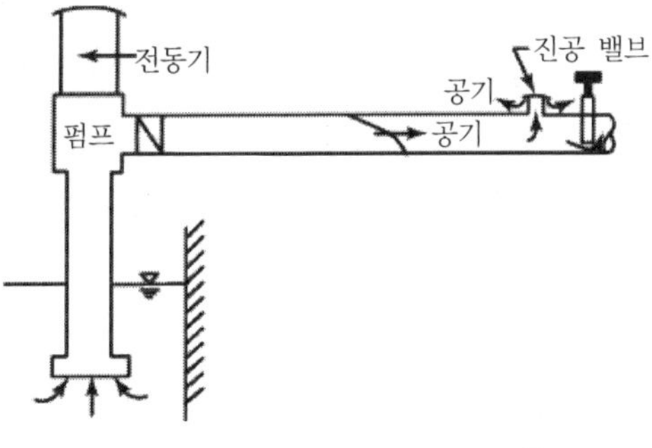

그림 7.1 빈 관로를 펌프로 충수

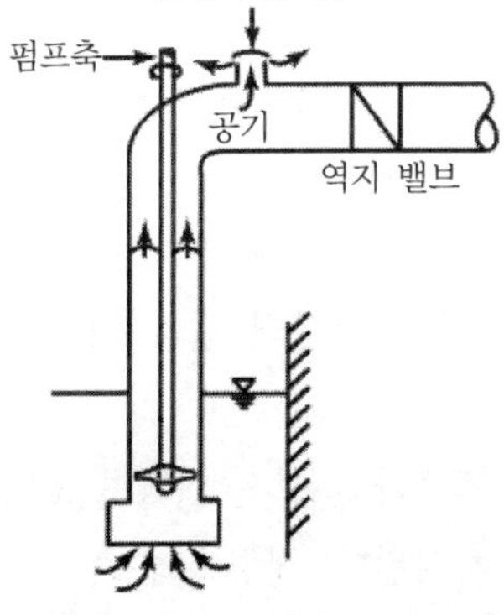

그림 7.2 역지밸브 폐쇄된 전단 펌프 토출측 충수

관로내 물은 역지 밸브에 의해 억제되고 있으며, 물은 토출측으로 토출되면서 공기를 개방된 공기-진공 밸브를 통해 밖으로 밀어낸다. 마지막 공기가 배기되면 관로 내 물이 닫혀있는 역지 밸브와 쾅하고 부딪히면서 커다란 수충격 압력이 발생된다.

또 다른 주목할 만한 상황은 공기-진공 밸브가 개방되어 상당한 량의 공기가 관로로 유입되어 관로가 폐쇄되는 결과를 초래하는 상황이다. 관로 내 통수가 시작될 때 상기와 같이 기술된 공기 배출 문제가 발생되지 않도록 주의하여야 한다. 관로를 성공적으로 충수시킨 후 관로의 후속 조작에 의해 상당양의 공기가 다시 유입될 수 있다는 사실을 간과하기 쉽다는 점에서 이러한 상황은 방심할 수 없다.

7.1.4 펌프 기동

펌프를 가동하여 관로로 물을 토출할 때 양(+) 압력(positive pressure)의 서지가 관로 내 하류에서 발생한다. 압력 증가의 크기는 역지 밸브가 힘을 받아 개방되어 관로 내 유체가 움직이기 시작할 때 급작스런 유속 증가의 크기에 좌우된다. 관로 내 공기가 없을 때 압력의 증가는 대체적으로 크지 않아 펌프의 체절 수두를 초과하지 않는다. 만일 펌프가 과도한 체절 수두를 갖는다면 문제가 발생된다. 6.2절에서 EP63.FOR를 사용하여 다양한 기동 절차에서 이러한 압력변화를 결정하는 것에 대하여 언급하였다.

만일 펌프 토출측에 또는 관로내에 공기가 있으면 상당한 부정류 압력이 발생된다. 우리는 펌프 토출측에 공기의 문제에 대해서는 이미 언급하였다. Martin(1976)은 이러한 문제를 분석하여 어떤 경우에는 정상 압력보다 10배 이상의 수두 증가가 발생된다는 결론을 내렸다.

7.1.5 펌프 동력 차단(정전)

정수두가 크고 관로의 종단도가 펌프의 하류측에서 급격히 상승되는 시스템은 펌프장 정전시 가장 심각한 부정류를 경험하게 된다(그림 7.3 참조). 인위적이든 사고이든 펌프의 전원이 급속히 차단되면 펌프 직 하류의 압력은 급속히 저하되고 이 압력 저하는 파속으로 하류측으로 전파된다. 이 압력 저하는 상당한 수주 분리를 유발하여 후속적으로 커다란 크기의 공동 파괴(cavity closure) 충격을 유도한다. 더욱이 시스템 내에서 부정류에 대한 적정한 제어가 없으면 유동 방향의 전환으로 인해 통상적으로 펌프 근방에서 상당한 과도 압력이 발생한다.

바이패스가 없는 가압 펌프라면 정전이 되면 초기에는 펌프의 흡입측의 압력을 증가시키고 토출측의 압력을 저하시킨다. 상류측과 하류측 저수지로부터 후속적인 반사는 펌프의 흡입측과 토출측에 예상할 수 없는 과도하게 높거나 낮은 압력을 유발한다.

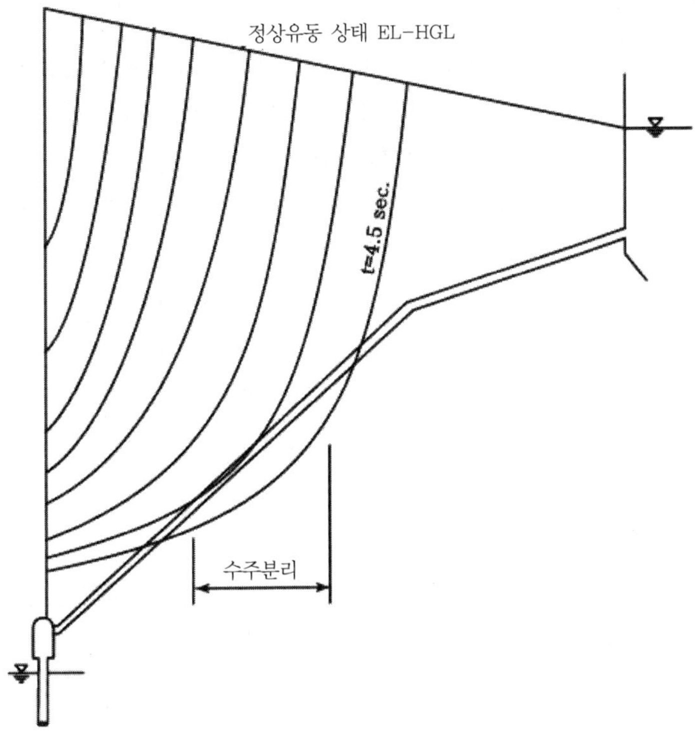

그림 7.3 펌프장 정전에 기인한 부(-) 압력 파의 전파

이러한 상황은 관로 시스템 내에서 부정류 문제의 가장 공통적인 원인이 된다. 다른 상황은 이러한 기본적인 것들의 조합이 될 수 있다. 우리는 이제 이러한 각각의 상황들을 개별적으로 조사하고 과도하게 높거나 낮은 압력을 방지할 수 있는 장치들과 절차들을 연구하도록 한다.

7.2 부정류 제어

밸브의 조작, 펌프의 정전, 그리고 수주 분리에 의해 야기된 유체 속도의 변화 때문에 부정류 압력파가 관로 내에서 발생된다. 압력의 변화는 속도의 변화와 직접적으로 비례하므로 급속한 속도 변화를 방지하면 통상적으로 심각한 부정류 압력을 방지할 수 있다. 이러한 목적을 성취하기 위해서 대부분의 제어 장치와 절차들을 설계한다. 우리는 이제 이러한 방법이 어떻게 이러한 문제들을 완화시키거나 피할 수 있는지 살펴본다.

7.2.1 밸브의 제어

5.4절에서 밸브의 조작 스케쥴이 어떻게 최대 부정류 압력에 영향을 미치는지 증명하였다. 게이트 밸브에서는 밸브의 마지막 2~5% 폐쇄 조작은 최대 압력을 결정하는데 매우 중요하다. 다른 종류들의 밸브들에 대한 결과들도 알 수 있다. 밸브의 폐쇄 스케쥴이 부정류 압력에 미치는 영향을 해석하는 가장 좋은 방법은 밸브의 다양한 개도에서의 손실 수두를 구하여 다양한 폐쇄 스케쥴에 따른 시스템 거동의 모의실험을 컴퓨터로 행하는 것이다. 적정한 폐쇄 스케쥴이 결정되면 이를 수행하기 위한 제어 시스템을 고안하여야 한다. 밸브 폐쇄 장치의 가격과 유용성이 제한되어 있으므로 다양한 폐쇄 스케쥴의 탐구를 제한시킬 수 있다. 한 예로 밸브의 폐쇄 조건이 정속 전동기를 사용하는 것이라면 두 개의 비율을 갖는 폐쇄 스케쥴은 연구할 필요가 없다.

7.2.2 역지 밸브

역지 밸브가 슬램을 발생하지 않고 정류의 유동이 정지하는 순간 닫히는 것이 최선의 역지 밸브가 된다. 이러한 경우에도 역지 밸브에서 압력 서지를 유발하는 탄성에너지가 시스템 내에 존재한다. 만일 감쇠 역지 밸브를 사용한다면 역류 기간 동안 밸브 폐쇄와 같은 방법으로 취급되어야 한다. 밸브가 커다란 역류가 발생하기 전에 급속히 폐쇄되거나 또는 임계 폐쇄 시간 $2L/a$보다 상당히 긴 시간동안 완만히 폐쇄하도록 보장하는 것이 매우 중요하다. 그렇지 않으면 역지 밸브가 폐쇄되는 순간 과도하게 높은 압력이 발생할 수 있다. 불행하게도 이러한 문제는 분석하기 어렵다. 즉 이러한 문제를 분석하려면 밸브의 역류시 손실 특성이 요구되나 이러한 손실 특성의 확보는 거의 불가능하다.

7.2.3 서지 릴리프 밸브

부득이 밸브를 급속히 폐쇄하거나 또는 속도를 급속히 감소시켜 높은 부정류 압력을 초래할 수 밖에 없는 경우가 있다. 이런 경우 가장 경제적인 해결책은 서지 릴리프 밸브를 사용하는 것이다. Weaver(1972)가 기술하는 바와 같이 이러한 밸브들은 미리 지정된 압력을 초과하게 되면 개방된다. 서지 릴리프 밸브의 종류에는 저렴한 스프링을 이용하는 장치로부터 고가이고 복잡한 시스템으로 구성된 장치까지 다양하다.

서지 릴리프 밸브는 통상적으로 높은 압력을 유발하는 장치의 근방에 설치된다. 이 밸브의 목적은 유동하는 유체가 배출될 수 있도록 배출구를 제공하여 급격한 속도 감소와 높은 압력이 발생하지 않도록 하는 것이다. 고품질의 서지 릴리프 밸브는 작동 기구에 약간의 관성을 갖고 있어 거의 순간적으로 개방된다. 이 밸브는 시스템으로부터 유체의 손실이 최소가 되도록 조정될 수 있고 폐쇄되는 동안 필요 이상 높은 압력을 피할 수 있다. 이러한 요구 조건들은 현장에서 성능실험을 하면서 조정하여야 하므로 다소 고가가 될 수 있다.

커다란 관로에도 작은 서지 릴리프 밸브를 장착할 수 있다. 그 이유는 이 서지 릴리프 밸브는 짧은 시간 동안 극단적인 높은 유속을 견딜 수 있기 때문이다. 서지 릴리프 밸브의 효과를 더욱 자세히 고찰하기 위해 다음의 예제를 살펴보자.

예제 7.1

두 저수지 사이에 직경 30인치 관로를 통해 $11{,}020gal/\min$을 이송한다. 게이트 밸브는 임계 폐쇄 시간의 절반인 2초 동안에 폐쇄된다. 이 관로에 설치된 8인치의 서지 릴리프 밸브는 압력이 $130lb/in^2(130\times 12^2/62.27lb/ft^3=300ft)$을 초과하면 개방되고 8초 동안 선형적으로 폐쇄된다. 서지릴리프 밸브의 완전 개방시 손실 계수는 6.6이다.

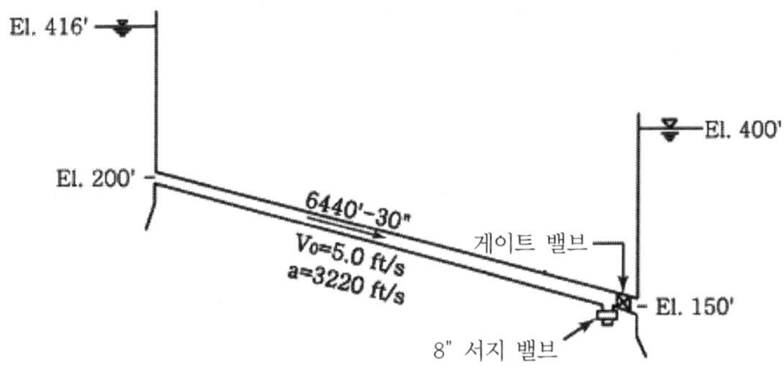

풀이

3가지 분석 결과를 다음 그림에 나타내었다.

시스템의 첫 번째 분석은 서지 릴리프 밸브가 설치되었으나 작동하지 않는 관로로서 밸브의 급폐쇄로 가정하였다. 다른 두 분석은 서지 릴리프 밸브가 (a)완전 개방, (b) 50% 개방일 경우로 가정하였다.

서지 릴리프 밸브가 작동하지 않고 게이트 밸브가 급폐쇄 되면 제2장에서 보는 바와 같이 유사한 대표적인 거의 사각 파(square wave)을 얻는다. 서지 릴리프 밸브가 작동하면서 게이트 밸브가 2초 동안에 폐쇄된다. 만일 서지 릴리프 밸브가 전 행정(full stroke)의 50%만이 개방되면 약간의 압력 완화가 발생된다. 그러나 상당한 압력 감소를 얻기 위해

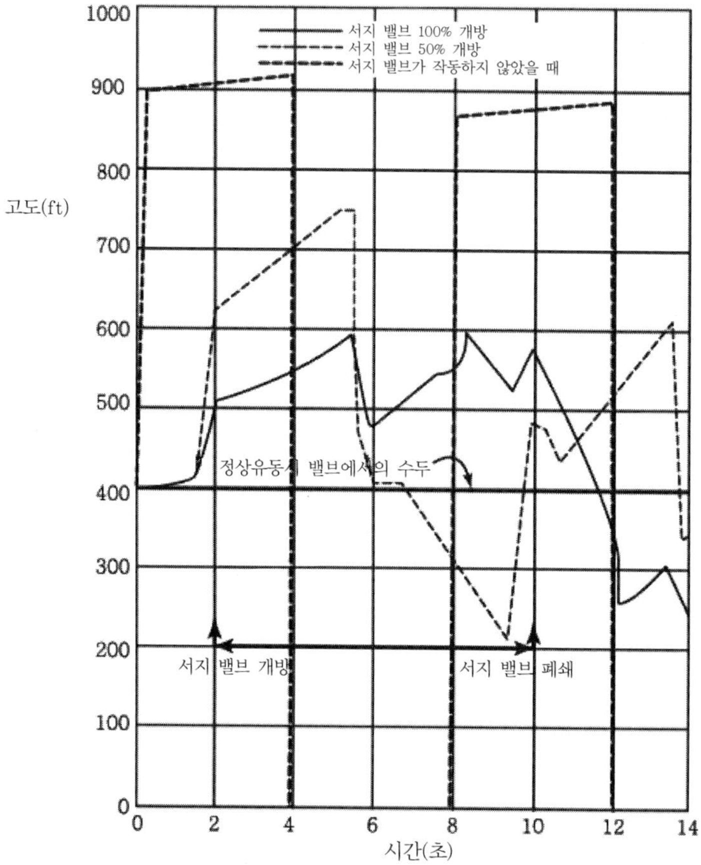

서는 서지 릴리프 밸브를 완전 개방할 필요가 있다. 서지 릴리프 밸브는 수두를 크게는 500ft, 작게는 200ft 감소시킨다.

서지 릴리프 밸브의 크기, 개방 압력, 초기 개도, 그리고 폐쇄 스케쥴의 선택에 따라 서지 압력은 조정된다. 일부 서지 릴리프 밸브들은 관로 내 압력 감소에 직접적으로 대응하는 서지의 마지막 부분에서 폐쇄되도록 설계된다(spring-loaded). 다른 밸브들은 명시된 시간이 지난 후에 폐쇄되도록 설계된다. 특정 밸브의 거동을 정확하게 모의실험하기 위해서는 그 밸브의 동작 특성에 대해 깊은 지식이 필요하다.

상세풀이

상류와 하류에 각각 저수지가 있으며 이들 사이에는 관경 $D=30$인치, 관 길이 $L=6640ft$인 관로로 연결되어있다. 하류측 말단부에는 $D=30$인치 게이트밸브와 $D=8$인치 서지 릴리프 밸브가 설치되었다.

게이트밸브는 2초 동안 선형적으로 완전 폐쇄되며 서지밸브는 설치된 지점에서 압력이 $p = 130ib_f/in^2$ 되면 50%개방되고 그 후 8초 동안 선형적으로 폐쇄되는 경우 게이트밸브 및 서지밸브 개도에 따른 손실 계수를 연산 처리하여 유량 및 수두를 구하는 문제이다.

1. 정상 유동 분석

위치에너지에 의해 상류 저수지로부터 하류 저수지로 자연유하로 물이 이동할 경우 관로의 각 지점에서의 유량과 수두를 구한다.

1) 관로 특성

- 송수 유량 Q_0 : 11020gal/min
- 상류측 저수지 수위 H_0: EL:416ft
- 하류측 저수지 수위 EL : 400ft
- 상류측 관로 고도 EL_U : EL:200ft
- 하류측 관로 고도 EL_D : EL:150ft

구 분	관로 1	서지밸브	게이트밸브
직경D(인치)	30	8	30
단면적$AREA(ft^2)$	4.9	0.349	4.9
관 길이L(ft)	6640		
파속α(ft/sec)	3220		
마찰 계수 f	0.016		
분 절 수 $NPARTS$	5		
완전개방시손실계수 K_L		6.6	0.19

표 1 관로 특성

2) 밸브 특성

게이트밸브와 서지밸브 손실계수는 완전 개방시 0.19와 6.6이고 각 10% 개도마다 손실계수 KL 수치는 다음 표와 같이 주어지므로 이의 역수인 게이트밸브 K_{LI} 및 서지밸브 K_{LIS}는 다음 식으로 계산한다.

$$K_{LI} = \frac{1}{K_L}, \qquad K_{LIS} = \frac{1}{K_{LS}}$$

다시 말하면 $K_{L(11)}$은 게이트밸브가 완전 개방되었을 때의 손실계수이고 $K_{LI(11)}$은 이의 역수를 나타낸다.

I	개도 PCT	게이트밸브		서지밸브	
		손실계수 K_L	$K_{LI}=1/K_L$	손실계수 K_{LS}	$K_{LIS}=1/K_{LS}$
1	0	∞	0.0000	∞	0
2	10	59.88	0.0167	110000	0.00006
3	20	31.95	0.0313	27500	0.00024
4	30	17.98	0.0556	537.9	0.01227
5	40	10.00	0.1000	224.6	0.02939
6	50	5.60	0.1787	127.4	0.05182
7	60	3.00	0.3333	86.4	0.07636
8	70	1.60	0.6250	65.6	0.10061
9	80	0.80	1.2500	53.2	0.12409
10	90	0.40	2.5000	7.1	0.14106
11	100	0.19	5.2700	6.6	0.15152

표 2 밸브 특성

3) 자료 변환

상기 주어진 자료들을 이용하여 다음 수치들을 계산한다.

압력파가 관로 전길이를 이동하는데 소요되는 시간

$$WTT = \frac{L}{a} = \frac{6640}{3220} = 2.062$$

분절 길이

$$\triangle L = \frac{L}{N} = \frac{\text{관로길이}}{\text{분절수}} = \frac{6640}{5} = 1328ft$$

미소 시간

수치 해석에 사용할 시간 간격은 공식 (5.8)로부터

$$\Delta t = \frac{L}{Na} = \frac{6440}{5 \times 3220} = 0.4124\text{초}$$

관로 기울기

$$\triangle EL = \frac{EL_D - EL_U}{N} = \frac{150 - 200}{5} = -10$$

절점 수

$$NODES = N + 1 = 5 + 1 = 6$$

관로 단면적

$$A_A = \frac{\pi}{4} D^2 = \frac{3.14}{4} \left(\frac{30}{12} \right)^2 = 4.9087 ft^2$$

서지밸브 단면적

$$A_S = \frac{\pi}{4} D^2 = \frac{3.14}{4} \left(\frac{8}{12} \right)^2 = 0.3491 ft^2$$

정상 유속

$$V_0 = \frac{Q_0}{A_A} = \frac{11020}{4.9087} \frac{1}{449} = 4.9999 ft/\mathrm{sec}$$

상기 식에서 분모에 449로 나눈 것은 유량 gal/min를 ft^3/sec으로 변환하기 위한 것이다. 즉,

$$1 \frac{gallon}{\min} = \frac{1}{(7.48051 \times 60)} = \frac{1}{449} \frac{ft^3}{\mathrm{sec}}$$

서지밸브가 개방되는 압력 $P_{OPEN} = 130 psi$을 피에조미터 수두로 환산하면

$$\begin{aligned} H_{OPEN} &= P_{OPEN} \times 2.31 + EL_D \\ &= 130 \times 2.31 + 150 \\ &= 450.3 ft \end{aligned}$$

분절 길이에서 손실수두

$$\triangle H_f = \frac{12f \triangle L V_0^2}{2gD}$$

$$= \frac{12 \times 0.016 \times 1328 \times 4.999^2}{64.4 \times 30}$$

$$= 3.29931ft$$

단순하게 표현하기 위해 다음과 같은 변수를 정의한다.

$$C = \frac{g}{a} = \frac{32.2}{3220} = 0.01$$

$$AK = \frac{12f \triangle t}{2D} = \frac{12 \times 0.016 \times 0.4124}{2 \times 30} = 0.0013198$$

4) 유속 및 수두 결정

정상 유동시 각 관로 모든 지점에서의 유속은 $V_0 = 4.9999ft/\sec$가 되며 또한 상류측 경계 조건에 의해 항상 $H_{1,1} = H_0 = 416ft$가 된다. 관로 각 절점에서의 피에조미터 수두는

$$H_i = \text{상류저수지수위} - \text{각 관로 지점까지의 마찰손실}$$

$$= H_1 - (i-1) \times \triangle H_F$$

따라서 관로의 각 절점에서의 피에조미터 수두는 다음과 같다.

$$H_1 = 416ft$$

$$H_2 = 416 - 1 \times 3.29931 = 412.70ft$$

$$H_3 = 416 - 2 \times 3.29931 = 409.40ft$$

$$\vdots$$

$$H_6 = 416 - 5 \times 3.29931 = 399.50ft$$

관로경사는

$$PIPEZ_i = EL_U - (i-1) \triangle EL$$

$$PIPEZ_1 = EL_U = 200ft$$

$$PIPEZ_2 = EL_U - (2-1)\triangle EL = 200 - 1 \times (-10) = 190ft$$

$$\cdot$$

$$\cdot$$

$$PIPEZ_6 = EL_U - (6-1)\triangle EL = 200 - 5 \times (-10) = 150ft$$

수두 $HEAD$는 피에조미터 수두 H에서 관로 경사를 뺀 수치를 나타낸다.

$$HEAD_i = H_i - PIPEZ_i$$

$$HEAD_1 = 416 - 200 = 216ft$$

$$\vdots$$

$$HEAD_6 = 399.5 - 150 = 249.50ft$$

상기 계산결과를 표로 나타내면 다음과 같다.

i	1	2	3	4	5	6
x	0	0.2	0.4	0.6	0.8	1.0
V	4.9999	4.9999	4.9999	4.9999	4.9999	4.9999
H	416	412.70	409.40	406.10	402.80	399.50
$PIPEZ$	200	190	180	170	160	150
$HEAD$	216	222.70	229.40	236.10	242.80	249.50

표 3 정상유동 분석 결과

2. 부정류 분석

하류 저수지에 설치된 게이트밸브가 2초 동안 폐쇄되면서 개도 및 관 내 유속이 감소하고, 밸브에서 손실계수는 점차적으로 증가하게 되어 이로 인해 밸브에서 압력이 상승하게 된다. 이때 상승하는 압력의 크기에 따라 다음과 같이 ①게이트밸브가 닫히면서 서지밸브는 폐쇄된 상태로 유지하는 경우, ②게이트밸브가 닫히면서 서지밸브는 개방된 상태로 유지하는 경우, ③게이트 밸브는 폐쇄되고 서지밸브가 개방된 상태로 유지하는 경우, 마지막으로 ④게이트밸브 및 서지밸브가 폐쇄된 상태로 유지하는 경우가 발생할 수 있다. 이런 경우를 표로 표시하면 다음과 같다.

경우	1	2	3	4
G/V	OPEN	OPEN	CLOSE	CLOSE
S/V	CLOSE	OPEN	OPEN	CLOSE

미소 시간 $\triangle T = 0.4124$초초 간격으로 부정류를 분석한다.

$t = 0.4124$

1) 관로 내부 절점 수두 및 속도 결정

먼저 관로 내부 절점인 2～5까지의 유속과 피에조미터 수두는 공식 4.29, 4.30으로부터 계산할 수 있다.

$$V_{p\ i} = \frac{1}{2}\left[(V_{i-1} + V_{i+1}) + \frac{g}{a}(H_{i-1} - H_{i+1}) - \frac{f\Delta t}{2D}(V_{i-1}|V_{i-1}| + V_{i+1}|V_{i+1}|)\right]$$

4.29

$$H_{pi} = \frac{1}{2}\left[\frac{a}{g}(V_{i-1} - V_{i+1}) + (H_{i-1} + H_{i+1}) - \frac{a}{g}\frac{f\Delta t}{2D}(V_{i-1}|V_{i-1}| - V_{i+1}|V_{i+1}|)\right]$$

4.30

예를 들어 절점 2에의 유속 및 피에조미터 수두를 구하기 위해서 V_{i-1}, V_{i+1}은 정상 유동시 절점 1과 절점 3에서의 유속을 나타내며, H_{i-1}, H_{i+1}는 정상 유동시 절점 1과 절점 3에서의 피에조미터 수두를 나타낸다. 그리고 상기 식을 간략히 표현하기 위해서 다음과 같이 나타내고

$$C = g/a = 32.2/3220 = 0.01, AK = (12 \times f \times \triangle t)/(2 \times D) = 0.0013198$$

이러한 수치들을 상기 식에 대입하여 각 절점에서의 유속과 피에조미터 수두를 구할 수 있다. 절점 2에서의 유속 $V_{pi} = VNEW(2)$과 피에조미터 수두 $H_{pi} = HNEW(2)$를 구하면

$$VNEW(2) = 0.5\begin{bmatrix}(4.9999 + 4.9999) + 0.01(416 - 409.4) \\ -0.0013198(4.9999|4.9999| + 4.9999|4.9999|)\end{bmatrix}$$

$$= 4.9999$$

$$HNEW(2)=0.5\begin{bmatrix}(416+409.4)+(4.9999-4.9999)/0.01\\ -0.0013198(4.9999|4.9999|-4.9999|4.9999|)/0.01\end{bmatrix}$$

$$=412.70$$

동일한 방법으로 절점 3~5까지 유속 및 피에조미터 수두를 구할 수 있다.

2) 상류 저수지 수두 및 속도 결정

상류 저수지는 수위가 $416ft$로 항상 일정하므로 절점 1에서는 항상 $H_0=416ft$가 된다. 이 지점에서의 유속은 공식 4.20으로부터 구할 수 있다.

$$V_{P1}=V_2+\frac{g}{a}(H_0-H_2)-\frac{f\triangle t}{2D}V_2|V_2| \qquad 4.20$$

여기서 V_2는 정상 유동시 절점 2지점에서의 유속, H_2는 정상 유동시 절점 2지점에서의 피에조미터 수두를 나타낸다. 절점 1에서의 유속 $V_{P1}=VNEW(1)$를 구하면

$$VNEW(1)=4.9999+0.01(416-412.7)-0.0013198\times 4.9999|4.9999|$$

$$=4.9999$$

3) 하류측 관로 밸브에서의 수두 및 속도 결정

경우 1. 게이트 밸브가 폐쇄되면서 서지밸브는 폐쇄된 상태를 유지하는 경우

관로의 하류측 끝에 즉, 절점6에 설치된 밸브 개도는 선형적으로 T_c=2초 동안 감소하여 0이 되므로 시간에 따른 밸브 개도는 다음과 같이 나타낼 수 있다.

$$OPEN=100\times\frac{T_c-T}{T_c} \qquad 0\le t\le T_c$$

$$OPEN=0 \qquad t\ge T_c$$

밸브 손실계수는 주어진 자료로부터 개도 0 ~ 100%까지 10% 간격으로 주어졌으므로 이 수치 사이의 값들은 다음과 같은 보간 절차로 구한여야 한다.

시간에 따른 밸브 개도 계산

$$OPEN=100\times\frac{T_c-T}{T_c}=100-\frac{2-0.4124}{2}=79.4\%$$

주어진 표에서 상기 수치의 위치를 구하기 위해

$$ITEST = OPEN - PCT(i) \times 0.1$$

상기 식의 오른쪽 항은 계산되어 정수처리되어 소수점 이하 수자는 절삭한다. $i = 8$일 경우 $PCT(8) = 70$이 되므로

$$ITEST = (79.4 - 70) \times 0.1 = 0.94 \approx 0$$

이제 밸브 개도는 $PCT(8)$과 $PCT(9)$사이에 위치하는 것을 알 수 있다. 이 위치에서 손실계수를 구하기 위해 보간하면

$$\begin{aligned} FACT &= (OPEN - PCT(8)) \times 0.1 \\ &= (79.4 - 70) \times 0.1 \\ &= 0.94 \end{aligned}$$

게이트 밸브의 이 개도에서 손실계수 K_L의 역수인 K_{LI}는 다음과 같다.

$$\begin{aligned} K_{LI} &= K_{LI_{(i)}} + FACT\left(K_{LI(i+1)} - K_{LI(i)}\right) \\ &= K_{LI(8)} + FACT\left(K_{LI(9)} - K_{LI(8)}\right) \\ &= 0.625 + 0.94(1.25 - 0.625) \\ &= 1.21118 \end{aligned}$$

하류측 밸브에서 유속 및 수두는 공식 5.48~5.52를 이용하여 구할 수 있다.

C^+ $$V_{P6} = C_1 - C_2 H_{P6} \quad 5.48$$

일과 에너지 $$H_{P6} = H_0 + \frac{1}{K_{LI}} \frac{V_{P6}^2}{2g} \quad 5.49$$

상기 식에서

$$\begin{aligned} C_1 = CC &= V_5 + \frac{g}{a} H_5 - \frac{f \triangle t}{2D} V_5 |V_5| \\ &= V_5 + CH_5 - AKV_5 |V_5| \\ &= 4.9999 + 0.01 \times 402.8 - 0.0013198 \times 4.9999 |4.9999| \\ &= 8.99498 \end{aligned}$$

$$C_2 = C = \frac{g}{a} = 0.01$$

상기 두 개의 공식을 조합하여 V_{P1}의 이차 방정식의 형태를 취하면 다음과 같다.

$$V_{P6}^2 + \frac{2gK_{LI}}{C_2} V_{P6} - 2gK_{LI}\left(\frac{C_1}{C_2} - H_0\right) = 0 \qquad 5.50$$

다음과 같이 변수를 설정하면

$$C_5 = \frac{2gK_{LI}}{C_2} \qquad C_6 = 2gK_{LI}\left(\frac{C_1}{C_2} - H_0\right)$$

식 5.50은 다음과 같이 나타낼 수 있다.

$$V_{P6}^2 + C_5 V_{P6} - C_6 = 0$$

상기 식의 C_5 및 C_6를 계산하면

$$C_5 = \frac{2gK_{LI}}{C} = \frac{64.4 \times 1.21118}{0.01} = 7800$$

식 5.49에서 H_{P6}는 밸브 직상류측에서의 압력, H_0는 밸브 직하류측에서의 압력이므로

$$H_0 = H_{P6} - \frac{V_{P6}^2}{2gK_{LI(11)}}$$

$$= 399.50 - \frac{4.9999^2}{64.4 \times 5.27}$$

$$= 399.43ft$$

$$C_6 = 2gK_{LI}\left(\frac{C_1}{C_2} - H_0\right)$$

$$= 64.4 \times 1.21118\left(\frac{8.99498}{0.01} - 399.43\right)$$

$$= 39005.336$$

상기 이차방정식의 해답은 다음과 같다.

$$V_{P6} = \frac{C_5}{2}\left[-1+\sqrt{1+4\frac{C_6}{C_5^2}}\right] \tag{5.52}$$

$$V_{P6} = \frac{7800}{2}\left[-1+\sqrt{1+\frac{4\times 39005.336}{7800^2}}\right] = 4.9975ft/s$$

밸브에서 피에조미터 수두는 공식 5.49로부터

$$H_{P6} = H_0 + \frac{1}{K_{LI}}\frac{V_{P6}^2}{2g} = 399.43 + \frac{1}{1.21118}\frac{4.9975^2}{64.4} = 399.75ft$$

이 예제에서는 게이트밸브를 2초 동안에 걸쳐 균등하게 폐쇄되면 압력파가 관로 왕복에 소요되는 시간인

$$\frac{2L}{a} = \frac{2\times 6640}{3220} = 4.124\text{초}$$

보다 짧으므로 항상 급속폐쇄가 되며 따라서 게이트 밸브가 완전 폐쇄된 후 관 내 압력이 서지밸브 개방 피에조미터 수두 $H_{OPEN} = 450.3ft$를 초과할 확률이 높으며 이 예제에서는 $t = 2.062$초에서 피에조미터 수두는 $H_{P6} = 623.84ft$로 상승하여 서지밸브가 개방된다.

상기 계산 결과를 표로 나타내면 다음과 같다.

i	1	2	3	4	5	6
V	4.9999	4.9999	4.9999	4.9999	4.9999	4.9975
H	416	412.70	409.40	406.10	402.80	399.75

절점6 유속(ft/sec) = 4.9975 G/V개도(%) = 79.38 $GV\ K_{LI}$ = 1.211180

표 4 부정류 해석 결과(t = 0.4124초)

상기 과정을 $t = 0.4124\times 4 = 1.65$초까지 반복한 결과는 다음 표와 같다.

$t = 0.4124 \times 2 = 0.8248$초

i	1	2	3	4	5	6
V	4.9999	4.9999	4.9999	4.9999	4.9975	4.9884
H	416	412.70	409.40	406.10	403.05	400.66

절점6 유속(ft/sec) = 4.9884 G/V개도(%) = 58.76 $GV\ K_{LI}$ = 0.3138

표 5 부정류 해석 결과(t = 0.8248초)

$t = 0.4124 \times 3 = 1.2373$초

i	1	2	3	4	5	6
V	4.9999	4.9999	4.9999	4.9975	4.9884	4.9591
H	416	412.70	409.40	406.35	403.95	403.59

절점6 유속(ft/sec) = 4.9591 G/V개도(%) = 38.14 G/V K_{LI} = 0.091727

표 6 부정류 해석 결과(t = 1.2373초)

$t = 0.4124 \times 4 = 1.6497$초

i	1	2	3	4	5	6
V	4.9999	4.9999	4.9975	4.9885	4.9594	4.8679
H	416	412.70	409.64	407.24	406.87	412.73

절점6 유속(ft/sec) = 4.8679 G/V개도(%) = 17.52 $GV\ K_{LI}$ = 0.027673

표 7 부정류 해석 결과(t = 1.6497초)

경우 2. 게이트 밸브가 완전폐쇄되고 서지밸브는 개방된 상태를 유지하는 경우

$t = 0.4124 \times 5 = 2.0621$초

1) 관로 내부 절점 수두 및 속도 결정

전술한 방법과 동일하게 계산하면

$$VNEW(2) = 0.5\left[\begin{array}{l}(4.9999 + 4.9975) + 0.01(416 - 409.64) \\ - 0.0013198(4.9999|4.9999| + 4.9975|4.9975|)\end{array}\right]$$

$$= 4.9975$$

$$HNEW(2) = 0.5\left[\begin{array}{l}(416 + 409.64) + (4.9999 - 4.9975)/0.01 \\ - 0.0013198(4.9999|4.9999| - 4.9975|4.9975|)/0.01\end{array}\right]$$

$$= 412.94$$

동일한 방법으로 절점 3~5까지의 유속 및 피에조미터 수두를 구할 수 있다.

2) 상류 저수지 수두 및 속도 결정

전술한 방법과 동일하게 계산하면

$$VNEW(1) = 4.9999 + 0.01(416 - 412.7) - 0.0013198 \times 4.9999|4.9999|$$

$$= 4.9999$$

$$HNEW(1) = 416$$

3) 하류측 관로 밸브에서의 수두 및 속도 결정

밸브가 2초 동안 폐쇄되므로 이 시간에서 밸브는 완전 폐쇄되어 유속이 0이 되므로 밸브에서 경계조건이 바뀌게 된다. 따라서 밸브에서 유속 $V_{P6} = 0$으로 설정하고 피에조미터 수두는 공식 5.48로부터

$$H_{P6} = \frac{C_1}{C_2}$$

$$C_1 = CC = V_5 + C_2H_5 - AKV_5|V_5|$$

$$= 4.9594 + 0.01 \times 406.87 - 0.0013198 \times 4.9594|4.9594|$$

$$= 8.99555$$

$$H_{P6} = \frac{C_1}{C_2} = \frac{CC}{C} = \frac{8.99555}{0.01} = 899.55ft$$

상기 피에조미터 수두는 서지밸브 개방 피에조미터 수두 $H_{OPEN} = 450.3ft$를 초과하므로 서지밸브가 개방하게 된다. 따라서 서지밸브는 개방된 후 8초 동안에 완전 폐쇄하므로 시간에 따른 개도 및 손실계수를 계산하여야 한다.

서지밸브 개방된 시간 $T_{start} = 2.0621$초

서지밸브가 개방된 상태를 유지하는 시간 $T_{open} = 8$초

서지밸브 초기 개방 개도 $OPEN_i = 50\%$

$$OPEN_S = OPEN_i \times \frac{T_{start} + T_{open} - T}{T_{open}} \quad T_{start} \le t \le (T_{start} + T_{open})$$

$$OPEN_S = 0 \qquad\qquad t \ge (T_{start} + T_{open})$$

서지밸브 손실계수는 주어진 자료로부터 개도 $0 \sim 100\%$까지 10% 간격으로 주어졌으므로 이 수치 사이의 값들은 다음과 같은 보간 절차로 구한여야 한다.

시간에 따른 서지밸브 개도 계산

$$OPEN_S = 50 \times \frac{2.0621 + 8.0 - 2.0621}{8} = 50\%$$

주어진 표에서 상기 수치의 위치를 구하기 위해

$$ITEST = OPEN_S - PCT(i) \times 0.1$$

상기 식의 오른쪽 항은 계산되어 정수처리되기 때문에 $i = 5$일 경우 $PCT(5) = 40$이 되므로

$$ITEST = (50 - 40) \times 0.1 = 1. \approx 0$$

이제 서지밸브 개도는 $PCT(5)$와 $PCT(6)$사이에 위치하는 것을 알 수 있다. 이 위치에서 손실계수를 구하기 위해 보간하면

$$\begin{aligned} FACT &= (OPEN - PCT(5)) \times 0.1 \\ &= (50 - 40) \times 0.1 \\ &= 1.0 \end{aligned}$$

서지 밸브의 K_{LIS}를 구하면

$$\begin{aligned} K_{LIS} &= K_{LIS(i)} + FACT(K_{LIS(i+1)} - K_{LIS(i)}) \\ &= K_{LIS}(5) + FACT(K_{LIS(6)} - K_{LIS(5)}) \\ &= 0.02939 + 1.0(0.05182 - 0.02939) \\ &= 0.0518 \end{aligned}$$

공식 5.48과 5.49로부터

$$C^+ \qquad V_{P6} = C_1 - C_2 H_{P6} \tag{5.48}$$

$$\text{일과 에너지} \qquad H_{P6} = H_0 + (1 + K_{LS})\frac{V_{P6}^2}{2g} \tag{5.49}$$

식 5.49 오른쪽 항이$(1+K_{LS})$으로 되는 것은 서지밸브는 대기로 유출하기 때문이고, H_{P6}는 서지밸브 직상류측 압력, H_0는 서지밸브 직하류측 압력이다. 따라서 $H_0 = EL_D = 150ft$이다. 식 5.48을 식 5.49에 대입하여 정리하면

$$(1+K_{LS})\frac{V_{P6}^2}{2g} + \frac{V_{P6} - C_1}{C_2} + H_0 = 0$$

V_{P6}항으로 정리하면

$$(1+K_{LS})\frac{V_{P6}^2}{2g} + \frac{V_{P6}}{C_2} + \left(H_0 - \frac{C_1}{C_2}\right) = 0 \tag{①}$$

상기 식에서 V_{P6}는 서지밸브 상류측 관로 단면적(A_A)에서 유속V_A이다. 그러나 게이트 밸브는 2초 만에 폐쇄되므로 $V_A = 0$이 되나, 서지밸브가 개방되어 관로 내 물이 유출되므로 이로 인해 관로 내 유속 V_A가 형성된다. 이 유속은 연속방정식으로부터

$$Q = A_A V_A = A_S V_S \qquad \therefore\ V_S = V_A\frac{A_A}{A_S} \tag{②}$$

식 ②를 식 ①에 대입하여 정리하면

$$(1+K_{LS})\frac{1}{2g}\left(\frac{A_A}{A_S}\right)^2 V_A^2 + \frac{1}{C_2}\left(\frac{A_A}{A_S}\right)V_A - \left(\frac{C_1}{C_2} - H_0\right) = 0$$

상기 식에 $\dfrac{2g}{1+K_{LS}}\left(\dfrac{A_S}{A_A}\right)^2$을 곱하면

$$V_A^2 + \frac{1}{C_2}\frac{2g}{1+K_{LS}}\left(\frac{A_S}{A_A}\right)V_A - \frac{2g}{1+K_{LS}}\left(\frac{A_S}{A_A}\right)^2\left(\frac{C_1}{C_2} - H_0\right) = 0 \tag{③}$$

상기 식에서 서지밸브 손실계수 K_{LS}대신 이의 역수인 $K_{LSI}=1/K_{LS}$로 대입하고, 단순하게 표현하기 위해 다음과 같이 설정하면

$$C_5=\frac{1}{C_2}\frac{2g}{1+\frac{1}{K_{LSI}}}\left(\frac{A_S}{A_A}\right),\quad C_6=C_2C_5\left(\frac{A_S}{A_A}\right)\left(\frac{C_1}{C_2}-H_0\right)$$

식 ③은 다음과 같이 단순화된다.

$$V_A^2+C_5V_A-C_6=0$$

상기 식에 대한 해는

$$V_A=\frac{C_5}{2}\left(-1+\sqrt{1+4\frac{C_6}{C_5^2}}\right) \quad ④$$

이제 전 시간단계에서 구한 자료들을 대입하여 계산하면

$$C_5=\frac{1}{C_2}\frac{2g}{1+\frac{1}{K_{LSI}}}\left(\frac{A_S}{A_A}\right)$$

$$=\frac{1}{0.01}\frac{64.4}{1+\frac{1}{0.051818}}\left(\frac{0.3491}{4.9087}\right)$$

$$=22.56134$$

$$C_6=C_2C_5\left(\frac{A_S}{A_A}\right)\left(\frac{C_1}{C_2}-H_0\right)$$

$$=0.01\times22.56134\times\frac{0.3491}{4.9087}\left(\frac{8.99555}{0.01}-150\right)$$

$$=12.026$$

상기 수치들을 식 ④에 대입하면

$$V_A=\frac{22.56134}{2}\left(-1+\sqrt{1+4\frac{12.026}{22.56134^2}}\right)=0.5210 \quad ⑤$$

서지밸브가 설치된 관로에서 압력은 공식 5.48로부터

$$H_{P6} = \frac{C_1 - V_A}{C_2}$$ ⑥

$$= \frac{8.99555 - 0.5120}{0.01}$$

$$= 847ft$$

서지밸브를 통해 유출되는 유량은

$$Q = A_A \times V_A = 4.9087 \times 0.5210 = 2.557 \frac{ft^3}{\sec}$$

유량을 분당 갤런으로 표시하면

$$Q = 2.557 \frac{ft^3}{\sec} \times 7.463 \frac{gallon}{ft^3} \times 60 \frac{\sec}{\min}$$

$$= 1148gpm$$

♺ 프로그램과 차이

본 프로그램에서는 C_5 및 C_6를 다음과 같이 정의하였다.

$$C_5 = \frac{1}{C_2} \frac{2g}{1 + \dfrac{1}{K_{LS}}} \left(\frac{A_S}{A_A} \right)^2, \quad C_6 = C_2 C_5 \left(\frac{C_1}{C_2} - H_0 \right)$$

따라서 자료들을 대입하면

$$C_5 = \frac{1}{C_2} \frac{2g}{1 + \dfrac{1}{K_{LS}}} \left(\frac{A_S}{A_A} \right)^2$$

$$= \frac{1}{0.01} \frac{64.4}{1 + \dfrac{1}{0.051818}} \left(\frac{0.3491}{4.9087} \right)^2$$

$$= 1.60436$$

$$C_6 = C_2 C_5 \left(\frac{C_1}{C_2} - H_0 \right)$$

$$= 0.01 \times 1.60436 \left(\frac{8.99555}{0.01} - 150 \right)$$

$$= 12.0256$$

상기 수치들을 식 ④에 대입하면

$$V_A = \frac{1.60436}{2} \left(-1 + \sqrt{1 + 4 \frac{12.0256}{1.60436^2}} \right) = 2.7572 ft/s$$

서지밸브가 설치된 관로에서 압력은 공식 5.48로부터

$$H_{P6} = \frac{C_1 - V_A}{C_2}$$

$$= \frac{8.99555 - 2.7572}{0.01}$$

$$= 624 ft$$

서지밸브를 통해 유출되는 유량은

$$Q = A_A \times V_A = 4.9087 \times 2.7572 = 13.534 \frac{ft^3}{\sec}$$

유량을 분당 갤런으로 표시하면

$$Q = 13.534 \frac{ft^3}{\sec} \times 7.463 \frac{gallon}{ft^3} \times 60 \frac{\sec}{\min}$$

$$= 6076.89 gpm$$

유속 V_A 및 피에조미터 수두 H_{P6}는 앞에서 구한 ⑤ 및 ⑥의 수치와는 상당한 차이를 보이고 있다. 이는 올바른 공식을 사용하지 않은 결과이며 여기에서는 프로그램에서 사용된 공식으로 계산하며 지금까지 계산결과를 표로 작성하면 다음과 같다.

$t = 0.4124 \times 5 = 2.062$초

i	1	2	3	4	5	6
V	4.9999	4.9975	4.9886	4.9596	4.8687	2.7572
H	416	412.94	410.54	410.14	415.94	623.84

절점6 유속(ft/sec) = 2.7572 S/V개도(%) = 50.00 S/V K_{LSI} = 0.051818

표 8 부정류 해석 결과(t = 2.062초)

동일한 방법으로 서지밸브가 폐쇄되는 시간인 $T_{start} + T_{open} = 2.062 + 8.0 = 10.062$초까지 상기 절차를 반복한 결과는 다음 표와 같다.

$t = 0.4124 \times 6 = 2.475$초

i	1	2	3	4	5	6
V	4.9952	4.9887	4.9599	4.8696	2.7687	2.6387
H	416	413.83	413.41	419.15	625.99	635.81

관로유속(ft/sec) = 2.6387 S/V개도(%) = 47.42 S/V K_{LSI} = 0.046038

표 9 부정류 해석 결과(t = 2.475초)

·
·
·
중략(첨부 CD 참조)
·
·

$t = 0.4124 \times 24 = 9.898$초

i	1	2	3	4	5	6
V	0.6724	0.6514	0.6750	1.0078	1.3093	0.0105
H	416.00	390.11	363.22	362.60	356.30	204.41

관로유속(ft/sec) = 0.0105 S/V개도(%) = 1.02 S/V K_{LSI} = 0.000006

표 10 부정류 해석 결과(t = 9.898초)

경우 3. 게이트 밸브와 서지밸브가 모두 폐쇄된 상태를 유지하는 경우

$T_{start} + T_{open} = 2.062 + 8.0 = 10.062$초에서는 게이트 밸브는 물론 서지밸브도 폐쇄되므로 프로그램 실행 시간인 20초까지 다음과 같은 절차로 수행한다.

1) 관로 내부 절점 수두 및 속도 결정

전술한 방법과 동일하게 계산하면

$$VNEW(2) = 0.5\begin{bmatrix}(0.6724 + 0.6750) + 0.01(416 - 363.22) \\ -0.0013198(0.6724|0.6724| + 0.6750|0.6750|)\end{bmatrix}$$

$$= 0.9370$$

$$HNEW(2) = 0.5\begin{bmatrix}(416 + 363.22) + (0.6724 - 0.6750)/0.01 \\ -0.0013198(0.6724|0.6724| - 0.6750|0.6750|)/0.01\end{bmatrix}$$

$$= 389.48$$

동일한 방법으로 절점 3～5까지의 유속 및 피에조미터 수두를 구할 수 있다.

2) 상류 저수지 수두 및 속도 결정

전술한 방법과 동일하게 계산하면

$$VNEW(1) = 0.6514 + 0.01(416 - 390.11) - 0.0013198 \times 0.6514|0.6514|$$

$$= 0.9098$$

3) 하류측 관로 밸브에서의 수두 및 속도 결정

이 시간에는 게이트밸브는 물론 서지밸브도 폐쇄된 상태가 되므로 이 때의 유속은 0이 되므로 피에조미터 수두는 공식 5.48로부터

$$V_{P6} = C_1 - C_2 H_{P6} \qquad 5.48$$

$$H_{P6} = \frac{C_1}{C_2} = \frac{4.8700}{0.01} = 487ft$$

$$C_1 = CC = V_5 + C_2 H_5 - AKV_5|V_5|$$

$$= 1.3093 + 0.01 \times 356.30 - 0.0013198 \times 1.3093|1.3093|$$

$$= 4.8700$$

경우 4. 게이트 밸브와 서지밸브가 모두 개방된 상태를 유지하는 경우

게이트 밸브가 폐쇄되는 동안 관로 내 압력이 서지밸브 개방압력을 초과하는 경우에는 관로 내 물은 게이트밸브 및 서지밸브를 통해 유출된다. 또한 연속방정식에 의해 관로 유입유량과 게이트밸브 및 서지밸브를 통해 유출되는 유량의 합은 항상 0이여야 한다. 따라서 연속방정식으로부터

$$Q = A_A V_A - A_G V_G - A_S V_S = 0$$

상기 식에서 아래첨자 A는 관로, G는 게이트밸브, S는 서지밸브를 나타내며, 단면적은 완전 개방시 조건이므로 $A_A = A_G$이고, 상기 식을 관로 단면적 A_A로 나누면

$$V = V_A - V_G - \frac{A_S}{A_A} V_S = 0 \qquad ⑦$$

일과 에너지공식으로부터 5.49로부터

$$\text{게이트밸브} : H_{P6} = H_D + \frac{1}{K_{LI}} \frac{V_G^2}{2g}$$

$$\text{서지 밸브} : H_{P6} = EL_D + \left(1 + \frac{1}{K_{LSI}}\right) \frac{V_S^2}{2g}$$

상기 식에서 V_G 및 V_S는 각각 게이트밸브 및 서지밸브 상류측 관로 내 유속이다. H_D는 게이트밸브의 직하류측 피에조미터 수두, EL_D는 서지밸브 직하류측 피에조미터 수두를 나타낸다.

$$V_G = \sqrt{(H_{P6} - H_D) 2g K_{LI}} \qquad ⑧$$

$$V_S = \sqrt{(H_{P6} - EL_D) \frac{2g}{1 + \frac{1}{K_{LSI}}}} \qquad ⑨$$

공식 5.48로부터 관로에서 유속은

$$V_{P6} = V_A = C_1 - C_2 H_{P6} \qquad ⑩$$

식 ⑧, ⑨, 및 ⑩을 식 ⑦에 대입하면

$$C_1 - C_2 H_{P6} - \sqrt{(H_{P6} - H_D) 2g K_{LI}} - \sqrt{(H_{P6} - EL_D) \frac{2g}{1 + \frac{1}{K_{LSI}}} \left(\frac{A_S}{A_A} \right)^2} = 0$$

상기 식을 간략히 표현하기 위해 다음과 같이 가정하면

$$A_1 = \sqrt{2g K_{LI}}, \quad A_2 = \sqrt{\frac{2g}{\left(1 + \frac{1}{K_{LSI}}\right)} \left(\frac{A_S}{A_A} \right)^2}$$

다음과 같은 평형식이 성립되며 이제 Newton-Raphson 반복법을 사용하기로 한다.

$$FUNCT = C_1 - C_2 H_{P6} - A_1 \sqrt{(H_{P6} - H_D)} - A_2 \sqrt{(H_{P6} - EL_D)} = 0$$

상기 식에서 변수 H_{P6}에 관해 미분하면

$$PRIME = C_2 - \frac{1}{2} \frac{A_1}{\sqrt{(H_{P6} - H_D)}} - \frac{1}{2} \frac{A_2}{\sqrt{(H_{P6} - EL_D)}}$$

다음에 시도할 피에조미터 수두는 다음과 같이 개선된다.

$$H_{next} = H_{try} - \frac{FUNCT}{PRIME}$$

상기 식에서 H_{try}는 처음 시도할 임의 압력으로서 여기에서는 전 시간단계 절점 6에서 압력 H_{P6}를 사용하기로 한다. 허용오차 $|H_{try} - H_{next}| < 1$이 만족할 때까지 H_{next}를 H_{try}로 치환하여 상기 과정을 반복한다.

이 예제에서는 게이트 밸브를 5초 동안 폐쇄하면 $t = 4.949$초에서 서지밸브가 설치된 지점에서 압력이 $H_6 = 623.78 ft$가 되어 서지밸브가 개방된다. 따라서 이 순간에는 게이트밸브 및 서지밸브가 동시에 개방되며 프로그램 수행 결과는 다음과 같다.

$t = 0.4124 \times 12 = 4.9488$초

i	1	2	3	4	5	6
V	4.9388	4.9315	4.9090	4.8643	4.7716	2.7570
H	416.00	415.76	416.35	418.55	425.18	623.78

S/V 유량 (gpm) = −4850.1 　 S/V개도(%) = 50.00 　 S/VK_{LSI} = 0.051818

절점 6 유속(ft/s) = 4.96 　 G/V개도(%) = 1.02 　 G/VK_{LIS} = 0.001701

표 11 부정류 해석 결과(t = 4.9488초)

이후 게이트밸브는 완전 폐쇄되고, 서지밸브만 개방되므로 전술한 **경우 2. 게이트 밸브가 완전 폐쇄되고 서지밸브는 개방된 상태를 유지하는 경우**와 동일한 방법으로 수충격 분석을 수행하면 된다.

요점정리

이 예제를 통해 흔히 오해하고 있는 사실 중 하나를 깨달을 수 있다. 즉, 서지밸브를 피에조미터 수두 450.3ft로 설정하여도 밸브가 완전히 폐쇄되는 순간 관로 내 피에조미터 수두는 899.55ft로 상승하고, 서지밸브가 개방되어 관로 내 물을 유출시켜 피에조미터 수두를 624ft로 감소시킨다. 따라서 적정 서지완화밸브 규격으로 설계하지 않으면 **관로 내 허용 압력은 서지밸브 개방 압력을 초과할 수 있다는 것을 명심하여야 한다.**

7.2.4 공기 배출 절차

빈 관로 충수

빈 관로를 충수할 때는 상당한 주의가 요구된다. 관로를 충수할 때는 유속이 1.0$ft/\sec$ 또는 그 이하가 되도록 하여야 한다(Johns-Manville Corp., 1977). 공기 배출과 공기 진공 밸브들은 모든 공기가 관로 시스템 내에서 배출되는 위치에 설치하여야 한다. 일반적으로 밸브는 관로의 끝단에 설치되어 각 관로 내에서는 압력을 받아 모든 공기가 밖으로 빠져나가도록 하여야 한다. 이러한 특징은 기밀시험을 위한 압력 시험 수행시 또한 필요하다. 어떠한 상황에서도 심각한 부정류가 발생하지 않도록 속도의 변화율을 제어하는 방법으로 시스템을 조작하여야 한다.

펌프 토출측에 있는 공기 문제는 펌프 토출측 관로에 진공 밸브 대신 진공 신호를 받아 개방되고 공기가 모두 배출된 후에 서서히 폐쇄되는 밸브를 설치하여 해결할 수 있다. 서

지 릴리프 밸브와 매우 유사한 이 밸브는 또한 미리 설정된 높은 압력에서 개방되도록 설치되어 펌프가 체절 수두점에서 운전되는 것을 방지한다.

펌프로 가압되는 관로에서는 일부 토출 유량을 흡입측으로 바이패스시켜 펌프가 유량이 0인 점에서 운전되지 않도록 방지한다. 이러한 바이패스는 높은 압력발생을 초기부터 방지하고 펌프 전동기의 부하와 펌프 자체 내에서 발생하는 열을 감소시킬 수 있다. 일반적으로 비속도가 큰 사류 및 축류 펌프에서 이러한 바이패스 배관이 필요하다.

관로내로부터 공기 제거

적정한 위치와 규격의 공기 배출 및 공기-진공 밸브는 관로 설계에 있어 중요한 사항이다. Lescovich(1972)는 이 주제에 대해 철저하게 언급하였다. Seipt(1974)은 약간의 조작 기술을 기술하였고 공기 관련된 문제를 최소화할 수 있는 설치와 관련된 문제들에 언급하였다.

만일 관로가 거의 물로 충수되고 정전으로 인하여 상대적으로 소량의 공기 포켓이 생성된다고 해도 펌핑 시스템을 재 가동할 때 주의를 기울여야 한다. 최선의 방법은 전술한 방법으로 빈 관로를 충수하고 모든 공기-진공밸브 및 공기 배출 밸브가 폐쇄될 때까지는 정상적인 운영을 재개하지 않는 것이다.

7.2.5 서지 탱크

서지 탱크는 높은 압력과 낮은 압력 둘 다 완화시키는데 사용된다. 이 서지 탱크는 주송수 유량으로부터 전환된 과다한 유량을 일시적인 저장하는 장치로서 동작한다. 이와 같은 과다 유량 전환은 관로 내에서 속도 변화와 부정류 압력파 크기의 감소를 더욱 완만하게 해준다. 서지 탱크는 또한 과도하게 낮은 압력과 감속을 방지하기 위해 관로에 유체를 공급한다. 이 서지 탱크는 또한 속도를 전방 및 후방으로 서지하는 관로에 감쇠 장치로서도 동작한다. 서지 탱크에는 다양한 종류가 있으며 특정한 목정에 맞추어 제작된다. 관로를 보호하기 위해 가장 보편적으로 사용되는 형식들로 개방(open-end), 일-방향(one-way), 폐쇄(vented) 서지 탱크 그리고 에어챔버가 있다.

개방 서지 탱크

개방 서지 탱크는 다양한 형식들의 탱크들 중 가장 단순한 것이다. 불행히도 이러한 단순함으로 인해 관로 시스템에서 일반적으로 사용되지는 않는다. 이 탱크는 관로에 연결되어 정상유동 상태의 EL-HGL이 탱크의 수위와 일치하게 된다. 그러나 서지 탱크 연결부에 압력 동요가 발생하면 유체가 탱크로부터 유출 또는 유입되며 따라서 시스템 내 압력 서지가 완화된다. 탱크의 길이가 상당히 길고 직경이 크지 않으면 커다란 압력 동요를 수용할 수 없기 때문에 거의 사용되지 않는다. 그러나 감쇠 특징들이 중요하고 압력 동요가 크지 않아 적정한 크기의 탱크, 챔버, 또는 타워를 적용할 수 있는 수력 발전소에서 가장 광범위하게 사용된다. 일반적으로 수력발전소 건설비용은 상당히 고가이므로 대규모의 서지 탱크 또는 에어 챔버의 사용이 정당화 될 수 있다.

● 일-방향 서지 탱크

관로 내에 펌프에 의해 가압되는 곳에서는 EL-HGL이 통상적으로 관로보다 상당히 위에 위치하여 개방 서지 탱크를 채택할 수 없는 경우에 일-방향 서지 탱크가 사용된다. 일-방향 서지 탱크는 탱크가 설치된 지점의 관로 내에서 압력이 과도하게 저하되는 것을 방지하기 위해 사용된다. 이 탱크의 하부에 역지 밸브가 설치되어 유체가 탱크로 유입되는 것은 불가능하고 오직 유출만이 가능하다. 따라서 상승 압력의 감소는 불가능하고 압력 저하만을 방지한다.

정상적인 정상 유동-상태(steady-state) 운전 기간 동안에는 일-방향 서지 탱크는 역지 밸브에 의해 시스템으로부터 분리된다. 그림 7.4에서 대표적인 일-방향 서지 탱크의 개략도를 볼 수 있다. 부정류가 발생하여 탱크 연결부 관로 내 압력 수두가 탱크의 액체 수위보다 저하되면 역지 밸브는 개방되고 탱크로부터 관로로 유동이 형성된다. 결과적으로 탱크 내 액체 수주는 관로의 압력이 급격히 감소되는 것을 방지하며 관로의 EL-HGL은 서지 탱크 액체 수면 근처에 고정된다. 그림 7.5는 경사진 관로를 따라 위치한 일련의 일-방향 서지 탱크가 일반적인 정전의 결과로 발생하는 수주 분리를 어떻게 방지하는지 보여주고 있다.

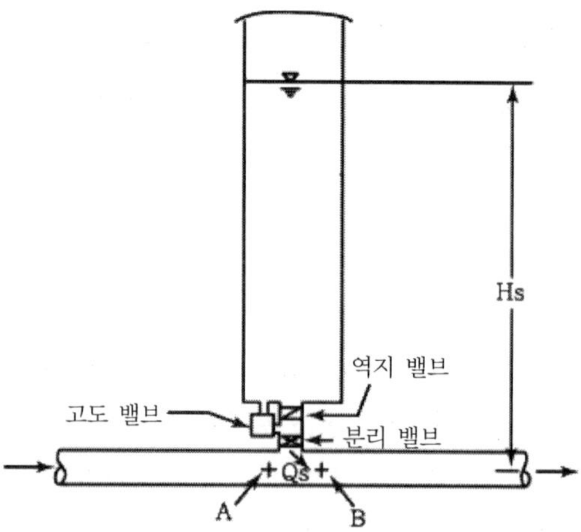

그림 7.4 일방향 서지 탱크 개략도

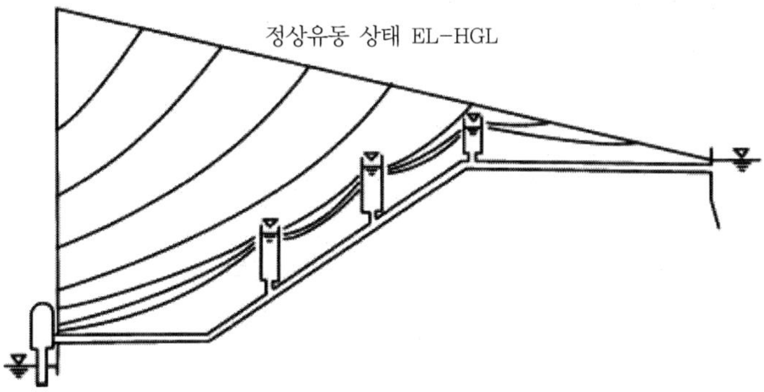

그림 7.5 펌프로 가압되는 관로에서의 일방향 서지 탱크

부정류 분석시 일-방향 서지 탱크를 포함시키기 위해 특별한 일련의 내부 경계 조건을 갖고 모델을 할 필요가 있다. 컴퓨터 입력 자료들은 탱크의 위치, 탱크의 형상, 그리고 수력 특성을 반드시 명시하여야 한다. 이러한 탱크들의 운영을 모의 실험하기 위한 공식들을 전개하기로 한다.

우선 서지 탱크는 항상 두 개의 직렬 관로가 만나는 곳에 위치한다고 가정한다. 어떠한 관로라도 항상 직렬 관로의 편리한 숫자로 나눌 수 있기 때문에 이것은 제한된 가정이 아니다. 그림 7.4를 참조하여 다음 공식과 같이 내부 경계 조건을 나타낼 수 있다.

상류측 C^+	$V_{P_A} = C_1 - C_2 H_P$	7.1
하류측 C^-	$V_{P_B} = C_3 + C_4 H_P$	7.2
질량보존법칙	$V_{P_A} A_A + Q_s = V_{P_B} A_B$	7.3
일과 에너지	$Q_s = C_{out} A_{out} \sqrt{2g(H_s + z_{AB} - H_P)}$	7.4

여기서 C_{out}은 연결 배관의 유출 손실 계수이고, A_{out}은 연결부의 단면적, H_s는 관로의 중심선 기준 상부 탱크의 액체 수면의 높이, 그리고 z_{AB}는 관로 중심 고도이다. 위치 A와 B에서 수두의 수치가 동일하기 때문에 H_P는 아래 첨자를 사용하지 않았다. 언제 이러한 내부 경계 조건을 활용할 것인지 결정하기 위해서 우리는 서지 탱크 연결부에서 압력 수두를 연속적으로 모니터하여야 한다. 관로 내 압력 수두가 서지 탱크내의 수면보다 저하하면 탱크로부터 유체가 유출되기 시작하고 4개의 공식들을 활용하여 이러한 조건들을 모의실험하여야 한다.

공식 7.4에서 짧은 튜브 오리피스 공식은 탱크로부터 유출되는 유동을 기술한다.

C_{out}은 다음 식을 사용하여 손쉽게 구할 수 있는 탱크 연결 요소의 K_L로부터 간단히 계산할 수 있다.

$$C_{out} = \frac{1}{\sqrt{1.0 + \sum K_L}} \tag{7.5}$$

여기서 K_L은 유입, 곡관부, 역지 밸브 그리고 차단 밸브들의 손실 계수의 합이고 1.0은 탱크로부터 관로로 유입되므로 속도 수두의 손실과 관련된 계수이다. 연결부가 긴 경우에는 관로의 마찰 계수 fL/D가 반드시 포함되어야 한다. 매우 잘 설계된 연결 배관의 C_{out}은 최대 0.8까지 될 수 있다. 불량하게 설계된 연결 배관의 C_{out}은 최소 0.4까지 될 수 있다.

이런 서지 탱크의 모델에서 V_{P_A}, V_{P_B}, H_P, H_S 및 Q_S 5개의 미지수를 갖고 있으나 오직 4개의 공식만을 갖는다. 따라서 다른 공식 하나가 더 필요하다. 탱크 내 유체의 높이 H_s를 모니터하여 이러한 문제를 해결할 수 있다. 초기 높이 H_{s0}를 상기하면서 그 후 임의 수위 H_s는 공식을 직접 적분하여 구할 수 있다.

$$H_s = H_{s0} - \frac{1}{A_s}\int_0^t Q_s dt \tag{7.6}$$

여기서 A_s는 서지 탱크의 단면적이다.

그러나 적분을 수행하는 대신 각 시간 단계별로 변화를 구하고 새로운 높이를 재계산하여 유체 높이를 계속 기록한다. 따라서 H_s는 일련의 공식에서 기저가 된다. 이러한 관계는 다음과 같이 나타낼 수 있다.

$$H_s(t + \Delta t) = H_s(t) - \frac{\Delta t}{A_s} Q_s(t) \tag{7.7}$$

여기에서 탱크로부터 유출되는 유동은 관성 효과를 무시하고 정상 유동 운동 공식을 적용할 수 있다고 가정하여 유사-정상 유동으로 취급한다.

탱크로부터 유출량을 구하기 위해 공식 7.1부터 7.4까지 동시에 풀면 다음과 같은 결과를 얻을 수 있다.

$$Q_s = 0.5C_5\left(-1 + \sqrt{1 + \frac{4C_6}{C_5^2}}\right) \tag{7.8}$$

여기서

$$C_5 = \frac{2g\,C_{out}^2\,A_{out}^2}{C_4 A_B + C_2 A_A} \qquad 7.9$$

$$C_6 = \frac{2g\,C_{out}^2\,A_{out}^2}{C_4 A_B + C_2 A_A}\left[C_3 A_B - C_1 A_A + (C_4 A_B + C_2 A_A)(H_s + z_{AB})\right] \qquad 7.10$$

서지 탱크가 비게 되면, Q_s가 음의 기호를 갖는지 여부를 결정하기 위해 C_6 수치는 연속적으로 살펴보아야 한다. 만일 $C_6 < 0$이 되면 0으로 설정하며 따라서 서지 탱크의 역지 밸브가 닫히게 된다. 일-방향 서지 탱크를 위해 필요한 입력 자료를 보여주기 위해 그리고 부정류 압력에 미치는 영향을 증명하기 위한 예제는 다음과 같다.

예제 7.2

부록 C에서 임펠러 직경 10인치인 Johnston의 5단 14BC 펌프 2대를 사용하여 고도 75ft인 강가로부터 수위 200ft인 저수지로 송수한다. 덕타일 주철관로의 내경은 12인치이고, 마찰 계수는 0.017 그리고 파속은 $3000 ft/s$이다. 관로 종단도는 다음 그림과 같다.

일-방향 서지 탱크는 펌프장으로부터 경사지 언덕에 설치되었다. 이 탱크는 경사 디스크 역지 밸브와 분리용 게이트 밸브를 갖춘 12인치 짧은 배관으로 관로에 연결된다. 연결 손실 계수 $C_{out} = 0.6$로 추정된다.

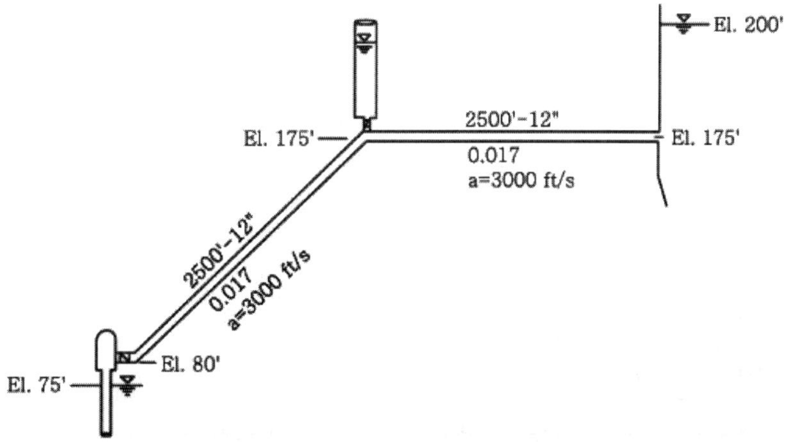

최종 분석을 위한 입력 자료 파일은 다음과 같으며 자세한 분석 방법은 예제 7.3을 참조하기로 한다.

♲ 예제 프로그램 EP72.FOR-입력자료 파일 "EP72.DAT"

수주분리를 방지하기 위한 일-방향 서지탱크 사용

```
&SPECS NPIPES=2,NPARTS=5,IOUT=1000,NSURGE=1,HRES=200.,HSUMP=75.,
    HATM=33.,ZEND=175.,TMAX=50.,QACC=0.5,AIR=F,PFILE=F,HVPRNT=T,
      PPLOT=F,GRAPH=T/
1  12.  2500.  0.017  3000.  80.
2  12.  2500.  0.017  3000.  175.
&PUMPS NPUMPS=2,NSTAGE=5,RPM=1175.,WRSQ=125.,
      QN=0.,200.,400.,600.,900.,1300.,
      HNSQ=43.,40.,38.,36.,26.,0.,
      TNSQ=4.,4.8,6.,7.2,8.,4./
1  25.  3.  12.  0.6
&GRAF NSAVE=4,IOUTSA=5,PIPE=1,1,2,2,NODE=1,4,1,3/
```

높이가 25ft, 직경이 3ft인 일-방향 서지 탱크는 이러한 요구 조건을 만족시켜준다. 최소 압력 $1lb/in^2$(수두 $2.3ft$)는 서지 탱크의 하류 관로의 수평 부분에서 발생한다. 관로에 따른 최대 및 최소 압력의 개략도는 다음 그림과 같다.

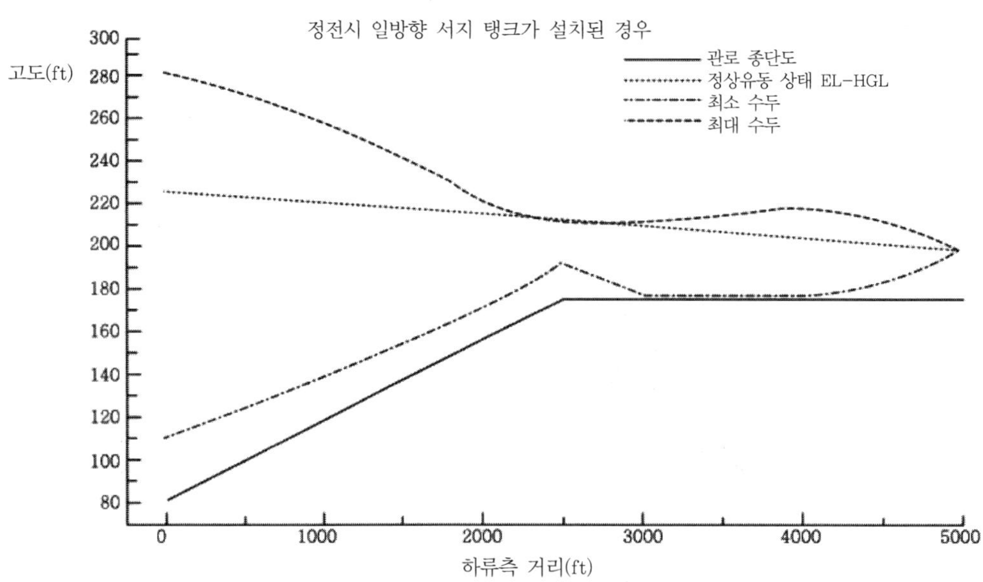

7.2.6 에어챔버

펌프장 토출측에 설치된 개방 서지 탱크는 양과 음의 서지를 제어하기에 적합한 설비이다. 그러나 펌프의 토출 압력은 통상적으로 상당히 높기 때문에 서지 탱크의 높이는 EL-HGL보다 높게 연장되어야 한다. 따라서 대체적으로 개방 서지 탱크는 비경제적이다. 그러나 높이가 문제되지 않고 개방 서지 탱크와 유사한 역할을 하는 설비가 있는데 이 설비가 바로 에어챔버이다(때로는 물-공기 탱크, 공기 병 또는 충격 흡수기(shock trap)라고도 불린다). 이 탱크는 상대적으로 작은 압력 용기로서 공기와 동시에 유체를 포함하여 펌프장 토출측 관로에 연결된다.

이 에어 챔버의 주된 목적은 펌프장 정전시 펌프 하류측 관로 내에 부압 발생과 수주 분리를 방지하는 것이다. 그러나 이 에어 챔버는 또한 탁월한 양(positive)의 서지를 억제하는 설비가 된다. 그림 7.6에서 보는 바와 같이 챔버는 밀봉되고 챔버내 유체 위에 압축된 공기가 위치한다. 정전 후 유체는 챔버로부터 관로로 유입되어 관로 내로 유속을 더욱 완만하게 감소시키고 압력을 상대적으로 높게 유지한다. 챔버 내 유체의 량이 감소되면서 공기의 체적이 확장되어 펌프 토출측 압력을 감소시킨다. 공기 압력이 저하되는 비율은 초기 공기체적과, 챔버로부터 유출되는 유량의 비율, 그리고 공기의 상 변화시 겪는 열역학 과정에 의해 좌우된다.

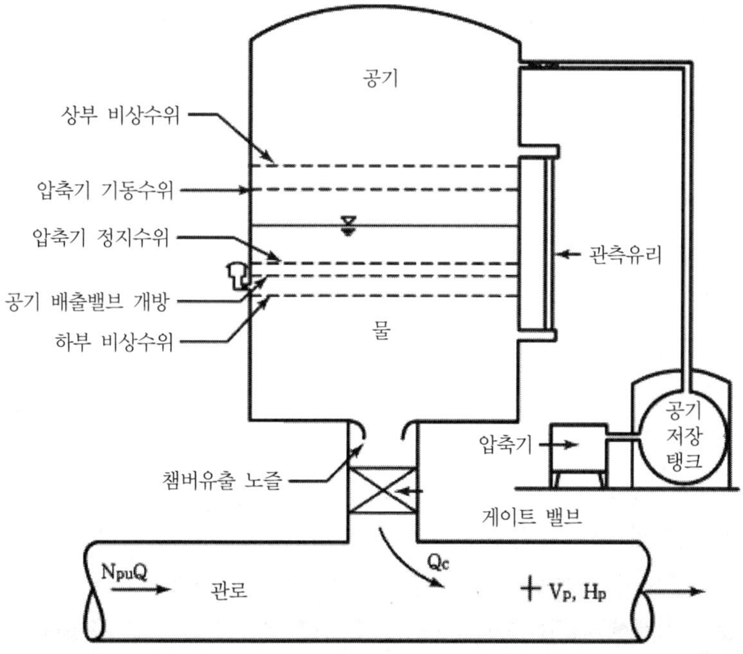

그림 7.6 에어 챔버와 부속설비 개략도

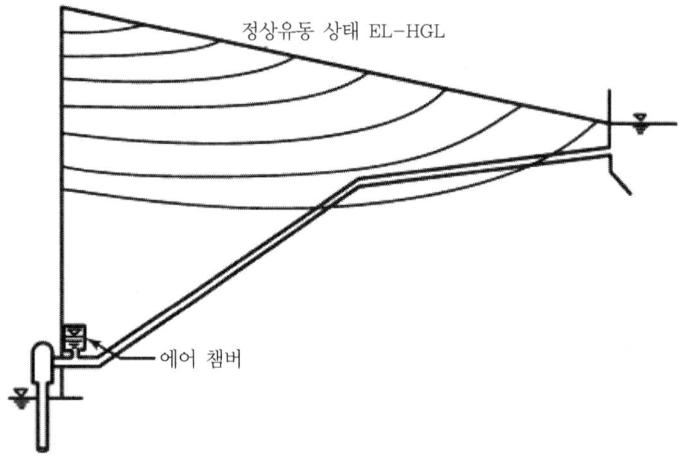

그림 7.7 에어 챔버가 설치된 펌프장 정전시 펌프에서의 부(-) 압력파 전파

이러한 절차는 개방 서지 탱크의 수위 저하와 유사하며 많은 경우에 과도한 부압을 발생시키지 않으면서 관로내의 유체를 완만하게 정지시킨다. 그림 7.7은 부정류 발생 동안 에어 챔버가 어떻게 압력 분포에 영향을 미치는지 보여준다. 이러한 결과를 그림 7.3과 비교해 보라.

에어 챔버는 관로가 비어 공기가 유입되지 않도록 충분히 커야 한다. 또한 초기 공기 체적은 충분히 커서 압력 저하의 비율이 과도해 지는 것을 방지하여야 한다. 초기 공기 체적이 너무 작으면 에어챔버가 비게 되어 펌프 토출측 압력이 동작하므로 압력 저하 방지에는 아무런 도움이 되지 않는다. 유동의 흐름 방향이 역으로 되어 펌프측으로 유동이 시작될 때 펌프 토출측 역지 밸브가 폐쇄되어(통상적으로 실제적으로는 이미 폐쇄된 상태이다) 유체는 챔버 내로 유입되기 시작한다.

관로 내 과도한 압력변화를 줄이기 위해 고의적으로 챔버로부터 유출될 때의 손실 보다 유입 손실을 훨씬 크게 할 수 있다. 그림 7.6에서 처럼 연결부에 노즐을 사용하든지 또는 2개의 연결부가 있어 유출과 유입시 다른 통로로 연결되어 유출시 적은 손실을 갖고 유입시 큰 손실을 갖는 기능을 수행할 수 있다. 대체적으로 감쇠는 역류 동안 높은 압력을 유발하지 않으면서 수행되는 것이 좋다.

때때로 에어 챔버 단독으로는 수주 분리를 방지하기에 충분하지 않다. 에어챔버에서 멀리 떨어진 관로의 다른 정상부에서 에어챔버의 효과가 충분치 않으면 저압이 발생한다. 이러한 경우에는 각 정상부에 일-방향 서지 탱크를 사용하여 EL-HGL선이 정상부의 양쪽 관로보다 상부에 위치하도록 한다. 그림 7.8은 이러한 기법을 증명한다.

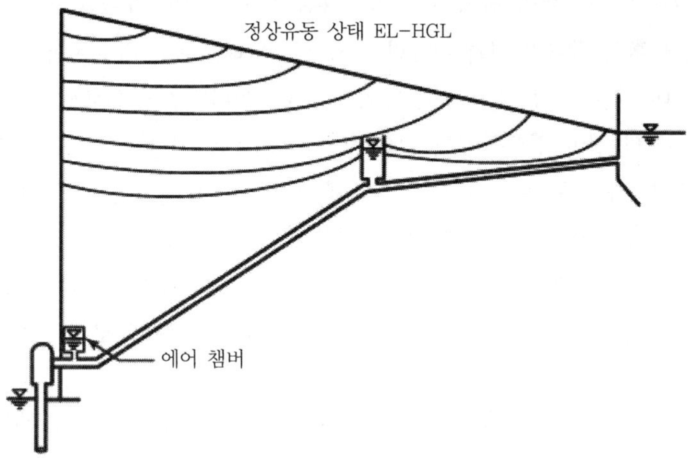

그림 7.8 에어 챔버와 일방향 서지 탱크를 갖춘 관로에서 정전후 부(–) 압력파의 전파

에어챔버 거동을 기술하는 일련의 공식은 다소 복잡하다. 우리는 에어챔버가 관로의 상류측 끝단에 설치되어 이 지점에서의 경계 조건은 펌프와 에어챔버로 구성되고 펌프는 동시에 모두 정전된다고 가정한다. 이에 적정한 공식들은 다음과 같다.

C^-	$V_P = C_3 + C_4 H_P$	7.11
질량보존법칙	$N_{pu} Q + Q_C = V_P A$	7.12
펌프의 일과 에너지	$H_{sump} + h_p = H_P$	7.13
챔버의 일과 에너지	$Q_C = C_{out} A_{out} \sqrt{2g(H_C - H_P)}$	7.14
펌프의 수두증가	$h_p = N^2 N_{st}\left(C_7 \frac{Q}{N} + C_8\right)$	7.15

이 공식에서 H_C는 챔버 내 수두, C_{out}은 유출 계수, A_{out}은 유출 단면적, 그리고 Q_C는 챔버로부터 유출 유량이다.

6개의 미지수 V_P, H_P, h_p, H_C, Q_C 및 Q와 5개의 공식을 갖고 있으므로 또 다른 상관관계가 필요하다. 이 관계는 챔버 내 공기의 상태변화과정을 기술하는 열역학 공식으로서 가장 일반적으로 사용되는 변화 과정은 다음과 같은 폴리트로픽 변화이다.

$$\frac{p}{\gamma^{\eta}} = \frac{p_0}{\gamma_0^{\eta}} \quad 7.16$$

여기서 p_0와 γ_0는 챔버 내 정상류 조건하의 공기의 절대 압력과 비중량이다. p_0와 γ_0는 시간이 지난 후의 절대 압력과 비중량이고, η는 폴리트로픽 지수로서 통상적으로 1.2이다. 이 지수에 대해서는 약간의 이견이 있어왔다. Graze(1972)와 Graze et al. (1976)은 이 폴리크로픽 변화과정이 정확하게 공기의 열역학 거동을 기술하지 못하고 있음을 보여주었다. 공기 팽창 과정 중 복잡한 특징은 액체의 빙점 온도에 가끔 도달한다는 것이다. 응축된 액체 증기가 동결함으로써 방출되는 잠열은 공식 7.16과 같은 단순한 폴리트로픽 과정을 상당히 복잡한 열역학 과정으로 만든다. 그러나 분석에 있어 다른 많은 불확실성을 고려하기에 편리한 좀 더 나은 방법이 모색되기 전까지는 폴리트로픽 변화를 계속 사용하는 수밖에 없다.

대기압 수두 H_{atm}을 이용하여 폴리트로픽 변화 공식을 다음과 같이 쓸 수 있다.

$$\frac{(H_C + H_{atm} - z_P)\gamma_w}{\gamma^\eta} = \frac{(H_{C_0} + H_{atm} - z_P)\gamma_w}{\gamma_0^\eta} \qquad 7.17$$

만일 초기 공기 체적이 $\overline{V_{C_0}}$이고, 일정 시간 후의 공기체적이 $\overline{V_C}$이라면 공식은 다음과 같이 쓸 수 있다.

$$H_C = z_P - H_{atm} + (H_{C_0} - z_P + H_{atm})\left(\frac{\overline{V_{C_0}}}{\overline{V_C}}\right)^\eta \qquad 7.18$$

여기서 임의 시간에서의 공기 체적은 일-방향 서지 탱크에서 유체 체적 계산과 유사하게 계산된다.

$$\overline{V_C}(t + \Delta t) = \overline{V_C}(t) + Q_C(t)\Delta t \qquad 7.19$$

이제 상기 6개의 공식을 동시에 푼다. 가장 일반적인 경우로 유체는 펌프와 챔버를 거쳐 연속하여 유출한다고 가정한다. 공식 7.19로부터 $\overline{V_C}$를 알 수 있으므로 공식 7.18로부터 H_C를 계산할 수 있다. 따라서 미지의 수는 5개로 감소한다. 5개의 공식을 풀어 Q_C를 구하면 다음과 같다.

$$Q_C = 0.5\,C_5\left(1 - \sqrt{1 - \frac{4C_6}{C_5^2}}\right) \qquad 7.20$$

여기서

$$C_5 = \frac{2g\,C_{out}^2\,A_{out}^2\,NN_{st}\,C_7}{N_{pu} - NN_{st}A\,C_7C_4} \quad 7.21$$

그리고

$$C_6 = 2g\,C_{out}^2\,A_{out}^2\left[-H_C + \frac{H_{sump} + (NN_{st}/N_{pu})(C_3C_7A + NN_{pu}C_8)}{1-(NN_{st}A\,C_4C_7)/N_{pu}}\right] \quad 7.22$$

Q_C를 계산한 후 다음 식으로부터 펌프 1대의 토출 유량 Q를 구할 수 있다.

$$Q = \frac{1}{N_{pu}}\left[A\,C_3 + A\,C_4\left(H_C - \frac{Q_C^2}{2g\,C_{out}^2\,A_{out}^2}\right) - Q_C\right] \quad 7.23$$

만일 $Q \geqq 0$이면 해답을 수용할 수 있고 나머지 미지수들은 공식 7.11부터 7.15를 이용하여 계산할 수 있다.

만일 $Q < 0$이면 펌프 역지 밸브가 폐쇄되고 유량 Q는 0으로 설정하고 Q_C는 다음 식으로부터 구하여야 한다.

$$Q_C = 0.5\,C_5\left(-1 + \sqrt{1 + \frac{4C_6}{C_5^2}}\right) \quad 7.24$$

여기서

$$C_5 = \frac{2g\,C_{out}^2\,A_{out}^2}{C_4A} \quad 7.25$$

그리고

$$C_6 = 2g\,C_{out}^2\,A_{out}^2\left(H_C + \frac{C_3}{C_4}\right) \quad 7.26$$

펌프들이 중지되면 역지 밸브가 폐쇄되고 이 밸브는 다시는 개방되지 않는다. 관로 내 유동 방향이 반전될 때까지는 에어챔버로부터 유체는 계속 유출된다.

에어챔버로 유입되는 유동을 정확하게 나타내기 위해서 다른 일련의 공식들이 필요하다. 챔버 내로 유입되는 유량을 고려할 때 펌프는 고려하지 않으며 다음의 공식들을 사용할 수 있다.

C^-	$V_P = C_3 + C_4 H_P$	7.27
질량보존법칙	$Q_C = V_P A$	7.28
챔버의 일과 에너지	$Q_C = -C_{in} A_{in} \sqrt{2g(H_P - H_C)}$	7.29

여기서 C_{in}은 에어챔버로 유입되는 유동의 유입계수이고, A_{in}은 유입부 단면적이다. Q_C를 구하기 위해 상기 공식들을 동시에 풀면 다음과 같이 된다.

$$Q_C = 0.5\,C_5\left(1 - \sqrt{1 - \frac{4C_6}{C_5^2}}\right) \qquad 7.30$$

여기서

$$C_5 = \frac{2g\,C_{in}^2\,A_{in}^2}{C_4 A} \qquad 7.31$$

그리고

$$C_6 = 2g\,C_{in}^2\,A_{in}^2\left(H_C + \frac{C_3}{C_4}\right) \qquad 7.32$$

C_{out}과 C_{in}의 수치는 공식 7.5로부터 계산할 수 있다.

에어챔버의 크기

에어 챔버가 위치한 관로의 상류측 끝단에에서 정전시 시간에 따른 압력의 변화는 에어 챔버 내의 초기 공기 체적에 주로 좌우된다. 초기 공기 체적이 작으면 압력은 더욱 급속히 저하된다.

에어 챔버의 크기를 결정하기 위한 첫 번째 단계는 관로가 허용할 수 있는 최저 압력이 될 때까지 탱크 내 초기 공기 체적의 수치를 연속적으로 시도하는 것이다. 이 공기 체적은 그림 7.6의 상부 비상 수위(upper emergency level)의 기준이 된다. 공기 체적이 이보다 적을 때 정전이 되면 바람직하지 못한 저압이 발생된다.

시스템이 정상 운영되는 동안 압력이 동요하므로 이러한 동요를 수용하기 위해서는 에어 챔버 내에 약간의 여유 공간이 있어야 한다. Evans와 Crawford(1953)는 이러한 목적으로 상부 비상 수위(upper emergency level)에서 초기 공기 체적의 25%정도의 여유 체적을 권장하고 있다. 그러나 이러한 수치의 선택은 실제 펌핑 시스템의 운영에 기초를 두어야 한다.

초기 공기 체적이 상부 비상 수위 +25%가 되면 압축기가 정지되도록 하는 것이 가능하므로 하강서지동안 탱크가 비지 않도록 챔버의 용량을 충분히 크게 하여야 한다. 이 공기 체적을 초기 공기 체적으로 하여 마지막 분석을 실시하여야 한다. 이 초기 공기 체적은 그림 7.6의 하부 비상 수위와 관련된다. 분석 동안 존재하는 최대 공기 체적은 에어챔버의 최소 전체 체적의 기준이 된다. 에어챔버가 비는 것에 대비하여 에어챔버의 최소 전체 체적에 안전 계수 10% 또는 그 이상을 증가시켜야 한다.

그림 7.6의 개략도는 소 용량의 챔버를 개략적으로 설계하기 위해 사용될 수 있으나 대 용량의 에어챔버를 설계하기 위한 것으로서는 부적절하다. 대 용량의 챔버가 필요하면 그림 7.6과 같은 소 용량 챔버 여러 개로 대체할 수 있다. 또는 대 용량의 프로판 가스 탱크와 매우 흡사한 단독 수평 탱크로 제작할 수 있다. 두 방법 모두 공통적으로 사용된다.

에어 챔버 부속설비

에어챔버의 적절한 운영을 위해서는 약간의 특별한 부속설비가 필요하다. 챔버 내의 유체의 수위는 상부와 하부 비상 수위(순간적인 동요는 제외) 사이에 유지되어야 하기 때문에 이러한 기능을 수행하기 위해서 약간의 설비가 필요하다. 만일 수위가 과도하게 높게 오래 유지되면 그림 7.6의 공기저장탱크로부터 압축된 공기가 챔버 내로 유입되어 수위를 내리도록 작용할 것이다. 반대로 수면이 너무 낮게 유지되면 공기배출 밸브를 통해 공기가 챔버로부터 제거되어 수면을 상승시키도록 한다.

만일 수위가 상부 비상 수위를 초과하여 상승하고 이러한 상승을 예방하는 모든 조치가 동작하지 않는다면 시스템을 조심스럽게 정지시키고 그 원인을 해결하여야 한다. 만일 시스템이 정지될 수 없다면 비상음을 발생하여 설비 담당자에게 조치를 취할 수 있도록 하여야 한다.

챔버로부터 유체가 유출시는 최소의 손실 수두가 발생되도록 하여 관로 내 압력은 가능한 높은 압력으로 유지되도록 하여야 한다. 만일 그림 7.6에서 볼 수 있는 것과 같은 매끄러운 노즐을 사용할 수 없다면 최소한 유출 접합부는 충분히 커서 적정 유속이 유지되어야 한다. 에어 챔버는 펌프역할을 하게 되므로 초기 챔버의 유출 유량은 정상 유동 상태에서 운전되는 모든 펌프의 토출 유량으로 가정할 수 있다.

챔버 내로 유입되면서 발생하는 손실 수두는 유출되면서 발생하는 손실 수두보다 더 크다. 이로 인해 동요하는 유동은 서서히 감쇠된다. 그림 7.6에서 노즐은 이러한 역할을 수행한다. 그러나 같은 목적을 달성하는 여러 가지 방법들이 있다. 유입 접합 배관을 작게하고 유출 접합 배관은 크게하는 것도 한가지 방법이 될 수 있다.

챔버 내 수위를 육안으로 확인할 수 있도록 관측창(sight glass)를 설치하여야 한다. 그리고 압축 공기의 유입 및 정지시기, 상부 또는 하부 비상 수위를 초과할 때 신호 발생시기를 결정하기 위해 수위 센서가 필요하다. 이 센서는 유지 또는 대체가 용이하도록 연결 배관을 통해 챔버 외부에 위치할 수도 있다. 대규모의 에어챔버에는 맨-도어를 설치할 수 있다. 그 외 에어챔버 구성품으로는 여러 개소의 배수 배관, 압력 조절기, 압력 게이지, 공기 배출 밸브 등이 있다. 추운 기후에서는 통상적으로 챔버 내 유체 동결을 방지하기 위해서 보온 구조물 내에 위치한다.

예제 7.3

수주분리를 방지하기 위한 올바른 설비를 제공하기 위해 예제 6.2를 다시 한번 고려한다. 사실 우리는 전체 관로로부터 부압을 제거하려 노력할 것이다. EP73.FOR를 이용하여 5개의 다른 분석의 결과를 소개한다. 5개 분석은 다음의 시나리오를 따른다.

(a) 수충격 방지 설비가 없을 때

(b) 초기 공기 체적 $320ft^3$을 갖는 에어 챔버

(c) 초기 공기 체적 $400ft^3$을 갖는 에어 챔버

(d) 초기 공기 체적 $500ft^3$을 갖는 에어 챔버

(e) 초기 공기 체적 $100ft^3$을 갖는 에어 챔버와 두 개의 일-방향 서지 탱크

(e)를 돌리기 위한 입력 자료 파일은 다음과 같다.

풀이

♲ 예제 7.3 프로그램 – 입력자료 파일 "EP73.DAT"

수주분리를 방지하기 위해 하나의 에어챔버 및 두 개의 일-방향 서지탱크를 사용

```
&SPECS NPIPES=4,NPARTS=3,IOUT=1000,NSURGE=2,HRES=840.,HSUMP=395.,
       HATM=32.,ZEND=810.,TMAX=50.,QACC=0.50,AIR=T,NOPUMP=F,
       PFILE=F,HVPRNT=T,PPLOT=T,GRAPH=T,RERUN=F/
1  30.   2000.  .013  3590.  415.
2  30.  15840.  .013  3590.  415.
3  30.   5280.  .019  3486.  700.
4  30.   5280.  .019  3486.  755.
&PUMPS NPUMPS=4,NSTAGE=5,RPM=1775.,WRSQ=475.,
```

```
        QN=0.,1000.,2000.,3000.,4000.,4500.,
        HNSQ=129.,127.5,121.,103.5,67.5,0.,
        TNSQ=50.,58.,78.,92.,97.,80./
&CHAMB CTZERO=100.,COUT=0.80,CIN=0.50,DNOZ=12.00,EXPON=1.20/
2  40.  6.  12.  0.80
3  50.  6.  12.  0.80
&GRAF NSAVE=3,IOUTSA=2,PIPE=1,3,4,0,NODE=1,1,1,0/
```

(a)의 분석결과는 예제 6.2로부터 복사하였고 하류측 부(-)압력 파의 전파를 묘사하고 있다. 이 그림에서 포함된 것들은 (b)부터 (e)까지 연산 수행 결과로서 그림에서 관로에 따른 압력 수두의 낮은 한계를 표시한다.

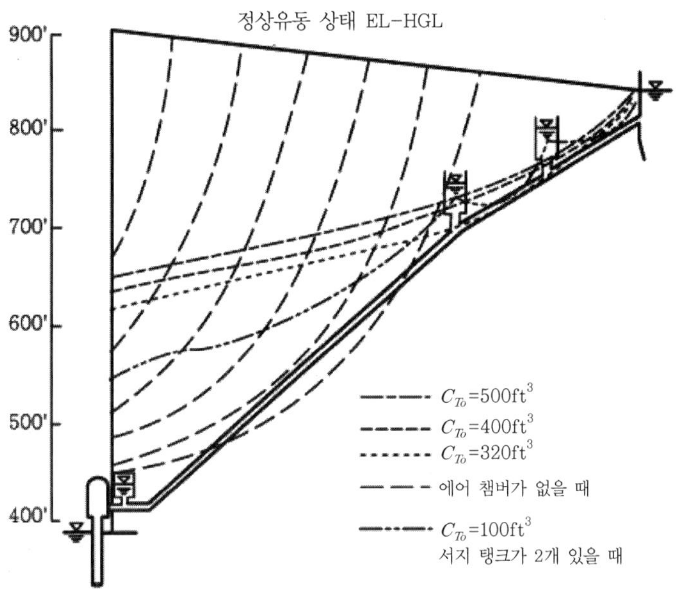

초기 공기 체적은 각각 25%씩 차이가 난다. 이러한 방법은 에어 챔버의 크기를 최종 결정하는데 유용하다. 한 예로 초기 공기 체적이 $500ft^3$인 경우 압력은 0보다 상당히 높게 나타난다. 다음은 공기 체적이 $500/1.25 = 400ft^3$인 경우이다. 이 분석결과 여전히 양압을 보여주므로 다음은 $400/1.25 = 320ft^3$으로 시도해 본다. 이제 관로 한 지점에서 압력은 0 부근에 도달하므로 이때의 초기 공기 체적을 상부 비상 수위로 설정한다. 압력 동요 공간을 위한 25% 규칙에 따라 다음은 $1.25 \times 320 = 400ft^3$을 시도한다. 그러나 이 분석은 이미 실행하였으므로 탱크 규격 결정에 필요한 정보는 이미 획득한 것이다.

따라서 초기공기체적이 $400ft^3$일 경우 최대 공기 체적은 대략 $730ft^3$에 도달한다. 이제 우리는 에어 챔버의 크기와 숫자를 결정하기 위한 설계를 진행한다.

두 개의 일-방향 서지 탱크를 사용함으로써 에어 챔버의 체적을 상당히 축소시키는 것이 가능하다. 이러한 대안의 실용성은 현장의 미학에 대한 고려와 경제성에 좌우된다. 높이가 $40ft$와 $50ft$인 두 개의 서지 탱크는 커다란 에어 챔버보다 더욱 고가이고 보기에 흉할 수도 있다. 이 대안은 주로 서지 제어 설비의 조합이 다른 설비보다 더욱 효과적인 것을 보여주는데 주 목적이 있다. 사실, 관로 종단도에서 부분 정상부가 있으면 정상 하류부에서 수주 분리를 방지하기 위해 일-방향서지 탱크가 필요할 것이고, 에어챔버는 펌프에 설치하여 정상의 상류측에서 발생하는 동일한 문제를 해결하기 위해서 필요할 것이다.

다양한 제어 설비를 갖춘 펌프장과 관로의 구체적인 설계는 이 책에서는 논의하지 않는다. 더 많은 정보가 필요하면 Sank et al.(1981)가 저술한 펌프장 설계(pumping station design)를 참조하라.

다음의 두 쪽에서는 관로에 따른 세 개 지점에서 수두-시간과의 관계 그리고 관로에 따른 최대 및 최소 수두의 그림을 보여준다.

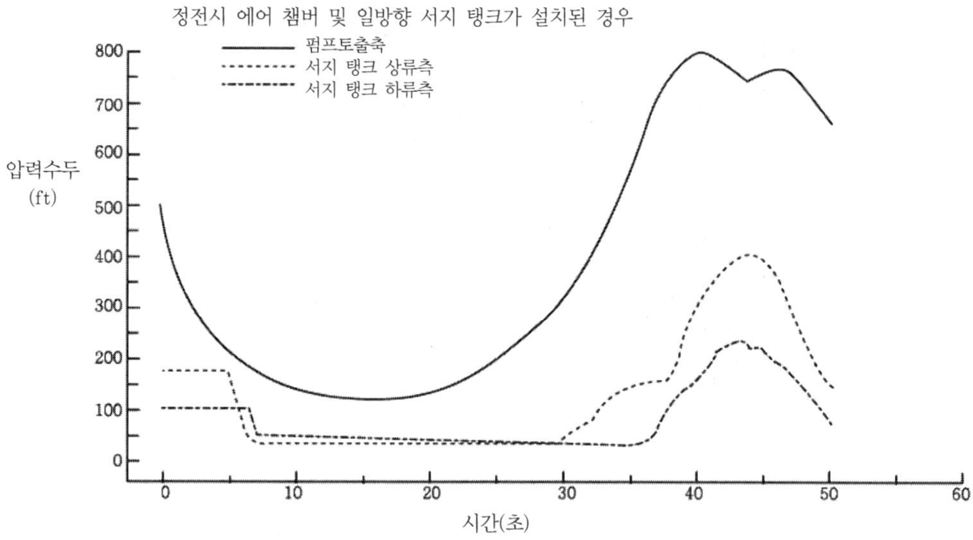

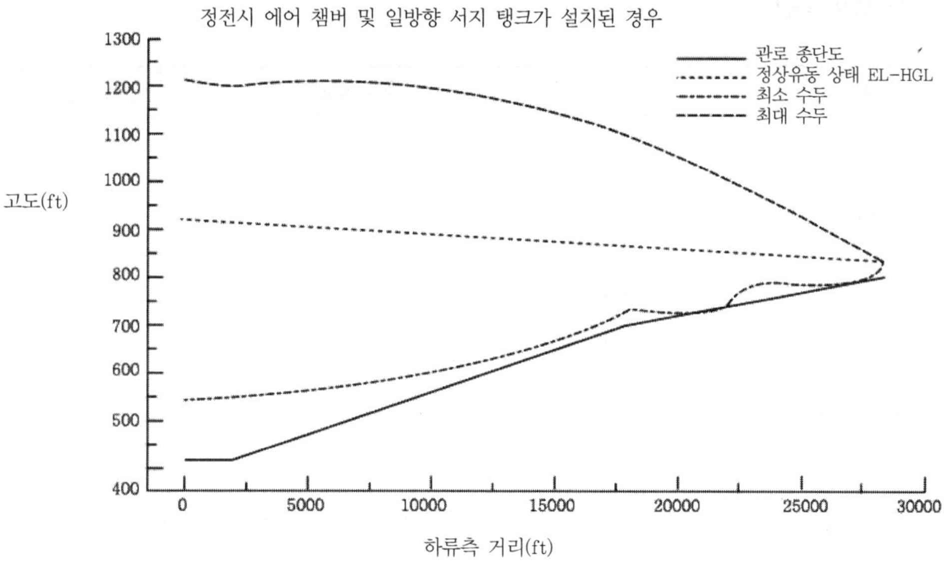

상세풀이

본 예제는 예제 7.2와 같은 시스템을 사용한 것으로 차이점들은 단지 관로가 4개 직렬로 구성되었는데, 관로 1의 상류측에 에어챔버 1기, 관로 2 하류측에 서지탱크 1기, 그리고 관로 3의 하류측에 서지 탱크 1기가 설치되어 수충격을 완화하는 시스템으로 구성되었다는 것이다. 먼저 주 프로그램은 입력 파일인 EP73.DAT로부터 다음 자료들을 읽어 들인다.

♺ 시스템 특성

직렬 관로 수 npipes : 4
최소 관로 분절수 nparts : 3
서지탱크 설치 수 nsurge : 2
상류측 펌프 흡수위 hsump : 395ft
하류측 저수지 수위 hres : 840ft
하류측 토출 배관 고도 zend : 810ft
대기압 수두 hatm : 32.2
최대 분석 시간 tmax : 60초
시험 유량 qtry : 0
펌핑 수두 hpump : 0

♺ 펌프 특성

운전점 I	유량(qqn)	수두(hnsq)	토크(tnsq)
1	0	129	50
2	1000	127.5	58
3	2000	121	78
4	3000	103.5	92
5	4000	67.5	97
6	4500	0	80

표 1 펌프 특성

단수 nstage : 5

펌프 대수(병렬) npumps : 4

정격 회전속도 rpm : 1775

회전관성모멘트 wrsq : $475 lb_f \cdot ft^2$

♺ 에어 챔버 특성

초기 공기 체적 CTZERO : $100 ft^3$

유출 계수 COUT : 0.8

유입 계수 CIN : 0.5

챔버 노즐 직경 DNOZ : 12인치

공기 특성 변화 EXPON : 1.2

♺ 서지 탱크 특성

탱크 번호	관로 번호 isurge	초기수두 hs(ft)	탱크 직경 ds(ft)	노즐 직경 dc(in)	유출계수 CS	탱크 단면적 $AS\ (ft^2)$	노즐 단면적 $AC\ (ft^2)$
1	2	40	6	12	0.8	28.2744	0.7854
2	3	50	6	12	0.8	28.2744	0.7854

표 2 서지탱크 특성

상기 관로 번호는 서지 탱크가 관로의 끝에 설치된 관로 번호를 나타낸다. 즉, 2인 경우 관로 2의 끝에 서지 탱크가 설치된 것을 의미한다.

♺ 관로 특성

구 분	1	2	3	4
마찰계수 F	0.013	0.013	0.019	0.019
관로 길이 L(ft)	2000	15840	5280	5280
배관 직경 D(인치)	30	30	30	30
파속 A(ft/sec)	3590	3590	3486	3486
관로 끝단 고도 PIPEZ(ft)	415	415	700	755
단면적 $AREA(ft^2)$	4.90625	4.90625	4.90625	4.90625
AK	0.0004821	0.000482104	0.000704613	0.000704613
VZERO	5.35	5.35	5.35	5.35
C	0.00896936	0.008969359	0.009236948	0.009236948
미소시간 DELT(초)	0.1854245	1.468562017	0.504102452	0.504102452
분절 길이DELL(ft)	666.666667	688.6956522	660	660
분절 길이당 마찰손실DELHF(ft)	1.54293345	1.593917338	2.232506015	2.232506015
관로 기울기 SINE	0	0.017992424	0.010416667	0.010416667
ANPAR	3	23.76	8.155919947	8.155919947
분절 수 NPAR	3	23	8	8
LA	0.55710306	4.412256267	1.514629948	1.514629948
AINT	0.00148908	0.033427984	0.02062152	0.02062152
K	4	24	9	9
RATIO	0.00027814	0.00026924	0.000280946	0.000280946
RA	0.99851092	0.966572016	0.97937848	0.97937848

표 3 관로 특성

Ⅰ. 정상 유동 분석

펌프가 정상적으로 운전될 경우 주어진 펌프와 관로 특성으로부터 펌프의 운전점 즉, 유량과 수두를 구한다.

1) 펌프 운전점 결정

상기 펌프 운전 점들 중에서 본 프로그램은 4번째 유량(3000)을 초기 유량 $QTRY$로 대입하고 유량에 따른 손실 수두를 계산하여 관로와 펌프의 수두가 일치되는 유량을 다음과 같은 절차에 따라 계산한다. 먼저 $QTRY$유량일 경우 펌핑 수두는

$$HN = HNSQ(3) + (QTRY - QN(3)) \times \frac{HN(4) - HN(3)}{QN(4) - QN(3)} = 103.5 ft$$

이제 펌프의 유량과 수두를 알고 있으니 관로를 고려한 유량과 수두가 일치할 때까지 아래 과정을 반복한다.

$$FUNCT = HSUMP - HRES + NSTAGE * HN - COEF \times SUM$$

$$FUNCT = 상류저수지\ 수위 - 하류저수지\ 수위 + 펌프단수 \times 펌프수두 - 손실수두$$

$$= 395 - 840 + 5 \times 103.5 - 79.72$$

$$= -7.2243$$

$$H_L = (SUM1 + SUM2 + SUM3 + SUM4) \times COEF$$

$$= (9.6 + 76.3 + 37.2 + 37.2) \times 0.497632$$

$$= 79.72$$

상기 식에서 SUM 과 $COEF$는 다음과 같다.

$$H_L = f\frac{L}{D}\frac{V^2}{2g} = f\frac{L}{D^5}\frac{Q^2}{2g} \times COEF = SUM \times COEF$$

$COEF$는 펌프의 대수 및 유량 단위를 환산하기 위한 상수로서 유량 $Q 1 gal/\min$은 $1/449 ft^3/\min$, 관로 유량 Q=펌프대수×펌프1대 유량, 배관직경 D 1인치 = $1/12 ft$, 관로 단면적 $A = \pi D^2/4$를 고려한 것이다.

$$FPRIME = 펌프단수 \times \frac{HNSQ(I+1) - HNSQ(I)}{QN(I+1) - QN(I)} - 2 \times \frac{COEF \times SUM}{QTRY}$$

$$= 5 \times \frac{103.5 - 121}{3000 - 2000} - 2 \times \frac{79.72}{3000}$$

$$= -0.1406$$

상기의 $FUNCT$와 $FPRIME$ 수치를 다음 식에 대입하여 다시 대입할 유량 수치를 구한다.

$$QNEXT = 3000 - \frac{-7.2243}{-0.1406}$$

$$= 2948.63$$

$$QTRY - QNEXT = 51.36$$

본 프로그램에서는 $QTRY - QNEXT$ 수치가 허용 오차 범위 $QACC = 0.5GPM$가 될 때까지 상기 과정을 반복하며 그 결과는 다음과 같다.

반복회수	*QTRY*	*FUNCT*	*FPRIME*	*QNEXT*	*QACC*	*HN*
1	3000	-7.2243	-0.1406	2948.63	-51.36	103.5
2	2948.63	-0.022549	-0.1397	2948.47	-0.1613	104.4
3	2948.47	0.00003	-0.1397	2948.47	-0.000228	104.4

표 4 펌프 운전점

펌프 1대의 토출 유량 $QTRY = 2948.47GPM$이므로 병렬 운전 펌프 대수를 고려한 관로 유량은

$$QLINE = QTRY \times N_P = 2948.47 \times 4 = 11794GPM$$

이고 펌프 가압 단수를 고려한 펌핑 수두는 다음과 같다.

$$HPUMP = HN \times NSTAGE = 104.4 \times 5 = 522.01ft$$

펌프가 정상적으로 운전할 때 관로 내 유속은 다음과 같다.

$$VZERO = COEF\frac{QLINE}{D^2}$$

$$= 0.40855 \times \frac{11794}{30^2}$$

$$= 5.35ft/\mathrm{sec}$$

단위를 고려한 배관 단면적은 다음과 같다.

$$AREA = \frac{\pi \times (30/12)^2}{4} = 4.90625ft^2$$

2) 미소 시간 $\triangle t$ 결정

수치 해석에 사용할 시간 간격은 공식 (5.8)로부터

$$\triangle t_i = \frac{L_i}{N(V_i + a_i)}$$

여기서 i는 관로 숫자를 나타내며 N은 관로 최소 분절 숫자를 나타낸다. 본 프로그램에서는 $N=3$으로 주어진다. 따라서 각 관로에서의 시간 간격 계산 결과는 $\triangle t_1 = 0.1854$, $\triangle t_2 = 1.4685$, $\triangle t_3 = 0.5$ 그리고 $\triangle t_4 = 0.5$이다. 이 시간 간격 중 가장 작은 시간 간격인 $\triangle t = 0.1854\text{sec}$을 취하여야 하므로 각 관로의 분절 숫자는 공식 5.9에 의해 관로 1의 분절수는 3, 관로 2는 23, 관로 3은 8 그리고 관로 4는 8이 된다.

$$NPAR_I = \frac{L_i}{\triangle t(V_i + a_i)} \qquad 5.9$$

이제 각 관로의 분절수가 결정되었으므로 다음 상수들을 계산할 수 있다.
각 분절의 길이는 다음과 같다.

$$\triangle L_i = \frac{\text{관로길이}}{\text{분절수}} = \frac{L_i}{NPAR_i}$$

관로 고도 기울기는

$$SINE_i = \frac{\text{상류측배관고도} - \text{하류측배관고도}}{\text{관로길이 } L_i}$$

분절 길이당 마찰 손실은

$$\triangle HF_i = f_i \frac{\triangle L_i}{D_i} \frac{V_i^2}{2g}$$

각 관로에서의 파속 도달 시간

$$LA_i = \frac{L_i}{A_i}$$

그리고 연산을 용이하게 하기 위해서

$$C_i = \frac{g}{a_i}$$

$$AK_i = \frac{12 \times f_i \times \triangle T}{2 \times D_i}$$

$$AINT_i = 1 - \frac{\triangle T \times NPAR_i}{LA_i}$$

$$RATIO_i = \frac{\triangle T}{\triangle L_i}$$

$$RA_i = RATIO_i \times A_i$$

3) 펌프 상사 법칙

펌프의 회전수 변화에 따른 상사법칙 계산 결과는 예제 6.1과 동일하다.

펌프 운전점	유량 QN $ft^3/rev.$	수두 $HNSQ$ $\frac{feet \cdot \min^2}{rev^2}$	토크 $TNSQ$ $\frac{lb_f \cdot ft \cdot \min^2}{rev^3}$
1	0	0.00004094	0.00023
2	0.001255	0.00004047	0.00027
3	0.002509	0.00003841	0.00037
4	0.003764	0.00003285	0.00043
5	0.005019	0.00002142	0.00046
6	0.005646	0	0.00038

표 5 펌프 특성 2

4) 피에조미터 수두 및 수두 결정

정상 유동시 즉, 펌프가 정상적으로 운전하고 있을 때 각 관로 지점에서의 유속, 수두, 피에조미터 수두는 다음과 같다. 즉, 유속은 각 관로의 단면적이 같으므로 항상 동일하고, 피에조미터 수두 H는 펌핑 수두에서 관로 각 지점까지의 마찰 손실을 뺀 수치를 나타낸다. 펌프 토출 지점에서의 피에조미터 수두 즉, $H_{1,1}$은

$$H = \text{흡입수위} + \text{펌핑수두}$$

$$= 395 + 522$$

$$= 917$$

관로 1의 각 절점에서의 피에조미터 수두는

$$H = \text{펌핑수위} - \text{각 관로 지점까지의 마찰손실}$$
$$= H_{1,1} - N \times \triangle HF_1$$

따라서 관로 1의 각 절점에서의 피에조미터 수두는 다음과 같다.

$$H_{1,1} = 917$$
$$H_{1,2} = 917 - 1 \times 1.5429 = 915.44$$
$$H_{1,3} = 917 - 2 \times 1.5429 = 913.89$$
$$H_{1,4} = 917 - 3 \times 1.5429 = 912.35$$

공식 5.6으로부터 관로 접합부에서 상당한 손실이 발생하지 않는 한 관로 2의 시작점에서의 피에조미터 수두는 관로 1의 마지막 절점에서의 피에조미터 수두와 동일하다고 간주할 수 있고 관로 2, 3 및 4의 각 절점에서의 피에조미터 수두는 동일한 방법으로 계산할 수 있다. 수두 $HEAD$는 피에조미터 수두 H에서 관로 경사를 뺀 수치를 나타낸다.

$$HEAD_{i,j} = H_{i,j} - \text{관로경사}$$
$$= H_{i,j} - (PIPEZ_i + N \times \triangle L_i \times SINE_i)$$

상기 식으로 관로1의 각 절점에서의 수두를 계산하면

$$HEAD_{1,1} = 917 - (415 + 0 \times 666.7 \times 0) = 502$$
$$HEAD_{1,2} = 915.44 - (415 + 1 \times 666.7 \times 0) = 500.44$$
$$\vdots$$
$$HEAD_{1,4} = 912.35 - (415 + 3 \times 666.7 \times 0) = 497.35$$

동일한 방법으로 관로 2, 3 및 4의 각 절점에서의 수두를 계산할 수 있으며 그 결과는 다음 표와 같다.

관로 1	X	H	HEAD	V
1	0.000	916.98	501.98	5.35
2	0.333	915.44	500.44	5.35
3	0.667	913.89	498.89	5.35
4	1.000	912.35	497.35	5.35

표 6 정상유동 분석 결과(관로 1)

관로 2	X	H	HEAD	V
1	0.000	912.35	497.35	5.35
2	0.043	910.76	483.37	5.35
3	0.087	909.16	469.38	5.35
4	0.130	907.57	455.40	5.35
5	0.174	905.98	441.41	5.35
6	0.217	904.38	427.43	5.35
7	0.261	902.79	413.44	5.35
8	0.304	901.19	399.45	5.35
9	0.348	899.60	385.47	5.35
10	0.391	898.01	371.48	5.35
11	0.435	896.41	357.50	5.35
12	0.478	894.82	343.51	5.35
13	0.522	893.22	329.53	5.35
14	0.565	891.63	315.54	5.35
15	0.609	890.04	301.56	5.35
16	0.652	888.44	287.57	5.35
17	0.696	886.85	273.59	5.35
18	0.739	885.25	259.60	5.35
19	0.783	883.66	245.62	5.35
20	0.826	882.07	231.63	5.35
21	0.870	880.47	217.65	5.35

표 7 정상유동 분석 결과(관로 2)

관로 2	X	H	HEAD	V
22	0.913	878.88	203.66	5.35
23	0.957	877.29	189.68	5.35
24	1.000	875.69	175.69	5.35

표 7 (계 속)

관로 3	X	H	HEAD	V
1	0.000	875.69	175.69	5.35
2	0.125	873.46	166.58	5.35
3	0.250	871.23	157.48	5.35
4	0.375	868.99	148.37	5.35
5	0.500	866.76	139.26	5.35
6	0.625	864.53	130.15	5.35
7	0.750	862.30	121.05	5.35
8	0.875	860.06	111.94	5.35
9	1.000	857.83	102.83	5.35

표 8 정상유동 분석 결과(관로 3)

관로 4	X	H	HEAD	V
1	0.000	857.83	157.83	5.35
2	0.125	855.60	93.72	5.35
3	0.250	853.37	84.62	5.35
4	0.375	851.13	75.51	5.35
5	0.500	848.90	66.40	5.35
6	0.625	846.67	57.29	5.35
7	0.750	844.44	48.19	5.35
8	0.875	842.20	39.08	5.35
9	1.000	839.97	29.97	5.35

표 9 정상유동 분석 결과(관로 4)

2. 부정류 분석

펌프가 정전이 되어 유속이 급속히 저하되면 부정류가 발생하는데 여기에서는 최소 시간인 $\Delta t = 0.1854\text{sec}$의 간격으로 부정류 발생 결과를 분석하기로 한다.

1) 관로 내부 절점 수두 및 속도 결정

관로 내부 절점에서의 피에조미터 수두와 유속은 공식 4.62, 4.63, 4.59, 4.61, 4.64 및 4.65로부터 계산할 수 있으며 자세한 내용은 예제 5.1을 참조하기로 한다.

2) 관로 접합부 수두 및 속도 결정

관로 1과 2의 접합부와 관로 2와 3 및 관로 3과 4의 접합부에서의 유속과 피에조미터 수두는 공식 5.2, 5.4 및 5.7을 사용하여 구하며 자세한 내용은 제5장 예제를 참조하기로 한다. 단 관로 2와 3 및 관로 3과 4의 접합부에는 서지 탱크가 설치되어 있어 이 지점들에서의 피에조미터 수두가 서지 탱크 수위보다 크면 서지 탱크 접합 배관에 역지변이 설치되어 있어 탱크 내로 유입이 되지 않으나 반대일 경우에는 탱크로부터 물이 유출된다. 따라서 이 접합부들에서의 피에조미터 수두가 탱크 수위보다 높을 때는 탱크가 없는 것으로 간주할 수 있다.

3) 상류측 경계 조건

펌프가 설치된 경계 조건들을 사용하여 유속과 피에조미터 수두를 구하여야 한다. 먼저 정상 유동시 펌프 1대 송수량은 $Q = 2949gpm$으로 단위를 다음과 같이 환산한다.

$$QQ = \frac{Q(GPM)}{449 \times RPM} = \frac{2949}{449 \times 1775} = 0.0037ft^3/rev$$

표 5로부터 펌프는 운전점 3과 4사이에 위치한다. 선형 보간법을 사용하여 이 운전점에서의 토크를 구하면 다음과 같다.

$$TN2 = T_3 + (Q - Q_3)\frac{T_4 - T_3}{Q_4 - Q_3}$$

$$= 0.00037 + (0.0037 - 0.002509)\frac{0.00043 - 0.00037}{0.003764 - 0.002509}$$

$$= 0.00042884$$

$\Delta t = 0.1854\text{sec}$시간 경과 후 회전수의 변화는 공식 6.14로부터 구할 수 있다.

$$N(t+\triangle t) = N(t) - \frac{30}{\pi I} T(t) \triangle t N^2$$

$$= 1775 - 30 \times 0.00042884 \times 0.1854 \times \frac{1775^2}{3.14 \times \frac{475}{32.2}}$$

$$= 1613 rpm$$

펌프 토출측 배관의 경계조건 즉, 공식 4.31, 4.61.1과 4.63을 이용하여

$$V_P = C_3 + C_4 H_P \qquad 4.31$$

$$C_3 = V_R - \frac{g}{a_1} H_R - \frac{f_1 \triangle t}{2D_1} V_R |V_R| - \frac{g}{a_1} \triangle t V_R \sin\theta_1$$

$$C_4 = C_{(1)} = \frac{g}{a} = \frac{32.2}{3590} = 0.008969$$

프로그램에서는 C_4가 아닌 $C_{(1)}$으로 표기되어있으나 이후 C_4로 표기하기로 한다.

$$H_R = H_C + a\frac{\triangle t}{\triangle s}(H_{Ri} - H_C) \qquad 4.61.1$$

$$V_R = V_C + a\frac{\triangle t}{\triangle s}(V_{Ri} - V_C) = 5.35 ft/\sec \qquad 4.63$$

정상유동시에는 $V_C = V_{Le} = V_{Ri}$이므로 $V_L = V_{Ri} = V_C = 5.35 ft/\sec$가 된다. H_C는 정상 유동시 관로 1의 2지점에서의 수두, H_{Le}는 관로 1의 1 지점에서의 수두, H_{Ri}는 관로 1의 3지점에서의 수두이다. $RA_1 = 0.9985$이므로

$$H_R = 917 + 0.9983(915.44 - 917) = 915.44$$

$$C_3 = V_R - C_{(1)} \times H_R - AK_1 \times V_R|V_R| - C_{(1)} \times \triangle t V_R \sin\theta_1$$

$$= 5.354 - 0.00896936 \times 915.44 - 0.00004821 \times 5.354^2$$

$$= -2.87$$

펌프 직 하류에 에어 챔버가 설치되어있고 이 에어 챔버는 정상 유동시에는 항상 펌프의 토출 피에조미터 수두와 동일하게 유지된다. 즉, 에어 챔버 내 수위는 917ft로 유지된다. 그러나 펌프가 감속하기 시작하면 회전수와 수두가 저하되어 에어챔버가 설치된 관로

내 압력은 에어챔버 내 압력보다 낮기 때문에 챔버로부터 물이 유출되기 시작하고 이 유출된 유량만큼 펌핑 유량이 감소하게 된다. 에어 챔버로부터 유출량을 계산하기 위해서 공식 7.20으로부터

$$Q_C = 0.5\,C_5\left(1-\sqrt{1-\frac{4C_6}{C_5^2}}\right) \tag{7.20}$$

여기서

$$C_5 = \frac{2g\,C_{out}^2\,A_{out}^2\,NN_{st}\,C_7}{N_{pu} - NN_{st}A\,C_7C_4} \tag{7.21}$$

그리고

$$C_6 = 2g\,C_{out}^2\,A_{out}^2\left[-H_C + \frac{H_{sump} + (NN_{st}/N_{pu})(C_3C_7A + NN_{pu}C_8)}{1-(NN_{st}A\,C_4C_7)/N_{pu}}\right] \tag{7.22}$$

공식 7.21과 7.22에서 상수 C_7과 C_8은 펌프와 관련된 것으로 공식 6.16으로부터 다음과 같고 C_3은 관로와 관련된 수치이다.

$$C_7 = \frac{HNSQ(I) - HNSQ(I+1)}{QN(I) - QN(I+1)}$$

$$= \frac{HNSQ(3) - HNSQ(4)}{QN(3) - QN(4)}$$

$$= \frac{0.00003841 - 0.00003285}{0.002509 - 0.003764}$$

$$= -0.00442676$$

$$C_8 = HNSQ(I+1) - QNSQ(I+1)\times C_7$$

$$= HNSQ(4) - QNSQ(4)\times C_7$$

$$= 0.00003285 - 0.00376423\times(-0.00442676)$$

$$= 0.00004951$$

상기 식 7.22에서 H_C는 챔버 상부 압력 수두, N은 펌프 회전수, N_{st}는 펌프 단수, N_{pu}는 펌프대수, A는 관로 단면적, C_{out} 챔버 유출계수, A_{out}은 챔버 노즐 단면적을 나타낸다. 모든 자료들의 수치를 알고 있으므로 상기 식에 대입하여

$$C_5 = \frac{64.4 \times 0.8^2 \times 0.7854^2 \times 1612.7 \times 5 \times (-0.00442676)}{4 - 1612.7 \times 5 \times 4.90625 \times (-0.00442676) \times 0.008969}$$

$$= -162.91$$

$$C_6 = 64.4 \times 0.8^2 \times 0.7854^2 \times$$

$$\left[-917 + \frac{395 + 1612.7 \times \frac{5}{4} \times [(-2.87) \times (-0.00442676) \times 4.90625 + 1612.7 \times 5 \times 0.00004951]}{1 - \frac{1612.7 \times 5 \times 4.90625 \times 0.00896936 \times (-0.00442676)}{4}} \right]$$

$$= -2053.27$$

펌프가 회전하고 있는 한 C_7과 C_5의 부호는 항상 음이다. 따라서 챔버로부터의 유출 및 유입량 Q_C을 결정하는 상수는 공식 7.20에서 C_6에 의해 결정된다. 즉, C_6가 -의 부호일 경우 Q_C는 + 부호가 되어 유출을 의미하므로 공식 7.20을 적용하고 C_6가 + 부호일 경우 Q_C는 - 부호가 되어 유입을 의미하므로 공식 7.24를 적용하여야 한다. 따라서 공식 7.20을 적용하여 유출량을 계산한다.

$$Q_C = 0.5 C_5 \left(1 - \sqrt{1 - \frac{4 C_6}{C_5^2}} \right) \qquad 7.20$$

$$= 0.5 \times (-162.91) \times \left(1 - \sqrt{1 - \frac{4 \times (-2053.27)}{(-162.91)^2}} \right)$$

$$= 11.76 ft^3/\mathrm{sec}$$

이에 Q_C를 구하였으므로 공식 7.23을 이용하여 펌프 1대의 토출 유량 Q를 구할 수 있다.

$$Q_P = \frac{1}{N_{pu}} \left[A C_3 + A C_4 \left(H_C - \frac{Q_C^2}{2g C_{out}^2 A_{out}^2} \right) - Q_C \right] \qquad 7.23$$

여기서 A는 펌프와 챔버가 설치된 관로의 단면적, H_C는 챔버 상부 압력 수두, A_{out}은 챔버 노즐 단면적을 나타낸다.

$$Q_P = \frac{1}{4}\left[4.9\times(-2.87)+4.9\times0.008969\left(917-\frac{11.76^2}{64.4\times0.8^2\times0.7854^2}\right)-11.76\right]$$

$$= 3.57ft^3/\text{min}$$

펌프로부터 토출 유량이 0보다 크므로 관로1의 절점 1에서의 유속과 피에조미터 수두를 구하기 위해 공식 7.11과 7.12을 이용한다.

$$V_P = \frac{N_{pu}Q_P + Q_C}{A_1} = \frac{4\times3.57+11.76}{4.9} = 5.31ft/\text{sec}$$

$$H_P = \frac{V_P - C_3}{C_4} = \frac{5.31-(-2.87)}{0.008969} = 912ft$$

펌핑 피에조미터 수두 H_P는 펌프 흡수위 $H_{sump} = 395ft$ 보다 크고 이는 펌프가 정상적으로 운전되어 유량과 수두를 형성하고 있다는 것을 의미한다.

상기 수치들은 $t = 0.1854$초에서 아래와 같이 정상 유동시 펌프와 관로의 특성만을 고려한 펌프 유량을 가정하여 구하였다.

$$QQ = \frac{Q(GPM)}{449\times RPM} = \frac{2949}{449\times1775} = 0.0037ft^3/rev$$

그러나 펌프가 정상적으로 운전될 때는 운전점 3과 4사이에서 운전하고 있으나 이는 단지 펌프와 관로만의 특성을 고려할 때이고 시간 $t = 0.1854$초 후에는 펌프의 회전속도가 변하기 때문에 펌프의 특성, 에어 챔버 및 관로 특성을 고려한 펌프 유량은 다음과 같이 변화한다.

$$Q_{PP} = \frac{Q_P}{N} = \frac{3.57}{1612.7} = 0.002212ft^3/rpm$$

이는 표 5로부터 펌프가 운전점 2와 3사이에 운전되고 있는 것을 나타내므로 초기 가정한 운전점 3과 4사이와는 다르므로 상사법칙에 어긋나게 된다. 따라서 초기 가정 운전점을 2와 3 사이로 변경하여 Q_C로부터 H_P까지의 수치들을 다시 구하고 Q_{PP}가 운전점 2와 3사이에 위치하는지 반드시 확인하여 상사법칙 준수 여부를 검토하여야 한다.

$$C_7 == \frac{HNSQ(2) - HNSQ(3)}{QN(2) - QN(3)}$$

$$= \frac{0.00004047 - 0.00003841}{0.0012547 - 0.00250949}$$

$$= -0.0016442$$

$$C_8 = HNSQ(3) - QNSQ(3) \times C_7$$

$$= 0.00003841 - 0.00250949 \times (-0.0016442)$$

$$= 0.0000425$$

$$C_5 = \frac{64.4 \times 0.8^2 \times 0.7854^2 \times 1612.7 \times 5 \times (-0.0016442)}{4 - 1612.7 \times 5 \times 4.90625 \times (-0.0016442) \times 0.008969}$$

$$= -73.54$$

$$C_6 = 64.4 \times 0.8^2 \times 0.7854^2 \times$$

$$\left[-917 + \frac{395 + 1612.7 \times \frac{5}{4} \times \{(-2.87) \times (-0.0016442) \times 4.90625 + 1612.7 \times 4 \times 0.0000425\}}{1 - \{1612.7 \times 5 \times 4.90625 \times 0.00896936 \times (-0.0016442)\}/4} \right]$$

$$= -1241.24$$

에어챔버 유출 유량은 공식 7.20으로부터

$$Q_C = 0.5 \times (-73.54) \times \left(1 - \sqrt{1 - \frac{4 \times (-1241.24)}{(-73.54)^2}} \right) = 14.15 ft^3/\sec$$

$$Q_P = \frac{1}{4} \left[4.9 \times (-2.87) + 4.9 \times 0.008969 \left(917 - \frac{14.15^2}{64.4 \times 0.8^2 \times 0.7854^2} \right) - 14.15 \right]$$

$$= 2.94 ft^3/\sec$$

$$V_P = \frac{N_{pu} Q_P + Q_C}{A_1} = \frac{4 \times 2.94 + 14.15}{4.9} = 5.28 ft/\sec$$

$$H_P = \frac{V_P - C_3}{C_4} = \frac{5.28 - (-2.87)}{0.008969} = 909 ft$$

$$Q_{PP} = \frac{Q_P}{N} = \frac{2.94}{1612.7} = 0.001824 ft^3/rpm$$

상기 $Q_{PP} = 0.001824 ft^3/rpm$은 초기 가정한 $Q_{PP} = 0.002212 ft^3/rpm$와 수치는 다르지만 운전점은 모두 2와 3사이에 위치하므로 상사법칙을 준수하고 있는 것을 알 수 있다. 이제 펌프의 운전점이 결정되었으므로 이 지점에서의 피에조미터 수두 및 유속은 다음과 같이 된다.

$$H_{1,1} = H_P = 909 ft \qquad V_{1,1} = V_P = 5.28 ft/\sec$$

그리고 펌프 1대 유량과 수두는

$$Q = Q_P \times 449 = 2.94 \times 449 = 1321\, GPM$$

$$H = H_P - H_{sump} = 909 - 395 = 514 ft$$

다음 부정류 분석을 위해서 이제 챔버 내의 공기 체적과 수위를 결정하여야 한다.
에어챔버 내 공기체적 변화는 공식 7.19로부터

$$\begin{aligned} 공기체적(CT) &= 초기공기체적(CT_0) + Q_C \times \triangle t \\ &= 100 + 14.15 \times 0.1854 \\ &= 102.62 ft^3 \end{aligned}$$

에어챔버 내 수두변화는 공식 7.18로부터

$$H_C = z_P - H_{atm} + \left(H_{C_0} - z_P + H_{atm}\right)\left(\frac{\overline{V_{C_0}}}{\overline{V_C}}\right)^{\eta}$$

여기서 z_P는 챔버의 설치 위치로서 $PIPEZ_{(1)}$, H_{C_0}는 초기 챔버 내 압력 수위로서 정상유동시 펌핑수두와 동일하다. V_C는 미소시간 후 공기 체적 CT, V_{C_0}는 초기 공기 체적 CT_0를 나타낸다.

$$H_C = 415 - 32.2 + (917 - 415 + 32.2)\left(\frac{100}{102.62}\right)^{1.2} = 900.6 ft$$

지금까지 계산한 결과를 표로 나타내면 다음과 같다.

관로 1	X	VLEFT	VRITE	HLEFT	HRITE	VNEW	HNEW
1	0.000		5.35		915.44	5.28	909
2	0.333	5.35	5.35	917	913.90	5.35	915
3	0.667	5.35	5.35	915	912.35	5.35	914
4	1.000	5.35		914		5.35	912

표 10 부정류 분석 결과(관로 1)

관로 2	X	VLEFT	VRITE	HLEFT	HRITE	VNEW	HNEW
1	0.000		5.35		911	5.35	912
2	0.043	5.35	5.35	912	909	5.35	911
3	0.087	5.35	5.35	911	908	5.35	909
4	0.130	5.35	5.35	909	906	5.35	908
5	0.174	5.35	5.35	908	904	5.35	906
6	0.217	5.35	5.35	906	903	5.35	904
7	0.261	5.35	5.35	904	901	5.35	903
8	0.304	5.35	5.35	903	900	5.35	901
9	0.348	5.35	5.35	901	898	5.35	900
10	0.391	5.35	5.35	900	896	5.35	898
11	0.435	5.35	5.35	898	895	5.35	896
12	0.478	5.35	5.35	896	893	5.35	895
13	0.522	5.35	5.35	895	892	5.35	893
14	0.565	5.35	5.35	893	890	5.35	892
15	0.609	5.35	5.35	892	888	5.35	890
16	0.652	5.35	5.35	890	887	5.35	888
17	0.696	5.35	5.35	888	885	5.35	887
18	0.739	5.35	5.35	887	884	5.35	885
19	0.783	5.35	5.35	885	882	5.35	884
20	0.826	5.35	5.35	884	881	5.35	882
21	0.870	5.35	5.35	882	879	5.35	880

표 11 부정류 분석 결과(관로 2)

관로 2	X	VLEFT	VRITE	HLEFT	HRITE	VNEW	HNEW
22	0.913	5.35	5.35	880	877	5.35	879
23	0.957	5.35	5.35	879	876	5.35	877
24	1.000	5.35		877		5.35	876

표 11 (계 속)

관로 3	X	VLEFT	VRITE	HLEFT	HRITE	VNEW	HNEW
1	0.000		5.35		874	5.35	876
2	0.125	5.35	5.35	876	871	5.35	873
3	0.250	5.35	5.35	873	869	5.35	871
4	0.375	5.35	5.35	871	867	5.35	869
5	0.500	5.35	5.35	869	865	5.35	867
6	0.625	5.35	5.35	867	862	5.35	865
7	0.750	5.35	5.35	864	860	5.35	862
8	0.875	5.35	5.35	862	858	5.35	860
9	1.000	5.35		860		5.35	858

표 12 부정류 분석 결과(관로 3)

관로 4	X	VLEFT	VRITE	HLEFT	HRITE	VNEW	HNEW
1	0.000		5.35		856	5.35	858
2	0.125	5.35	5.35	858	853	5.35	856
3	0.250	5.35	5.35	856	851	5.35	853
4	0.375	5.35	5.35	853	849	5.35	851
5	0.500	5.35	5.35	851	847	5.35	849
6	0.625	5.35	5.35	849	844	5.35	847
7	0.750	5.35	5.35	847	842	5.35	844
8	0.875	5.35	5.35	844	840	5.35	842
9	1.000	5.35		842		5.35	840

표 13 부정류 분석 결과(관로 4)

두 번째 시간 간격$t = 0.1854 \times 2 = 0.3708$초에서의 부정류 분석은 상기의 절차를 반복하는데 여기서 주의하여야 할 것은 첫 번째 시간 간격에서는 정상 유동시 구한 수두 및 유속 자료들을 기준으로 수두, 유속을 계산하였으나 두 번째 시간 간격에서는 첫 번째 시간 간격에서 구한 수두 및 유속 자료들을 기준으로 수두 및 유속을 계산하여야 한다.

♺ 에어 챔버로부터 유출될 시(펌프 정지시)

이제 시간이 지나면서 변할 수 있는 경계조건은 펌프 및 에어 챔버, 서지 탱크들이다. 본 예제에서 가장 먼저 변하는 것은 펌프이다. $t = 0.3708$초에서 펌프 회전수 $1514rpm$, 펌프 피에조미터 수두는 $879ft$로 되나 챔버 내 수위가 $900.6ft$가 되어 더 이상 펌프는 유량을 송수할 수 없게 되고 오히려 $Q_P = -1.18ft^3/\min$물이 역류하게 되는데 이는 펌프 토출측에 설치된 역지변에 의해 $Q_P = 0$으로 설정되며 펌프는 중지된 것으로 설정된다. 따라서 챔버로부터의 유출량은 공식 7.24, 7.25 및 7.26을 이용하여 구한다.

$$Q_C = 0.5C_5\left(-1 + \sqrt{1 + \frac{4C_6}{C_5^2}}\right) \quad 7.24$$

여기서

$$C_5 = \frac{2gC_{out}^2 A_{out}^2}{C_4 A_{rea(1)}} = \frac{64.4 \times 0.8^2 \times 0.7854^2}{0.00896936 \times 4.906} = 577.75 \quad 7.25$$

그리고

$$C_6 = 2gC_{out}^2 A_{out}^2\left(H_C + \frac{C_3}{C_4}\right) \quad 7.26$$

$$= 64.4 \times 0.8^2 \times 0.7854^2\left(900.58 + \frac{-2.87094}{0.00896936}\right)$$

$$= 14758$$

$$Q_C = 0.5 \times 577.75\left(-1 + \sqrt{1 + \frac{4 \times 14758}{577.75^2}}\right) = 24.51ft^3/\sec$$

여기서 C_5와 C_6의 부호가 - 일 경우에는 펌프나 관로로부터 물이 유입되고, 부호가 + 일 경우에는 챔버로부터 물이 유출되는 것을 의미한다. 따라서 펌프에 동력이 차단된 직후에는 일부 가압된 물이 챔버로 유입하므로 C_5와 C_6의 부호가 +가 되며 공식 7.20, 7.21 및 7.22를 사용하여 챔버로 유입되는 유량을 구하고, 시간이 좀더 지나면 펌프의 역할이 중지되어 챔버로부터 물이 유출되므로 C_5와 C_6의 부호가 -가 되며 공식 7.24를 사용하여 챔버로부터의 유출량을 구하고, 상승 압력파로 인해 관내 압력이 상승하면 챔버로 물이 유입되므로 C_5와 C_6의 부호가 +가 되며 이때는 공식 7.30을 사용하여 챔버로 유입되는 유량을 구하여야 한다. 이 지점에서의 유속은

$$V_P = V_{1,1} = \frac{Q_C}{A_{rea(1)}} = \frac{24.51}{4.9} = 4.99ft/\sec$$

피에조미터 수두는 공식 7.11로부터

$$H_P = H_{1,1} = \frac{V_P - C_3}{C_4} = \frac{4.99 - (-2.87)}{0.008969} = 877ft$$

챔버 경계 조건은 다음과 같이 변화한다.

$$\text{공기체적}(CT) = 102.62 + 24.51 \times 0.1854 = 107.2ft^3$$

챔버 내 수위

$$H_C = z_P - H_{atm} + \left(H_{C_0} - z_P + H_{atm}\right)\left(\frac{\overline{V_{C_0}}}{\overline{V_C}}\right)^{\eta}$$

여기서 z_P는 챔버의 설치 위치로서 $PIPEZ_{(1)}$, H_{C_0}는 전 시간에서의 챔버 내 피에조미터 수두, V_C는 미소시간 변화 후 공기 체적 CT, V_{C_0}는 전 시간단계에서 챔버 내 공기 체적 CT_0를 나타낸다.

$$H_C = 415 - 32.2 + (900.6 - 415 + 32.2)\left(\frac{102.62}{107.2}\right)^{1.2} = 874ft$$

♲ 서지 탱크 1 동작시

$t = 6.4898$가 되면 관로 피에조미터 수두가 계속해 저하되어 마침내 1번 서지 탱크가 설치된 관로 접합부에서 공식 5.7에 의해 구한 피에조미터 수두 $H_{2.24} = H_{3,1} = 734ft$는 서지 탱크 수위 H_{ST1} 보다 저하하게 된다.

$$H_{ST1} = \text{관로 고도} + No.1 \text{ 서지 탱크 수면 높이}$$

$$= PIPEZ_3 + H_{S1}$$

$$= 700 + 40 = 740ft$$

따라서 이 시점부터는 관로 경계조건이 아닌 서지 탱크 경계조건 공식 7.1부터 7.10을 사용하여 수위와 유속을 결정하여야 한다. 먼저 공식 7.8, 7.9 및 7.10을 이용하여 서지탱크로부터의 유출량을 구한다.

$$Q_s = 0.5C_5\left(-1 + \sqrt{1 + \frac{4C_6}{C_5^2}}\right) \tag{7.8}$$

여기서

$$C_5 = \frac{2gC_{out}^2 A_{out}^2}{C_4 A_B + C_2 A_A} \tag{7.9}$$

$$C_6 = C_5[C_3 A_B - C_1 A_A + (C_4 A_B + C_2 A_A)(H_s + z_{AB})] \tag{7.10}$$

여기서 서지 탱크 유출 계수 $C_{out} = 0.8$, 노즐단면적 $A_{out} = 0.7854ft^2$, 서지 탱크가 설치된 왼쪽 관로(2) 단면적 $A_A = 4.90ft^2$, 서지 탱크가 설치된 오른쪽 관로(3) 단면적 $A_B = 4.90ft^2$, $C_2 = g/a_2 = 0.008969$, $C_4 = g/a_3 = 0.009237$이다. H_s는 서지 탱크 수면 높이 $40ft$, z_{AB}는 서지탱크 설치된 관로 고도로서 $700ft$이다. 이 수치들을 대입하면

$$C_5 = \frac{64.4 \times 0.8^2 \times 0.7854^2}{0.009237 \times 4.9 + 0.008969 \times 4.9} = 285$$

$$C_6 = 285[-2.72 \times 4.9 - 10.6521 \times 4.9 + (0.008969 \times 4.9 + 0.009237 \times 4.9) \times 740]$$

$$= 140$$

$C_6 > 0$이면 Q_s가 서지 탱크로부터 유출되나 $C_6 < 0$이면 서지 탱크로 유입되는 조건이므로 이때는 역지변이 폐쇄되어 $Q_s = 0$으로 설정하여야 한다.

$$Q_s = 0.5C_5\left(-1 + \sqrt{1 + \frac{4C_6}{C_5^2}}\right)$$

$$= 0.5 \times 285\left(-1 + \sqrt{1 + \frac{4 \times 140}{285^2}}\right)$$

$$= 0.49ft^3/\text{sec}$$

공식 7.7을 이용하여 서지 탱크의 변경된 피에조미터 수두를 구한다.

$$H_s(t+\Delta t)=H_s(t)-\frac{\Delta t}{A_s}Q_s(t) \qquad 7.7$$

$$H_{2,24}=H_{3,1}=740-\frac{0.1485\times0.49}{0.7854}=740ft$$

절점 2,24 및 3,1에서의 유속은 공식 7.1과 7.2로부터 구한다.

$$V_{P_{2,24}}=C_1-C_2H_{2,24}$$

$$=10.6521-0.008969\times740$$

$$=4.01ft/\sec$$

$$V_{3,1}=C_3+C_4H_{3,1}$$

$$=-2.72+0.009237\times740$$

$$=4.12ft/\sec$$

♲ 서지 탱크 2 동작시

시간 7.0461초에서는 관로 3과 4사이에 설치된 절점 3, 9 또는 4, 1에서의 관내 피에조미터 수두는 $H_{3,9}=H_{4,1}=801ft$가 서지 탱크 피에조미터 수두 $H_{ST2}=805ft$보다 저하되므로 상기와 같은 절차에 의해 유속 및 피에조미터 수두를 결정하여야 한다.

$$H_{ST2}=\text{관로 고도}+No.2\ \text{서지 탱크 수면 높이}$$

$$=PIPEZ_4+H_{S2}$$

$$=755+50$$

$$=805ft$$

공식 7.8, 7.9 및 7.10을 이용하여 서지탱크로부터의 유출량을 구한다.

$$Q_s=0.5C_5\left(-1+\sqrt{1+\frac{4C_6}{C_5^2}}\right) \qquad 7.8$$

여기서

$$C_5 = \frac{2gC_{out}^2 A_{out}^2}{C_4 A_B + C_2 A_A} \quad 7.9$$

$$C_6 = C_5[C_3 A_B - C_1 A_A + (C_4 A_B + C_2 A_A)(H_s + z_{AB})] \quad 7.10$$

여기서 서지 탱크 유출 계수 $C_{out} = 0.8$, 노즐 단면적 $A_{out} = 0.7854ft^2$, 서지 탱크가 설치된 왼쪽 관로(2) 단면적 $A_A = 4.90ft^2$, 서지 탱크가 설치된 오른쪽 관로(3) 단면적 $A_B = 4.90ft^2$, $C_2 = g/a_3 = 0.009237$, $C_4 = g/a_4 = 0.009237$이다. H_s는 서지 탱크 수면 높이 $50ft$, z_{AB}는 서지탱크 설치된 관로 고도로서 $755ft$이다. 이 수치들을 대입하면

$$C_5 = \frac{64.4 \times 0.8^2 \times 0.7854^2}{0.009237 \times 4.9 + 0.009237 \times 4.9} = 281$$

$$\begin{aligned} C_6 &= 281[-2.5685 \times 4.9 - 12.224 \times 4.9 \\ &\quad + (0.009237 \times 4.9 + 0.009237 \times 4.9) \times 805] \\ &= 108.9 \end{aligned}$$

$C_6 > 0$이면 Q_s가 서지 탱크로부터 유출되나 $C_6 < 0$이면 서지 탱크로 유입되는 조건이므로 이때는 역지변이 폐쇄되어 $Q_s = 0$으로 설정하여야 한다.

$$\begin{aligned} Q_s &= 0.5C_5\left(-1 + \sqrt{1 + \frac{4C_6}{C_5^2}}\right) \\ &= 0.5 \times 281\left(-1 + \sqrt{1 + \frac{4 \times 108.9}{281^2}}\right) \\ &= 0.39ft^3/\text{sec} \end{aligned}$$

공식 7.7을 이용하여 서지 탱크의 변경된 피에조미터 수두를 구한다.

$$H_s(t + \Delta t) = H_s(t) - \frac{\Delta t}{A_s} Q_s(t) \quad 7.7$$

$$H_{3,9} = H_{4,1} = 805 - \frac{0.1485 \times 0.39}{0.7854} = 804.99ft$$

절점 3,9 및 4,1에서의 유속은 공식 7.1과 7.2로부터 구한다.

$$V_{P_{3,9}} = C_1 - C_2 H_{3,9} = 12.2239 - 0.009237 \times 804.99 = 4.79 ft/\sec$$

$$V_{4,1} = C_3 + C_4 H_{4,1} = -2.5685 + 0.009237 \times 804.99 = 4.87 ft/\sec$$

♺ **에어 챔버로 유입될 시**

시간 $t = 15.2049$초가 되면 관 내 피에조미터 수두 $H_{1,1} = 537.88 ft$는 챔버 내 피에조미터 수두 $H_T = 537.86 ft$ 보다 크기 때문에 관 내 물이 챔버로 유입하게 된다. 따라서 이때의 피에조미터 수두와 유속은 공식 7.27, 7.28 및 7.30을 이용하여 구한다.

$$Q_C = 0.5 C_5 \left(1 - \sqrt{1 - \frac{4 C_6}{C_5^2}} \right) \qquad 7.30$$

여기서

$$C_5 = \frac{2g C_{in}^2 A_{in}^2}{C_4 A_{real}} = \frac{64.4 \times 0.5^2 \times 0.7854^2}{0.008969 \times 4.9} = 225.68$$

$$C_6 = 2g C_{in}^2 A_{in}^2 \left(H_C + \frac{C_3}{C_4} \right)$$

$$= 64.4 \times 0.5^2 \times 0.7854^2 \left(537.86 + \frac{-4.92687}{0.008969} \right)$$

$$= -113.65$$

$$Q_C = 0.5 C_5 \left(1 - \sqrt{1 - \frac{4 C_6}{C_5^2}} \right)$$

$$= 0.5 \times 225.68 \left(1 - \sqrt{1 + \frac{4 \times 113.65}{225.68^2}} \right)$$

$$= -0.502 ft^3/\sec$$

유속은 공식 7.28로부터

$$V_P = V_{1,1} = \frac{Q_C}{A_{rea(1)}} = \frac{-0.5}{4.9} = -0.102 ft/\sec$$

피에조미터 수두는 공식 7.27로부터

$$H_P = H_{1,1} = \frac{V_P - C_3}{C_4} = \frac{-0.102-(-4.9268)}{0.008969} = 537.94ft$$

챔버 경계 조건은 다음과 같이 변화한다.

$$공기체적(CT) = 280.5 - 0.502 \times 0.1854 = 280.4ft^3$$

챔버 내 피에조미터 수두

$$H_C = z_P - H_{atm} + \left(H_{C_0} - z_P + H_{atm}\right)\left(\frac{\overline{V_{C_0}}}{\overline{V_C}}\right)^{\eta}$$

여기서 z_P는 챔버의 설치 위치로서 $PIPEZ_{(1)}$, H_{C_0}는 전 시간단계에서 챔버 내 피에조미터 수두, V_C는 공기 체적 CT, V_{C_0}는 전 시간단계에서 공기 체적 CT_0를 나타낸다.

$$H_C = 415 - 32.2 + (537.86 - 415 + 32.2)\left(\frac{208.5}{208.4}\right)^{1.2} = 537.92ft$$

폐쇄 서지 탱크

폐쇄 서지 탱크는 일-방향 서지 탱크의 변형 중의 하나이다. 이 설비는 개념적으로는 하강서지에는 일-방향 서지 탱크역할을 하고 상승서지에는 에어 챔버의 역할을 한다. 이 탱크는 밀봉되고, 진공 밸브(실제로는 스프링-부하 역지 밸브는 대기에 노출되었다)를 갖추어 하강서지동안에는 공기가 탱크로 유입되나 유체가 역류되어도 공기는 배출되지 않는다(그림 7.9 참조). 이 탱크는 또한 흡기된 공기를 서서히 배출하는 에어 배출 밸브도 갖는다. 이 탱크는 개방 관로를 통해 관로와 연결되어 관로의 압력은 연속하여 탱크에게 전달된다. 즉 탱크는 연속적으로 "on line" 상태를 유지한다. 하강서지동안 탱크 내 수위가 EL-HGL이하로 저하되면 진공 밸브가 개방되어 관로로 유출되는 유체를 대신하기 위해 탱크로 공기가 유입된다. 즉 이러한 거동은 일-방향 서지 탱크를 모방한다. 상승서지시에는 유체가 탱크 내로 유입되나 공기는 진공(역지) 밸브에 의해 신속하게 배출되지 않는다. 따라서 에어 챔버 내의 공기는 상승서지에 의해 압축된다. 압축된 공기는 시스템 내에서 충격 흡수기로서 역할을 한다. 에어 릴리스 밸브의 규격은 충분히 작아 압축 과정에 실제로 영향을 미치지 않아야 한다. 잠시 후에 에어 릴리스 밸브는 탱크 내 모든 공기를 배출시켜야 하고 다시 유체로 완전히 채워져 다음 기능을 수행할 준비를 하여야 한다.

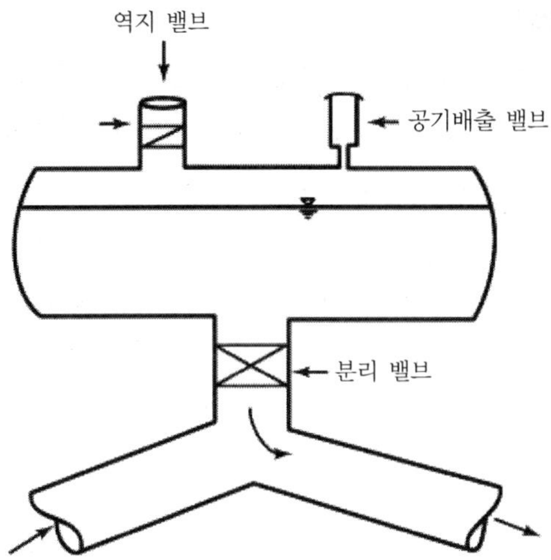

그림 7.9 폐쇄 서지 탱크의 개략도

일-방향 서지 탱크와 비교하여 폐쇄 서지 탱크의 추가적인 기능 중 하나는 역류 문제가 예상되는 곳에 유용하다는 것이다. 그러나 탱크는 관로 압력에 견디도록 설계되어야 하며 일-방향 서지 탱크의 높이와 같지 않으면 수주 분리를 방지하는데 효과가 약간 저하된다. 이 탱크는 관로의 정상부에서 가장 효과적이다.

컴퓨터 연산시 폐쇄 서지 탱크로부터 유체가 유출하면 하강서지(공기 체적 궤적을 유지)때의 일-방향 서지 탱크와 같이 취급하고 유체가 탱크로 유입되기 시작하면 에어 챔버와 같이 취급된다.

7.2.7 서지 제어를 위한 다른 기법

공기-진공 밸브

공기-진공 밸브들은 서지 제어를 위해 반드시 필요한 설비 중 하나이다. 관로 내 압력이 대기압 이하로 저하될 때 개방되므로 이 밸브들은 관로를 대기에 노출시키고 유체를 더욱 천천히 감속시킨다. 공기-진공 밸브는 설치된 곳으로부터 먼 관로에서 발생하는 수주분리는 방지할 수 없으나 유속을 느리게 유지함으로써 공동 파괴 충격의 강도를 감소시킬 수 있다. 그러나 ①펌프가 재기동될 때, ②단순히 중력에 의한 역류가 관로로부터 공기를 배출시키고 공기-진공 밸브를 슬램 폐쇄할 때 문제가 발생할 수 있다. 펌프로 가압되는 관로 시스템 내에서 공기-진공 밸브가 장점 또는 단점이 되는지 결정하기 위해서 부정류분석 전용 프로그램을 사용하여 시스템을 분석할 수 있다. 펌프로 가압되는 관로를 이러한 방법으로 분석하여 부정류 압력을 최소화시키는 운영 전략을 개발할 수 있다.

서지 예측 밸브

어떤 경우에는 수주 분리와 관련된 저압은 문제가 되지 않으나 공동 파괴(cavity closure)로 인해 상당히 높은 충격파가 생성되는 것이 문제가 되는 경우가 있다. 서지 예측 밸브는 이러한 목적에 적합하다. 비록 이 밸브는 수주 분리를 방지할 수 없으나 공동 파괴의 영향을 최소화한다. 이 밸브는 상당한 중간 정상부가 없는 관로에서 경사지까지 펌핑하는 시스템에 가장 효과적이다. 관로 중 상당한 부분이 일정 시간동안 대기압 이하로 압력이 저하될 수 있기 때문에 공기는 공기-진공 밸브를 통해 관로 내로 흡기될 수 있다. 흡기된 공기양과 그 외 많은 사항들에 의해 좌우되므로 서지 제어에 긍정적일 수 도 있고 아닐 수 도 있다. 결론적으로 관로의 임의 부분에서 진공이 발생될 수 있기 때문에 진공 압력에 견딜 수 있도록 관로를 설계하여야 한다.

서지 예측 밸브는 관로의 상류측 끝단에 위치하여 특별하게 작동하도록 된 서지 릴리프 밸브이다. 펌프 정전 후 밸브에서의 압력이 설정된 수치 이하로 저할 될 때 밸브가 개방되도록 조정된다. 결과적으로 밸브에서의 압력은 대기압 근방으로 급속히 저하된다. 관로 내 유체는 광범위한 수주 분리가 발생될 수 있을 정도로 급속히 감속된다. 유체가 역류될 때 서지 밸브는 이미 개방되어 있으므로 공동을 파괴시키고 높은 충격 압력(shock pressure)을 유발시키는 속도의 급속한 감속을 발생시키지 않으면서 역류 유량은 시스템 외부로 유출된다. 다시 말하면 공동은 개방된 서지 예측 밸브를 통해 시스템 외부로 쓸려 나갈 수 있다. 그 후 밸브는 서서히 폐쇄되어 역류를 완만하게 정지시킨다.

펌프 관성 제어

펌프로 가압되는 관로 내에서 발생하는 수주 분리는 일반적으로 펌핑 시스템이 낮은 회전 관성을 가지고 있어 나타나는 직접적인 결과이므로 회전관성력을 증가시키는 것은 수주 분리를 완화시키는 다른 방법이 된다. 펌프와 전동기의 관성 모멘트에 의한 영향은 Streeter and Wylie(1967)에 의해 증명되었다. 즉, 관로가 길고 펌프 대부분의 수두가 손실 수두일 경우 회전 관성력을 크게 하여 수주분리를 방지할 수 있다는 것을 보여준다. 펌프와 전동기사이의 연결장치와 결합한 플라이휠의 조합으로 회전 관성력을 증가시킬 수 있다. 디젤 또는 가솔린 엔진으로 구동되는 펌프의 경우 플라이 휠 활용이 가장 용이하다. 이런 대안은 단순하고, 저렴한 유지관리비 그리고 다른 수충격 방지 설비에 비해 상대적으로 저가이기 때문에 매력적이다. 그러나 얼마나 많은 관성력을 추가하여야 하는지와 같은 실제적인 문제가 해결되지 않아 이러한 방법은 광범위하게 적용되지는 않는다.

제8장 펌프 및 밸브 특성 표현

펌프에 의해 가압되는 수두는 주어진 여러 쌍의 유량-수두 자료를 이용하여 유량을 함수로 하는 다항식으로 정의된다. 실제로 펌프는 제한된 유량 범위 내 즉, 정상적인 펌프 운전 범위에서 운전되기 때문에 다항식으로 충분히 표현될 수 있다. 그러나 그렇지 않을 경우에는 펌프의 특성 곡선을 제대로 표현하기 위해서는 다른 방법을 사용하여야 한다. 여기에서는 펌프 및 밸브의 특성을 나타내기 위해 주로 사용되는 최소제곱회귀분석과 다항식 보간법 및 펌프 완전 특성곡선을 나타내는 방법들에 대해 기술하기로 한다.

8.1 최소제곱회귀분석

대부분의 오차는 자료와 관련되기 때문에 이러한 자료를 사용해서 중간 값을 예측하는데 다항식 보간법을 사용하면 부적합하며 만족스럽지 못한 결과를 산출할 수도 있다. 실험 자료는 대부분이 이러한 유형이다. 예를 들면 그림 8.1a는 큰 변위를 갖는 7개의 실험으로 유도된 자료점들을 보여준다. 자료를 시각적으로 살펴보면 x와 y는 양의 비례관계이다. 즉, 전체적인 경향은 x값이 커짐에 따라 y값도 증가한다. 만약 6차 보간다항식을 이 자료에 적합시키면(그림 8.1b) 이 보간다항식은 모든 자료를 정확하게 통과한다. 그러나 자료의 변위 때문에 곡선은 각 점 사이에서 크게 진동한다. 특히 $x=1.5$와 6.5에서 보간값은 자료의 변위를 벗어나는 것처럼 보인다.

이러한 경우에 보다 적합한 전략은 근사함수를 각각의 자료에 맞출 필요 없이 일반적인 흐름이나 형체에 적합시키는 함수를 유도하는 것이다. 그림 8.1c는 직선이 어떤 특별한 점을 통과하지 않고 자료의 경향을 어떻게 일반적으로 특정화시키는가를 설명해 준다.

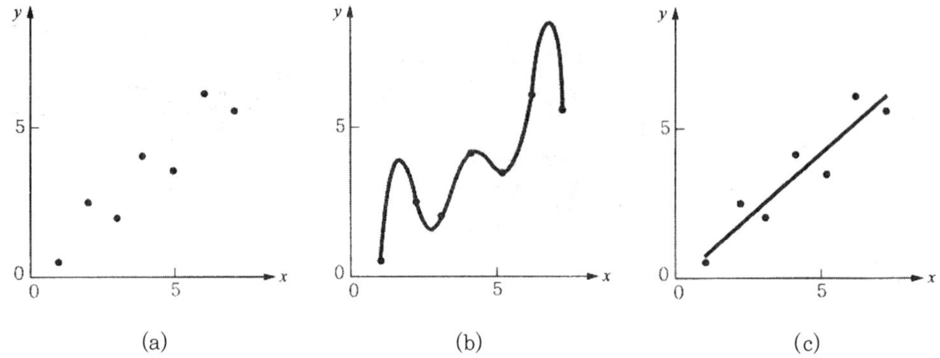

그림 8.1 (a) 현저한 오차를 나타내는 자료
(b) 자료의 변위를 벗어나 진동하는 다항적합함수
(c) 최소제곱적합을 이용하여 얻은 보다 만족스런 결과

그림 8.1c에서 직선을 결정하는 한 가지 방법은 도표화된 자료를 시각적으로 조사한 후에 점들을 통과하는 "최적"의 선을 그려내는 것이다. 비록 이러한 시각접근법은 후에 계산에 의해 검증되고 상식적으로 받아들일 수는 있어도 이들은 독단적인 판단으로 한 것이기 때문에 결점이 있다. 즉, 점들을 완전한 직선상에 정의할 수 없다면 이러한 경우는 보간법이 적합하다.

이러한 주관성을 배제하기 위해서 적합한 곡선을 긋기 위한 기준이 있어야만 된다. 그 중 한 가지 방법이 자료점들과 곡선의 차를 최소화시키는 곡선을 유도하는 것이다. 이 목적을 성취하는 기술을 최소제곱회귀분석(Least-squares regression)이라 한다.

8.1.1 선형회귀분석

최소제곱 근사의 가장 간단한 예는 (x_1, y_1), (x_2, y_2) · · , (x_n, y_n)의 관측치에 직선을 적합시키는 것이다. 이 직선에 대한 수학적인 표현은

$$y = a_0 + a_1 x + e \tag{8.1}$$

이고 a_0는 절편, a_1은 기울기, e는 관측치와 모델값의 오차 또는 잔차라 한다. 식 8.1을 다음과 같이 표현할 수 있다.

$$e = y - a_0 - a_1 x$$

따라서 오차 또는 잔차는 y의 참값과 선형방정식으로 예측된 근사값 $a_0 + a_1 x$ 사이의 차이이다.

8.1.2 "최적" 적합을 위한 판별조건

자료의 흐름을 나타내는 "최적"의 직선을 구하는 방법 중 하나는 오차의 합을 최소화시키는 것이다. 즉, n이 점들의 개수를 나타낼 때,

$$\sum_{i=1}^{n} e_i = \sum_{i=1}^{n} (y_i - a_0 - a_1 x_i) \tag{8.2}$$

을 최소화시킨다. 그러나 이 방법은 부적합한 판별조건이다. 왜냐하면 그림 8.2a에서 설명한 것처럼 두 점을 직선으로 적합시켰기 때문이다. 분명히 최적적합은 점들을 선으로 연결시키는 것이다. 그러나 연결선의 중앙을 통과하는 직선(완전한 수직선은 제외)은 오차들이 상쇄되기 때문에 식 8.2의 최소값은 0과 같게 나온다.

또 다른 판별조건은 다음과 같이 오차의 절대값의 합을 최소화하는 것이다.

$$\sum_{i=1}^{n} |e_i| = \sum_{i=1}^{n} |y_i - a_0 - a_1 x_i|$$

이 방법도 역시 그림 8.2b에서 보듯이 두 직선의 교점을 통과하고 두 직선 사이에 존재하는 어떤 직선도 합을 최소화한다. 따라서 이 방법도 유일한 해를 도출하지 못하므로 부적합하다.

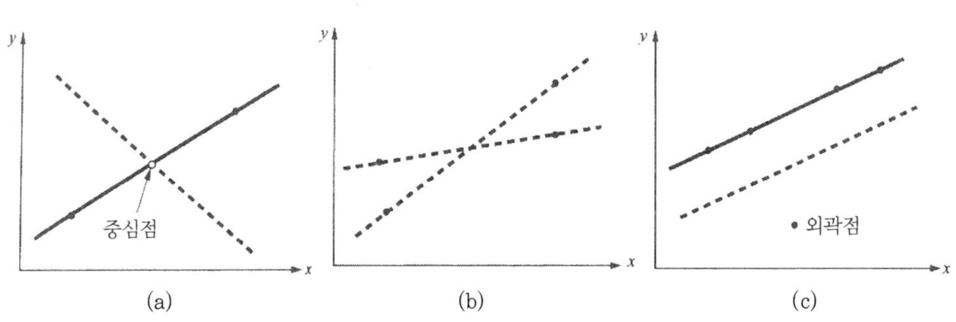

그림 8.2 회귀분석에 부적합한 "최적" 판별조건들의 예들.
(a) 잔차의 합을 최소화함.
(b) 잔차의 절대값의 합을 최소화함.
(c) 각 점으로부터 오차의 최대값을 최소화함.

최적의 직선을 적합하는 세 번째 방법은 minimax 판별조건이다. 즉, 직선으로부터 떨어진 각 점들의 변위의 최대값을 최소화시키는 것이다. 그림 8.2c에서 보듯이 이 방법도 가장 멀리 떨어져 있는 점(큰 오차를 갖는 단일점) 때문에 회귀분석에 부적합하다. 경우에

따라서는 minimax 원리는 단순한 함수로 복잡한 함수를 적합시킨다.

앞에서 언급한 방법들의 단점을 극복하기 위하여 잔차의 제곱의 합S_r을 다음과 같이 최소화하는 방법이 고려된다.

$$S_r = \sum_{i=1}^{n} e_i^2 = \sum_{i=1}^{n} (y_i - a_0 - a_1 x_i)^2 \tag{8.3}$$

이 판별조건은 여러 장점이 있다. 그 중 하나가 자료의 집합으로부터 유일한 해를 도출할 수 있다는 것이다. 이러한 성질들을 논의하기 전에 식 8.3을 최소화하는 a_0, a_1 값을 결정하는 기법을 기술한다.

8.1.3 직선의 최소제곱적합

a_0, a_1 값을 결정하기 위해 식 8.3은 각각의 계수에 대하여 편미분을 취하면 다음과 같이 된다.

$$\frac{\partial S_r}{\partial a_0} = -2\sum (y_i - a_0 - a_1 x_i)$$

$$\frac{\partial S_r}{\partial a_1} = -2\sum [(y_i - a_0 - a_1 x_i)x_i]$$

별다른 표기가 없으면 $\sum$은 i가 1부터 n까지 더한 것으로 간주한다. 이러 도함수가 0이라는 사실은 S_r을 최소화한다는 의미가 있다. 그러면 상기 식은 다음과 같이 표현된다.

$$0 = \sum y_i - \sum a_0 - \sum a_1 x_i$$

$$0 = \sum y_i x_i - \sum a_0 x_i - \sum a_1 x_i^2$$

$\sum a_0 = n a_0$이므로 이 식은 a_0, a_1에 대한 2원 1차 방정식으로 주어진다.

$$n a_0 + \sum x_i a_1 = \sum y_i \tag{8.4}$$

$$\sum x_i a_0 + \sum x_i^2 a_1 = \sum x_i y_i \tag{8.5}$$

이것을 정규방정식(normal equation)이라 부른다. 이 방정식을 풀면 다음과 같이 된다.

$$a_1 = \frac{n\sum x_i y_i - \sum x_i \sum y_i}{n\sum x_i^2 - \left(\sum x_i\right)^2} \qquad 8.6$$

이 결과를 식 8.4에 대입하면

$$a_0 = \overline{y} - a_1 \overline{x} \qquad 8.7$$

을 얻는다. 여기서 $\overline{y}$, $\overline{x}$는 y와 x의 평균이다.

예제 8.1 선형회귀분석

아래 표의 처음 두 열에 있는 x, y 값들을 직선으로 적합시켜라.

x	y
1	0.5
2	2.5
3	2
4	4
5	3.5
6	6
7	5.5

풀이

상기 표의 자료들을 근거로 계산한 결과는 다음 표와 같다.

No	x_i	y_i	$x_i y_i$	x_i^2
1	1	0.5	0.5	1
2	2	2.5	5	4
3	3	2	6	9
4	4	4	16	16
5	5	3.5	17.5	25
6	6	6	36	36
7	7	5.5	38.5	49
$\sum$	28	24	119.5	140
평균	4	3.428571		

식 8.6 및 8.7을 사용하면 다음과 같다.

$$a_1 = \frac{\{7(119.5) - 28(24)\}}{\{7(140) - (28)^2\}} = 0.839285714$$

$$a_0 = 3.428571429 - 0.839285714(4) = 0.07142857$$

따라서 최소제곱적합 직선식은

$$y = 0.07142857 + 0.8392855714x$$

이 된다. 자료에 의해 얻은 이 직선은 그림 8.1c에 나타나 있다.

8.1.4 선형회귀분석 오차의 정량화

예제 8.1에서 얻은 직선 이외의 어떤 직선도 잔차의 제곱의 합이 더 커진다. 따라서 이 직선은 각 점의 흐름을 나타내는 "최적"의 유일한 직선이라 할 수 있다. 잔차를 분석함으로써 이 적합법의 여러 다른 성질들을 발견할 수 있다. 식 8.3에 의해 정의된 제곱합을 상기해 보자.

$$S_r = \sum_{i=1}^{n} (y_i - a_0 - a_1 x_i)^2 \quad 8.8$$

가장 보편적인 분포의 측정 방법으로는 다음과 같이 평균에 대한 표준편차(S_y)이다.

$$S_y = \sqrt{\frac{S_t}{n-1}} \quad 8.9$$

여기서 S_t는 자료점들과 평균 간의 잔차의 전체 제곱을 말한다. 즉 S_t는 다음과 같다.

$$S_t = \sum (y_i - \bar{y})^2 \quad 8.10$$

상기 식 8.10과 8.8이 유사함을 유의하라. 전자의 경우 잔차의 제곱은 자료와 평균(중심경향의 추정치) 간의 차이의 제곱이다. 식 8.8에서 잔차의 제곱은 자료와 또 다른 중심경향의 추정치인 직선(그림 8.3) 간의 수직 거리의 제곱이다. 회귀분석직선에 대한 표준편차는 다음과 같다.

$$S_{y/x} = \sqrt{\frac{S_r}{n-2}} \tag{8.11}$$

여기서 $S_{y/x}$는 추정치의 표준오차이다. 첨자 y/x는 특정한 값 x에 대하여 예측 값 y의 오차를 의미한다.

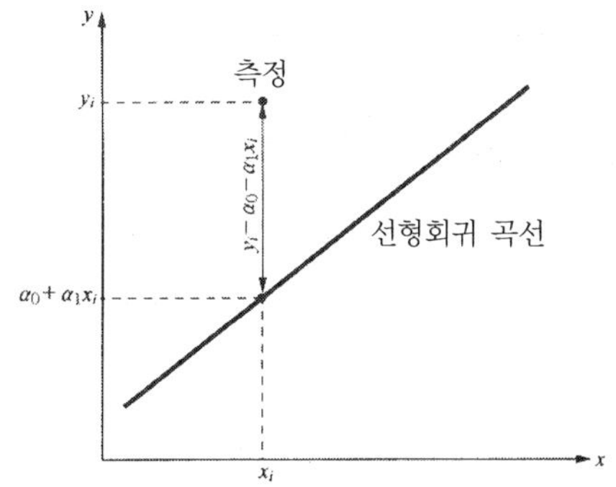

그림 8.3 선형회귀분석의 잔차는 각 자료점과 직선 사이의 수직거리를 나타낸다.

두 양의 차, $S_t - S_r$은 평균값 대신 회귀분석직선을 사용하여 자료를 설명했을 때 향상된 정도 또는 오차의 감소를 의미한다. 이 양은 눈금의 간격에 따라 달라지므로 전체 오차에 대한 비를 구하면

$$r^2 = \frac{S_t - S_r}{S_t} \tag{8.12}$$

이고 r^2을 결정계수, r은 상관계수라 한다. $S_r = 0$, $r = r^2 = 1$인 경우 완전한 적합이므로 회귀분석직선에 의해 100% 설명된 것이다. $r = r^2 = 0$인 경우, 즉 $S_r = S_t$인 경우 회귀분석 직선은 자료를 설명하는 데 아무 개선도 주지 못한다.

예제 8.2 선형최소제곱적합의 오차의 추정

예제 8.1에 사용된 자료에 대한 상관계수와 이 추정치의 표준오차와 전체 표준편차를 계산하여 구하라.

풀이

계산결과는 다음과 같다.

No	x_i	y_i	$(y_i-\bar{y})^2$	$(y_i-a_0-a_1x_i)^2$
1	1	0.5	8.5765	0.1687
2	2	2.5	0.8622	0.5625
3	3	2	2.0408	0.3473
4	4	4	0.3265	0.3265
5	5	3.5	0.0051	0.5896
6	6	6	6.6122	0.7972
7	7	5.5	4.2908	0.1993
$\sum$	28	24	22.7143	2.9911

전체 표준편차는 공식 8.9로부터 계산하면 다음과 같다.

$$S_y = \sqrt{\frac{S_t}{n-1}} = \sqrt{\frac{22.7143}{7-1}} = 1.9457$$

또한 추정치의 표준오차는 식 8.11로 계산하면 다음과 같다.

$$S_{y/x} = \sqrt{\frac{S_r}{n-2}} = \sqrt{\frac{2.9911}{7-2}} = 0.7735$$

따라서 $S_{y/x} < S_y$이기 때문에 선형회귀분석 모델은 장점을 갖는다. 개선의 정도는 식 8.12에 의해서 다음과 같이 수량화되었다.

$$r^2 = \frac{22.7143 - 2.9911}{22.7143} = 0.868$$

또는

$$r = \sqrt{0.868} = 0.932$$

이 결과들은 본래의 불확실성의 86.8%가 선형 모델에 의해 설명된다는 것을 의미한다.

8.1.5 다항식 회귀분석

앞에서 우리는 직선식을 유도하는 과정을 연구하였다. 그러나 때로는 직선보다는 곡선이 적합에 잘 맞는 경우가 있다. 이러한 목적을 달성하기 위한 방법을 다항식회귀분석(polynomial regression)이라 한다.

최소제곱 과정은 자료를 m차 다항식으로 적합시키도록 다음과 같이 쉽게 확장될 수 있다.

$$y = a_0 + a_1 x + a_2 x^2 + \cdot \cdot \cdot + a_m x^m + e$$

이 경우 잔차의 제곱합은 다음과 같다.

$$S_r = \sum_{i=1}^{n} \left(y_i - a_0 - a_1 x_i - a_2 x_i^2 - \cdot \cdot \cdot \cdot - a_m x_i^m\right)^2 \qquad 8.13$$

앞 절의 절차대로 행하면 다항식의 각 미지계수에 대해 식 8.13을 미분하면 다음과 같은 식을 얻게 된다.

$$\frac{\partial S_r}{\partial a_0} = -2\sum\left(y_i - a_0 - a_1 x_i - a_2 x_i^2 - \cdot \cdot \cdot \cdot - a_m x_i^m\right)$$

$$\frac{\partial S_r}{\partial a_1} = -2\sum\left(y_i - a_0 - a_1 x_i - a_2 x_i^2 - \cdot \cdot \cdot \cdot - a_m x_i^m\right) x_i$$

$$\frac{\partial S_r}{\partial a_2} = -2\sum\left(y_i - a_0 - a_1 x_i - a_2 x_i^2 - \cdot \cdot \cdot \cdot - a_m x_i^m\right) x_i^2 \qquad 8.14$$

$$\cdot$$

$$\cdot$$

$$\frac{\partial S_r}{\partial a_m} = -2\sum\left(y_i - a_0 - a_1 x_i - a_2 x_i^2 - \cdot \cdot \cdot \cdot - a_m x_i^m\right) x_i^m$$

이들 방정식은 0과 같게 되며 다음의 정규방정식들을 개발하기 위해서 재정리하면 다음과 같다.

$$a_0 n + a_1 \sum x_i + a_2 \sum x_i^2 + \cdot \cdot \cdot + a_m \sum x_i^m = \sum y_i$$

$$a_0 \sum x_i + a_1 \sum x_i^2 + a_2 \sum x_i^3 \cdot \cdot \cdot + a_m \sum x_i^{m+1} = \sum x_i y_i$$

$$a_0 \sum x_i^2 + a_1 \sum x_i^3 + a_2 \sum x_i^4 \cdot \cdot \cdot + a_m \sum x_i^{m+2} = \sum x_i^2 y_i \qquad 8.15$$

$$\cdot$$

$$\cdot$$

$$a_0 \sum x_i^m + a_1 \sum x_i^{m+1} + a_2 \sum x_i^{m+2} \cdot \cdot \cdot + a_m \sum x_i^{2m} = \sum x_i^m y_i$$

여기서 모든 합은 $i=1$부터 n까지로 한다. $(m+1)$개의 방정식은 선형이며, $(m+1)$개의 미지수 $a_0, a_1, \cdot\cdot\cdot, a_m$을 포함한다. 각 미지수의 계수는 관측치로부터 직접 계산된다. 따라서 m차 최소제곱 다항식을 구하려면 $(m+1)$원 1차 연립방정식을 풀어야 한다.

선형회귀분석에서처럼 다항식회귀분석의 오차는 추정치의 표준오차로 다음과 같이 주어진다.

$$S_{y/x} = \sqrt{\frac{S_r}{n-(m+1)}} \tag{8.16}$$

여기서 m은 다항식의 차수이다. 표준오차 이외에 선형회귀분석에서와 마찬가지로 다항회귀분석에서도 결정계수가 다음과 같이 주어진다.

$$r^2 = \frac{S_t - S_r}{S_t}$$

예제 8.3 다항식회귀분석

문제 : 아래 표의 앞의 두 열의 자료를 2차 다항식으로 적합시켜라.

x	y
0	2.1
1	7.7
2	13.6
3	27.2
4	40.9
5	61.1
15	152.6

풀이

주어진 자료들로부터 계산한 결과는 다음과 같다.

No	x_i	y_i	$x_i y_i$	$x_i^2 y_i$	x_i^2	x_i^3	x_i^4
1	0	2.1	0	0	0	0	0
2	1	7.7	7.7	7.7	1	1	1
3	2	13.6	27.2	54.4	4	8	16
4	3	27.2	81.6	244.8	9	27	81
5	4	40.9	163.6	654.4	16	64	256
6	5	61.1	305.5	1527.5	25	125	625
$\sum$	15	152.6	585.6	2488.8	55	225	979
평균	2.5	25.433					

따라서 연립방정식은 다음과 같이 주어진다.

$$6a_0 + 15a_1 + 55a_2 = 152.6$$

$$15a_0 + 55a_1 + 225a_2 = 585.6$$

$$55a_0 + 225a_1 + 979a_2 = 2488.8$$

가우스 소거법에 의한 식의 해는 다음과 같다.

$$a_0 = 2.47857,\ a_1 = 2.35929,\ a_2 = 1.86071$$

따라서 이 경우에 대한 최소제곱 2차식은 다음과 같다.

$$y = 2.47857 + 2.35939x + 1.86071x^2$$

다항식회귀분석에 바탕을 둔 추정값의 표준오차는 계산 결과를 나타내는 아래 표와 식 8.16으로부터

No	x_i	y_i	$(y_i - \bar{y})^2$	$(y_i - a_0 - a_1 x_i - a_2 x_i^2)^2$
1	0	2.1	544.44	0.14332
2	1	7.7	314.47	1.00286
3	2	13.6	140.03	1.08158
4	3	27.2	3.12	0.80491
5	4	40.9	239.22	0.61951
6	5	61.1	1272.11	0.09439
$\sum$	15	152.6	2513.39	3.74657

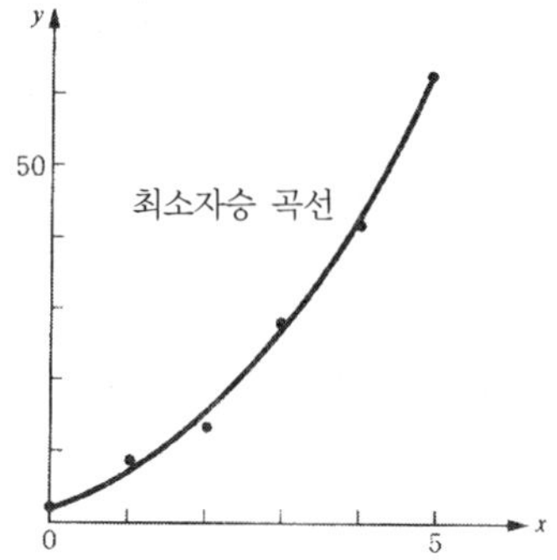

그림 8.4 2차 다항식적합

$$S_{y/x} = \sqrt{\frac{S_r}{n-(m+1)}} = \sqrt{\frac{3.74657}{6-3}} = 1.12$$

결정계수는

$$r^2 = \frac{S_t - S_r}{S_t} = \frac{2513.39 - 3.74657}{2513.39} = 0.99851$$

이다. 따라서 상관계수는

$$r = 0.99925$$

이다. 이 결과는 모델에 의해 99.851의 불확실성을 설명할 수 있다는 것을 의미한다. 또한 2차 다항식 모델이 매우 타당하다는 것을 의미하기도 한다. 그림 8.4에 잘 나타나 있다.

8.2 다항식 보간법

독자들은 정확한 자료점들 사이에 있는 중간 값을 측정해야 되는 경우가 자주 있게 된다. 이러한 목적을 성취하기 위해 사용되는 가장 보편적인 방법이 다항식 보간법이다.

가장 보편적으로 사용되는 다항식 보간법으로는 뉴튼 보간법, 라그란지 보간법, 스플라인 보간법이 있다. 뉴튼 보간법에 대한 설명은 생략하기로 하고 여기에서는 라그란지 보간법과 스플라인 보간법에 대해서만 다루기로 한다.

8.2.1 전산기를 사용한 라그란지 보간법

펌프 특성 곡선을 정의하기 위해서 여러 쌍의 수치들을 사용할 수 있으며 다항식을 사용하여 유량 범위가 주어진 유량 내에 존재하면 임의 유량에 해당하는 수두를 보간할 수 있다. 펌프 수두를 1차 다항식으로 표현하기 위해서 주어진 유량이 Q일 경우 Q_i는 Q보다 작고, Q_{i+1}은 Q보다 커야한다. 1차 다항식은

$$h_p = h_{pi} + (h_{pi+1} - h_{pi})(Q - Q_i)/(Q_{i+1} - Q_i) \tag{8.17}$$

여기서 아래 첨자 i와 $i+1$은 기저이고, h_p는 유량 $Q_i \le Q \le Q_{i+1}$에서의 보간법으로 구한 수두이다. 유량 Q가 Q_{i+1}보다 크게 되면 첫 번째 점은 떨어져 나가고 다음 점이 더해지게 된다. 고차 다항식을 사용하려면 더욱 많은 자료들이 필요하다. n차 다항식을 사용하려면 최소 $n+1$쌍의 자료들이 필요하다. 즉, 2차 다항식을 사용하려면 3쌍의 자료, 3차 다항식을 사용하려면 4쌍의 자료들이 필요하다. 라그란지 공식은 독립변수 유량 Q의 연속적인 수치 사이에서 증분이 상수일 필요가 없기 때문에 편리한 보간 공식으로 사용된다. 한편 다른 보간공식들은 이러한 증분이 상수가 되어야만 한다. 라그란지 공식은 다음과 같다.

$$h_p = \sum_{i=1}^{n} F_i H_i \tag{8.18}$$

여기서 H_i는 점 i에서의 펌프 수두이고 F_i는 다음 두 개 곱의 몫이다.

$$F_i = \frac{\prod_{j=1, j\neq 1}^{n} (Q - Q_j)}{\prod_{j=1, j\neq 1}^{n} (Q_i - Q_j)} \tag{8.19}$$

여기서 두 개의 적 $\sum$은 $j=i$항이 생략된 $n-1$항을 포함한다. 라그란지 보간법의 컴퓨터 프로그램을 성공적으로 수행하기 위해서 다음 두 가지의 조건들이 만족되어야 한다. (1) 임의 수두에서 알고자 하는 유량 점은 유량 자료 점들의 범위 내에 위치하여야 한다. 그렇지 않을 경우 외삽법이 된다. (2) 공식 8.18과 8.19는 적정하게 작성되어야 한다. CD에 수록된 EP84.FOR 라그란지 프로그램은 펌프 특성 곡선 상에 있는 n 쌍의 점들을 읽어 들여 임의 유량에서 펌프 수두를 구하도록 작성되었다.

예제 8.4

펌프 특성 곡선은 다음 그림과 같다. 이 곡선으로부터 10 쌍의 점들을 입력하고 라그란지 3차 다항식을 이용하여 $850gal/\text{min}$, $4200gal/\text{min}$, $5800gal/\text{min}$ 유량에서 펌프 수두를 구하라.

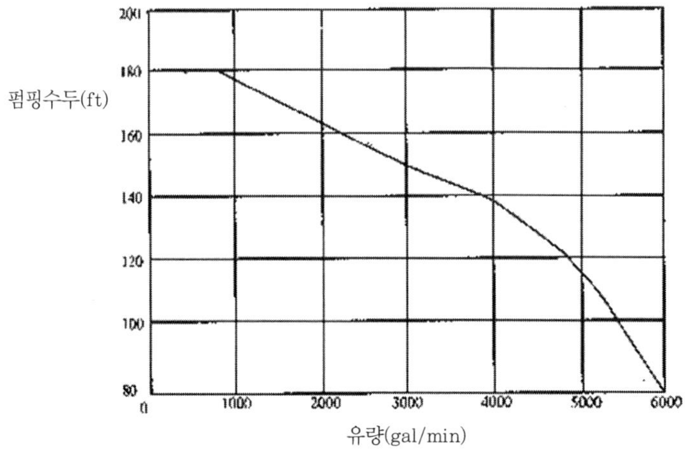

풀이

상기 그림으로부터 아래와 같이 10개 유량점과 수두를 선정한다.

Q gal/min	800	1600	2400	3200	4000	4500	4800	5200	5600	6000
$h_p(ft)$	181.5	170.0	160.0	148.5	138.6	128.0	120.4	109.0	95.0	80.0

상기 수치들을 Notepad와 같은 문서 작성 프로그램을 사용하여 파일로 작성하여 프로그램에서 읽어 들이도록 한다. 본 예제에서는 프로그램명은 EP84.FOR이고 입력 파일명은 EP84.DAT이다. 본 프로그램을 수행하면 모니터에 입력할 자료 쌍의 수 및 라그란지 공식의 차수를 질문하면 10,3을 입력한다. 다음은 프로그램에 사용할 펌프의 특성 자료가 수록된 자료파일명을 EP84.DAT라 입력하면 다음과 같이 임의 유량에서 수두를 구할 수 있다. 즉, 유량 $Q=850$, $Q=5800$, $Q=4200$에서 수두는 각각 $h_p=181.5$ $h_p=87.53$, $h_p=135.16$이 된다.

8.2.2 스플라인 보간법의 이론

n차 다항식은 $(n+1)$개의 점들 사이를 보간하는 데 사용된다. 예로서, 8개의 점이 있다면 완전한 7차 다항식을 유도할 수가 있다. 이 곡선은 점들로 구성된 곡선들을 잘 묘사시킨다. 그러나 이들 함수는 잘못된 결과를 초래하는 경우도 있다. 이를 방지하기 위해 점들의 부분집합에 저차 다항식을 적용하며 이러한 연결 다항식을 스플라인 함수(spline function)라 한다. 예를 들어, 점들의 각 쌍을 연결하는데 사용되는 3차 곡선을 3차 스플라인이라 한다. 이들 함수에는 인접된 3차식을 시각적으로 부드럽게 연결시키는 추가적인 공리가 있다. 평면 위에서 3차 스플라인 근사법은 7차 표현보다 좋지 못하다. 독자들은 스플라인이 왜 그렇게 많이 사용되는가 의심할 것이다.

그림 8.5는 스플라인 보간법이 고차 다항식보다 좋다는 것을 설명해 주고 있다. 함수는 일반적으로 완만하게 변하지만 특정 구역에서는 급격히 변하는 경우도 있다. 그림 8.5에서 묘사된 각 단계의 증가는 이러한 변화에 대한 극단적인 예로서 이를 설명해 주고 있다.

그림 8.5a부터 c는 어떻게 고차 다항식이 급격히 변화하는 근방에서 격렬하게 진동하는가를 보여주고 있다. 반대로 스플라인도 점들을 연결하지만, 3차 곡선으로 제한되어 있기 때문에 진동은 최소화된다. 그러므로 스플라인은 국부적이고 급격히 변화하는 함수의 작동에 우수한 근사값을 제공한다.

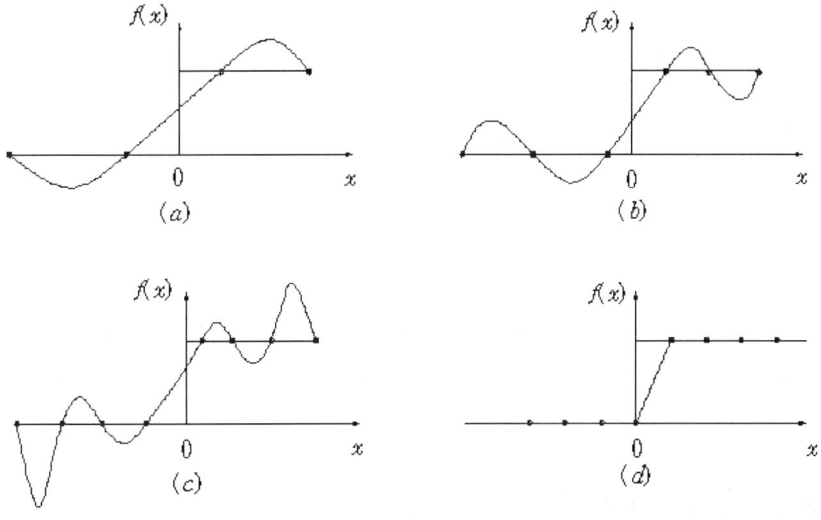

그림 8.5 (a) 3차, (b) 5차, (c) 7차 보간다항식 및 (d) 3차 스플라인보간

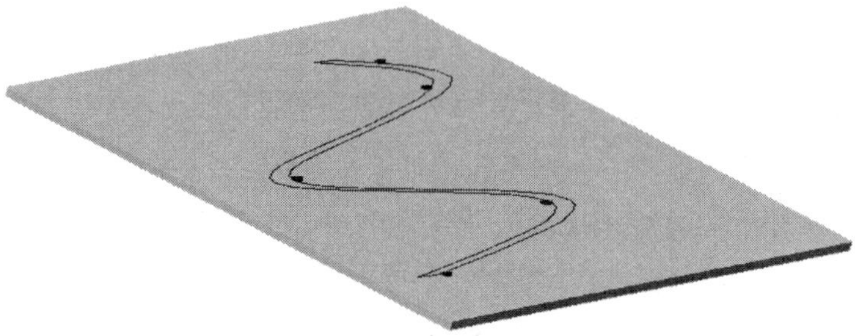

그림 8.6 일련의 점들을 완만한 곡선으로 만들려고 스플라인을 사용한 제도 기법. 끝점에서 스플라인이 어떻게 뻗어가는지를 주목하라. 이러한 것을 "자연" 스플라인이라 한다.

선형 스플라인

두 점을 가장 간단하게 연결시키는 것은 직선이다. 순서화된 점들의 모임에 대한 1차 스플라인은 아래와 같이 선형함수의 집합으로 정의할 수 있다.

$$f(x) = f(x_0) + m_0(x - x_0) \qquad x_0 \le x \le x_1$$
$$f(x) = f(x_1) + m_1(x - x_1) \qquad x_1 \le x \le x_2$$
$$\vdots$$
$$f(x) = f(x_{n-1}) + m_{n-1}(x - x_{n-1}) \qquad x_{n-1} \le x \le x_n$$

여기서 m_i는 점을 연결해 주는 직선의 기울기이다.

$$m_i = \frac{f(x_{i+1}) - f(x_i)}{x_{i+1} - x_i} \tag{8.20}$$

이들 방정식은 점이 놓여 있는 구간을 먼저 잡아서 x_0과 x_n 사이의 어떤 점의 함수값을 계산하는 데 사용된다. 구간 내의 함수값을 결정하는 데는 적당한 식이 사용된다.

예제 8.5 1차 스플라인

1차 스플라인으로 아래 표에 있는 자료들을 접합시켜라. $x = 5$일 때 함수값을 계산하다.

x	f(x)
3.0	2.5
4.5	1.0
7.0	2.5
9.0	0.5

풀이

자료들은 점들 간의 기울기를 결정하는 데 사용된다. 예로서 $x = 4.5$부터 $x = 7$까지의 구간에 대한 기울기는 식 8.20을 사용해서 다음과 같이 계산된다.

$$m = \frac{2.5 - 1.0}{7.0 - 4.5} = 0.60$$

다른 구간에 대한 기울기도 계산되고, 1차 스플라인을 적용한 결과는 그림 8.7a에 그림으로 표현되었다. $x = 5$에서 함수값은 1.3이다.

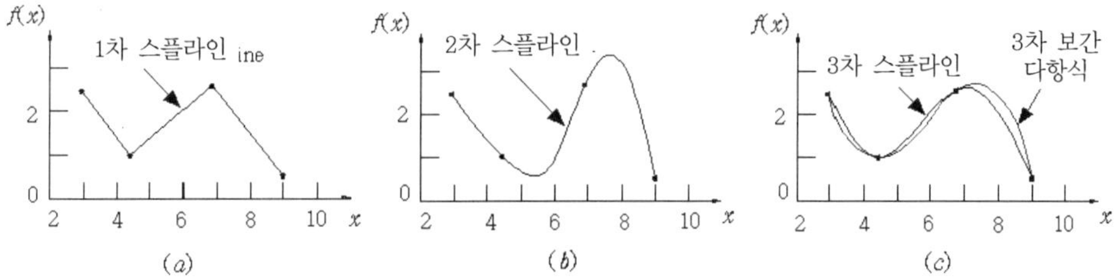

그림 8.7 4개의 점에 대한 스플라인 적합.
(a) 선형스플라인, (b) 2차 스플라인, (c) 3차보간다항식 & 스플라인

그림 8.7a를 시각적으로 관찰해 보면, 1차 스플라인의 주요한 단점은 부드러운 곡선이 아니라는 점이다. 본래, 두 개의 스플라인이 만나는 자료점(일명 교점 knot)에서 기울기는 급격하게 변한다. 공식적인 용어로, 함수의 1차 도함수는 이들 점에서 불연속이다. 이러한 결점은 도함수를 등식화함으로써 교점에서 부드럽게 해주는 고차 다항식 스플라인을 사용함으로써 극복된다. 이러한 내용은 다음에서 논의된다.

2차 스플라인

m차 도함수가 교점에서 연속이기 위해서는 적어도 $(m+1)$차의 스플라인이 사용되어야 한다. 1차와 2차 도함수가 연속임을 보증하는 3차 다항식 또는 3차 스플라인은 실제로 자주 사용된다. 비록 3차와 고차 도함수가 3차 스플라인을 사용할 때는 불연속이지만, 그들은 보통 시각적으로 발견될 수 없어서 결국에는 무시된다.

3차 스플라인의 유도가 좀 복잡하기 때문에 다음절에서 다루도록 한다. 우리는 우선 2차 다항식을 사용해서 스플라인 보간법의 개념을 설명하기로 한다. 2차 스플라인은 교점에서 1차 도함수가 연속이다. 비록 2차 스플라인이 교점에서 2차 도함수와 같지 않더라도, 이들은 고차 스플라인 보간법을 개발하기 위한 일반적인 과정을 잘 보여준다.

2차 스플라인의 목적은 자료점들 간의 각 구간에 대한 2차 다항식을 유도하는 것이다. 각 국간에 대한 다항식은 일반적으로 다음과 같이 표현된다.

$$f_i(x) = a_i x^2 + b_i x + c_i \tag{8.21}$$

그림 8.8은 개념을 명확히 하는 데 도움을 준다. $(n+1)$개의 자료점($i = 0, 1, 2, \cdot \cdot \cdot, n$)들에는 n개의 구간이 존재해서 $3n$개의 미지수(a, b, 그리고 c)들을 계산해야 한다. 그러므로 $3n$개의 방정식 또는 조건들은 미지수를 계산하도록 요구한다.

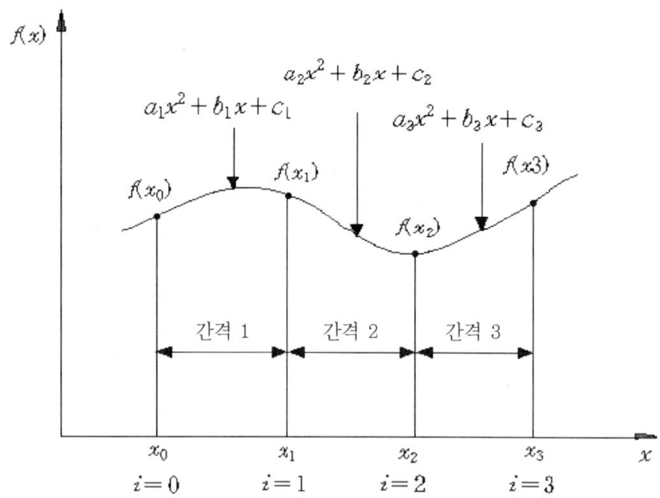

그림 8.8 2차 스플라인을 유도하는 데 사용되는 표기법. n개의 구간과 (n+1)개의 자료들이 있음을 주목하라.
이 그림은 n=3인 경우임.

1. 함수값은 내부 교점에서 같아야만 한다. 이 조건은 $i=2$ 부터 n까지 다음과 같이 표현된다.

$$a_{i-1}x_{i-1}^2+b_{i-1}x_{i-1}+c_{i-1}=f(x_{i-1}) \quad 8.22$$

$$a_i x_{i-1}^2+b_i x_{i-1}+c_i=f(x_{i-1}) \quad 8.23$$

왜냐하면 단지 내부 교점만이 사용되기 때문에 식 8.22와 8.23은 전체$(2n-2)$개의 조건에 $(n-1)$개를 제공해 준다.

2. 첫 번째와 마지막 함수는 끝점을 통과해야만 한다. 이것은 다음과 같이 두 개의 추가식이 첨부되는 데 전체 조건은 $2n-2+2=2n$이다.

$$a_1x_0^2+b_1x_0+c_1=f(x_0) \quad 8.24$$

$$a_nx_n^2+b_nx_n+c_n=f(x_n) \quad 8.25$$

3. 내부 교점에서 1차 도함수는 같아야만 한다. 식 8.21의 1차 도함수는 다음과 같다.

$$f'(x)=2ax+b$$

그러므로 조건은 다음과 같이 일반적으로 표현된다.

$$2a_{i-1}x_{i-1}+b_{i-1}=2a_ix_{i-1}+b_i \quad 8.26$$

여기서 i는 2부터 n까지이다. 이것은 전체 $2n+n-1=3n-1$에 대해서 또다른 $(n-1)$개의 조건을 제공해 준다. 우리는 3n개의 미지수를 갖고 있기 때문에 한 개의 조건이 부족하다. 함수 또는 함수의 도함수에 대해서 추가적인 정보를 갖고 있지 않으면, 상수를 성공적으로 계산하기 위해서는 임의로 선택해야 한다. 비록 많은 상수를 선택할 수 있지만 우리는 다음의 조건을 선택한다.

4. 2차 도함수가 첫 번째 점에서 0이라고 가정하자. 식 8.21의 도함수가 $2a_i$이기 때문에 이 조건은 다음과 같이 수학적으로 표현할 수 있다.

$$a_i=0 \quad 8.27$$

이 조건의 시각적인 해석은 처음 두 개의 점이 직선으로 연결된다는 것이다.

예제 8.6 2차 스플라인

예제 8.5에서 사용한 자료를 2차 스플라인으로 적합시켜라. 이 결과들을 사용해서 $x = 5$에서의 함수값을 계산하라.

풀이

이 문제는 4개의 자료점들과 3개의 구간($n = 3$)들을 갖고 있다. 그러므로 $3(3) = 9$개의 미지수가 계산되어야 한다. 식 8.22와 8.23은 다음과 같이 $2(3) - 2 = 4$개의 조건을 생성한다.

$$20.25a_1 + 4.5b_1 + c_1 = 1.0$$

$$20.25a_2 + 4.5b_2 + c_2 = 1.0$$

$$49a_2 + 7b_2 + c_2 = 2.5$$

$$49a_3 + 7b_3 + c_3 = 2.5$$

초기값과 마지막 값을 통과하기 때문에 다음과 같이 두 개의 조건 식 8.24와 8.25가 첨가된다.

$$9a_1 + 3b_1 + c_1 = 2.5$$

$$81a_3 + 9b_3 + c_3 = 0.5$$

도함수의 연속성이 추가적으로 $3 - 1 = 2$개의 조건을 생성해 낸다.

$$9a_1 + b_1 = 9a_2 + b_2$$

$$14a_2 + b_2 = 14a_3 + b_3$$

마지막으로 식 8.27은 $a_1 = 0$임을 기술한다. 이 방정식은 정확하게 a_1을 기술해 주기 때문에 8개의 연립방정식을 풀 수 있도록 해 준다. 이 조건을 행렬 형태로 표현하면 다음과 같다.

$$\begin{bmatrix} 4.5 & 1.0 & 0.0 & 0.0 & 0.0 & 0.0 & 0.0 & 0.0 \\ 0.0 & 0.0 & 20.25 & 4.5 & 1.0 & 0.0 & 0.0 & 0.0 \\ 0.0 & 0.0 & 49.00 & 7.0 & 1.0 & 0.0 & 0.0 & 0.0 \\ 0.0 & 0.0 & 0.0 & 0.0 & 0.0 & 49.00 & 7.00 & 1.00 \\ 3.0 & 1.0 & 0.0 & 0.0 & 0.0 & 0.0 & 0.0 & 0.0 \\ 0.0 & 0.0 & 0.0 & 0.0 & 0.0 & 81.00 & 9.00 & 1.00 \\ 1.0 & 0.0 & -9.0 & -1.0 & 0.0 & 0.0 & 0.0 & 0.0 \\ 0.0 & 0.0 & 14.00 & 1.0 & 0.0 & -14.00 & -1.0 & 0.0 \end{bmatrix} \begin{pmatrix} b_1 \\ c_1 \\ a_2 \\ b_2 \\ c_2 \\ a_3 \\ b_3 \\ c_3 \end{pmatrix} = \begin{pmatrix} 1.0 \\ 1.0 \\ 2.5 \\ 2.5 \\ 2.5 \\ 0.5 \\ 0.0 \\ 0.0 \end{pmatrix}$$

이 방정식들은 가우스 소거법에 의해 풀게 되면 결과는 다음과 같다.

$$a_1 = 0 \qquad b_1 = -1 \qquad c_1 = 5.5$$

$$a_2 = 0.64 \qquad b_2 = -6.76 \qquad c_2 = 18.46$$

$$a_3 = -1.6 \qquad b_3 = 24.6 \qquad c_3 = -91.3$$

위의 값들을 본래의 2차 방정식에 대입시키면 각 구간에 대한 다음과 같은 관계가 된다.

$$f_1(x) = -x + 5.5 \qquad 3.0 \le x \le 4.5$$

$$f_2(x) = 0.64x^2 - 6.76x + 18.46 \qquad 4.5 \le x \le 7.0$$

$$f_3(x) = -1.6x^2 + 24.6x - 91.3 \qquad 7.0 \le x \le 9.0$$

$x = 5$에서의 함수값을 계산하면 다음과 같다.

$$f_2(x) = 0.64(5)^2 - 6.76(5) + 18.46 = 0.66$$

전체 스플라인 적합은 그림 8.7b에 묘사되어 있다. 이러한 적합에는 두 개의 결함이 있다는 것을 주목하라 : (1)처음 두 점을 연결하는 것은 직선이라는 것과, (2) 마지막 구간에 대한 스플라인이 너무 높게 진동한다는 것이다. 다음 절에서 배울 3차 스플라인은 이러한 결점을 보이지 않으며, 결론적으로 스플라인 보간법 중 가장 선호되는 방법이다.

3차 스플라인

3차 스플라인의 목적은 교점 사이의 구간에 대해서 다음과 같이 3차 다항식을 유도하는 것이다.

$$f_i(x) = a_i x^3 + b_i x^2 + c_i x + d_i \tag{8.28}$$

그러므로 $(n+1)$개의 자료점에 대해서는 n개의 구간이 존재하며, 또한 $4n$개의 미지수가 계산되어야 한다. 3차 스플라인과 같이 미지수를 계산하는 데는 $4n$개의 조건이 요구된다. 즉, 다음과 같다.

1. 함수값은 내부 교점에서 같아야 한다[$(2n-2)$개의 조건].
2. 첫 번째와 마지막 함수는 양끝점을 통과해야 한다[2개의 조건].
3. 내부 교점에서의 1차 도함수는 같아야 한다[$(n-1)$개의 조건].
4. 내부 교점에서의 2차 도함수도 같아야 한다[$(n-1)$개의 조건].
5. 양 끝점에서의 2차 도함수는 0이다[2개의 조건].

조건 5의 시각적인 해석은 함수가 끝 교점에서 직선이 된다는 것이다. 이러한 조건이 기술되면 이는 "자연" 스플라인이 된다는 것이다. 이러한 이름은 제도 스플라인이 이러한 형태에 자연스럽게 행해지기 때문에 붙여진 것이다(그림 8.6). 만약에 끝 교점에서 2차 도함수의 값이 0이 아니라면(어떤 곡률이 존재한다면), 이 정보는 두 개의 마지막 조건을 지원하는 데 선택적으로 사용된다.

앞에서 나온 5가지의 조건은 $4n$개의 계수를 푸는 데 $4n$개의 방정식을 필요로 한다. 반면에 이러한 형태에서 3차 스플라인을 개발하는 것이 확실히 가능하기 때문에 우리는 $(n-1)$개 방정식의 해 만을 요구하는 대체 기법을 제안한다. 비록 이 방법의 유도가 2차 스플라인의 유도법보다 어렵지만 노력할 충분한 가치가 있다. 각 구간에 대한 다음의 3차 방정식은 다음과 같다.

$$f_i(x) = \frac{f''(x_{i-1})}{6(x_i - x_{i-1})}(x_i - x)^3 + \frac{f''(x_i)}{6(x_i - x_{i-1})}(x - x_{i-1})^3 \qquad 8.29$$
$$+ \left[\frac{f(x_{i-1})}{x_i - x_{i-1}} - \frac{f''(x_{i-1})(x_i - x_{i-1})}{6}\right](x_i - x)$$
$$+ \left[\frac{f(x_{i)}}{x_i - x_{i-1}} - \frac{f''(x_i)(x_i - x_{i-1})}{6}\right](x - x_{i-1})$$

이 방정식은 단지 두 개의 미지수만을 포함하고 있다. 즉, 각 구간의 끝에서 2차 도함수이다. 이들 미지수는 다음 방정식을 사용해서 계산된다.

3차 스플라인 유도

3차 스플라인을 유도하는 첫 번째 단계는 관측에 기초를 두고 있다. 왜냐하면 각 쌍의 교점은 3차로 연결되어 있기 때문에, 각 구간에 있는 2차 도함수는 직선이다. 식 8.28은 이 관측을 검증하기 위해서 두 번 미분된다. 이에 기초해서, 2차 도함수는 아래와 같이 1차 라그란지 보간 다항식으로 표현될 수 있다.

$$f_i''(x) = f''(x_{i-1})\frac{x - x_i}{x_{i-1} - x_i} + f''(x_i)\frac{x - x_{i-1}}{x_i - x_{i-1}} \qquad 8.30$$

여기서 $f_i''(x)$는 i번째 구간의 어떤 점 x에서 2차 도함수의 값이다. 그러므로 이 식은 두 번째 교점 $f''(x)$에서 2차 도함수와 첫 번째 교점 $f''(x_{i-1})$에서 2차 도함수를 연결시키는 직선이다.

다음으로 식 8.30은 $f_i(x)$에 대한 표현을 만들기 위해서 두 번 적분된다. 그러나 이 식은 두 개의 알지 못하는 적분 상수를 포함하게 된다. 이들 상수는 함수–동일 조건을 사용해서 계산된다. 즉, 함수–동일조건은 $f(x)$가 x_{i-1}에서 $f(x_{i-1})$과 같고, x_i에서는 $f(x_i)$와 같아야 한다는 조건이다. 이 계산을 수행함으로써 다음과 같은 3차 방정식이 결과로 나온다.

$$\begin{aligned} f_i(x) = {} & \frac{F''(x_{i-1})}{6(x_i - x_{i-1})}(x_i - x)^3 + \frac{f''(x_i)}{6(x_i - x_{i-1})}(x - x_{i-1})^3 \\ & + \left[\frac{f(x_{i-1})}{x_i - x_{i-1}} - \frac{f''(x_{i-1})(x_i - x_{i-1})}{6}\right](x_i - x) \\ & + \left[\frac{f(x_{i)}}{x_i - x_{i-1}} - \frac{f''(x_i)(x_i - x_{i-1})}{6}\right](x - x_{i-1}) \end{aligned} \qquad 8.31$$

이 관계는 i번째 구간에 대한 3차 스플라인으로 식 8.28보다 훨씬 복잡하다. 그러나 이것은 단지 두 개의 알지 못하는 "계수"만을 포함하고 있음을 주목하라. 즉, 구간의 시작인 $f''(x_{i-1})$과 구간의 끝인 $f''(x_i)$에서 2차 도함수이다. 그러므로 만약 각 교점에서 적당한 2차 도함수를 결정한다면, 식 8.31은 구간 내에서 보간하는 데 사용되는 3차 다항식이다. 2차 도함수는 교점에서 1차 도함수가 연속이라는 조건으로 계산된다. 즉,

$$f_{i-1}'(x_i) = f_i'(x_i) \qquad 8.32$$

식 8.31은 1차 도함수에 대한 표현을 나타내기 위해서 미분된다. 만약에 이것이 $(i-1)$번째와 i번째 구간에서 이루어지고, 두 개의 결과가 식 8.32에 따라서 같게 된다면 다음과 같은 결과가 나온다.

$$(x_i - x_{i-1})f''(x_{i-1}) + 2(x_{i+1} - x_{i-1})f''(x_i) + (x_{i+1} - x_i)f''(x_{i+1}) \tag{8.33}$$
$$= \frac{6}{(x_{i+1} - x_i)}[f(x_{i+1}) - f(x_i)] + \frac{6}{(x_i - x_{i-1})}[f(x_{i-1}) - f(x_i)]$$

만약 식 8.33이 모든 내부 교점에 대해 작성되었다면 $(n-1)$개의 연립방정식은 $(i+1)$개의 알지 못하는 2차 도함수를 갖는 결과가 나온다. 그러나 이것이 자연적 3차 스플라인이기 때문에 끝 교점에서의 2차 도함수는 0이며, 문제는 $(n-1)$개의 미지수를 갖는 $(n-1)$개의 방정식이 된다. 추가로 방정식 시스템은 삼중대각형이 된다. 그러므로 방정식의 개수를 줄였을 뿐만 아니라 방정식을 아주 쉽게 풀 수 있게 했다.

$$(x_i - x_{i-1})f''(x_{i-1}) + 2(x_{i+1} - x_{i-1})f''(x_i) + (x_{i+1} - x_i)f''(x_{i+1}) \tag{8.34}$$
$$= \frac{6}{(x_{i+1} - x_i)}[f(x_{i+1}) - f(x_i)] + \frac{6}{(x_i - x_{i-1})}[f(x_{i-1}) - f(x_i)]$$

만약 이 방정식이 모든 내부 교점에 작성되었다면 $(n-1)$개의 연립방정식은 $(n-1)$개의 미지수를 계산해 준다(끝 교점에서 2차 도함수는 0이라는 사실을 기억하라). 이 식들의 응용은 다음 예제에서 설명된다.

예제 8.7 3차 스플라인

예제 8.5에서 사용한 자료를 3차 스플라인으로 적합시켜라. 그리고 이 결과들을 사용해서 $x = 5$에서 함수값을 계산하라.

풀이

첫 번째 단계는 교점에서 2차 도함수를 결정하는 데 사용될 수 있는 연립방정식들을 생성하기 위해서 식 8.34을 사용하라. 예로서 첫 번째 교점에 대해서는 다음의 자료가 사용된다.

$x_0 = 3 \qquad f(x_0) = 2.5$

$x_1 = 4.5 \qquad f(x_1) = 1$

$x_2 = 7 \qquad f(x_2) = 2.5$

이들 값을 식 8.34에 대입시키면 다음과 같이 생성된다.

$$(4.5-3)f''(3)+2(7-3)f''(4.5)+(7-4.5)f''(7)$$

$$=\frac{6}{7-4.5}(2.5-1)+\frac{6}{4.5-3}(2.5-1)$$

왜냐하면 자연 스플라인 조건 때문에, $f''(3)=0$이 되며 방정식은 다음과 같다.

$$8f''(4.5)+2.5f''(7)=9.6$$

유사한 형태로 식 8.34를 두 번째 내점에 적용시키면 다음과 같다.

$$2.5f''(4.5)+9f''(7)=-9.6$$

이들 두 개의 식을 연립으로 풀게 되면 값은 다음과 같다.

$$f''(4.5)=1.67909$$
$$f''(7)=-1.53308$$

이 값들을 식 8.33에 대입시키면 x와 $f(x)$의 값에 따라서 다음과 같이 생성된다.

$$f_1(x)=\frac{1.67909}{6(4.5-3)}(x-3)^3+\frac{2.5}{4.5-3}(4.5-x)$$

$$+\left[\frac{1}{4.5-3}-\frac{1.67909(4.5-3)}{6}\right](x-3)$$

또는

$$f_1(x)=0.186566(x-3)^3+1.666667(4.5-x)^3+0.246894(x-3)$$

이 식은 첫 번째 구간에 대한 3차 스플라인이다. 유사한 형태로 대입시켜 두 번째와 세 번째 구간에 대한 식을 개발할 수 있다.

$$f_2(x)=\frac{f''(x_1)}{6(x_2-x_1)}(x_2-x)^3+\frac{f''(x_2)}{6(x_2-x_1)}(x-x_1)^3$$

$$+\left[\frac{f(x_1)}{x_2-x_1}-\frac{f''(x_1)(x_2-x_1)}{6}\right](x_2-x)$$

$$+\left[\frac{f(x_2)}{x_2-x_1}-\frac{f''(x_2)(x_2-x_1)}{6}\right](x-x_1)$$

$$f_2(x) = \frac{1.67909}{6(7-4.5)}(7-x)^3 + \frac{-1.53308}{6(7-4.5)}(x-4.5)^3$$

$$+\left[\frac{1}{7-4.5} - \frac{1.67909(7-4.5)}{6}\right](7-x)$$

$$+\left[\frac{2.5}{7-4.5} - \frac{-1.53308(7-4.5)}{6}\right](x-4.5)$$

$$f_2(x) = 0.111939(7-x)^3 - 0.102205(x-4.5)^3 - 0.299621(7-x)$$

$$+1.638783(x-4.5)$$

그리고

$$f_3(x) = \frac{f''(x_2)}{6(x_3-x_2)}(x_3-x)^3 + \frac{f''(x_3)}{6(x_3-x_2)}(x-x_2)^3$$

$$+\left[\frac{f(x_2)}{x_3-x_2} - \frac{f''(x_2)(x_3-x_2)}{6}\right](x_3-x)$$

$$+\left[\frac{f(x_3)}{x_3-x_2} - \frac{f''(x_3)(x_3-x_2)}{6}\right](x-x_2)$$

$$f_2(x) = \frac{-1.53308}{6(9-7)}(9-x)^3 + \left[\frac{2.5}{9-7} - \frac{-1.53308(9-7)}{6}\right](9-x)$$

$$+\left[\frac{0.5}{9-7}\right](x-7)$$

$$f_3(x) = -0.127757(9-x)^3 + 1.761027(9-x)^3 + 0.25(x-7)$$

상기 식에서 자연 스플라인 조건 때문에 $f''(9)=0$이 된다. 위의 세 개의 방정식은 각 구간 내에서 값을 계산하는 데 사용된다. 예로서 $x=5$에서의 함수값은 두 번째 구간에 있는 것이므로 다음과 같이 계산된다.

$$f_2(x) = 0.111939(7-5)^3 - 0.102205(5-4.5)^3 - 0.299621(7-5)$$

$$+1.638783(5-4.5) = 1.102886$$

나머지 값들도 이러한 형식으로 계산되며 그림 8.7c에 그림으로 그려져 있다. 예제 8.5, 8.6 그리고 8.7의 결과는 그림 8.7에 요약되어 있다. 우리는 선형 스플라인에서부터 2차, 그리고 3차 스플라인으로 이동시키면서 적합의 점진적인 개선책을 연구하였다. 우리는 또한 그림 8.7c에서는 3차 스플라인에 3차 보간 다항식을 첨부시켜서 보여주었다. 비록 3차 스플라인이 일련의 3차 곡선으로 구성되어 있을지라도 적합의 결과는 3차 다항식을 사용해서 얻은 것과는 다르다. 이것은 자연 스플라인이 끝 교점에서 2차 도함수가 0을 요구한다는 사실에 기인한다. 반면에 3차 다항식은 그러한 제한을 갖지 않는다.

8.2.3 전산기를 사용한 스플라인 보간법

스플라인 보간법과 라그란지 보간법의 근본적인 차이는 스플라인 함수는 두개의 연속된 점들 사이에서만 보간할 지라도 스플라인 함수와 도함수들은 이 점들에서도 연속(continue)이라는 것이다. 여기에서는 3차 스플라인 보간법에 대해 언급하기로 한다.

연속적인 각 쌍의 점들 사이에 다음과 같은 3차 다항식을 작성한다.

$$y(i) = a_i x^3 + b_i x^2 + c_i x + d_i \qquad 8.35$$

여기서 아래 첨자 i는 i 점 전의 분절을 의미한다. 종속변수 y는 펌프 수두 h_p, 독립변수 x는 유량 Q를 나타낸다(이제부터 h_p를 간략히 H로 표기하기로 한다.) 한 예로 네 쌍의 (H, Q)를 사용한다면 공식 8.35로부터 세 개의 보간 공식을 갖게 된다. 따라서 미지수 $(a,\ b,\ c, d)$는 모두 $4(n-1)$가 되고 여기서 n은 점의 수자이다. 본 예의 경우 $4(4-1) = 12$의 미지수를 갖게 된다. 따라서 12 개의 공식이 필요하다. 각 점들의 i 분절 끝 지점인 j와 $j+1$에 알고 있는 (H, Q)를 대입하여 $2(n-1)$개의 공식을 작성할 수 있다. 각 자료 점에 적용되는 두 개의 보간 공식들을 1차 미분하여 $(n-1)$ 공식을 작성하고 같은 점들에서 2차 미분하여 추가적으로 $(n-1)$ 공식을 작성할 수 있다. 마지막 두 개의 공식은 경계 조건으로부터 작성될 수 있다. 가장 광범위하게 사용되는 두 가지의 경계 조건이 있다. 그중 하나는 자료의 시작 점 또는 종료점의 2차 도함수를 0으로 하는 것 즉, $(d^2y/dx^2)_1 = H''_1 = 0$ 또는 $(d^2y/dx^2)_n = H''_n = 0$. 이러한 경계 조건을 자연 3차 스플라인(natural cubic spline)이라 한다. 다른 하나는 y'_1 또는 y'_n에 1차 미분 수치를 설정하는 것이다. 구체적으로 4개의 자료점들에 대한 공식들은 다음과 같다.

$$H_1 = a_1 Q_1^3 + b_1 Q_1^2 + c_1 Q_1 + d_1 \qquad 8.36$$

$$H_2 = a_1 Q_2^3 + b_1 Q_2^2 + c_1 Q_2 + d_1 \qquad 8.37$$

$$H_2 = a_2 Q_2^3 + b_2 Q_2^2 + c_2 Q_2 + d_2 \qquad 8.38$$

$$H_3 = a_2 Q_3^3 + b_2 Q_3^2 + c_2 Q_3 + d_2 \quad 8.39$$

$$H_3 = a_3 Q_3^3 + b_3 Q_3^2 + c_3 Q_3 + d_3 \quad 8.40$$

$$H_4 = a_3 Q_4^3 + b_3 Q_4^2 + c_3 Q_4 + d_3 \quad 8.41$$

$$\left(\frac{dy^{(1)}}{dx}\right)_2 = \left(\frac{dy^{(2)}}{dx}\right)_2 = 3a_1 Q_2^2 + 2b_1 Q_2 + c_1 = 3a_2 Q_2^2 + 2b_2 Q_2 + c_2 \quad 8.42$$

$$\left(\frac{dy^{(2)}}{dx}\right)_2 = \left(\frac{dy^{(3)}}{dx}\right)_3 = 3a_2 Q_3^2 + 2b_2 Q_3 + c_2 = 3a_3 Q_3^2 + 2b_3 Q_3 + c_3 \quad 8.43$$

$$\left(\frac{d^2y^{(1)}}{dx^2}\right)_2 = \left(\frac{d^2y^{(2)}}{dx^2}\right)_2 = 6a_1 Q_2 + 2b_1 = 6a_2 Q_2 + 2b_2 \quad 8.44$$

$$\left(\frac{d^2y^{(2)}}{dx^2}\right)_3 = \left(\frac{d^2y^{(3)}}{dx^2}\right)_3 = 6a_2 Q_3 + 2b_2 = 6a_3 Q_3 + 2b_3 \quad 8.45$$

경계 조건은 다음 중 하나이다.

$$\left(\frac{d^2y^{(1)}}{dx^2}\right)_1 = H_1^{''} = 0 \quad 8.46$$

$$\left(\frac{d^2y^{(3)}}{dx^2}\right)_4 = H_4^{''} = 0 \quad 8.47$$

또는

$$\left(\frac{dy^{(1)}}{dx}\right)_1 = 3a_1 Q_1^2 + 2b_1 Q_1 + c_1 \quad 8.47a$$

$$\left(\frac{dy^{(3)}}{dx}\right)_4 = 3a_3 Q_4^2 + 2b_3 Q_4 + c_3 \quad 8.47b$$

상기 식들에서 y는 연속적인 종속 변수로 사용되었다. 펌프 특성 곡선으로부터 한 점을 보간법으로 구하기 위해 종속 변수는 펌프 수두 H라 부르며 이는 공식의 y를 나타낸다. a_i, b_i, c_i 그리고 d_i $i = 1,2,3$에서의 상기 공식들을 작성하여 주어진 유량 Q에서 H를 계산하기 위해 적정한 공식을 사용한다. 가장 간략한 보간 공식의 대안은 다음과 같다.

$$H^{(i)} = a_i H_j + b_i H_{j+1} + c_i H'_j + d_i H'_{j+1} \quad 8.48$$

상기 계수 a, b, c, d는 그 전의 것과는 명백히 다르다. a와 b는 j와 $j+1$지점에서의 종속 변수에 적용한 가중 함수들이고 c와 d는 같은 점의 2차 도함수에 적용된 가중 함수들이다. 유한 요소법에서 a와 b는 선형 1차 요소와 관련된 보간 함수들의 형태이다. 즉, 쉽게 표현하면 $a_i + b_i = 1$이며 $a_i = (Q_{j+1} - Q)/(Q_{j+1} - Q_j)$ 그리고 $b_i = (Q - Q_j)/(Q_{j+1} - Q_j)$가 된다. 여기서 a_i와 b_i는 Q의 선형함수들이다. 간략히 표현하기 위해서 아래 첨자와 위 첨자들은 지금부터 생략하기로 한다. 보간 함수는 $[Q_j, Q_{j+1}]$ 사이에서만 Q 수치를 제공한다는 것을 명심하여야 한다.

c와 d는 a와 b의 함수이므로 각 새로운 분절에 도입되는 미지수의 숫자는 4개가 아니라 2개가 된다. 따라서 n 간격에서의 전체 공식의 숫자는 $4(n-1)$가 아니라 $2(n-1)$가 된다. 그리고 $b = 1 - a$이므로 새로운 자료 점에는 오직 하나의 새로운 미지수만이 나타난다. 따라서 필요한 공식은 오직 $n-1$이 된다. a와 b, c와 d의 관계는

$$c = (a^3 - a)(Q_{j+1} - Q_j)/6 \tag{8.49a}$$

그리고

$$d = (b^3 - b)(Q_{j+1} - Q_j)/6 \tag{8.49b}$$

따라서 Q에서 보간 공식은 전적으로 a와 b에 종속된다. 도함수들은 또한 c와 d에 의해 좌우되므로 3차 보간 다항식은 폐쇄된 간격 $[Q_j, Q_{j+1}]$에서만 존재하게 된다. 이러한 사실을 증명하기 위해서 먼저 c와 d의 정의로부터 a^3과 b^3를 포함하는 것을 알 수 있으므로 c와 d는 Q^3 및 Q^2항을 포함한다는 것을 알 수 있다. 따라서 보간 공식은 3차 다항식이 된다. 그리고 $da/dQ = -1/(Q_{j+1} - Q_j)$, $db/dQ = 1/(Q_{j+1} - Q_j) = -da/dQ$가 되는 것을 알 수 있다. 이제 수두 H 도함수를 계산할 수 있다.

$$H' = \frac{dH}{dQ} = \frac{H_{j+1} - H_j}{Q_{j+1} - Q_j} - \frac{3a^2 - 1}{6}(Q_{j+1} - Q_j)H''_j + \frac{3b^2 - 1}{6}(Q_{j+1} - Q_j)H''_{j+1} \tag{8.50}$$

2차 도함수는

$$H'' = aH''_j + bH''_{j+1} \tag{8.51}$$

Q_j에서 $a = 1$, Q_{j+1}에서 $a = 0$이고 또한 Q_j에서 $b = 0$, Q_{j+1}에서 $b = 1$이므로 c와 a, d와 b의 관계가 유효하다는 것을 증명할 수 있다.

공식 8.48을 실제로 적용하기 위해서 공식에 있는 2차 도함수의 수치를 결정하여야 한다. 이러한 수치를 결정하기 위해 필요한 공식들은 점 2,3, · · $n-2$에서 1차 도함수 평가하고 인접한 분절로부터 쌍들을 일치시켜 구할 수 있다. 원래의 공식들 또는 2차 도함수를 일치시켜 구한 공식들이 필요하지 않다. 그 이유는 이러한 것들은 보간 다항식에 의해 이미 만족되었기 때문이다. 자료 점들에서 1차 도함수를 일치시키면

$$\frac{H_j - H_{j-1}}{Q_j - Q_{j-1}} + \frac{Q_j - Q_{j-1}}{6} H''_{j-1} + \frac{Q_j - Q_{j-1}}{3} H''_j \tag{8.52}$$

$$= \frac{H_{j+1} - H_j}{Q_{j+1} - Q_j} - \frac{Q_{j+1} - Q_j}{3} H''_j - \frac{Q_{j+1} - Q_j}{6} H''_{j+1}$$

상기 공식은 공식 8.50의 좌측 항 도함수 j지점에 Q_j에서 $a=0$, $b=1$, 우측 항에 $a=1$, $b=0$를 대입하여 직접 구할 수 있다. 이 공식은 우측 항의 기저 수치를 갖고 H의 2차 도함수 사이의 더욱 나은 선형 관계를 보여주기 위해 다음과 같이 나타낼 수 있다.

$$(Q_j - Q_{j-1})H''_{j-1} + 2(Q_{j+1} - Q_{j-1})H''_j - (Q_{j+1} - Q_j)H''_{j+1} \tag{8.53}$$

$$= 6\left\{\frac{H_{j+1} - H_j}{Q_{j+1} - Q_j} - \frac{H_j - H_{j-1}}{Q_j - Q_{j-1}}\right\}$$

행렬 형태로 공식 8.53을 나타내면 계수 행렬 $[A]$ 미지수 2차 도함수 $\{H''\}$벡터를 곱하면 기저 벡터 $\{B\}$가 된다.

$$[A]\{H''\} = \{B\} \tag{8.54}$$

이제 풀이를 완성하기 위해서 경계 조건들은 첫 번째와 마지막 수치를 제공하여야만 한다. 만일 자연 조건이 사용되면 H''_1과 H''_n은 0이 되며 이러한 사실은 시스템이 점 2로부터 시작하여 점 $n-1$에서 끝난다는 것을 의미한다. 만일 1차 도함수들이 명시되면 공식 시스템의 첫 번째와 마지막 공식에 이 도함수의 수치들을 제공한다. 우리는 경계 조건들의 선택과 무관하게 이 공식 시스템 내 세 개의 2차 도함수의 연속 수치들이 서로 연결된다는 것을 염두에 두어야 한다. 이러한 공식의 삼중대각은 매우 광범위하게 사용되며 소거법(elimination) 또는 분해법(decomposition) 에 의해 쉽게 해결할 수 있다. 대각선의 전반부에는 오직 하나의 요소만이 존재하므로 행렬의 한 행을 통과하는 단일 전방 소거(single forward elimination)는 행렬을 0이 아닌 두 개의 요소로 상부 삼각 행렬로 변환시키고, 역 대입하여 2차 도함수에 대한 해답을 구할 수 있다.

이러한 3차 스플라인 보간법의 대안은 각 자료 점에서 주어진(H_j, Q_j) 쌍의 H 2차 도함수의 수치를 결정하기 위해 삼중대각 공식 시스템을 해결하여야 할 필요성이 있다. 다른 보간 관계들을 적용하여 전체 보간 범위 내 임의 Q로부터 직접 수두 H를 구할 수 있다.

CD에 EP88.FOR 프로그램은 스플라인 보간을 수행한다. 이 프로그램은 N쌍의 (H_j, Q_j)수치를 읽어 균등한 Q 수치 간격 M으로 수두 H를 결정하도록 설계되었다. 이 프로그램 출력인 표의 3번째 칸은 dH/dQ수치를 제공한다. 이 프로그램은 라그란지 보간법 프로그램과 같은 방법으로 수정될 수도 있고, 사용자가 필요한 수두를 구하기 위한 일련의 유량 Q 수치를 제공할 수도 있도록 수정할 수 있다.

예제 8.8

스플라인 프로그램을 사용하여 $\triangle Q = 100 gal/\text{min}$ 간격으로 $800 gal/\text{min}$부터 $6000 gal/\text{min}$ 범위에서 펌프 수두 H와 도함수 dH/dQ를 구하라. 입력 자료는 예제 8.4의 10 자료 점들을 사용하라.

풀이

키보드를 이용해 2 3 10 53 0을 입력하여 EP88.FOR 프로그램 수행 결과는 다음과 같다.

800.0	181.50	-0.01508
900.0	179.99	-0.01505
1000.0	178.49	-0.01495
5800.0	87.53	-0.03755
5900.0	83.77	-0.03766
6000.0	80.0	-0.03770

8.3 펌프 완전특성 곡선 표현법

펌프가 설치된 경우 수충격 해석을 하기 위해서는 펌프의 경계 조건들을 반드시 알아야 한다. 이러한 경계 조건을 얻기 위해서는 펌프 토출 유량 Q, 압력 수두 H의 상관관계를 알아야 한다. 원심 펌프의 토출 유량은 회전속도 N와 펌핑 수두 H에 좌우된다. 그리고 부정류-상태 회전속도 변화는 토크 T, 펌프, 전동기 그리고 펌프 임펠러 내 유체의 합성 관성 모멘트에 좌우된다. 따라서 네 개의 변수 Q, H, N 및 T들을 사용하여 펌프를 수학적으로 표현하여야 한다. 이 네 개의 변수들의 상관관계를 나타내는 곡선을 펌프 특성 곡선이라 부른다. 많은 저자들이 이러한 특성 곡선들을 도해적 또는 수치적 해석을 하기 위해 다양한 형태로 표현하였다. 현재 사용되고 있는 펌프의 완전특성 곡선들을 나타내는 방법으로는 칼맨-냅에 의해 작성된 $n-q$선도, 파마키안에 의해 작성된 $q-h$선도 및 토마스에 의해 작성된 $\theta = \tan^{-1}\alpha/v$선도와 같이 크게 3가지로 분류된다.

8.3.1 칼맨-냅 선도($n-q$)

칼맨-냅에 의해 처음으로 작성된 방법으로 아래 그림과 같이 횡축을 펌프 회전 속도비 $\alpha(N/N_0)$, 종축을 유량비 $q(Q/Q_0)$로 하는 선도에 펌프의 토크비 $\beta(T/T_0)$와 수두비 $h(H/H_0)$를 나타내는 것이다. 이 선도를 사용할 경우 각 운전 영역을 쉽게 구분할 수 있으며 상세한 실험방법 및 선도 작성방법에 대해서는 『그림으로 푸는 수충격』을 참조하기로 하며 여기에서는 칼맨-냅에 의해 작성된 대표적인 선도만을 나타내기로 한다.

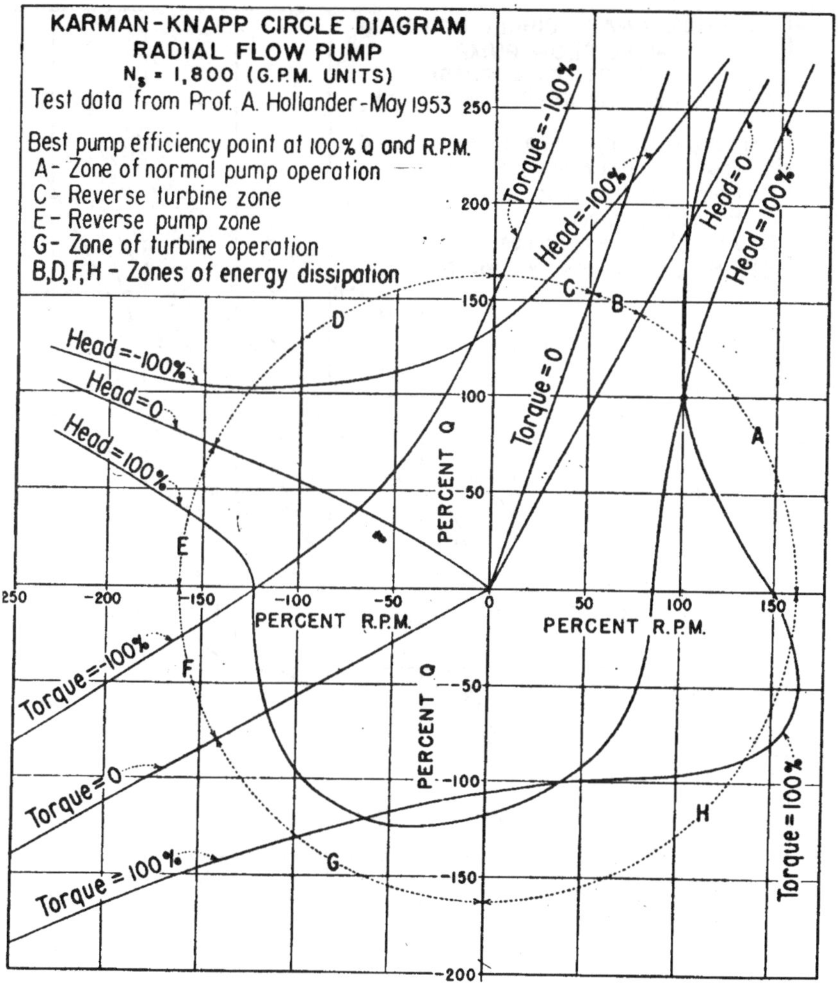

그림 8.9 칼맨-냅 원형선도(원심펌프)

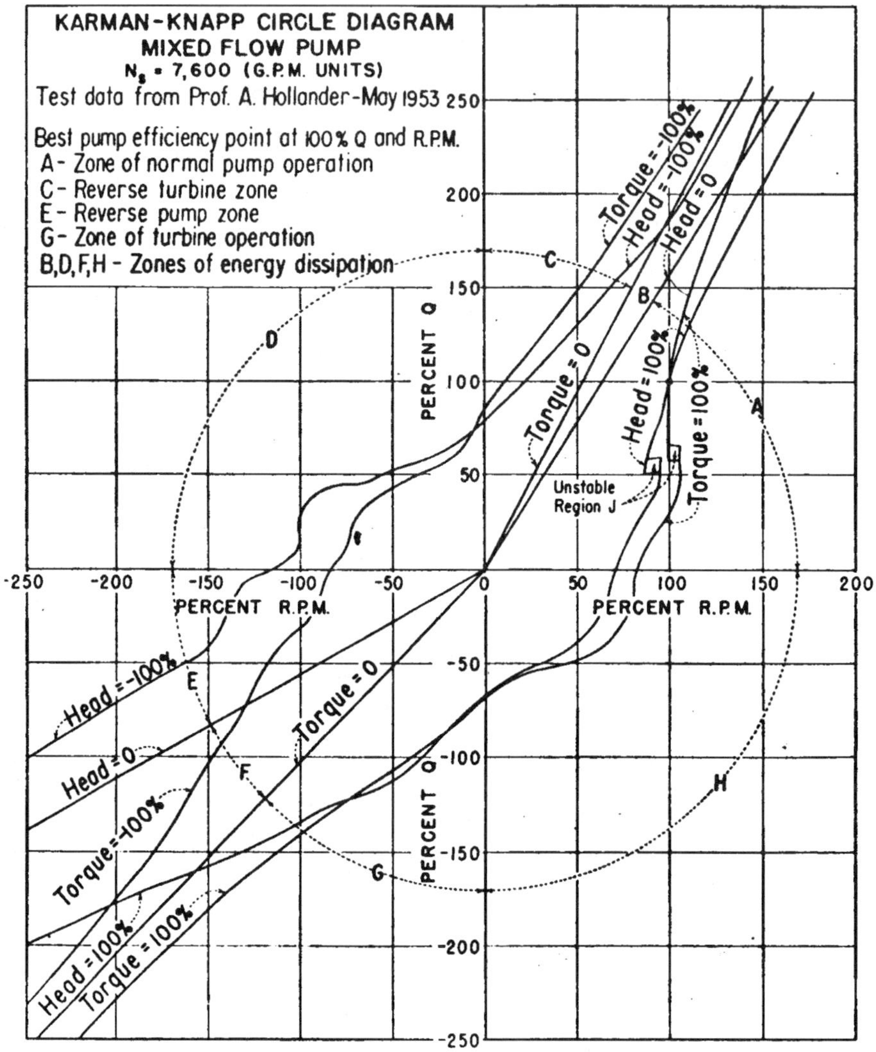

그림 8.10 칼맨-냅 원형선도(사류펌프)

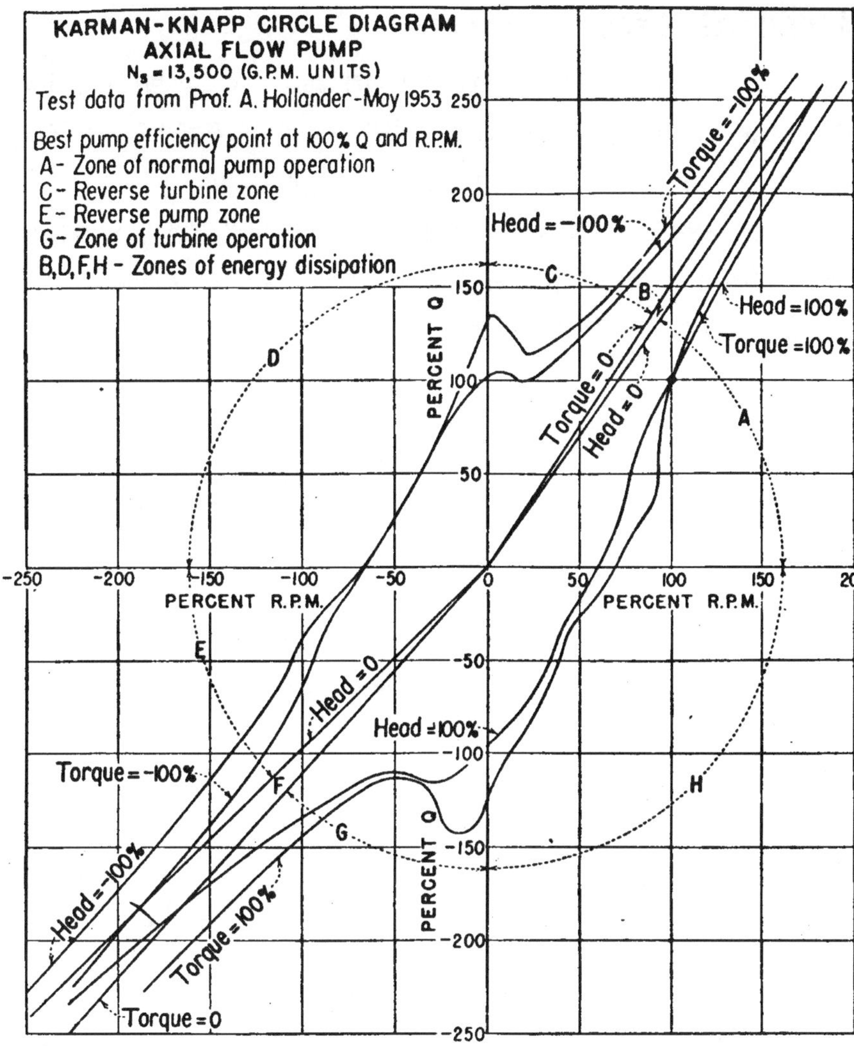

그림 8.11 칼맨-냅 원형선도(축류펌프)

8.3.2 파마키안 선도($q-h$)

수충격을 도해적 해석 방법으로 해결하기 위해 주로 사용되는 방법으로서 아래 그림과 같이 횡축을 유속비(유량비) $q(Q/Q_0)$, 종축을 수두비 $h(H/H_0)$로 하는 선도에 펌프의 회전 속도비 $\alpha(N/N_0)$와 토크비 $\beta(T/T_0)$를 나타내는 것이다.

이 선도를 사용할 유속 및 수두를 쉽게 구할 수 있으며 상세한 실험방법 및 선도 작성 방법에 대해서는 『그림으로 푸는 수충격』을 참조하기로 하며 여기에서는 파마키안에 의해 작성된 대표적인 선도만을 나타내기로 한다.

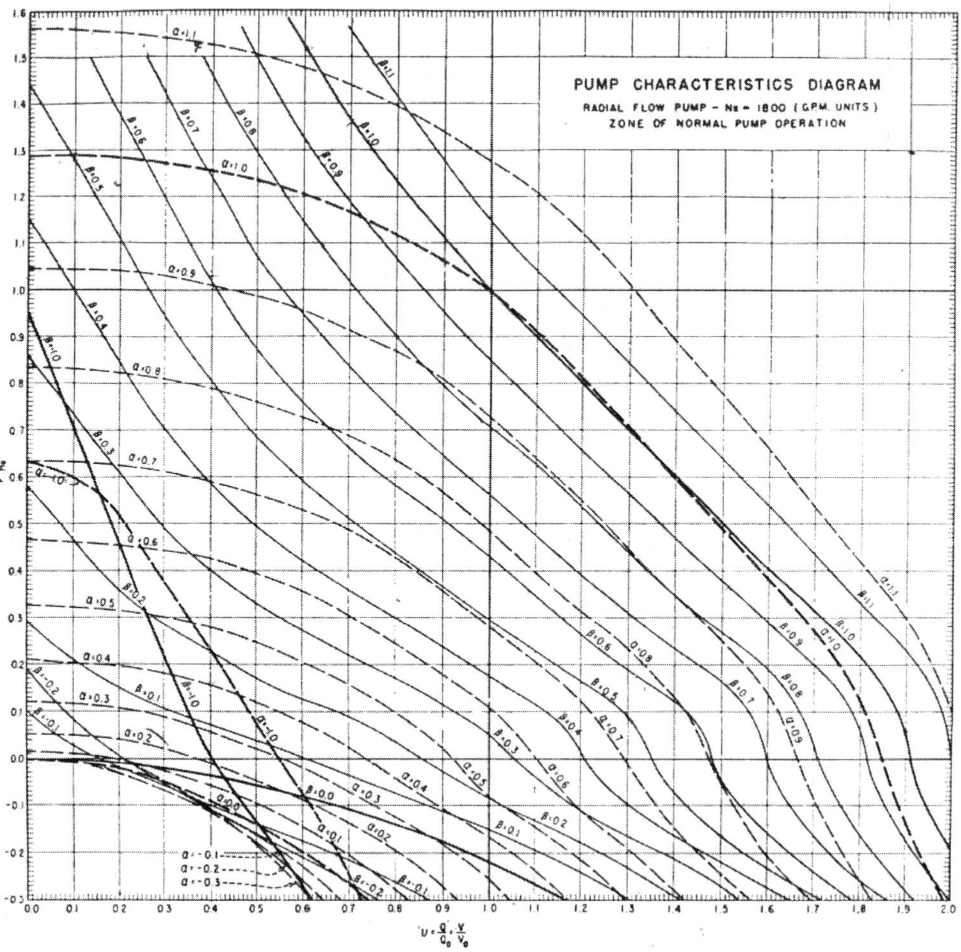

그림 8.12 펌프 특성곡선($N_s = 1800 rpm \cdot gpm \cdot ft$ 원심펌프 운전영역)

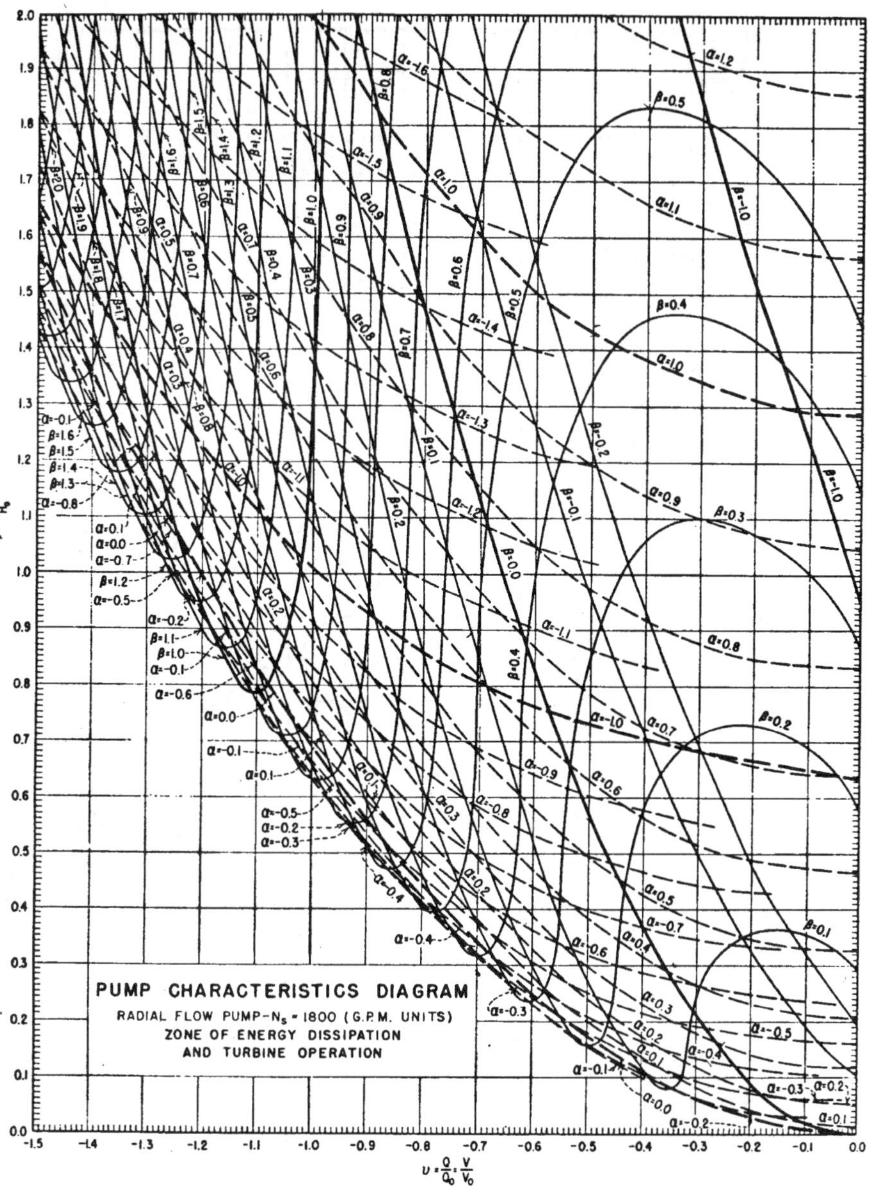

그림 8.13 펌프 특성곡선($N_s = 1800 rpm \cdot gpm \cdot ft$ 원심펌프 에너지분산 및 수차영역)

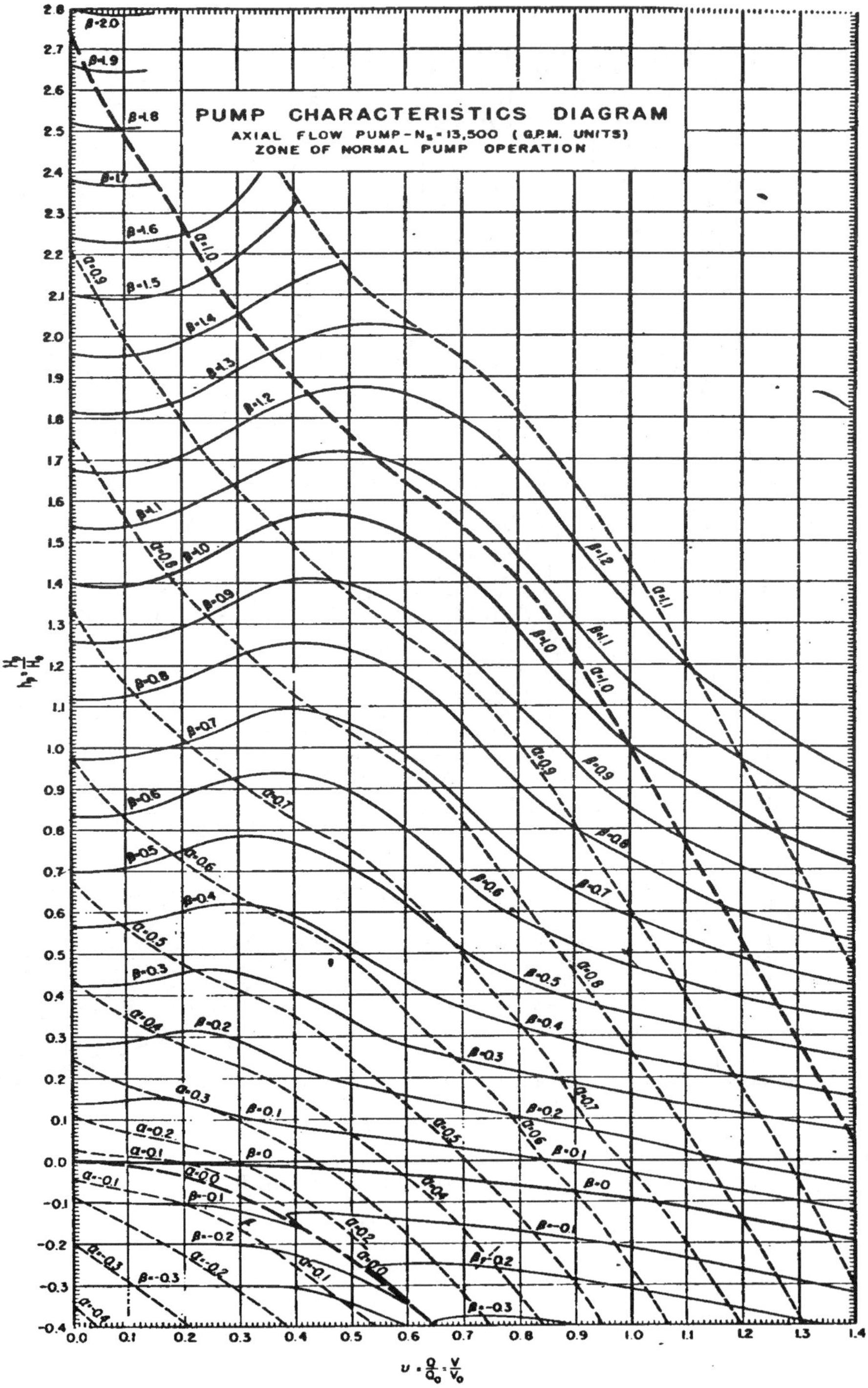

그림 8.14 펌프 특성곡선($N_s = 13500 rpm \cdot gpm \cdot ft$ 축류펌프 운전영역)

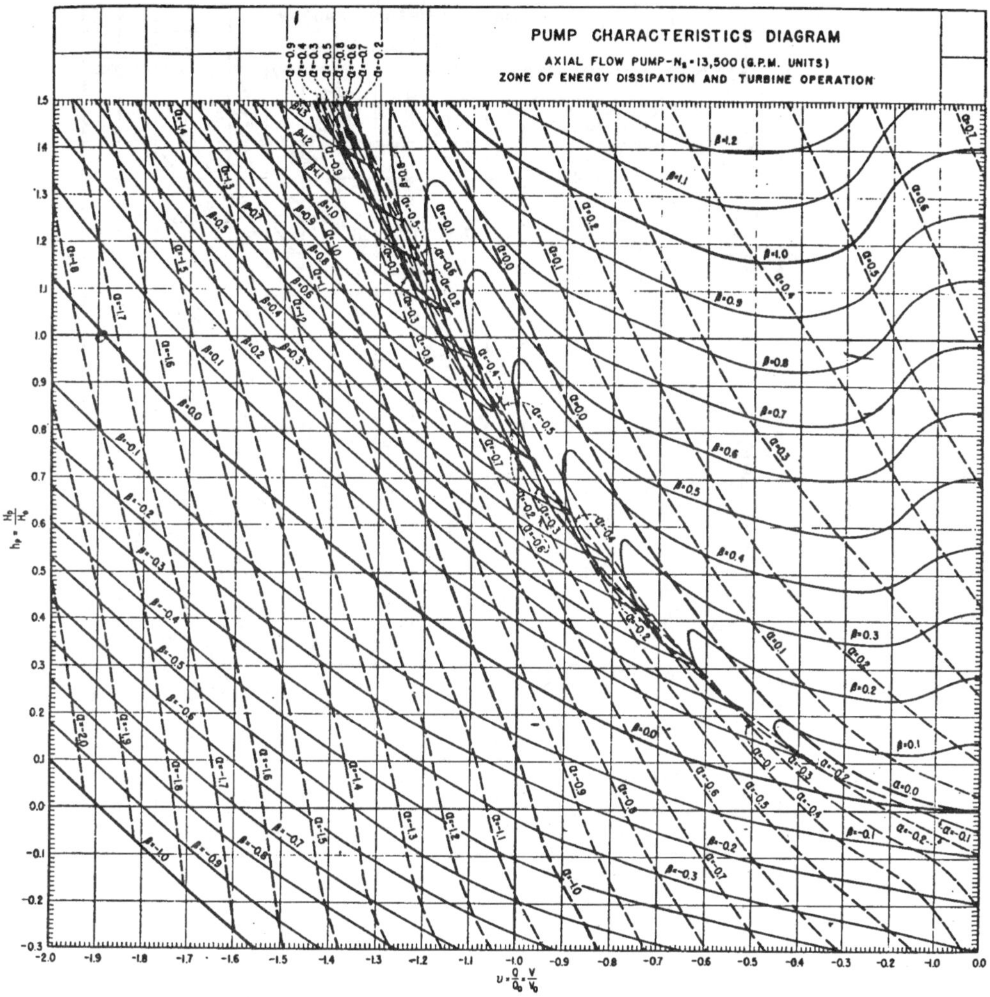

그림 8.15 펌프 특성곡선($N_s = 13500 rpm \cdot gpm \cdot ft$ 축류펌프 에너지분산 및 수차영역)

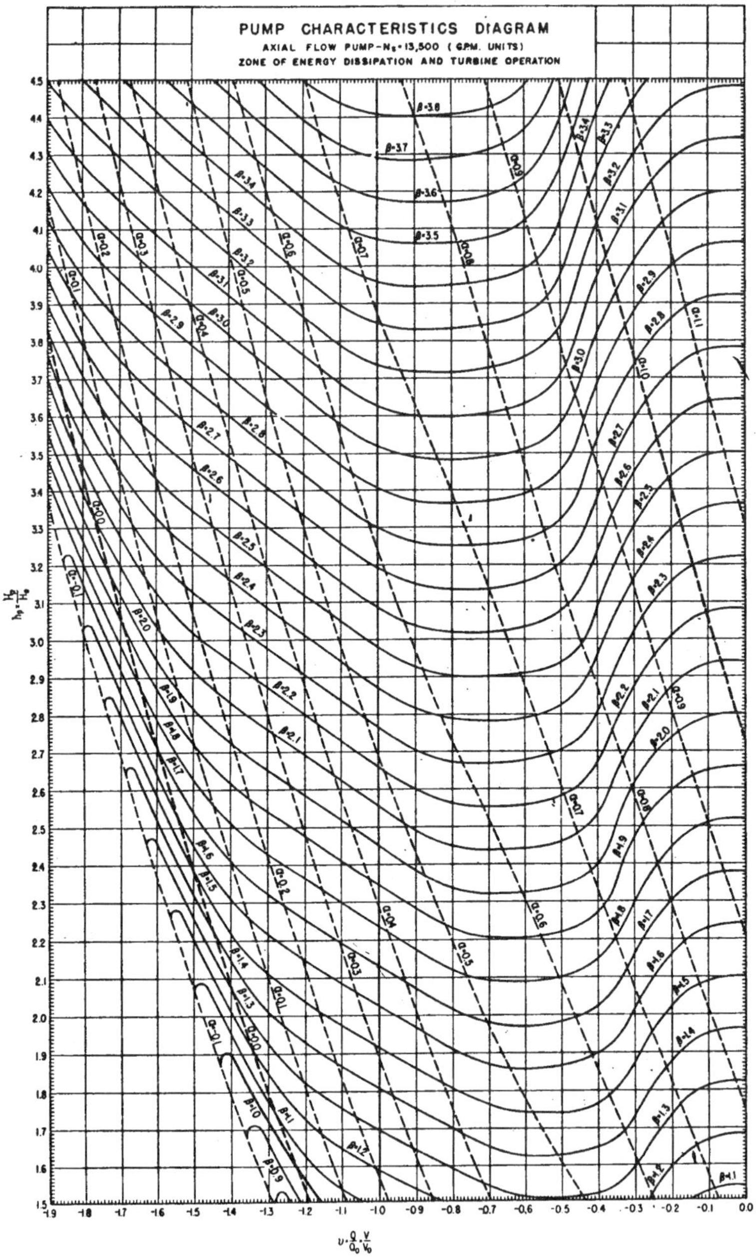

그림 8.16 펌프특성곡선
($N_s = 13500 rpm \cdot gpm \cdot ft$ 축류펌프 에너지분산 및 수차영역)

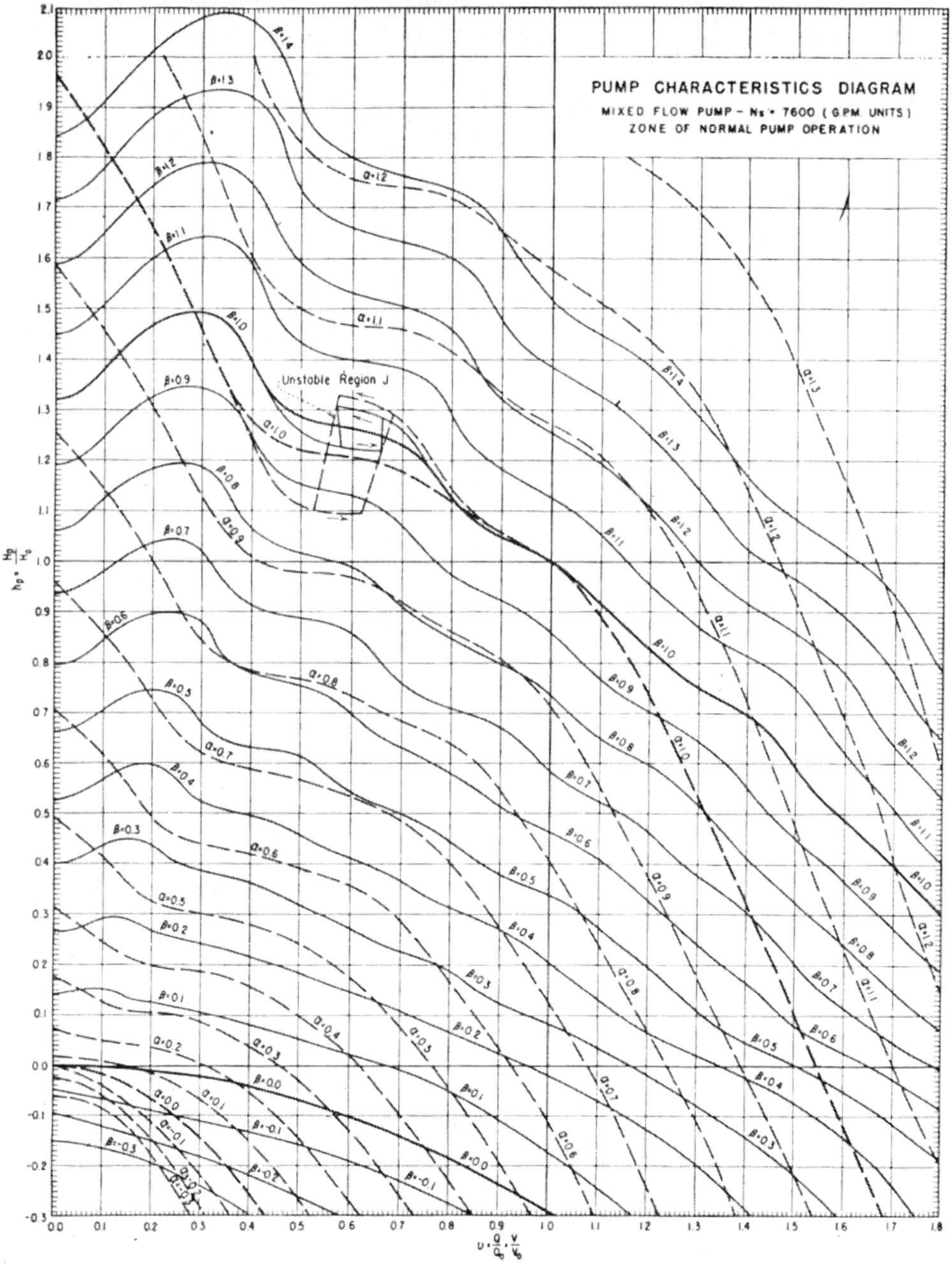

그림 8.17 펌프 특성곡선($N_s = 7600 rpm \cdot gpm \cdot ft$ 사류펌프 운전영역)

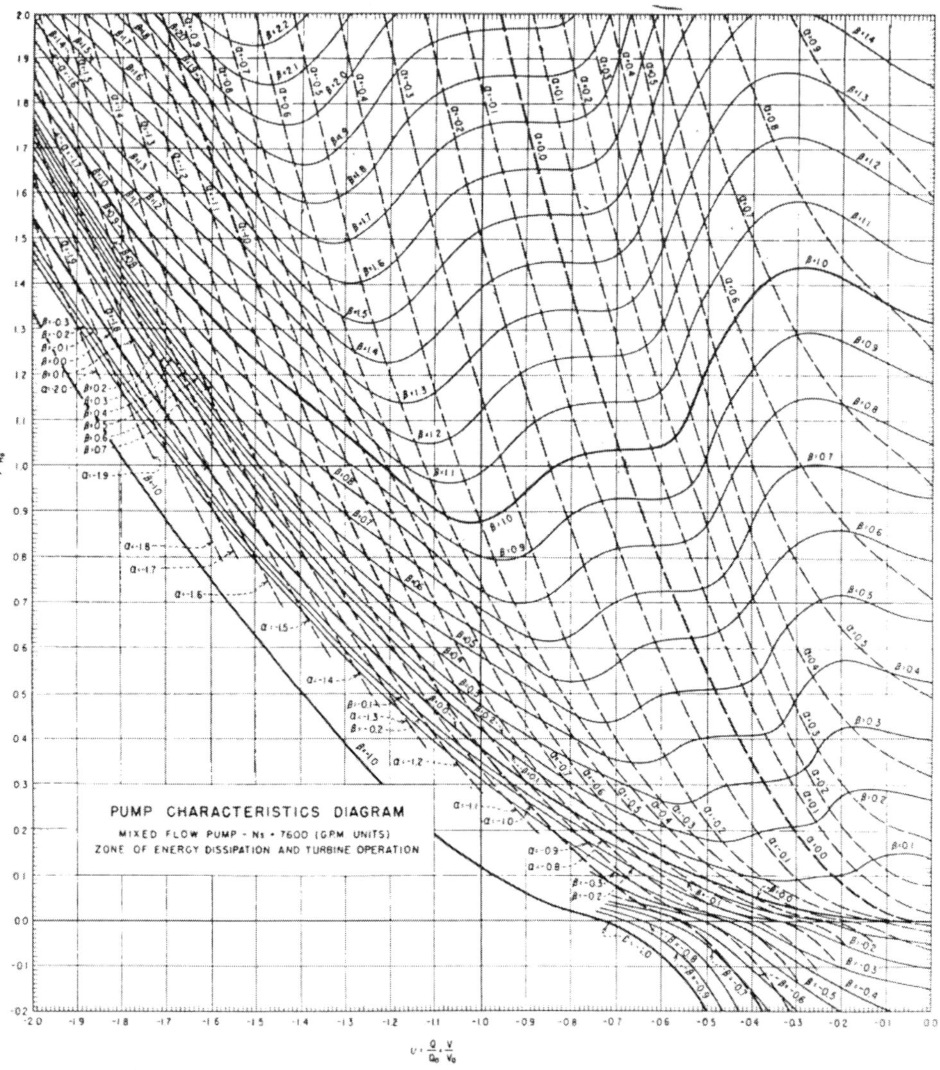

그림 8.18 펌프 특성곡선

($N_s = 7600 rpm \cdot gpm \cdot ft$ 사류펌프 에너지분산 및 수차영역)

8.3.3 토마스 선도($\theta = \tan^{-1}\alpha/v$)

전술한 두 개의 선도는 도해적 해석방법에 사용되나 전산기를 이용한 수충격해석 방법에는 사용될 수 없다. 토마스에 의해 작성된 이 방법은 컴퓨터에 펌프 특성을 저장하기에 가장 용이한 방법이다. 이 방법은 횡축을 펌프 회전 속도비 $\alpha(N/N_0)$와 유속비 $v(Q/Q_0)$를 $\theta = \tan^{-1}\alpha/v$의 각도로 표현하고 종축에 펌프의 토크비 $\beta(T/T_0)$와 수두비

$h(H/H_0)$를 나타내는 것이다. 이 방법에 대해 좀더 자세히 기술하기로 한다.

통상적으로 펌프 운전 영역에서의 펌프 특성 자료 취득이 가능하지만 에너지 분산 영역(zone of energy dissipation)과 수차 운전 영역(zone of turbine operation)에 대한 특성들에 대한 자료들은 거의 없다. 펌프의 완전 특성 자료들의 취득이 불가능하면 동일한 비속도를 갖는 펌프의 자료를 사용하여 추정한다.

펌프 특성 자료는 상사 법칙을 사용한 모델 실험으로부터 취득이 가능하다. 두 개의 펌프 또는 수차는 기하학적 유사하고 유동 형태가 유사하면 다음과 같은 상사법칙이 성립된다.

$$\frac{H}{N^2D^2} = \text{일정} \qquad 8.55$$

$$\frac{N}{QD^3} = \text{일정}$$

여기서 D는 임펠러 직경이다. 동일한 직경의 임펠러를 사용한다면 상기 식은 다음과 같이 된다.

$$\frac{H}{N^2} = \text{일정} \qquad 8.56$$

$$\frac{N}{Q} = \text{일정}$$

공식 8.56은 정격 수치의 비율로 나타내어 무차원으로 나타낼 수 있다. 다음과 같은 무차원 변수를 정의하도록 한다.

$$v = \frac{Q}{Q_R} \qquad 8.57$$

$$h = \frac{H}{H_R}$$

$$\alpha = \frac{N}{N_R}$$

$$\beta = \frac{T}{T_R}$$

여기서 T는 토크이며 R은 정격 조건에서의 변수 수치를 나타낸다. 공식 8.56과 8.57을 기초로 다음 식들을 다시 작성할 수 있다.

$$\frac{h}{\alpha^2} = \text{일정} \tag{8.58}$$

$$\frac{\alpha}{v} = \text{일정}$$

펌프의 운전 가능한 네 개의 영역에서 부정류를 분석할 때 α가 0이 되면 h/α^2는 무한대가 되므로 매개 변수 h/α^2 대신 $h/(\alpha^2+v^2)$를 사용하여 이를 방지한다.

v와 α의 기호는 운전 영역에 따라 결정된다. 각 운전 영역을 위한 다른 특성 곡선을 정의하기 위해 필요할 뿐만 아니라 $v=0$에서 α/v가 무한대가 되므로 이를 방지하기 위해 새로운 변수θ를 다음과 같이 정의한다.

$$\theta = \tan^{-1}\frac{\alpha}{v} \tag{8.59}$$

이제 펌프특성 곡선들을 θ=0°~360°사이 네 개의 운전 영역에 다음과 같이 제한된 수치로 나타낼 수 있다.

$$\frac{h}{\alpha^2+v^2} \tag{8.60}$$

$$\frac{\beta}{\alpha^2+v^2} \tag{8.61}$$

운전 영역	부 호		θ 범위
	v	α	
펌프	+	+	$0° \leqq \theta \leqq 90°$
에너지 분산	−	+	$90° \leqq \theta \leqq 180°$
수차	−	−	$180° \leqq \theta \leqq 270°$
수차 에너지 분산	+	−	$270° \leqq \theta \leqq 360°$

표 8.1 펌프 운전 영역

예제 8.9

다음 표 8.2와 같이 시간에 따라 펌프의 회전수, 수두, 유량 및 토크가 변화한다고 가정하고 이 펌프의 완전특성곡선을 토마스 선도로 나타내어라.

풀이

주어진 자료들로부터 시간간격 $\frac{1}{4}\frac{2L}{a}$ 에서 각도θ, $h/(\alpha^2+v^2)$ 및 $\beta/(\alpha^2+v^2)$를 공식 8.59, 8.60 및 8.61을 이용하여 다음과 같이 구할 수 있다.

$$\theta = \tan^{-1}\frac{\alpha}{v} = \tan^{-1}\frac{0.934}{0.94} = 45$$

$$\frac{h}{(\alpha^2+v^2)} = \frac{0.86}{0.934^2+0.94^2} = 0.490$$

$$\frac{\beta}{(\alpha^2+v^2)} = \frac{0.88}{0.934^2+0.94^2} = 0.501$$

상기 식에서

$$\alpha = \frac{n_z}{n_0}$$

$$h = \frac{H_z}{H_0}$$

$$\beta = \frac{T_z}{T_0}$$

이며 동일한 방법으로 다른 시간 간격에서 구한 결과는 아래 표 8.2 및 그림 8.19에 나타낸 것과 같다.

시간 $(2L/\alpha)$	$\frac{H_z}{H_0}$	q_z	n_z	T_z	θ	$\frac{h}{a^2+v^2}$	$\frac{\beta}{a^2+v^2}$
0.00	100	100	100	100	45	0.500	0.500
0.25	86	94	93.4	88	45	0.490	0.501
0.50	75	89.4	87.6	77	44	0.479	0.492
0.75	66	85.5	82.5	69	44	0.468	0.489
1.00	58	82.1	77.9	63	44	0.453	0.492
1.25	56	69.4	73.8	56	47	0.546	0.546
1.50	52	58.3	70.2	49	50	0.624	0.588
1.75	49	49.4	67	43	54	0.707	0.621

표 8.2 펌프특성 실험 자료

시간 $(2L/\alpha)$	$\frac{H_z}{H_0}$	q_z	n_z	T_z	θ	$\frac{h}{a^2+v^2}$	$\frac{\beta}{a^2+v^2}$
2.00	45	40.8	64.2	38	58	0.778	0.657
2.25	42	25.8	61.8	30	67	0.936	0.669
2.50	40	12.3	59.9	23	78	1.070	0.615
2.75	38	1.2	58.5	17	89	1.110	0.497
3.00	36	-9.9	57.4	14	100	1.061	0.413
3.25	38	-25.3	56.4	16	114	0.994	0.419
3.50	42	-38	55	24	125	0.940	0.537
3.75	48	-47.3	53	34	132	0.951	0.674
4.00	55	-56.2	50.3	43	138	0.967	0.756
4.50	70	-75.4	42.1	74	151	0.939	0.992
5.00	75	-86.1	30.6	91	160	0.898	1.090
5.50	80	-96.9	16.6	110	170	0.828	1.138
6.00	83	-103.9	0.4	122	180	0.769	1.130
6.50	88	-110.2	-17.2	130	189	0.707	1.045
7.00	91	-115	-35.5	133	197	0.628	0.918
7.50	95.5	-117.3	-53.9	130	205	0.573	0.780
8.00	101	-118.3	-71.6	123	211	0.528	0.643
8.50	105.5	-117	-88.1	113	217	0.492	0.527
9.00	111	-113.3	-103	100	222	0.473	0.427
9.50	118	-106.9	-115.6	81	227	0.476	0.327
10.00	124	-98.5	-125.7	64	232	0.486	0.251
10.50	127	-87.5	-133.1	42	237	0.501	0.166
11.00	127	-76.8	-137.5	21	241	0.512	0.085
11.50	126	-65.2	-139.7	4	245	0.530	0.017
12.00	121	-56.3	-139.4	-8	248	0.535	-0.035
12.50	115	-48.2	-137.6	-17	251	0.541	-0.080
13.00	108	-43.1	-135	-21	252	0.538	-0.105

표 8.2 (계 속)

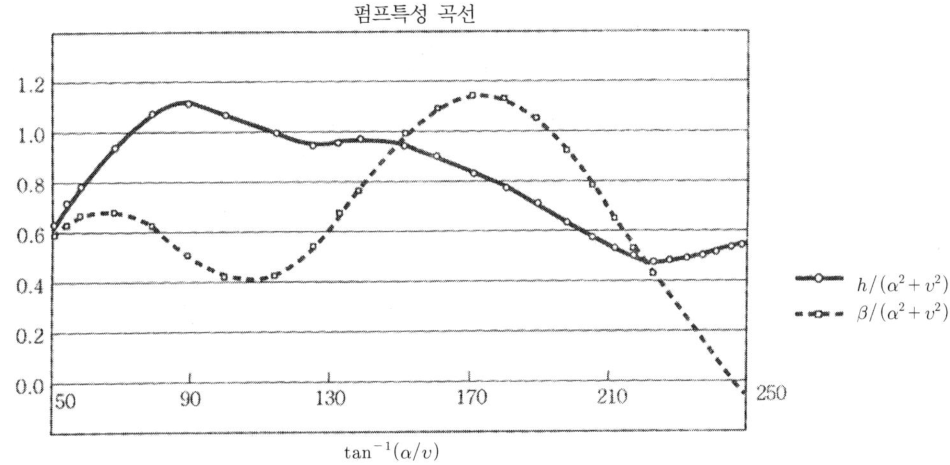

그림 8.19 펌프특성자료들을 이용한 특성곡선

토마스는 표 8.3과 같이 대표적인 원심, 사류 및 축류 펌프들 즉, 비속도 25, 147 그리고 261(단위: $Q=m^3/s, H_R=m, N_R=rpm$) 또는 1276, 7600 그리고 13,500(단위: $Q_R=gallon/\min, H_R=ft, N_R=rpm$) 펌프 특성자료들을 이용하여 그림 8.20~8.22와 같이 펌프특성곡선들을 작성하였다.

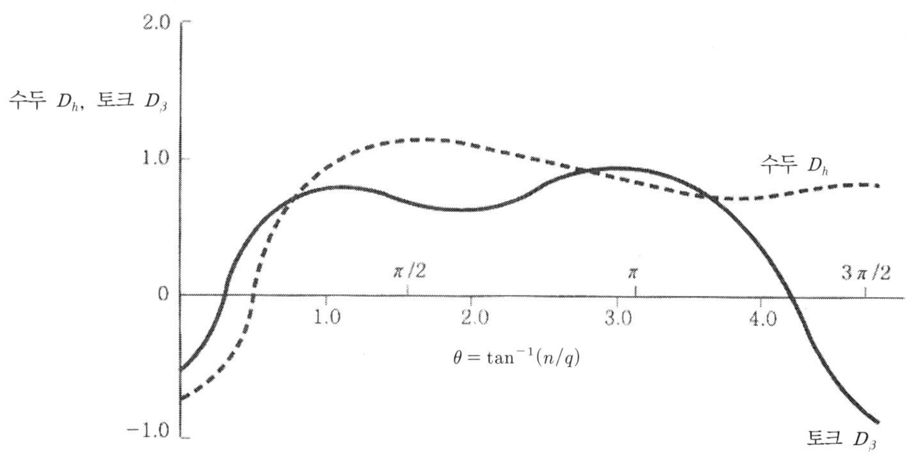

그림 8.20 펌프 완전 특성곡선($N_s=1276rpm \cdot gpm \cdot ft$)

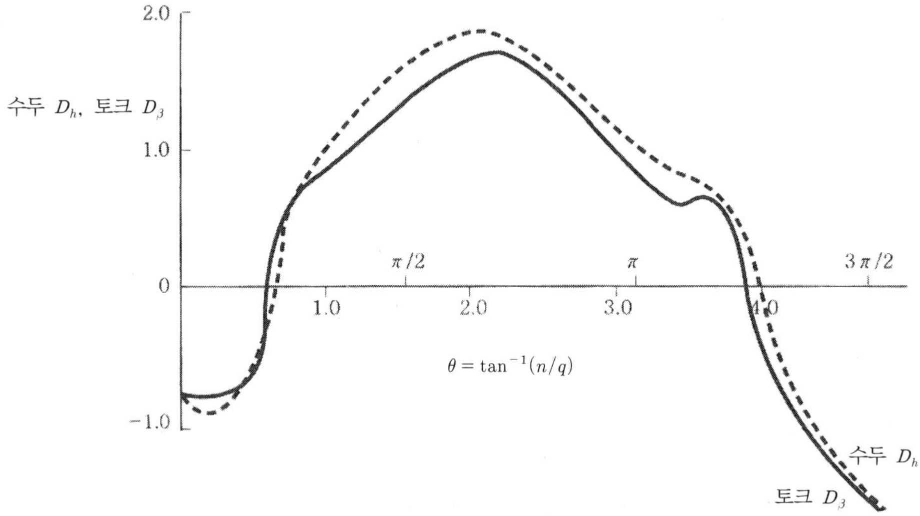

그림 8.21 펌프 완전 특성곡선($N_s = 7600 rpm \cdot gpm \cdot ft$)

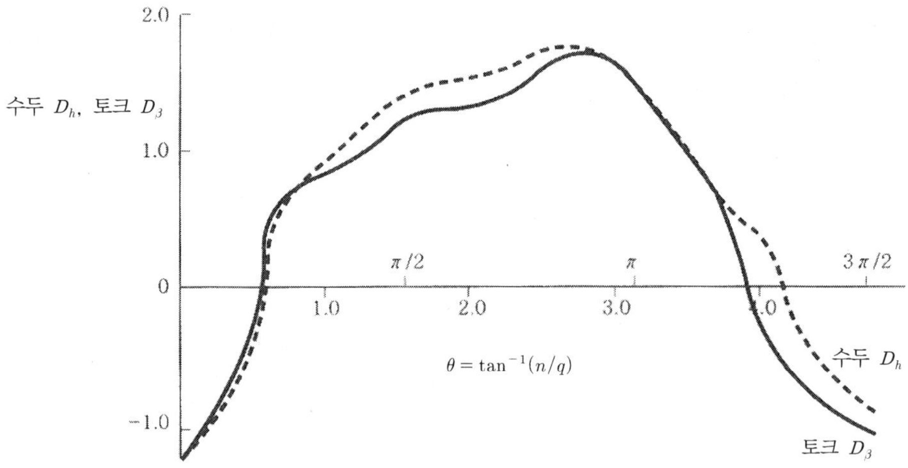

그림 8.22 펌프 완전 특성곡선($N_s = 13500 rpm \cdot gpm \cdot ft$)

$\theta = \tan^{-1}\frac{\alpha}{v}$ (degree)	$N_S = 25$		$N_S = 147$		$N_S = 261$	
	$\frac{h}{\alpha^2+v^2}$	$\frac{\beta}{\alpha^2+v^2}$	$\frac{h}{\alpha^2+v^2}$	$\frac{\beta}{\alpha^2+v^2}$	$\frac{h}{\alpha^2+v^2}$	$\frac{\beta}{\alpha^2+v^2}$
0	-0.530	-0.350	-1.560	-1.560	-1.000	-0.560
5	-0.476	-0.474	-1.290	-1.200	-0.948	-0.600
10	-0.392	-0.180	-1.035	-0.895	-0.892	-0.605
15	-0.291	-0.062	-0.795	-0.600	-0.820	-0.580
20	-0.150	0.037	-0.540	-0.355	-0.665	-0.503
25	-0.037	0.135	-0.308	-0.135	-0.475	-0.355
30	0.075	0.228	-0.032	0.060	-0.275	-0.160
35	0.200	0.320	0.122	0.235	-0.055	0.070
40	0.345	0.425	0.310	0.380	0.200	0.320
45	0.500	0.500	0.500	0.500	0.500	0.500
50	0.655	0.548	0.635	0.580	0.785	0.620
55	0.777	0.588	0.745	0.645	1.035	0.708
60	0.900	0.612	0.860	0.695	1.280	0.825
65	1.007	0.615	0.982	0.755	1.508	0.955
70	1.115	0.600	1.140	0.850	1.730	1.150
75	1.188	0.569	1.365	0.970	1.970	1.413
80	1.245	0.530	1.595	1.115	2.225	1.608
85	1.278	0.479	1.790	1.300	2.485	1.780
90	1.290	0.440	1.960	1.485	2.740	1.960
95	1.287	0.402	2.048	1.518	2.980	2.150
100	1.269	0.373	2.110	1.540	3.195	2.345
105	1.240	0.350	2.158	1.545	3.380	2.525
110	1.201	0.340	2.203	1.560	3.515	2.710
115	1.162	0.340	2.250	1.592	3.572	2.900
120	1.115	0.350	2.315	1.642	3.570	3.000
125	1.069	0.380	2.390	1.720	3.490	3.010
130	1.025	0.437	2.496	1.900	3.350	2.925
135	0.992	0.520	2.630	2.090	3.140	2.760
140	0.945	0.605	2.785	2.315	2.875	2.500
145	0.908	0.683	2.905	2.535	2.570	2.245
150	0.875	0.750	3.000	2.650	2.300	1.990
155	0.848	0.802	3.020	2.720	2.065	1.750
160	0.819	0.845	2.975	2.740	1.840	1.518

표 8.3 토마스 선도 작성에 사용된 펌프 특성 자료

$\theta=\tan^{-1}\frac{\alpha}{v}$ (degree)	$N_S=25$		$N_S=147$		$N_S=261$	
	$\frac{h}{\alpha^2+v^2}$	$\frac{\beta}{\alpha^2+v^2}$	$\frac{h}{\alpha^2+v^2}$	$\frac{\beta}{\alpha^2+v^2}$	$\frac{h}{\alpha^2+v^2}$	$\frac{\beta}{\alpha^2+v^2}$
165	0.788	0.872	2.825	2.685	1.633	1.300
170	0.755	0.883	2.652	2.535	1.440	1.085
175	0.723	0.878	2.442	2.310	1.260	0.870
180	0.690	0.860	2.185	2.090	1.080	0.660
185	0.656	0.823	1.890	1.850	0.920	0.500
190	0.619	0.780	1.525	1.570	0.780	0.505
195	0.583	0.725	1.195	1.250	0.710	0.555
200	0.555	0.660	0.935	0.955	0.670	0.615
205	0.531	0.580	0.695	0.730	0.660	0.630
210	0.510	0.490	0.500	0.530	0.555	0.500
215	0.502	0.397	0.374	0.350	0.410	0.315
220	0.500	0.310	0.277	0.175	0.265	0.100
225	0.505	0.230	0.190	0.000	0.065	-0.075
230	0.520	0.155	0.114	-0.160	-0.140	-0.315
235	0.539	0.085	0.058	-0.295	-0.345	-0.515
240	0.565	0.018	-0.015	-0.425	-0.550	-0.715
245	0.593	-0.052	-0.110	-0.550	-0.745	-0.880
250	0.615	-0.123	-0.220	-0.670	-0.960	-1.030
255	0.634	-0.220	-0.334	-0.820	-1.200	-1.225
260	0.640	-0.348	-0.440	-0.992	-1.480	-1.450
265	0.638	-0.490	-0.550	-1.213	-1.810	-1.860
270	0.630	-0.680	-0.670	-1.500	-2.200	-2.200

표 8.3 (계 속)

8.3.4 선도 변환

본 절에서는 8.3.1절 칼맨-냅 선도를 이용하여 8.3.2절 파마키안 선도 및 8.3.3절 토마스 선도 작성 방법에 대해서 논의하기로 한다.

칼맨-냅 선도-파마키안 선도

펌프 비속도가 $N_s=1800rpm \cdot gpm \cdot ft$이고 펌프회전수가 정격회전수 즉, 공식 8.57로부터 회전속도비 $\alpha=1$인 경우에는 회전수 및 유량을 기준좌표로 하여 작성된 그림 8.9로부터 ①펌프가 정방향으로 회전하고, 유량이 정방향으로 토출될 때, 즉, $R.P.M=$

$+100\%$ 이고, 유량 Q가 0%, 50%, 100% 및 185%인 경우 수두 H는 129%, 124%, 100%, 및 0%이고, 토크 T는 47%, 78%, 100% 및 95%가 된다. 회전수 변화에 따른 유량, 수두 및 토크는 상사법칙에 따라 계산할 수 있다. 이와 같은 절차로 구한 수치들을 이용하여 그림 8.12와 같이 유량과 수두를 기준좌표로 하는 펌프특성곡선도를 작성할 수 있다. ②펌프가 정방향으로 회전하고, 유량이 역방향으로 유입될 때 즉, $R.P.M=+100\%$ 이고, 유량 Q가 -0%, -50% 및 -100%인 경우 그림 8.9로부터 수두 H는 129%, 144% 및 200%이고, 토크 T는 47%, 43%, 103%가 된다. ①과 동일한 절차를 거쳐 그림 8.13을 작성할 수 있다. ③그림 8.9로부터 펌프가 역방향으로 회전하고, 유량이 역방향으로 유입될 때, 즉, $R.P.M=-100\%$ 이고, 유량 Q가 -0%, -50%, -100% 및 -150%인 경우 수두 H는 64, 74, 101, 및 166%이고, 토크 T는 -80%, -20%, +45% 및 +120%가 된다. 회전수 변화에 따른 유량, 수두 및 토크는 상사법칙에 따라 계산할 수 있다. 이와 같은 절차로 구한 수치들을 그림 8.13과 같이 유량과 수두를 기준좌표로 하여 펌프특성곡선도를 작성할 수 있다. ④펌프가 역방향으로 회전하고, 유량이 정방향으로 유출될 때 즉, $R.P.M=-100\%$ 이고, 유량 Q가 0%, +50% 및 +73%인 경우 그림 8.9로부터 수두 H는 63%, 8% 및 -30%이고, 토크 T는 -70%, -140% 및 170%가 되며 ①에서와 동일한 방법으로 다른 회전속도에서의 유량, 수두 및 토크를 구하여 그림 8.12를 작성할 수 있다.

이상과 같은 방법으로 비속도 $N_s = 7600rpm \cdot gpm \cdot ft$ 인 펌프 특성을 나타내는 칼맨-냅 선도 그림 8.10을 이용하여 파마키안 선도인 그림 8.17 및 8.18을 작성할 수 있으며 또한 비속도 $N_s = 13500rpm \cdot gpm \cdot ft$ 인 펌프의 특성을 나타내는 칼맨-냅 선도 그림 8.11를 이용하여 파마키안 선도인 그림 8.14, 8.15 및 8.16을 작성할 수 있다.

파마키안선도-토마스 선도

칼맨-냅 선도를 파마키안선도로 변환이 가능하듯이 파마키안선도를 토마스 선도로 변화시키는 것도 가능하다. 여기에서는 그림 8.17 및 8.18의 자료들을 이용하여 그림 8.21 토마스 선도를 작성하는 방법에 대해서 고찰하기로 한다. 먼저 횡축의 각도를 0에 근접하게 설정하기 위해서 그림 8.17로부터 $\alpha = 0.01, v = 0.4$ 인 지점에서 수두비 및 토크비는 $h=-0.25, \beta=-0.25$ 가 된다. 이 지점에서 위치, 수두 및 토크 함수는 다음과 같이 계산할 수 있다.

$$\theta = \tan^{-1}\frac{\alpha}{v} = \tan^{-1}\frac{0.01}{0.4} = 1$$

$$\frac{h}{(\alpha^2+v^2)} = \frac{-0.25}{0.01^2+0.4^2} = -1.562$$

$$\frac{\beta}{(\alpha^2+v^2)} = \frac{-0.25}{0.01^2+0.4^2} = -1.562$$

동일한 방법으로 그림 8.17로부터 $\alpha = 0.1, v = 0.6$인 지점에서 $h = -0.4, \beta = -0.24$가 된다. 이 지점에서 위치, 수두 및 토크 함수는

$$\theta = \tan^{-1}\frac{\alpha}{v} = \tan^{-1}\frac{0.1}{0.6} = 9$$

$$\frac{h}{(\alpha^2+v^2)} = \frac{-0.40}{0.1^2+0.6^2} = -1.081$$

$$\frac{\beta}{(\alpha^2+v^2)} = \frac{-0.24}{0.1^2+0.6^2} = -0.649$$

상기와 같은 방법으로 계산된 결과 수치와 펌프 특성은 다음 표 8.4 및 그림 8.23~8.27과 같으며 표 8.4에서 $F(h_1)$, $F(h_2)$, 및 $F(h_3)$는 비속도가 1800, 7600 및 $N_s = 13500 rpm \cdot gpm \cdot ft$인 펌프의 수두 함수를 나타내고 $F(\beta_1)$, $F(\beta_2)$ 및 $F(\beta_3)$는 토크 함수를 나타낸다.

θ	$F(h_1)$	$F(h_2)$	$F(h_3)$	$F(\beta_1)$	$F(\beta_2)$	$F(\beta_3)$
0	-0.556	-1.500	-0.960	-0.372	-1.560	-0.730
4	-0.494	-1.372	-0.949	-0.314	-1.277	-0.719
8	-0.423	-1.185	-0.920	-0.248	-1.008	-0.699
12	-0.342	-0.972	-0.872	-0.161	-0.778	-0.662
16	-0.255	-0.786	-0.797	-0.053	-0.585	-0.610
20	-0.168	-0.585	-0.672	0.037	-0.379	-0.545
25	-0.102	-0.384	-0.505	0.123	-0.175	-0.403
29	0.010	-0.190	-0.300	0.214	0.023	-0.225
33	0.125	0.001	-0.112	0.288	0.146	-0.040
37	0.240	0.191	0.082	0.36	0.278	0.161
41	0.368	0.374	0.279	0.432	0.407	0.352
45	0.500	0.500	0.500	0.500	0.500	0.500
49	0.617	0.640	0.737	0.546	0.570	0.604

표 8.4 파마키안 선도로부터 작성된 펌프 특성 자료

θ	$F(h_1)$	$F(h_2)$	$F(h_3)$	$F(\beta_1)$	$F(\beta_2)$	$F(\beta_3)$
53	0.733	0.744	0.947	0.582	0.624	0.677
57	0.842	0.846	1.131	0.606	0.687	0.750
61	0.942	0.927	1.310	0.617	0.734	0.840
65	1.031	1.106	1.506	0.616	0.766	0.960
70	1.107	1.157	1.702	0.603	0.814	1.115
74	1.172	1.357	1.909	0.579	0.909	1.301
78	1.225	1.571	2.149	0.552	1.048	1.503
82	1.260	1.735	2.354	0.520	1.223	1.681
86	1.281	1.860	2.542	0.486	1.386	1.826
90	1.288	1.970	2.750	0.450	1.490	1.95
94	1.282	2.054	2.962	0.405	1.523	2.080
98	1.271	2.109	3.148	0.372	1.523	2.237
102	1.258	2.140	3.321	0.354	1.519	2.403
106	1.238	2.162	3.477	0.338	1.522	2.556
110	1.204	2.209	3.54	0.329	1.533	2.713
115	1.165	2.288	3.582	0.331	1.576	2.877
119	1.124	2.336	3.604	0.343	1.644	2.962
123	1.090	2.378	3.562	0.370	1.732	2.979
127	1.060	2.441	3.475	0.408	1.825	2.959
131	1.027	2.497	3.355	0.454	1.948	2.886
135	0.996	2.640	3.225	0.520	2.110	2.770
139	0.959	2.771	3.002	0.583	2.288	2.580
143	0.930	2.873	2.727	0.645	2.434	2.325
147	0.904	2.927	2.490	0.703	2.555	2.105
151	0.879	3.015	2.252	0.758	2.688	1.886
155	0.857	3.026	2.066	0.804	2.715	1.683
160	0.832	2.948	1.919	0.838	2.687	1.512
164	0.808	2.863	1.727	0.859	2.724	1.334
168	0.782	2.726	1.548	0.877	2.630	1.162
172	0.753	2.518	1.389	0.886	2.480	1.014
176	0.722	2.334	1.236	0.883	2.300	0.850
180	0.692	2.180	1.080	0.865	2.080	0.660
184	0.662	1.929	0.930	0.837	1.839	0.512

표 8.4 (계 속)

θ	$F(h_1)$	$F(h_2)$	$F(h_3)$	$F(\beta_1)$	$F(\beta_2)$	$F(\beta_3)$
188	0.630	1.629	0.825	0.797	1.599	0.488
192	0.601	1.337	0.752	0.763	1.370	0.525
196	0.580	1.075	0.691	0.738	1.147	0.546
200	0.559	0.848	0.680	0.672	0.929	0.621
205	0.539	0.647	0.675	0.596	0.739	0.630
209	0.522	0.553	0.616	0.522	0.574	0.558
213	0.512	0.461	0.493	0.444	0.442	0.425
217	0.510	0.363	0.357	0.371	0.308	0.234
221	0.504	0.265	0.222	0.300	0.118	0.052
225	0.505	0.190	0.055	0.227	0.000	-0.075
229	0.516	0.130	-0.130	0.156	-0.160	-0.300
233	0.533	0.074	-0.284	0.097	-0.232	-0.457
237	0.552	0.032	-0.440	0.042	-0.380	-0.632
241	0.575	-0.011	-0.601	-0.012	-0.518	-0.789
245	0.595	-0.078	-0.760	-0.053	-0.573	-0.921
250	0.613	-0.181	-0.914	-0.105	-0.677	-1.088
254	0.629	-0.304	-1.089	-0.187	-0.870	-1.253
258	0.640	-0.418	-1.314	-0.292	-1.056	-1.465
262	0.646	-0.512	-1.662	-0.414	-1.211	-1.772
266	0.643	-0.599	-2.000	-0.547	-1.328	-2.061
270	0.643	-0.690	-2.230	-0.684	-1.420	-2.260
274	0.634	-0.690	-2.230	-0.684	-1.420	-2.260
278	0.620	-0.920	-2.590	-0.820	-1.630	-2.660
282	0.550	-1.000	-2.820	-0.980	-1.750	-2.860
286	0.430	-0.950	-2.960	-1.100	-1.850	-2.990
290	0.295	-0.930	-3.070	-1.230	-1.900	-3.090
295	0.130	-0.950	-3.130	-1.320	-1.900	-3.160
299	-0.040	-1.130	-3.170	-1.420	-1.940	-3.200
303	-0.160	-1.420	-3.170	-1.520	-2.000	-3.170
307	-0.275	-1.600	-3.150	-1.590	-2.120	-3.150
311	-0.360	-1.730	-3.100	-1.650	-2.240	-3.100
315	-0.430	-1.810	-3.040	-1.770	-2.340	-3.040
319	-0.470	-1.895	-2.950	-1.690	-2.440	-2.950

표 8.4 (계 속)

θ	$F(h_1)$	$F(h_2)$	$F(h_3)$	$F(\beta_1)$	$F(\beta_2)$	$F(\beta_3)$
323	-0.520	-1.970	-2.810	-1.660	-2.540	-2.810
327	-0.570	-2.050	-2.650	-1.590	-2.640	-2.650
331	-0.600	-2.130	-2.470	-1.490	-2.710	-2.470
335	-0.640	-2.200	-2.270	-1.370	-2.760	-2.270
340	-0.655	-2.230	-2.080	-1.250	-2.800	-2.080
344	-0.660	-2.350	-1.890	-1.120	-2.800	-1.880
348	-0.670	-2.350	-1.700	-1.000	-2.770	-1.640
352	-0.670	-2.290	-1.500	-0.880	-2.700	-1.360
356	-0.655	-2.160	-1.300	-0.740	-2.480	-1.070
360	-0.620	-1.940	-1.080	-0.580	-2.070	-0.810

표 8.4 (계 속)

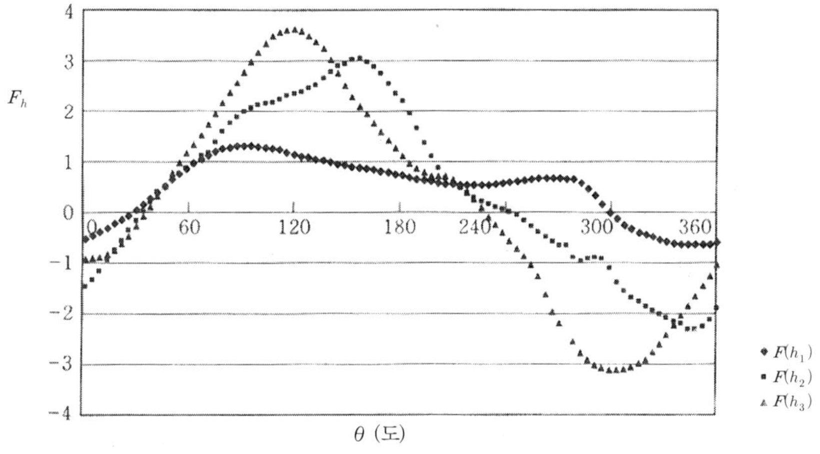

그림 8.23 3개 비속도 펌프의 수두함수특성

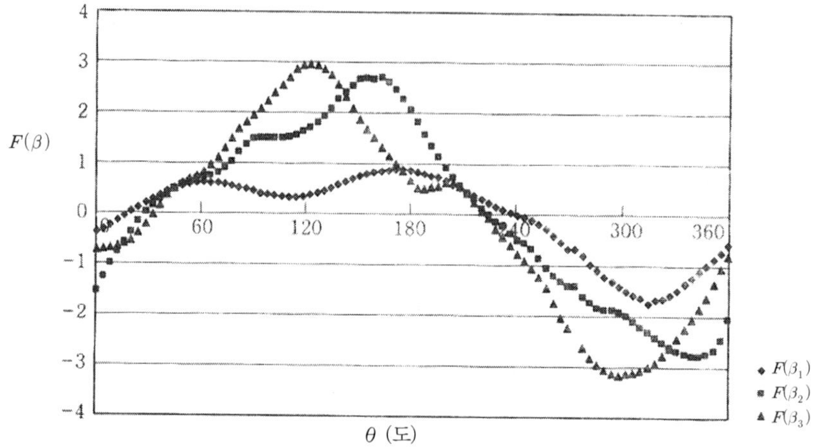

그림 8.24 3개 비속도 펌프의 토크함수특성

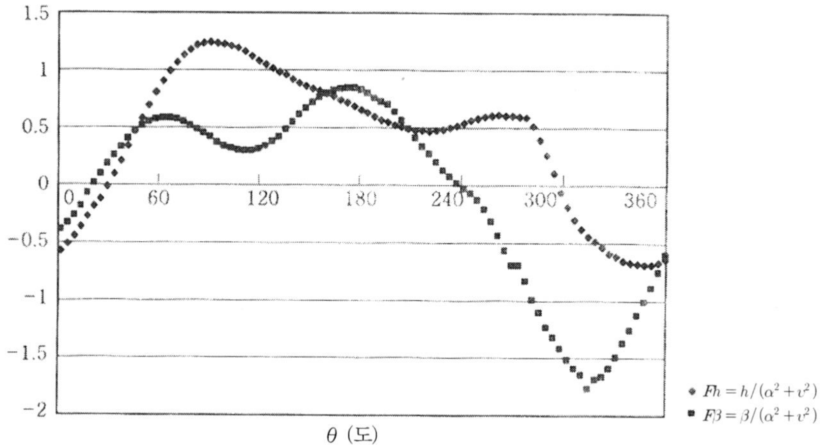

그림 8.25 $Ns = 1800 rpm \cdot gpm \cdot ft$ 펌프 수두 및 토크함수특성

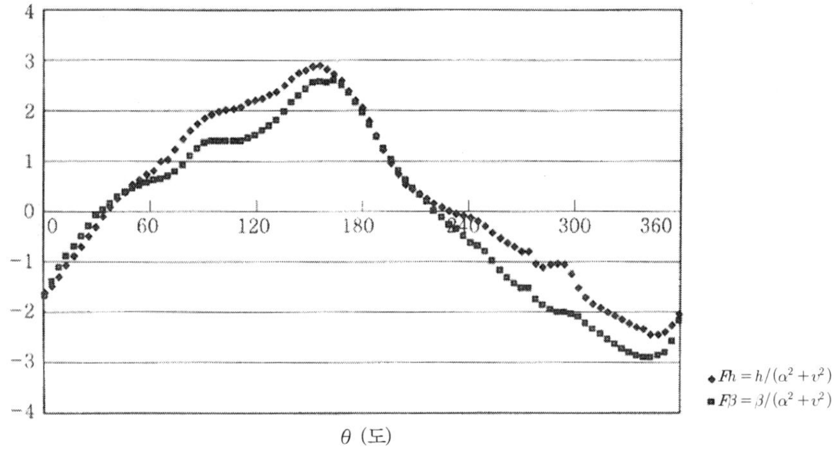

그림 8.26 $Ns = 7600 rpm \cdot gpm \cdot ft$ 펌프 수두 및 토크함수특성

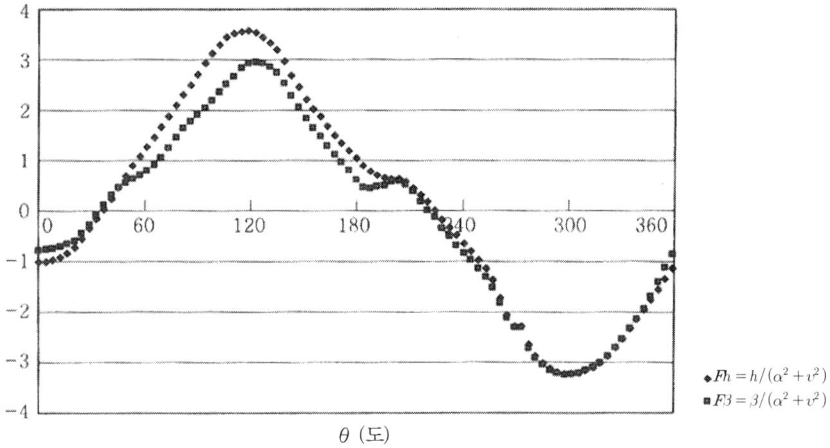

그림 8.27 $Ns = 13500 rpm \cdot gpm \cdot ft$ 펌프 수두 및 토크함수특성

상기 표 8.4와 그림 8.23~8.27은 파마키안 선도로부터 수치들을 읽어 토마스 선도를 작성한 것이기 때문에 정확성을 보장할 수 없다. 또한 토마스가 실제 실험자료를 근거로 하여 작성한 표 8.3 및 그림 8.20~8.22와는 정확하게 일치하지 않는다. 따라서 독자들은 단지 이 표와 그림들을 참조만 하여야 하며 필요시에는 제작사로부터 정확한 자료들을 받아 작성하여야 하며 여기에서는 단지 선도들을 변환하는 방법에 대해서만 기술하였다.

부록 A 수치해석기본

부록 A에서는 본서의 프로그램에서 많이 사용된 수치해석에 대한 기본 이론에 대해 기술하기로 한다. 또한 수치해석에 대한 전문 지식을 다룬 부록 B를 이해하는 데 도움을 주는 목적도 있다.

A.1 연립방정식

연립방정식의 수치해법에는 직접법(Gauss 소거법, LU법)과 간접법(Gauss-Sedel 반복법)이 있다. LU법을 Doolittle법이라고도 한다.

A.1.1 가우스(Gauss) 소거법

가우스 소거법이란 다음과 연립방정식이 있을 경우

$$a_{11}x_1 + \cdot \cdot \cdot + a_{1n}x_n = b_1$$

$$a_{21}x_1 + \cdot \cdot \cdot + a_{2n}x_n = b_2$$

$$\cdot \cdot \cdot \cdot \cdot$$

$$a_{n1}x_1 + \cdot \cdot \cdot + a_{nn}x_n = b_n$$

상기 연립방정식을 풀기 위해서 행렬을 이용한다.

$$Ax = b$$

여기서

$$A=\begin{bmatrix} a_{11} & \cdot & \cdot & \cdot & a_{1n} \\ a_{21} & \cdot & \cdot & \cdot & a_{2n} \\ \cdot & & \cdot & & \cdot \\ a_{n1} & \cdot & \cdot & \cdot & a_{nn} \\ & & & & \end{bmatrix} \quad x=\begin{bmatrix} x_1 \\ x_2 \\ \cdot \\ \cdot \\ \cdot \\ x_n \end{bmatrix} \quad b=\begin{bmatrix} b_1 \\ b_2 \\ \cdot \\ \cdot \\ \cdot \\ b_n \end{bmatrix}$$

맨 처음 식을 기준방정식으로 잡고, 이것의 계수를 변형시켜서 두 번째 식 이하의 식으로부터 x_1을 소거하고

$$a_{21}x_1 + a_{22}x_2 + \cdot\cdot\cdot + a_{2n}x_n = b_2$$

$$-\frac{a_{21}}{a_{11}}(a_{11}x_1 + a_{12}x_2 + \cdot\cdot\cdot + a_{1n}x_n = b_1)$$

$$\left(a_{22} - \frac{a_{21}}{a_{11}} \cdot a_{12}\right)x_2 + \cdot\cdot\cdot + \left(a_{2n} - \frac{a_{21}}{a_{11}}a_{1n}\right)x_n = b_2 - \frac{a_{21}}{a_{11}}b_1$$

$$a_{31}x_1 + a_{32}x_2 + \cdot\cdot\cdot + a_{3n}x_n = b_3$$

$$-\frac{a_{31}}{a_{11}}(a_{11}x_1 + a_{12}x_2 + \cdot\cdot\cdot + a_{1n}x_n = b_1)$$

$$\left(a_{32} - \frac{a_{31}}{a_{11}} \cdot a_{12}\right)x_2 + \cdot\cdot\cdot + \left(a_{3n} - \frac{a_{31}}{a_{11}}a_{1n}\right)x_n = b_3 - \frac{a_{31}}{a_{11}}b_1$$

$$\vdots$$

$$a_{n1}x_1 + a_{n2}x_2 + \cdot\cdot\cdot + a_{nn}x_n = b_n$$

$$-\frac{a_{n1}}{a_{11}}(a_{11}x_1 + a_{12}x_2 + \cdot\cdot\cdot + a_{1n}x_n = b_1)$$

$$\left(a_{n2} - \frac{a_{n1}}{a_{11}} \cdot a_{12}\right)x_2 + \cdot\cdot\cdot + \left(a_{nn} - \frac{a_{n1}}{a_{11}}a_{1n}\right)x_n = b_n - \frac{a_{n1}}{a_{11}}b_1$$

그러면 두 번째 식 이하에서는 x_1이 소거된 아래의 식을 얻게 되는데

$$
\begin{aligned}
&a_{11}x_1 + a_{12}x_2 + \cdot\cdot\cdot\cdot + a_{1n}b_n = b_1 \\
&\left(a_{22} - \frac{a_{21}}{a_{11}}a_{12}\right)x_2 + \cdot\cdot\cdot\cdot + \left(a_{2n} - \frac{a_{21}}{a_{11}}a_{1n}\right)x_n = b_2 - \frac{a_{21}}{a_{11}}b_1 \\
&\left(a_{32} - \frac{a_{31}}{a_{11}}a_{12}\right)x_2 + \cdot\cdot\cdot\cdot + \left(a_{3n} - \frac{a_{31}}{a_{11}}a_{1n}\right)x_n = b_3 - \frac{a_{31}}{a_{11}}b_1 \\
&\qquad\qquad\vdots \\
&\left(a_{n2} - \frac{a_{n1}}{a_{11}}a_{12}\right)x_2 + \cdot\cdot\cdot\cdot + \left(a_{nn} - \frac{a_{n1}}{a_{11}}a_{1n}\right)x_n = b_n - \frac{a_{n1}}{a_{11}}b_1
\end{aligned}
$$

그 다음엔 두 번째 식을 기준방정식으로 하여, 세 번째 식 이하의 식에서 x_2를 소거한다. 이러한 과정을 반복하여 맨 아래의 식에 x_n만이 남게 된다.

$$
\begin{aligned}
&a_{11}x_1 + a_{12}x_2 + \cdot\cdot\cdot\cdot + a_{1n}x_n = b_1 \\
&\left(a_{22} - \frac{a_{21}}{a_{11}}a_{12}\right)x_2 + \cdot\cdot\cdot\cdot + \left(a_{2n} - \frac{a_{21}}{a_{11}}a_{1n}\right)x_n = b_2 - \frac{a_{21}}{a_{11}}b_2 \\
&\qquad\qquad\cdot\cdot\cdot\cdot\cdot\cdot \\
&\qquad\qquad\ \ \cdot\cdot\cdot\cdot\cdot \\
&\qquad\qquad\quad \cdot\cdot\cdot\cdot \\
&\qquad\qquad\qquad \cdot\cdot\cdot \\
&\qquad\qquad\qquad\qquad\qquad \square x_n = \square
\end{aligned}
$$

다른 말로 하면 계수행렬 A가 삼각행렬이 될 때까지 소거해 나간다.

$$
A = \begin{bmatrix}
 & a_{11} & \cdot\cdot\cdot & a_{1n} \\
 & 0 & \cdot\cdot\cdot & a_{2n} \\
 & 0 & 0\cdot\cdot & a_{2n} \\
 & \cdot & \cdot & 0 \\
0 & 0 & 0 \quad a_{nn} & \\
 & & &
\end{bmatrix}
$$

최종적으로, 맨 마지막 식으로부터 x_n을 구하고, 이것을 마지막에서 두 번째 식에 대입하여 x_{n-1}을 구하는 방법으로 $x_{n-2}, \cdot\cdot\cdot, x_1$을 순차적으로 구하는 법을 가우스 소거법이라고 한다. 이 과정을 역대입법이라 부른다.

A.2 수치적분

A.2.1 수치적분의 의미

미분은 가능한 한 컴퓨터로 계산하지 않는 것이 좋지만, 적분은 컴퓨터로 계산해도 오차가 적은 값을 용이하게 구할 수 있다.

정적분 $J=\int_a^b f(x)dx$를 컴퓨터로 구하려면 어떻게 해야 할까? 정적분의 기하학적 속뜻은 빗금친 부분의 면적이니까, 이 면적을 근사적으로 계산하면 된다.

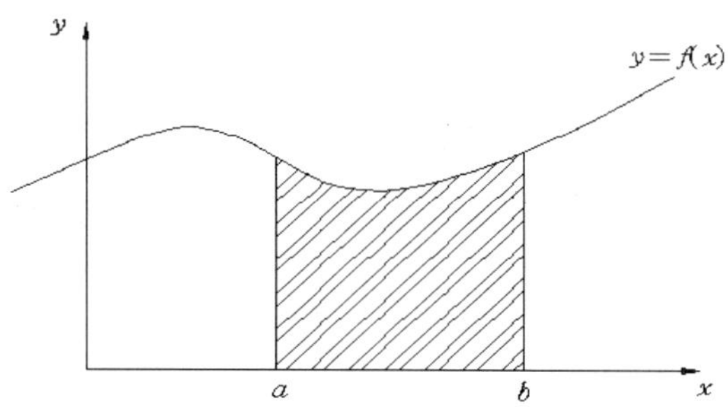

그림 A.1 수치적분의 의미

A.2.2 사다리꼴법

제 1감은, 빗금친 부분을 등간격 h인 n개로 나눈 다음 즉, $h=(b-a)/n$ 각각을 이와 같이 사다리꼴에 근사시켜 면적을 계산하는 방법이다.

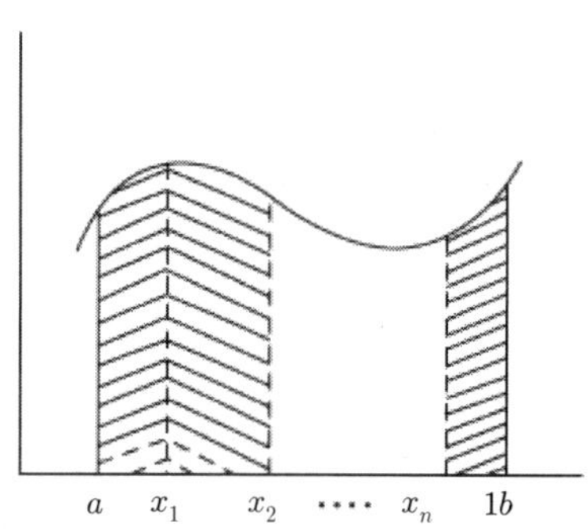

그림 A.2 사다리꼴 법

사다리꼴의 넓이는 다음과 같다.

$$(\text{윗변} + \text{밑변})(\text{높이})\left(\frac{1}{2}\right)$$

앞에서부터 차례차례로 구해 보면 다음과 같이 된다.

$$\frac{1}{2}[f(a)+f(x_1)]h, \frac{1}{2}[f(x_1)+f(x_2)]h, \cdot\ \cdot\ \cdot, \frac{1}{2}[f(x_{n-1})+f(b)]h$$

이것을 다 더하면 되니까(2번 나오는 것들은 1/2이 없어져서)

$$J=\int_a^b f(x)dx \approx h\left[\frac{1}{2}f(a)+f(x_1)+f(x_2)\cdot\ \cdot\ \cdot +f(x_{n-1})+\frac{1}{2}f(b)\right]$$

단, $h=(b-a)/n$이 된다.

예제 A.1

사다리꼴법을 이용하여 $J=\int_0^1 e^{-x^2}dx$를 실제로 계산하라. 단, $n=10$으로 한다.

$$J=\int_a^b f(x)dx \approx h\left[\frac{1}{2}f(a)+f(x_1)+f(x_2)\cdot\ \cdot\ \cdot +f(x_{n-1})+\frac{1}{2}f(b)\right]$$

단, $h=(b-a)/n$이므로 이 경우는

$$a=0,\ b=1, f(x)=e^{-x^2}$$

따라서 $h=1/10=0.1$

$$\frac{1}{2}f(a)=\frac{1}{2}f(0)=\frac{1}{2}e^{-0^2}=0.5$$

$$f(x_1)=f(a+\ h)=f(0.1)=e^{-0.1^2}=0.990050$$

$$f(x_2)=f(a+2h)=f(0.2)=e^{-0.2^2}=0.960789$$

$$f(x_3)=f(a+3h)=f(0.3)=e^{-0.3^2}=0.913931$$

•

•

$$f(x_9) = f(a+9h) = f(0.9) = e^{-0.9^2} = 0.444858$$

$$+ \qquad \frac{1}{2}f(b) = \frac{1}{2}f(1) = \frac{1}{2}e^{-1^2} = 0.183940$$

$$7.46211$$

그러므로

$$J \approx 0.1(7.46211) = 0.746211$$

A.2.3 심슨법(simpson)

사다리꼴법보다 좀더 정확한 수치적분법으로 심슨법이라는 것이 있다. 이 심슨법은 2차 근사함수를 사용하는 법인데, 대부분의 문제에 대해 충분한 정밀도를 주므로 아주 많이 사용되는 방법이다. 반면 사다리꼴법은 1차 근사함수를 사용하는 방법이였다.

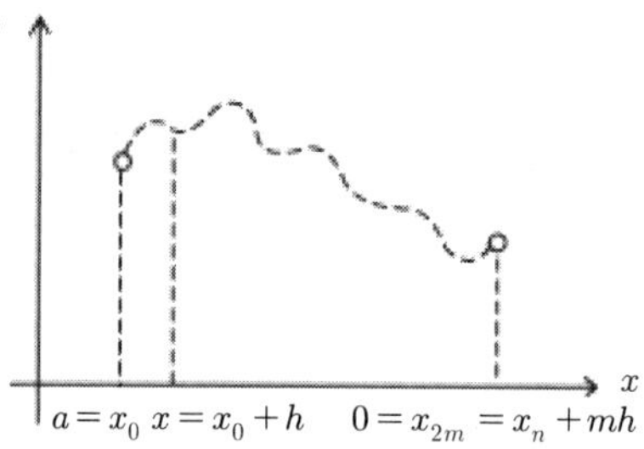

그림 A.3 심슨법

심슨법은 우선 적분구간 $a \leq x \leq b$을 같은 간격의 부분구간으로 나누되 그 숫자가 짝수가 되도록 한다. 예를 들어 나눈 부분 구간의 수가 $n = 2m$이라면, 한 개의 부분구간의 길이는 $h = (b-a)/2m$이 된다. 그 다음, 앞에서부터 첫 번째와 두 번째 구간 $x_0 \leq x \leq x_2 = x_0 + 2h$에 대해 $f(x)$의 근사함수를 2차 라그란지 다항식 $p_2(x)$라고 놓는다. 이 때 물론 세 점 $(x_0, f_0), (x_1, f_1), (x_2, f_2)$를 사용한다. 그러면 다음과 같이 된다.

$$f(x) \approx p_2(x) = \frac{(x-x_1)(x-x_2)}{(x_0-x_1)(x_0-x_2)}f_0 + \frac{(x-x_0)(x-x_2)}{(x_1-x_0)(x_1-x_2)}f_1 + \frac{(x-x_0)(x-x_1)}{(x_2-x_0)(x_2-x_1)}f_2$$

앞의 식의 분모는 $x_1 - x_0 = x_2 - x_1 = h$이므로 각각 $2h^2$, $-h^2$, $2h^2$이 된다. 여기서 식을 간단히 하기 위해서 $s = (x - x_1)/h$라고 놓으면 분자에 들어있는

$$\begin{aligned} x - x_0 &= (x - x_1) + (x_1 - x_0) \\ &= sh + h \\ &= (s+1)h \\ x - x_1 &= sh \\ x - x_2 &= (x - x_1) + (x_1 - x_2) \\ &= sh - h \\ &= (s-1)h \end{aligned}$$

가 된다. 이것들을 앞의 식에 대입하면 다음과 같이 된다.

$$f(x) \approx p_2(x) = \frac{1}{2}s(s-1)f_0 - (s+1)(s-1)f_1 + \frac{1}{2}(s+1)sf_2$$

이제 $p_2(x)$를 x에 대해 x_0부터 x_2까지 적분해 보자. 이것은 s에 대해서는 -1부터 1까지 적분하는 것과 동일하므로

$$s(x_0) = (x_0 - x_1)/(x_1 - x_0) = -1$$

$$s(x_2) = (x_2 - x_1)/(x_2 - x_1) = 1$$

$$dx = hds$$

$$\begin{aligned} \int_{x_0}^{x_2} f(x)dx &\approx \int_{x_0}^{x_2} p_2(x)dx \\ &= \int_{-1}^{1} \left\{ \frac{1}{2}s(s-1)f_0 - (s+1)(s-1)f_1 + \frac{1}{2}(s+1)sf_2 \right\} hds \\ &= h\left(\frac{1}{3}f_0 + \frac{4}{3}f_1 + \frac{1}{3}f_2 \right) \end{aligned}$$

이와 같은 식을 다음의 두 부분구간(x_2부터 x_4)에 대해서도 구하고, 또 그 다음의 두 부분구간에 대해서도 계속 구해서 모두 더하면 된다.

$$\int_a^b f(x)dx \approx \frac{h}{3}(f_0 + 4f_1 + 2f_2 + 4f_3 + \cdot\cdot\cdot + 2f_{2m-2} + 4f_{2m-1} + f_{2m})$$

단, $h = (b-a)/2m, f_j = f(x_j)$이다. 이것을 심슨법이라 하며 다음과 같이 간략히 표현할 수 있다.

$$\bar{J} = \frac{h}{3}(s_0 + 4s_1 + 2s_s)$$

여기서

$$s_0 = f_0 + f_{2m}$$

$$s_1 = f_1 + f_3 + \cdot\cdot\cdot + f_{2m-1}$$

$$s_2 = f_2 + f_4 + \cdot\cdot\cdot + f_{2m-2}$$

예제 A.2

심슨법을 이용하여 $J = \int_0^1 e^{-x^2} dx$의 근사값을 구하라. (단, $2m = 10$이다)

풀이

적분구간이 $a = 0, b = 1$이고 나눌 간격의 수가 $2m = 10$이므로 나눌 간격 $h = (b-a)/2m = 0.1$이고, 이것으로부터 x_j와 f_j를 계산하면 다음 표와 같다.

j	x_j	$e^{-x_j^2}$		
0	0	1.000000		
1	0.1		0.990050	
2	0.2			0.960789
3	0.3		0.913931	
4	0.4			0.852144
5	0.55		0.778801	
6	0.6			0.6976767
7	0.7		0.612626	
8	0.8			0.527292
9	0.9		0.444858	
10	1.0	0.367879		
합계		1.367879	3.740266	3.037901

따라서

$$J \approx \frac{h}{3}(s_0 + 4s_1 + 2s_2) = \frac{0.1}{3}(1.367879 + 4 \times 3.740266 + 2 \times 3.037901) = 0.746825$$

참값은 0.746824이므로 소수점 5자리까지 정확하다.

A.3 상미분 방정식의 수치해법

상미분 방정식의 수치해법은 크게 1계 미분방정식(오일러법, 개량된 오일러법, Runge-Kutta법)과 2계 미분방정식(거친 방법, Runge-Kutta-Nystrom법)으로 나누어진다.

A.3.1 오일러법

1계 미분방정식의 일반꼴은 다음과 같다.

$$y' + p(x)y = r(x)$$

정확히는 선형 1계 상미분장정식의 일반꼴이다. 일반꼴을 다음과 같이 변형시킬 수 있다.

$$y' = -p(x)y + r(x)$$

이는 간단하게 1계 미분방정식의 일반꼴의 또 다른 형태로 표현하면

$$y' = f(x, y)$$

이와 같은 1계미분방정식을 반복법으로 풀기 위해서는 테일러급수를 이용한다.

$$y(x+h) = y(x) + hy'(x) + \frac{h^2}{2}y''(x) + \cdots \qquad \text{여기서 } h\text{는 작은 값}$$

h는 작으므로 h^2 이상의 항은 매우 작아서 무시하면 테일러급수의 첫 번째 항과 두 번째 항만을 따서 거친 근사식을 만들면 다음과 같다.

$$y(x+h) \approx y(x) + hy'(x)$$

이 식에 주어진 미분방정식를 대입하면 다음과 같은 반복식을 얻을 수 있다.

$$y(x+h) \approx y(x) + hf(x,y)$$

초기값 x_0를 적당히 정해서 대입하면 다음과 같다.

$$y(x_0+h) \approx y(x_0) + hf(x_0, y(x_0))$$

초기 조건이 $y(x_0) = y_0$라면 다음과 같다.

$$y(x_0+h) = y_0 + hf(x_0, y_0)$$

$x_0 + h = x_1$이라고 하면

$$y(x_1) = y_0 + hf(x_0, y_0)$$

$y(x_1)$를 y_1이라고 쓰면 다음과 같다.

$$y_1 = y_0 + hf(x_0, y_0)$$

유사하게

$$y_2 = y_1 + hf(x_1, y_1) \text{ 단, } x_2 = x_1 + h = x_0 + 2h$$

$$\vdots$$

$$y_{n+1} = y_n + hf(x_n, y_n) \text{ 단, } x_{n+1} = x_0 + (n+1)h$$

이라는 반복법을 얻게 된다. 이러한 방법을 오일러법 또는 오일러-코시(caucy)법이라고 한다. 다시 말하면 오일러법이란 결국 주어진 초기값 $y_0 = y(x_0)$로부터 출발하여 x값을 작은 간격 h만큼씩 증가시키면서 즉,

$$x_1 = x_0 + h, x_2 = x_1 + h = (x_0 + h) + h = x_0 + 2h$$

$$x_3 = x_2 + h = (x_1 + h) + h = \{(x_0 + h) + h\} + h = x_0 + 3h$$

반복식

$$y_{n+1} = y_n + hf(x_n, y_n)$$

을 이용하여 원하는 x값 (x_{n+1})에서의 y값 $[y(x_{n+1})=y_{n+1}]$을 수치적으로 구하는 방법이다. 오일러법의 기하학적 의미를 파악하기 위해서, 다음 식을 음미해 보자.

$$y_1 = y_0 + hf(x_0, y_0)$$

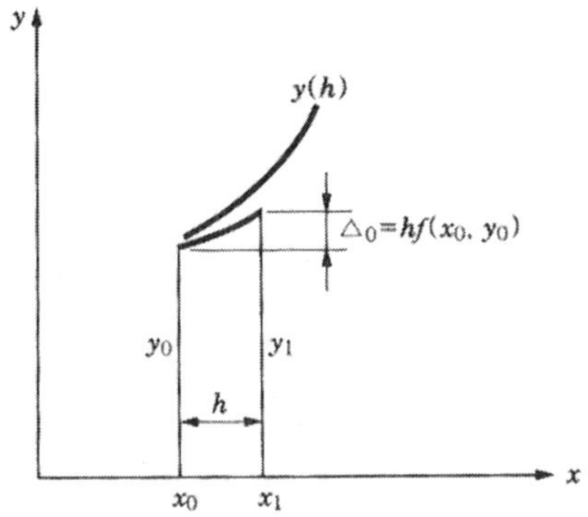

그림 A.4 오일러 법

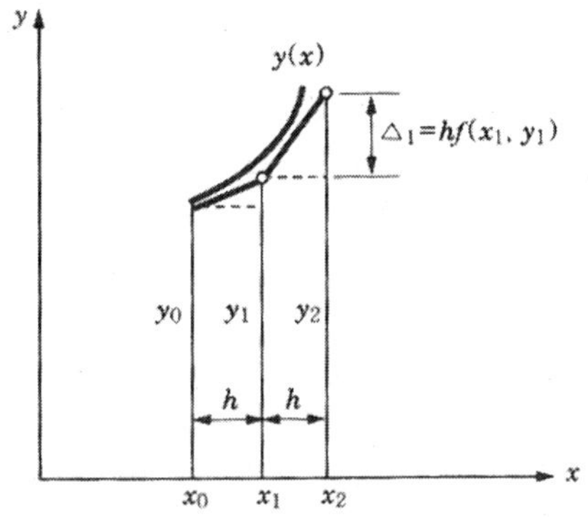

그림 A.5 오일러 법

$y(x)$를 주어진 미분방정식 $y' = f(x, y)$의 정확한 해라고 하면, 위 식에서 y_1은 x_1에서의 근사해이다. 위 식의 우변은 2개의 항으로 되어 있는데, 첫 번째 항 y_0는 주어진 초기값이고, 두 번째 항 $hf(x_0, y_0)$는 상기 그림의 $\triangle_0$에 해당한다. 왜냐하면, y_0에서의 기울기는 미분 y'_0인데, 이것은 주어진 미분방정식으로부터 $y'_0 = f(x_0, y_0)$이므로 $f(x_0, y_0)$가 기울기인 $\triangle_0/h$와 같아야 하므로,

$$f(x_0, y_0) = \frac{\triangle_0}{h}$$

따라서

$$hf(x_0, y_0) = \triangle_0$$

이기 때문이다. 그러므로 $y_1 = y_0 + \triangle_0$라고 쓸 수 있다. 따라서 오일러법은 y_0로부터 y_1을 구하기 위해서 x_0에서의 접선을 한 변으로 하는 사다리꼴을 이용하여, 엄밀해에 근사시키고 있다는 것을 알 수 있다. y_2도 유사하게 $y_2 = y_1 + \triangle_1$의 형태로 쓸 수 있고, x_1에서의 접선을 한 변으로 하는 사다리꼴을 $y(x)$에 근사시키고 있다.

예제 A.3

오일러법을 이용하여 다음의 1계미분방정식을 수치적으로 풀어라. 단, 간격 $h=0.2$로 잡고 y_5까지만 계산하라.

$$y' = x + y, y(0) = 0$$

주어진 미분방정식은 $y' = f(x,y)$꼴이고, $f(x,y) = x + y$, 또 $h = 0.2$이므로, 반복식 $y_{n+1} = y_n + hf(x,y)$는 다음과 같다.

$$y_{n+1} = y_n + 0.2(x_n + y_n)$$

이 식에 $n=0$, 1, · · · ,4를 대입하여 y_1, y_2, · · · ,y_5를 구하면

$$y_1 = y_0 + 0.2(x_0 + y_0) = 0 + 0.2(0+0) = 0$$

$$y_2 = y_1 + 0.2(x_1 + y_1) = 0 + 0.2(0.2+0) = 0.04$$

단, $x_1 = x_0 + h = 0 + 0.2 = 0.2$

$$y_3 = y_2 + 0.2(x_2 + y_2) = 0.04 + 0.2(0.4 + 0.04) = 0.128$$

단, $x_2 = x_1 + h = 0.2 + 0.2 = 0.4$

$$y_4 = y_3 + 0.2(x_3 + y_3) = 0.128 + 0.2(0.6 + 0.128) = 0.274$$

단, $x_3 = x_2 + h = 0.4 + 0.2 = 0.6$

$$y_5 = y_4 + 0.2(x_4 + y_4) = 0.274 + 0.2(0.8 + 0.274) = 0.489$$

단, $x_4 = x_3 + h = 0.6 + 0.2 = 0.8$

주어진 방정식의 엄밀해는 $y(x) = e^x - x - 1$이것으로부터 참값을 구하여, 수치적으로 구한 근사값과 비교하면 다음과 같다.

구 분	근사값	참 값	오 차
y_1	0	0.021	0.021
y_2	0.040	0.092	0.052
y_3	0.128	0.222	0.094
y_4	0.274	0.426	0.152
y_5	0.489	0.718	0.229

위 표에서 알 수 있듯이 오일러법을 사용할 경우 오차가 상당히 크기 때문에 거의 사용하지 않는다.

A.3.2 개량된 오일러법

오일러법은 오차가 많아서 실제로는 쓰이지 않고 개량된 오일러법을 사용한다. 이 법은 개량된 오일러-코시 또는 오일러-호운(heun)법이라고도 부른다. 개량된 오일러법을 이해하기 쉽게 기하학적으로 설명해보자. 앞에서 배운 오일러법에서는 정확한 해 $y(x)$의 근사해로써, x_n에서의 기울기 $f(x_n, y_n)$을 갖는 직선을 x_{n+1}까지 사용하여 오차가 많다.

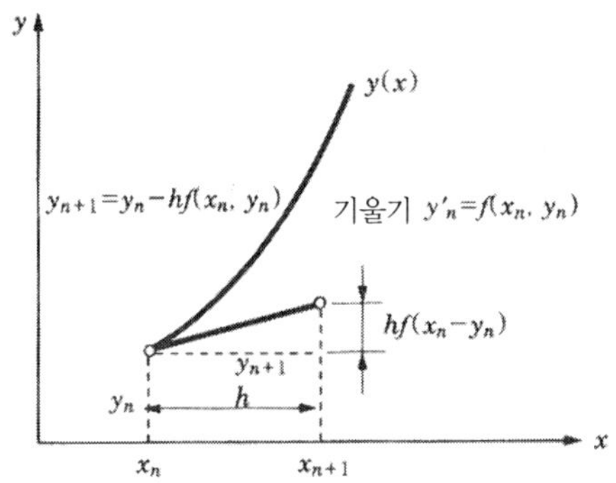

그림 A.6 오일러 법

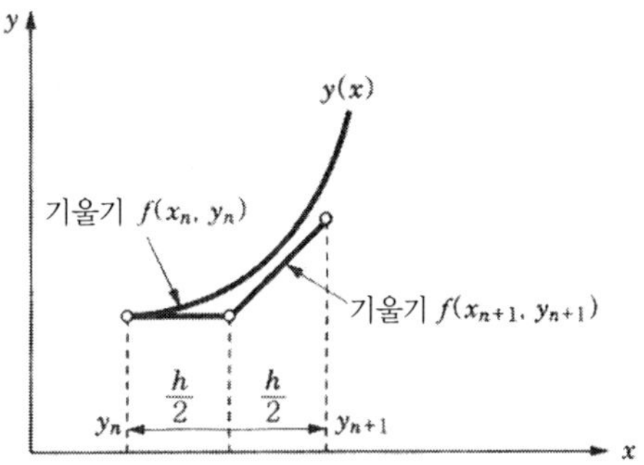

그림 A.7 개량된 오일러 법

개량된 오일러법에서는 구간 (x_n, x_{n+1})을 반으로 나눠서, 앞의 구간에서는 x_n에서의 기울기인 $y'_n = f(x_n, y_n)$을 이용하고, 뒤의 구간에서는 x_{n+1}에서의 기울기인 $y'_{n+1} = f(x_{n+1}, y_{n+1})$ [여기서 $y_{n+1} = y_n + hf(x_n, y_n)$]을 이용하는 것이다. 그러므로, 이 경우의 y_{n+1}은 그림과 같이

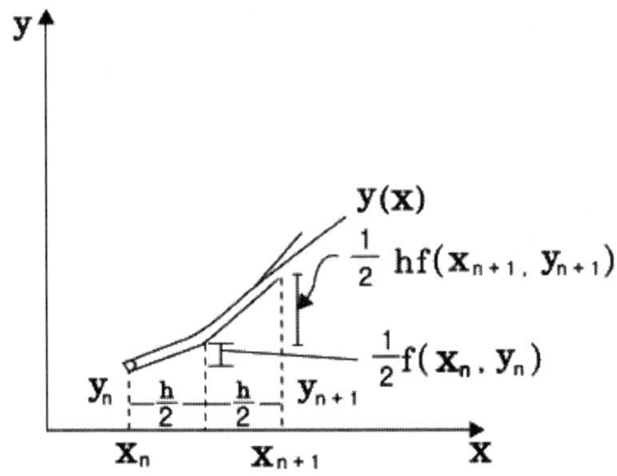

그림 A.8 개량된 오일러 법

$$y_{n+1} = y_n + \frac{1}{2}hf(x_n, y_n) + \frac{1}{2}hf(x_{n+1}, y_{n+1})$$

이 되는데 우변의 y_{n+1}은

$$y_{n+1} = y_n + hf(x_n, y_n)$$

이었으므로 좌변의 y_{n+1}과는 다르니까 이것을 다음과 같이 쓴다.

$$y^*_{n+1} = y_n + hf(x_n, y_n)$$

따라서 다음과 같은 식을 얻을 수 있으며 이 식을 개량된 오일러의 반복식이라 한다.

$$y_{n+1} = y_n + \frac{1}{2}h\left[f(x_n, y_n) + f(x_{n+1}, y^*_{n+1})\right] \text{(단}, y^*_{n+1} = y_n + hf(x_n, y_n))$$

예제 A.4

개량된 오일러법을 이용하여 다음의 1계미분방정식을 수치적으로 풀어라. 단, 간격 $h = 0.2$로 잡고 y_5까지만 계산하라.

$$y' = x + y,\ y(0) = 0$$

개량된 오일러법의 반복식은 아래와 같으므로

$$y_{n+1} = y_n + \frac{1}{2}h\left[f(x_n, y_n) + f(x_{n+1}, y^*_{n+1})\right] \text{(단}, y^*_{n+1} = y_n + hf(x_n, y_n))$$

이 식에 $h=0.2$, $f(x,y)=x+y$를 대입하면

$$y_{n+1}=y_n+\frac{h}{2}[x_n+y_n+\{x_{n+1}+y_n+h(x_ny_n)\}] \text{ 단}, x_{n+1}=x_n+h$$

$$=y_n+\frac{1}{2}h[(2+h)x_n+(2+h)y_n+h]$$

$$=y_n+0.1[2.2x_n+2.2y_n+0.2]$$

$$=y_n+0.22(x_n+y_n)+0.02$$

여기에, $n=0$, 1, 2, ・・・, 4를 대입하여, y_1, y_2, ・・・, y_5를 구하면,

$$y_1=y_0+0.22(x_0+y_0)+0.02=0+0.02(0+0)+0.02=0.02$$

$$y_2=y_1+0.22(x_1+y_1)+0.02=0.02+0.22(0.2+0.02)+0.02=0.0884$$

$$y_3=y_2+0.22(x_2+y_2)+0.02=0.0884+0.22(0.4+0.0884)+0.02=0.2158$$

$$y_4=y_3+0.22(x_3+y_3)+0.02=0.2158+0.22(0.6+0.2158)+0.02=0.4153$$

$$y_5=y_4+0.22(x_4+y_4)+0.02=0.4153+0.22(0.8+0.4153)+0.02=0.7027$$

오일러법과 개량된 오일러법으로 구한 수치해를 비교해 보면 다음과 같다.

구 분	참값	오일러법		개량된 오일러법	
		근사해	오 차	근사해	오 차
y_1	0.0214	0	0.0214	0.0200	0.0014
y_2	0.0918	0.040	0.0518	0.0884	0.0034
y_3	0.2221	0.128	0.0941	0.2158	0.0063
y_4	0.4255	0.274	0.1515	0.4153	0.0102
y_5	0.7183	0.489	0.2293	0.7027	0.0153

A.3.3 Runge-Kutta법

개량된 오일러법의 결과에서 알 수 있듯이 x_n과 x_{n+1}사이의 구간을 더 잘게 나누면 오차를 보다 줄일 수 있다는 것을 알 수 있다. 따라서 x_n과 x_{n+1}의 구간을 6개로 나눈 것을 Runge-Kutta법이라고 부른다.

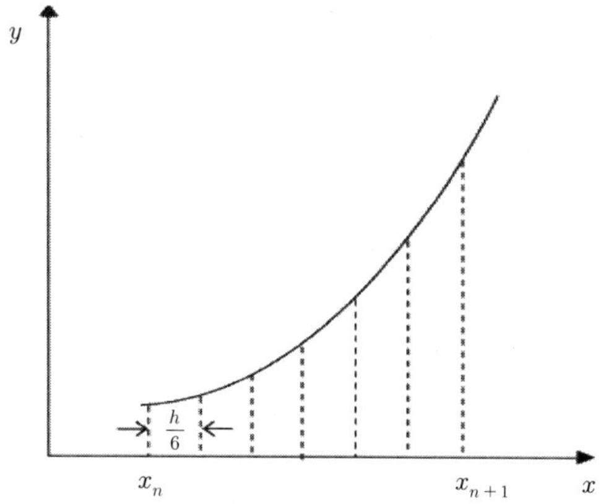

그림 A.9 Runge-Kutta 법

Runge-Kutta법은 구간 $[x_n,\ x_{n+1}]$을 6등분한 후, 첫 번째 구간은 기울기가 $f(x_n, y_n)$인 직선을 이용하고,

두 번째와 세 번째 구간은 기울기가

$$f(x_n + \frac{1}{2}h,\, y_n + \frac{1}{2}k_1)\text{인 직선을, (단 } k_1 = hf(x_n,\, y_n))$$

네 번째와 다섯 번째 구간은 기울기가

$$f(x_n + \frac{1}{2}h,\, y_n + \frac{1}{2}k_2)\text{인 직선을, (단 } k_2 = hf(x_n + \frac{1}{2}h,\, y_n + \frac{1}{2}k_1))$$

마지막으로 여섯 번째 구간은 기울기가

$$f(x_n + h,\, y_n + k_3)\text{인 직선을, (단 } k_3 = hf(x_n + \frac{1}{2}h,\, y_n + \frac{1}{2}k_2))$$

을 이용하여 근사해를 구하는 법이다. 따라서 반복식은 다음과 같다.

$$\begin{aligned} y_{n+1} &= y_n + \frac{1}{6}hf(x_n, y_n) + 2\frac{1}{6}hf\left(x_n + \frac{1}{2}h, y_n + \frac{1}{2}k_1\right) \\ &\quad + 2\frac{1}{6}hf\left(x_n + \frac{1}{2}h, y_n + \frac{1}{2}k_2\right) + \frac{1}{6}hf(x_n + h, y_n + k_3) \\ &= y_n + \frac{1}{6}k_1 + \frac{2}{6}k_2 + \frac{2}{6}k_3 + \frac{1}{6}k_4 \end{aligned}$$

$$y_{n+1} = y_n + \frac{1}{6}(k_1 + 2k_2 + 2k_3 + k_4)$$

여기서 $k_4 = hf(x_n + h, y_n + k_3)$이다.

예제 A.5

Runge-Kutta법을 이용하여 다음의 1계미분방정식을 수치적으로 풀어라. 단, 간격 $h = 0.2$로 잡고 y_5까지만 계산하라.

$$y' = x + y,\ y(0) = 0$$

주어진 방정식은 $y' = f(x, y)$이고 $f(x, y) = x + y$, $h = 0.2$이므로

$$k_1 = hf(x_n, y_n) = 0.2(x_n + y_n)$$

$$k_2 = hf(x_n + \frac{1}{2}h,\ y_n + \frac{1}{2}k_1) = 0.2(x_n + 0.1 + y_n + 0.5k_1)$$

$$k_3 = hf(x_n + \frac{1}{2}h,\ y_n + \frac{1}{2}k_2) = 0.2(x_n + 0.1 + y_n + 0.5k_2)$$

$$k_4 = hf(x_n + h,\ y_n + k_3) = 0.2(x_n + 0.2 + y_n + k_3)$$

이것들을

$$y_{n+1} = y_n + \frac{1}{6}(k_1 + 2k_2 + 2k_3 + k_4)$$

에 대입하면

$$y_{n+1} = y_n + 0.2214(x_n + y_n) + 0.0214$$

이 식에 $n = 0,\ 1, \cdot \cdot \cdot, 4$ 와 $x_0 = 0$, $y_0 = 0, x_{n+1} = x_n + 0.2$를 대입하면

$$y_1 = y_0 + 0.2214(x_0 + y_0) + 0.0214 = 0.021400$$

$$y_2 = y_1 + 0.2214(x_1 + y_1) + 0.0214 = 0.091818$$

$$y_3 = y_2 + 0.2214(x_2 + y_2) + 0.0214 = 0.222107$$

$$y_4 = y_3 + 0.2214(x_3 + y_3) + 0.0214 = 0.425521$$

$$y_5 = y_4 + 0.2214(x_4 + y_4) + 0.0214 = 0.718251$$

각 방법의 오차(소수점 6째 자리까지)를 비교하면 아래 표와 같다.

구 분	엄밀해	오 차		
		오일러법	개량된 오일러법	Runge-Kutta법
y_1	0.021403	0.021	0.0014	0.000003
y_2	0.091825	0.052	0.0034	0.000007
y_3	0.222119	0.094	0.0063	0.000011
y_4	0.425541	0.152	0.0102	0.000020
y_5	0.718282	0.229	0.0156	0.000031

부록 B 수치 해석

B.1 소 개

부록 B의 목적은 본서에서 사용된 수치 해석에 필요한 충분한 정보를 제공하여 부 프로그램(함수)을 효과적으로 사용하게 하는데 있다. 더욱 자세한 내용들은 다른 문헌들을 참고하기로 한다. 본서에서 기술할 순서는 ①선형 수학, ②수치 적분 그리고 ③상미분 방정식(ODE)의 해석 방법이다.

독립변수 x에 관한 종속 변수 y의 미분은 오직 독립 변수 x만의 함수이다, 따라서 $y=f(x)$ 해는 직접 적분에 의해 구해진다. 그러나 만일 dy/dx가 y와 x의 함수라면 상미분 방정식의 해를 구하는 방법을 사용하여야 한다. 때때로 원래의 공식의 형태를 재 정렬하여 x와 y 변수를 분리한 후 적분을 하여 해를 구한다. 동일한 원리를 2차 미분에도 적용한다. 상미분 방정식을 해결하기 위해 통상적으로 $dy/dx=f(x,y)$으로 설정한다. 이것은 dy/dx는 오직 x 또는 y만의 함수라는 것을 암시하며 상미분 방정식을 풀기 위한 방법으로 수치 적분을 수행하여 해를 구할 수 있다. 그러나 그의 역은 성립이 안 된다.

B.2 선형 수학(linear Algebra)

B.2.1 가우스 소거법(Gaussian Elimination)

선형 시스템의 공식들을 푸는 가장 단순한 방법은 가우스 소거법이다. 즉 이 방법에서는 상수 행렬에서의 한 공식 또는 한 줄을 임의 수치로 곱하여 이 공식을 주어진 공식으로부터 감하면 결과식의 첫 번째 항은 0이 되거나 소거된다. 이러한 절차를 대각선들이 0

이 될 때까지 계속하여 다시 대입하면 해답 벡터를 얻을 수 있다. (앞으로 기술하는 내용들은 독자들이 선형 수학에 대한 지식을 갖춘 것으로 가정하므로 선형 수학에 대한 지식이 없으면 다른 참고서를 참조하라). 이 방법은 전산 코드로 수행하기에 단순하고 용이한 반면 반올림 오차에 기인한 부정확한 결과를 낳을 수 있다. 한 예로 소거함에 있어서 두 수치의 곱을 수행한다. 이 결과를 다른 수치로부터 감하면 컴퓨터의 연산 결과 소수점 이하에서 약간의 차이가 발생된다. 따라서 전산 프로그램을 작성할 때 해답 벡터를 반복 수정 적용하여 정확도를 향상시키는 것이 좋다. CD에 수록된 부 프로그램 GAUSEL은 상대적으로 단순한 프로그램으로서 선형 공식시스템 $[A]\{x\}=\{b\}$을 풀기 위해 가우스 소거법에 한번의 반복 수정을 한다. 독자는 이 방법에 대해 상세히 연구하기 위해서는 전산 코드를 해석하는 것이 좋다.

가우스 소거법은 근사해 $\{x_a\}$을 위해 선형 시스템 $[A]\{x\}=\{b\}$를 먼저 푼다. 이 해답을 $[A]^{-1}\{b\}$로 명기하고, 다음은 $[A]\{x_a\}=\{b\}\{r\}$로 정의된 잉여(residual)벡터 $\{r\}$를 계산한다. 이 행렬 공식으로부터 원래 행렬공식을 빼면 다음과 같이 된다.

$$[A](\{x_a\}-\{x\})\equiv[A]\{e\}=\{r\} \qquad \text{B.1}$$

또는

$$(\{x_a\}-\{x\})\equiv\{e\}\approx[A]^{-1}\{r\} \qquad \text{B.2}$$

상기 첫 번째 공식은 $\{b\}$대신 $\{r\}$이 사용되면 $\{x_a\}$를 구한 해결 절차를 사용하여 오차 벡터 $\{e\}=[A]^{-1}\{r\}$을 구할 수 있다. 반복 횟수를 나타내는 아래첨자 i의 각 항목들을 재정리하면 $\{x\}_i=\{x_a\}_i-\{e\}_i$로 쓸 수 있다. 임의 해답 요소 $\{x_a\}$에 대한 반복 식의 개선된 근사치는 원래 계산 수치에서 계산된 오차 수치를 뺀 것을 나타낸다. 각 후속적인 오차는 현재 추정된 오차보다 작고 따라서 $|\{e\}_i|$는 새로운 근사 해에 있어 보수적인 오차의 추정이 된다. 상대 오차는 $|\{e\}_i|/|\{x_a\}_i-\{e\}_i|$으로 정의된다. 통상적으로 1회 반복 개선으로 충분하며 GAUSEL.FOR에서도 1회 반복 개선방법을 사용하였다.

부 프로그램의 호출에는 다음 형태 선언이 포함되어야 한다.

CALL GAUSEL(N, M, A, B, DET, ERRNOR) B.3

인자들은 다음과 같다.

N : 풀어야 할 공식들의 숫자. A는 $N\times N$수치를, 그리고 B는 N의 수치들을 포함하여야 한다.

M : 주 호출 프로그램에서 배열 A와 B의 크기로서 $A(M,M)$그리고 $B(M)$

A : 계수 행렬 $[A]$. 이 행렬은 항상 2차 배열로 크기는 $A(M,M)$이다.

B : 기저 벡터 $[B]$로서 프로그램을 호출할 때 크기 $B(M)$인 1차 배열이다.

DET : 행렬 $[A]$의 행렬식(determinant)이다. 이 수치는 GAUSEL로부터 반환된 수치이다.

ERRNOR : 상대 오차의 추정으로 프로그램 호출시 $ERRNOR(M)$ 1차 배열로서 크기가 결정되어야 한다. 이 배열 내 수치들은 GAUSEL에 의해 반환된 값이며 해답이 충분한 정밀도를 갖는지 여부를 결정하는 방법을 제공한다.

부 프로그램은 항상 DET 내에서 행렬식과 ERRNOR내의 미지수 벡터 각 요소를 위한 상대 오차를 반환해준다. 이들 값을 원치 않을 때는 부 프로그램 선언부에서 제거할 수 있다. double precision을 사용하기 위해 GAUSEL을 쓸 경우 A, B, DET, 그리고 ERRNOR도 또한 호출 프로그램 내에서 double precision를 갖아야 한다.

B.3 수치 적분

B.3.1 사다리꼴 법칙(TR:Trapezoidal Rule)

사다리꼴 법칙은 독립 변수의 시작 수치 x_b부터 독립 변수의 끝나는 수치 x_e까지 적분에 대한 근사 해는 간격 $\triangle x = x_e - x_b$와 상기 두 지점에서 계산된 함수의 평균의 곱과 동일하다. 즉,

$$\triangle F = \int f(x)dx = (x_e - x_b)\{f(x_b) + f(x_e)\}/2 \qquad \text{B.4}$$

수치 적분의 정확도는 간격 $\triangle x$의 간격 크기에 좌우된다. 즉, 요구되는 오차를 만족시키기 위해서는 충분히 작은 $\triangle x$의 크기가 되도록 선정하여야 한다. 얼마나 작아야 되는지 어떻게 결정할 수 있을까? 통상적으로 $\triangle x$는 충분히 작기 때문에 $\triangle x$를 사용한 결과와 $\triangle x/2$를 사용한 결과는 크게 차이가 나지 않는다. 즉, 수치 적분은 $\triangle x$를 감소시킨 후 결과들을 서로 비교하여 차이가 설정한 오차 기준보다 작을 때까지 반복할 수 있다. 만일 이러한 절차가 연산을 최소로 하는 방법을 고려하지 않고 수행된다면 상당히 많은 계산이 요구된다. 이제부터 전술한 계산의 이점을 잃지 않고 간격 크기를 감소시키는 알고리즘에 대해 기술한다. 이해를 도모하기 사다리꼴법을 이용해 1차식을 구하도록 한다.

적분 간격을 N으로 나눈 간격 $\triangle x = (x_e - x_b)/N$을 연속적인 간격 $\triangle x$에 사다리꼴법을 반복적으로 적용하면 다음과 같은 결과 식이 생성된다.

$$F(x_e) - F(x_b) = \Delta x\{f_0/2 + f_1 + f_2 + \cdot \cdot \cdot + f_{N-1} + f_N/2\} \qquad \text{B.5}$$

따라서 첫 번째와 마지막 항들은 2로 나눈 것과 중간 지점에서의 함수들의 수치들은 서로 더해진다. 여기서 $f_0 = f_b$(첫 번째 간격에서의 함수)와 $f_N = f_e$(마지막 간격에서의 함수)이다. 사다리꼴 법은 앞에서 구한 함수 값을 잃지 않고 앞에서의 수치 절반과 동일한 새로운 Δx를 갖고 반복적으로 수행된다. 그와 같은 알고리즘이 어떻게 전개되는지 가시화하기 위해서 먼저 그림 B.1에서 보는 바와 같이 $N=1$이고, 두 끝 지점 x_b와 x_e의 함수의 평균에 $(x_e - x_b)$에 곱하는 가장 거친 사다리꼴법의 수행을 고려한다. 적분의 범위가 두 개의 간격 $\Delta x = (x_e - x_b)/2$으로 나누게 되면, 다른 하나의 추가된 지점에서 함수를 평가하여야 하며 그림 B.1에서 $N=2$인 경우 중간 지점이 된다. 확장된 사다리꼴법의 적용할 때는 Δx는 선행 것의 반이기 때문에 선행 마지막 수치를 1/2로 곱한다. 그리고 이러한 결과는 Δx로 곱하여 중간 지점에 함수의 수치에 더한다. 적분의 범위를 4 등분하면 간격은 $\Delta x = (x_e - x_b)/4$가 되고 함수를 $x = x_b + (\Delta x)_{i-1}/2$ 및 $x = x_b + (\Delta x)_{i-1}/2 + (\Delta x)_{i-1}$ 두 개의 추가 지점에서 평가하여야 한다. 여기서 $(\Delta x)_{i-1}$는 선행 증가분이다. 이 두 추가 지점들은 $N=3$으로 관련된 선상에 나타난다. $N=4$인 경우 함수는 추가적인 4개 지점에서 평가되어야 하고 이러한 절차는 연속된다. 그림 B.1에서 보여주는 바와 같이 모든 평가의 합은 연장된 사다리꼴 법을 수행하는데 필요한 모든 수치들을 제공한다. 이러한 절차는 연속적인 N의 증가 사이에서 적분의 평가가 미리 설정된 오차 범위내의 수치가 될 때까지 계속된다.

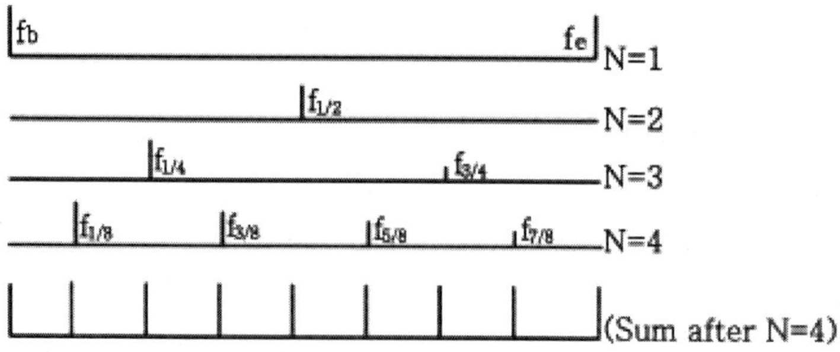

그림 B.1 계속해서 감소하는 증가분 △x 는 선행 증가분의 절반으로 새로운 지점에서의 함수는 △x가 감소되면서 평가되는 사다리꼴 법 수행

그림 B.2에 열거된 포트란 프로그램 코드는 이러한 알고리즘을 수행하며 사다리법을 이용하여 적분을 수치적으로 수행하는 부 프로그램이다.

```
      SUBROUTINE TRAPR(EQUAT, XB, XE, VALUE, ERR, MAX)
      EXTERNAL EQUAT
      EV=-1.E30
      VALUE=0.5*(XE-EB)*(EQUAT(XB)+EQUAT(XE))
      M=1
      I=1
   10 I=I+1
      DELX=(XE-XB)/FLOAT (M)
      X=XB+0.5*DELX
      SUM=0.
      DO 20 J=1,M
      SUM=SUM+EQUAT(M)
   20 X=X+DELX
      VALUE=0.5*(VALUE+(XE-XB)*SUM/FLOAT(M))
      M=2*M
      IF(ABS(VALUE-EV).LT.ERR*ABS(EV)) RETURN
      EV=VALUE
      IF(I.LT.MAX) GOTO 10
      WRITE(*.*) 'FAILED TO SATISFY ERROR REQ.', VALUE-EV
      RETURN
      END
```

그림 B.2 TRAPR.FOR 프로그램. 미리 설정된 오차 범위를 만족시킬 때까지 반복하여 Δx를 감소시켜 함수를 적분한다.

이 부 프로그램을 사용하기 위해 두 개의 다른 프로그램이 필요하다. 첫 번째 프로그램은 함수 부 프로그램으로(TRAPR로 호출하는데 첫 번째 인자로서 이름은 EQUAT이다) 인자 X에서 적분할 함수(integrand)를 평가한다. 따라서 주 프로그램은 함수 EQUAT(X)를 호출한다. 두 번째 프로그램은 주 프로그램으로 다른 과업에서 적정하게 TRAPR를 호출한다. TRAPR 프로그램을 수행하기 위한 인자는 다음과 같다.

EQUAT : 외부 함수 부 프로그램으로 주어진 X 수치에서 적분함수(integrand)를 평가한다.

XB : 간격의 시작점에서 독립 변수의 실수 수치

XE : 간격의 마지막 점에서 독립 변수의 실수 수치 즉, 적분은 XB부터 XE까지다.

VALUE : 주 프로그램에 반환될 적분의 실수 수치

ERR : 상대 오차 기준으로 실수형이다. 증분 Δx는 적분의 연속적이 두 개의 절대 수치차이가 ERR와 선행 평가로부터의 적분 절대 수치의 곱보다 적을 때 까지 계속 해서 반복된다. ERR의 수치 1.0×10^{-6}은 32비트 수치로 표시하는 한계에 근접하고 기준을 만족시킬 수 없는 절삭(truncation) 오차도 발생시키지 않는다.

MAX : 허용된 Δx의 최대 정수 감소 수치이다.

함수가 포트란의 주 프로그램의 선언부에서 하나의 문장으로 정의될 수 있으면 함수 EQUAT의 자리에 함수에 대한 정의를 할 수 있다. 이러한 방법은 예제 B.1에서 사용된다.

B.3.2 심슨법(Simpson's Rule)

심슨법은 두 개 간격 적분 공식이다. 즉, 이 심슨 법은 $2\Delta x$에 걸쳐 적분을 하여 2차 다항식을 3개의 연속적으로 균등하게 나누어진 점들에 적용하여 2차 근사 해를 만든다. 심슨법은 다음과 같다.

$$\Delta F_{i-1}^{i+1} = \frac{\Delta x\{f_b + 4f_m + f_e\}}{3} \qquad \text{B.7}$$

여기서 f_m은 간격 $2\Delta x$의 중간 지점인 $x=\Delta x$에서의 적분함수이다. 사다리꼴법과 함께 심슨법은 $2\Delta x$를 사용하여 앞에서 구한 Δx의 새로운 간격에서 구한 수치를 비교하여 효과적인 계산 형태로 수행될 수 있다. 알고리즘은 다음의 방법으로 수행된다. 증분 $\Delta x_0 = x_e - x_b$으로서 독립 변수의 전체범위로 시작한다. 대략적인 적분을 위한 사다리꼴법 수치는 $VALU1_0 = \Delta x_0(f_b + f_e)/2$이다. 이 간격을 2로 나누면 $\Delta x_1 = \Delta x_0/2$이 되고 원래의 중간 지점에서의 함수를 평가하여 f_m을 구한다.

이 법칙을 두 번 적용하고 x_b부터 x_e까지 적분한 대략적인 수치인 $VALU1_1 = \Delta x(f_b + 2f_m + f_e)/2$를 구하기 위해 더한다. 심슨법은 이 새로운 수치를 4로 곱하고 첫 번째 수치를 감하고 이 결과를 3으로 나누어 구할 수 있다 즉,

$$\begin{aligned} VALUE &= (4\,VALU1_1 - VALU1_0)/3 \qquad \text{B.8} \\ &= \{4\Delta x_1(f_b + 2f_m + f_e)/2 - \Delta x_1(f_b + f_e)\}/3 \\ &= \Delta x_1(f_b + 4f_m + f_e)/3 \end{aligned}$$

이 알고리즘은 $\Delta x_i, i = 2, 3, \cdot\cdot,$ 연속적인 절반의 간격으로 적용하고, 심슨 법칙의 새로운 대략적인 적분 수치 즉, 새로운 절반 간격과 연관된 심슨법을 위한 적분의 새로운 근사 수치 $VALUE$는 다음과 같다.

$$VALUE = (4\,VALU1_I - VALU1_{I-1})/3 \tag{B.9}$$

여기서 $VALU1$은 사다리꼴 법 알고리즘에 의해 얻어진다. 각 $VALU1_i$는 새로운 Δx로 구하고 각 선행 Δx로 $VALU1_{i-1}$를 구한다.

심슨법에 의해 수치 적분을 수행하는 포트란 프로그램 SIMPR 전산 코드를 그림 B.3에 나타내었다. 여기서 인자들은 부 프로그램 TRAPR의 인자들과 동일하다. 이 프로그램의 이름을 TRAPR와 구별하기 위해서 SIMPR로 변경한다.

```
      SUBROUTINE SIMPR(EQUAT,XB,XE,VALUE,ERR,MAX)
      EXTERNAL EQUAT
      EV1=-1.E30
      EV=-1.E30
      VALU1=.5*(XE-XB)*(EQUAT(XB)+EQUAT(XE))
      M=1
      I=0
10    I=I+1
      DELX=(XE-XB)/FLOAT(M)
      X=XB+.5*DELX
      SUM=0.
      DO 20 J=1,M
      SUM=SUM+EQUAT(X)
20    X=X+DELX
      VALU1=.5*(VALU1+(XE-XB)*SUM/FLOAT(M))
      M=2*M
      VALUE=(4.*VALU1-EV1)/3.
      IF(ABS(VALUE-EV).LT.ERR*ABS(EV)) RETURN
      EV=VALUE
      EV1=VALU1
      IF(I.LT.MAX) GO TO 10
      WRITE(*,*)' Failed to satisfy error req.', VALUE-EV
      RETURN
      END
```

그림 B.3 SIMPR.FOR 프로그램. 미리 설정된 오차 범위를 만족시킬 때까지 반복하여 Δx를 감소시켜 함수를 적분한다.

예제 B.1

함수 $f(x) = x^2(x^2-2)\sin(x)$을 구간 0에서 $\pi/2$까지 사다리꼴법과 심슨법을 사용하여 적분하고 그 결과를 엄밀해와 비교하라.

엄밀 무한 적분은 $F(x) = 4x(x^2-7)\sin(x) - (x^4-14x^2+28)\cos(x)$이다. 다음의 프로그램은 이 문제에 대한 완전 해법으로 작성한다.

해를 구하기 위한 포트란 주 프로그램과 부 프로그램 EQUAT

```
PARAMETER (NMAX=21, A=0, B=1.5707963, ERR=1.E-5)
EXTERNAL EQUAT
CLOINT(X)=4.*X*(X**2 -7.)*SIN(X)-(X**4-14.*X**2+28.)*COS(X)
CALL  TRAPR(EQUAT,A,B,VALUE,ERR,NMAX)  !  심슨법을  사용하려면
          !TRAPR를 SIMPR로 변경하여야 한다.
WRITE(*.*) VALUE,CLOINT(B)-CLOINT(A)
END
FUNCTION EQUAT(X)
EQUAT=X**2*(X**2-2.)*SIN(X)
RETURN
END
```

프로그램 실행 결과 다음과 같다.

방법	결과
엄밀해	-4.791598E-1
사다리꼴법	-4.791531E-1
심슨법	-4.791583E-1

예제 B.2

등가 집중 힘의 수직 성분과 위치를 구하라. 바닥의 표면적은 길이 3m 수심 6m이다. 수직 벽들과의 거리는 3m이다. 표면은 다음의 공식으로 나타낸다.

$$y = f(x) = 2\left[x - \cos\left\{\frac{\pi}{2}\left(1 - \frac{x}{3}\right)\right\}\right]$$

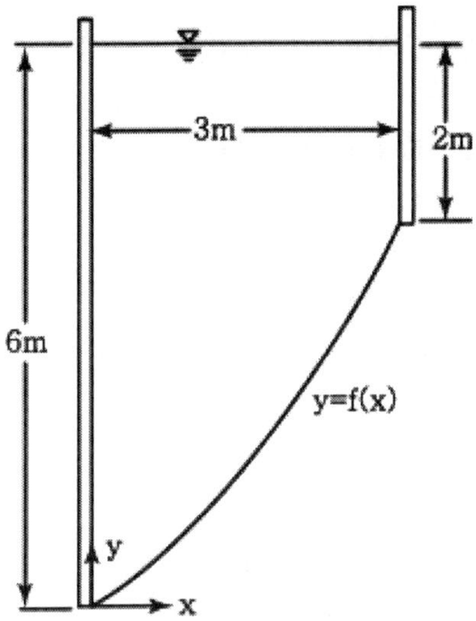

탱크의 바닥에 미치는 정수압의 수직 성분은 단순히 이 탱크 상부 유체의 무게이다. 즉, 물의 비중량과 유체 체적의 곱이다. 탱크의 바닥은 x의 함수로 주어졌으므로 면적은 수치 적분에 의해 결정할 수 있다. 미소 면적은 $dA = (6-y)dx$ 또는 다음과 같다.

$$A = \int_0^3 \left(6 - 2\left[x - \cos\left\{\frac{\pi}{2}\left(1 - \frac{x}{3}\right)\right\}\right]\right)$$

이제부터 이 면적의 중심은 $Ax_c = \int_0^3 x(6-y)dx$ 로부터 결정하고 면적과 면적 1차 모멘트를 구하기 위한 프로그램은 다음과 같다.

```
PROGRAM SIM1.FOR 면적 적분
   PARAMETER (NMAX=21,A=0,B=3.,ERR=1.E-5)
   EXTERNAL EQUAT
   CALL SIMPR(EQUAT,A,B,VALUE,ERR,NMAX)
   WRITE(*.*) VALUE
   END
   FUNCTION EQUAT(X)
   EQUAT=6-2.*(X-COS(1.5707963*(1.-X/3.)))
   RETURN
   END
PROGRAM SIM2.FOR 면적 1차 모멘트 구하기
```

```
PARAMETER (NMAX=21,A=0,B=3.,ERR=1.E-5)
EXTERNAL EQUAT
CALL SIMPR(EQUAT,A,B,VALUE,ERR,NMAX)
WRITE(*.*) VALUE
END
FUNCTION EQUAT(X)
EQUAT=X*(6-2.*(X-COS(1.5707963*(1.-X/3.))))
RETURN
END
```

계산된 면적은 $12.820m^2$이고 면적 1차 모멘트는 $16.295m^2$이다. 따라서 탱크의 바닥에 작용하는 힘은 $F=\gamma V=\gamma Ab=9.806(12.820)(3)=377.1KN$이다. 이 힘은 원점으로부터 $x_c=16.295/12.820=1.271m$ 떨어진 곳에 작용한다.

B.4 상미분 방정식에 대한 해답

B.4.1 소 개

많은 분야에서 상미분 방정식(ODE:Ordinary Differential Equations)을 풀어야 할 필요성이 빈번하게 발생된다. 많은 경우 상미분 방정식에 대한 폐쇄형(closed-form)해답은 존재하지 않으므로 수치적으로 해답을 구하여야 한다. MathCAD와 TK-Solver와 같은 일반적으로 사용되는 수학 소프트웨어는 독자에게 상미분 방정식에 대한 해답을 쉽게 구할 수 있도록 해주고 사용할 방법을 선택할 수 있도록 해준다. HP48G(X)와 같은 휴대용 계산기도 상미분 방정식을 해결할 수 있는 능력을 갖추고 있다. 여기에서는 상미분 방정식을 해결하기 위한 Runge-Kutta방법(상미분 방정식을 해결하는 여러 방법 중 하나로 가장 많이 사용되고 있다)에 대해 기술한다.

B.4.2 Runge-Kutta법

수치 적분의 Runge-Kutta법은 처리가 신속하지도 않고 효율적이지도 않지만 매우 신뢰할 만한 방법으로 잘 알려져 있으므로 여기에서는 Runge-Kutta법 실행 방법에 대해 기술한다.

Runge-Kutta법은 종속 변수 y를 다음 증분에서 $y_{i+1} = y_i + \Delta y$로 구한다. 오일러 predictor는 독립 변수 증분 Δx를 x_i에서의 도함수 $dy/dx = y'$에 곱하여 Δy를 구한다. 따라서 $\Delta y = \Delta x y'(x_i, y_i)$가 된다. 증분의 중간 지점에 trial step를 고려하자. 이제 x와 y를 이용하여 $\Delta y = \Delta x y'(x_i + \Delta x/2,\ y_i + \Delta y_m)$ (Δy_m은 중간 지점에 대한 오일러 predictor로부터 구한 Δy이다.)을 구한다. 이와 같이 Δy를 구하는 방법을 2차 Runge-Kutta 또는 중간 포인법(midpoint method)라 한다. 독립변수와 종속변수의 별개 조합을 이용하여 도함수 y'를 계산할 수 있으며 이 조합들로부터 Δy의 다른 수치들은 적정한 Δx들을 곱하여 구할 수 있다. 이제 우리는 이러한 증분들을 다음과 같이 정의한다.

$$\Delta y_1 = \Delta x \cdot y'(x_i, y_i) \qquad \text{B.10}$$

$$\begin{aligned} \Delta y_2 &= \Delta y_m \\ &= \Delta x \cdot y'(x_i + \Delta x/2, y_i + \Delta y_m) \\ &= \Delta x \cdot y'(x_i + \Delta x/2,\ y_i + \Delta y_1/2) \end{aligned}$$

$$\Delta y_3 = \Delta x \cdot y'(x_i + \Delta x/2,\ y_i + \Delta y_2/2)$$

$$\Delta y_4 = \Delta x \cdot y'(x_i + \Delta x,\ y_i + \Delta y_3)$$

상기 공식 중 첫 번째 공식은 오일러 predictor이고 두 번째 공식은 중간 포인트(midpoint) 방법이다. 이런 관계로부터 4차 Runge-Kutta공식은 다음과 같이 된다.

$$y_{i+1} = y_i + (\Delta y_1 + 2\Delta y_2 + 2\Delta y_3 + \Delta y_4)/6 \qquad \text{B.11}$$

상기 공식은 도함수가 하나의 증분 Δx로 진행하기 위해서는 4번 계산되어야 하며 최종 결과로부터 Δx^5이상의 항들은 삭제되었다는 것을 알 수 있다. 즉, Δy_i는 Δx의 함수로서 Δy_4에서는 Δx가 5승이 된다. 이와 같은 4차 Runge-Kutta 공식을 수행하기 위한 컴퓨터 코드는 그림 B.4에 나타내었으며 이 코드는 부 프로그램에서 포트란 선언문으로 구성될 수 있다. 부 프로그램 내에서 독립변수 x, 증분 Δx, 그리고 종속 변수 y의 기본 값은 각각 인자 X, DX, 그리고 Y로 주어진다. 이러한 변수들이 인자보다는 공통 선언문에 나타나도록 포트란 처리과정을 수정하여야 한다.

```
SUBROUTINE RUKU4(X,DX,Y)
XH=X+0.5*DX
DY1=DX*SLOPE(X,Y)
DY2=DX*SLOPE(XH,Y+0.5*DY1)
DY3=DX*SLOPE(XH,Y+0.5*DY2)
Y=Y+(DY1+DX*SLOPE(X+DX,Y+DY3))/6.+(DY2+DY3)/3.
RETURN
END

SUBROUTINE RUKU4A(X,DX,Y)
DX5=0.5*DX
XH=X+DX5
DY1=SLOPE(X,Y)                      !1st sub-step
DY2=SLOPE(XH,Y+DX5*DY1)                  !2nd sub-step
DY3=SLOPE(XH,Y+DX5*DY2)                  !3rd sub-step
Y=Y+DX*((DY1+SLOPE(X+DX,Y+DX*DY3))/6.+(DY2+DY3)/3.)
RETURN
END
```

그림 B.4 4차 Runge-Kutta 공식을 위한 두 개의 포트란 부 프로그램

도함수를 평가하기 위해 Runge-Kutta 부 프로그램을 사용하려면 이를 적정하게 호출하는 주 프로그램과 부 프로그램 SLOPE 함수가 필요하다. 그림 B.4의 목록은 단일 ODE를 풀도록 작성되었다.

아래와 같은 프로그램을 사용하여 상미분 방정식 시스템을 해결하여야 한다면 Y을 위한 배열과 도함수들이 필요하다. N 개의 상미분 방정식의 마지막 배열에서 N 개 도함수를 반환해주는 상미분 방정식들을 해결하여야 한다면 처음 두 인자(Y도 반드시 배열이어야 한다) X와 Y에서 평가된 마지막 배열 인자에 있는 N 개 상미분방정식들을 위한 도함수 N 개를 반환시켜주는 부 프로그램 SLOPE을 작성하여야 한다. 주 프로그램은 그림 B.5의 목록에 나타난 부 프로그램으로 구성된다.

RUKU4 (또는 RUKU4S)를 사용함에 있어 단점은 해의 정밀도는 사용되는 Δx 증분 크기에 좌우된다는 것이다. 처리 방법 중 하나는 상미분방정식을 두 번 푸는 것이다. 즉, 한번은 임의 Δx로 그리고 한번은 $\Delta x/2$풀어 해가 허용된 오차 내에 있으면 해로 수용하고 오차를 벗어나면 임의 Δx를 반으로 감소하여 다시 푼다. 이것을 사용자에게 부담

지우는 것보다 이 증분 크기를 오차 기준을 만족시키도록 조정하는 것이 훨씬 좋다. 구하고자 하는 해의 정밀도에 의해 이 증분 크기를 크게 하거나 작게 조정한다. 이러한 절차를 자동으로 수행하기 위해서 추정 오차가 필요하다.

```
      SUBROUTINE RUKU4S(N, X, DX, Y)
        PARAMETER (NM=5)
        REAL Y(N), YT(NM), DY1(NM), DYT(NM), DYM(NM)
        DX5=0.5*DX
        XH=X+DX5
        CALL SLOPE(X,Y,DY1)              !1st sub-step
        DO 10 I=1,N
   10 YT(I)=Y(I)+DX5*DY1(I)
        CALL SLOPE(XH, YT, DYT)               !2nd sub-step
        DO 20 I=1,N
   20 YT(I)=Y(I)+DX5*DYT(I)
        CALL SLOPE(XH, YT, DYM)               !3rd sub-step
        DO 30 I=1,N
        YT(I)=Y(I)+DX*DYM(I)
   30 DYM(I)=DYM(I)+DYT(I)
        CALL SLOPE(X+DX, YT, DYT)        !4th sub-step
        DO 40 I=1,N
   40 Y(I)=Y(I)+DX*((DY1(I)+DYT(I))/6.+DYM(I)/3.)
        RETURN
        END
```

그림 B.5 Runge-Kutta 4차 공식을 위한 두 개의 포트란 부 프로그램

이 추정치는 전 범위 Δx을 한번 사용하고, 다음은 독립적으로 이의 절반인 $\Delta x/2$을 취하는 "step doubling"을 반복하여 얻을 수 있다. 이러한 절차를 사용하는데 필요한 3 개의 별도 Runge-Kutta 간격은 4개의 y'을 필요로 한다. 전범위 및 절반 범위로 연산할 때 초기에 공동 인자 x와 y을 사용하므로 11개의 y'의 평가가 요구된다. 엄밀 해는 아래 첨자가 없는 y로 명기하고, Δx를 기초로 한 해는 y_1, $\Delta x/2$을 기초로 한 해는 y_2로 명기하자. 4차 Runge-Kutta 방법을 사용하여 엄밀해와 2개의 수치 해는 다음과 같이 관련시킬 수 있다.

$$y(x+\triangle x)=y_1+C(\triangle x)^5 \quad \text{B.12}$$

$$y(x+\triangle x)=y_2+2C(\triangle x/2)^5$$

여기서 테일러 시리즈 $C=(d^5y/dx^5)5!$이므로 C는 모든 간격에서 상수로 유지되어야 한다. y_1은 $C\Delta x^5$를, y_2는 $C\Delta x^5/16$을 포함하므로 두 해의 차이를 다음과 같이 편리한 추정 오차로 가정한다.

$$ERR=y_2-y_1 \quad \text{B.13}$$

엄밀 해는 다음과 같이 표현된다.

$$y(x+\triangle x)=y_2+ERR/15+0(\triangle x^6) \quad \text{B.14}$$

요구되는 정밀도를 만족시키기 위해 Dx의 변경 여부를 결정하기 위한 기준을 생성하기 위해 ERR_1을 $\triangle x_1$을 사용할 때 발생하는 오차라 하자. 오차 ERR_0을 발생시키기 위한 증분 크기 $\triangle x_0$은 다음과 같이 추정된다.

$$\triangle x_0=\triangle x_1|ERR_0/ERR_1|^{1/5} \quad \text{B.15}$$

원하는 정밀도와 관련된 오차를 ERR_0라 하자. 만일$|ERR_1|$이 ERR_0보다 크면 상기 공식은 오차 조건 ERR_0을 만족시키기 위해 $\triangle x=\triangle x_0$으로 대체하여 다시 계산한다. 다시 말하면 만일 $|ERR_1|$이 ERR_0보다 크면 $\triangle x_1$으로 계산하면 요구되는 오차를 만족시키지 못하고 공식 B.15에 의해 주어진 더욱 작아진 증분으로 다시 반복하여야만 한다. 만일 $|ERR_1|$이 ERR_0보다 작으면 공식 B.15는 $\triangle x$를 제공하여 다음 증분에서 해답을 구하기 위해 사용된다. 따라서 해답에서 가장 최근 증분은 원하는 정밀도를 만족시킨다. 그러나 다음 증분은 확대되어 공식 B.15와 같은 오차 ERR_0을 만족시키기 위해 필요한 것보다 더욱 많은 연산이 수행되는 것을 방지한다. 그림 B.6의 전산 코드는 $ERROR$의 크기와 관련된 오차 조건을 만족시키기 위한 증분 크기를 다시 결정하기 위한 논리를 포함한다.

```
SUBROUTINE RUKUST(N, DXS, XBEG, XEND, ERROR, Y, YTT)
PARAMETER(NM=5)
REAL Y(N), YTT(N), YORI(NM)
X1=XBEG
```

```
   DX=DXS
1  DO 10 I=1,N
   YTT(I)=Y(I)
10 YORI(I)=Y(I)
   X=XI
   IF(ABS(X+DX).GT.ABS(XEND)) DX=XEND-X
20 DX5=0.5*DX
   CALL RUKU4S(N,X,DX5,Y)                !Solve with half increment
   CALL RUKU4S(N,X+DX5,DX5,Y)
   X1=X+DX
   IF(ABS(X1).GT.ABS(XEND)-1.E-8) RETURN
   CALL RUKU4S(N,X,DX,YTT)               !Solve with full increment
   ERRM=0.0
   X1=X+DX
   DO 30 I=1,N
   YTT(I)=Y(I)-YTT(I)
30 ERRM=MAX(ERRM,ABS(YTT(I)/Y(I)))
   IF(ERRM.EQ.0.0) THEN
   DX=5.*DX
   DXS=DX
   GOTO 1
   ELSE
   ERRM=ERRM/ERROR
   DX=DX/ERRM**0.2
   DXS=DX
   IF(ERRM.GT.1.0) THEN
   DO 40 I=1,N
   YTT(I)=YORI(I)
40 Y(I)=YORI(I)
   GOTO 20
   ENDIF
   ENDIF
```

```
   DO 50 I=1,N
50 Y(I)=Y(I)+YTT(I)/15.          !Accounts for truncation error
   GOTO 1
   END
```

그림 B.6 간격 크기를 자동 조정해주는 4차 Runge-Kutta 코드

RUKUST의 인자의 의미는 다음과 같다.

N : 풀고자하는 상미분 방정식과 도함수 숫자

DXS : Δx 초기 수치. 이 수치는 오차 기준을 만족시키기 위해 감소 또는 증가된다. DX는 선행 Runge-Kutta 부 프로그램에서 해결하고자 하는 문제에서 증분이다. DXS는 통상적으로 이 수치보다 작게 된다. 이 부 프로그램으로 부터 반환되면 DXS는 해답의 끝 부분에서 만족스런Δx로 되고 후속적으로 RUKUST로 호출될 때 초기 증분으로 사용된다.

XBET : 독립 변수의 초기 수치.

XEND : 독립 변수의 최종 수치. XEND와 XBEG의 차이는 선행 부 프로그램 내에서 DX라 불린다.

ERROR : 만족스런 수치 해답을 얻는데 필요한 오차 기준.

Y : N 수치의 배열로서 부 프로그램에 들어가면 종속 변수를 위한 초기 조건들을 제공한다. 부 프로그램으로부터 반환되면 $x = XEND$에서 종속 변수를 위한 해답이 된다.

YTT : N 수치의 작업 배열이다. 이것은 오직 마지막 증분을 위한 해를 저장하기 위해 사용되고, 이 배열은 오차 기준을 만족시키는데 사용되는 독립 변수의 다음 증분을 결정하는 해답 Y와 비교된다.

부 프로그램은 RUKU4S를 세 번 호출하는 것에 유의하라. 즉 처음 두 번은 증분 Δx을 두 개의 간격으로 나눈 증분 $\Delta x/2$에서 해를 구하고 이 해는 배열 Y에 저장된다. 3번째는 증분 Δx를 이용한다. 즉, Runge-Kutta 방법 내에서 4 개의 후속 증분을 사용하며 이 해답은 작업 배열 YTT 내에 저장된다. 이 두 해답의 차이는 오차ERR(또는 ERR_1)을 결정하기 위해 사용된다. 그리고 원하는 정밀도를 제공할 Δx는 공식 B.15를 근거로 계산된다. 만일 정밀도가 충분하지 못하면 계산된 Δx(GOTO 20 문장이 이 역할을 한다)을 사용 다시 반복하여 해를 구한다. 구하고자하는 해가 XEND까지 진행했는지 여부를 확인하고 진행 되지 않았을 경우에는 문장 1로 되돌아가 새로이 계산된Δx로 다음 증분에서 해를 구한다. 최종 Δx 수치가 현재 x와 $XEND$ 수치 차이와 동일하도록 Δx를 조정하여 프로그램은 XEND에서 해를 구한 후 종결되도록 하여야 한다.

예제 B.3

탱크의 바닥은 상미분 방정식 $dy/dx = x + y/2$으로 정의되고 수평으로부터 45°아래로 향하는 좌표로 측정된다. 바닥에는 간격 2m 떨어진 두 개의 수직 벽이 위치하고, 탱크의 길이는 5m이다. 이 탱크는 좌측 벽 수심은 5m이다. 바닥에서의 수직 성분의 힘을 구하고 작용점을 구하라.

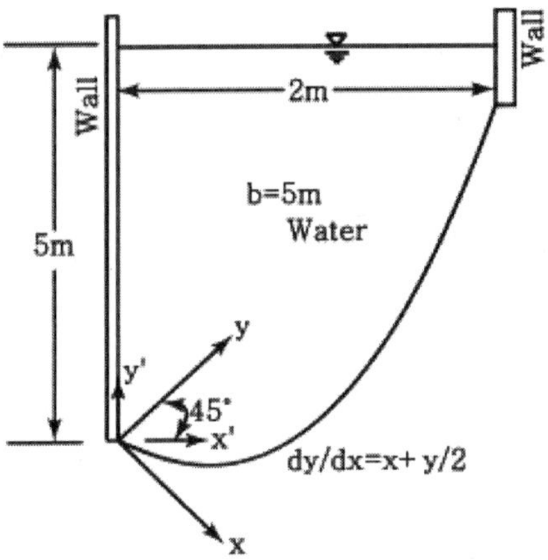

이 문제를 풀기 위해서 우리는 바닥의 형상을 구하기 위해 상미분방정식을 푼 다음 바닥 위치로부터 수면까지 수치 적분을 하여야 한다. 아래 프로그램은 이 문제에 대한 해답을 제공한다. 회전 좌표 시스템을 설명하기 위해 상기 그림에서 x방향과 수평 방향으로 명기된 x'사이의 관계를 설정할 필요가 있다. 적분하여야 할 면적은 $dA = hdx'$로 쓸 수 있으며 여기서 h는 탱크의 바닥으로부터 수면까지 거리이다. 즉 그림으로부터 이 거리는 $h = H + x\sin\theta - y\cos\theta$이고 $H = 5m$이며 이는 좌표 원점에서 수심이 된다. 또한 그림으로부터 $x' = x\cos\theta + y\sin\theta$이다.

$\sin 45° = \cos 45°$이므로 프로그램에서는 오직 $\sin 45°$만을 사용한다. 해결하는 과정에서 상미분방정식을 먼저 풀어 바닥의 형상을 구하고 결과는 배열 YY에 저장되며 필요시에는 이 배열로부터 수치를 삽입하는 다른 접근 방법이 있다. 비록 수치 적분은 x' 항으로 표현되고 회전된 축에 따른x의 상응 수치가 필요할 지라도 이 x를 결정하는 유일한 방법은 $x'/\sin 45° = x + y$을 사용하는 것이기 때문에 이 방법을 사용한다. 따라서 임의 x'을 위해서 테이블을 검색하여 $x + y$가 $x'/\sin 45°$보다 약간 큰 입력 자료를 찾고, 테이블 내 2개의 입력 자료 사이에 $y = y_0 + (\triangle y/\triangle x)(x - x_0)$을 작성한 후 선형 보간법을 사용하여 x를 구한다. 여기서 아래 첨자 0은 초기 입력 자료를 나타낸다. 따라서

$$x'/\sin 45° = y_0 + (\triangle y/\triangle x)(x - x_0) + x$$

이고 해는 다음과 같다.

$$x = (x'/\sin 45° - y_0 + (\triangle y/\triangle x)x_0)/(\triangle y/\triangle x + 1)$$

x가 결정되면 y는 $y = y_0 + (x - x_0)/[\triangle x(y_1 - y_0)]$에 삽입된다. 주 프로그램에서 먼저 상미분방정식을 해결하고 함수 EQUAT가 보간법을 수행하여 h를 구해 심슨법으로 면적을 구할 수 있다. 그 결과로 단면적은 $9.44m^2$가 되고 단위 길이 당 힘은 $92.5kN/m$가 된다. 그리고 전체 수직 힘은 $F_V = 5 \times 92.5 = 462.5kN$가 된다. 면적 1차 모멘트는 프로그램 내 코멘트에서 기술한 것과 같이 EQUAT 문장을 약간 변경하여 결정된다. 적분 결과는 $x_C A = 8.82m^3$가 되어 이 수직 힘 작용선은 다음과 같이된다.

$$x_C = 8.82/9.44 = 0.934m$$

```
TANKODEK.FOR
   EXTERNAL EQUAT
   COMMON /TRAS/XX(30),YY(30),H,SIN45,DELX,II
   REAL Y(1),YTT(1)
   II=2
   WRITE(*,*)'GIVE XB,XE,H,Y0,GAMMA,ERR,MAX'
   READ(*,*) XB,XE,H,YO,GAMMA,ERR,MAX
   SIN45=SIN(0.7853982)
   SXY=(XE-XB)/SIN45
   TOL=0.00001
   DXS=0.01
   I=1
   DELX=(XE-XB)/50.
   XX(1)=XB
   YY(1)=YO
   Y(1)=YO
10 X=XX(I)+DELX
   CALL RUKUST(1,DXS,XB,X,TOL,Y,YTT)
```

```
      I=I+1
      XX(I)=X
      YY(I)=Y(1)
      IF(X+Y(1).LT.SXY) GOTO 10
      CALL SIMPR(EQUAT,XB,XE,VALUE,ERR,MAX)
      WRITE(*,*('AREA=',F10.3,/,'FORCE=',F10.3)")
     $VALUE,VALUE*GAMMA
      END
      SURBROUTINE SLOPE(X,Y,DY)
      REAL Y(1),DY(1)
      DY(1)=X+0.5*Y(1)
      RETURN
      END
      FUNCTION EQUAT(X)
      COMMON /TRAS/XX(30),YY(30),H,SIN45,DELX,II
      SX=X/SIN45
   10 IF(XX(II)+YY(II).GT.SX)GOTO 20
      II=II+1
      GOTO 10
   20 DYDX=(YY(II)-YY(II-1))/DELX
      XP=(SX-YY(II-1)+DYDX**XX(II-1))/(DYDX+1.)
      FAC=(XP-XX(II-1))/DELX
      YP=YY(II-1)+FAC*(YY(II)-YY(II-1))
      EQUAT=H+(XP-YP)*SIN45
C     EQUAT=(H+(XPYP)*SIN45)*X
      RETURN
      END
```

부록 C 펌프 특성 곡선

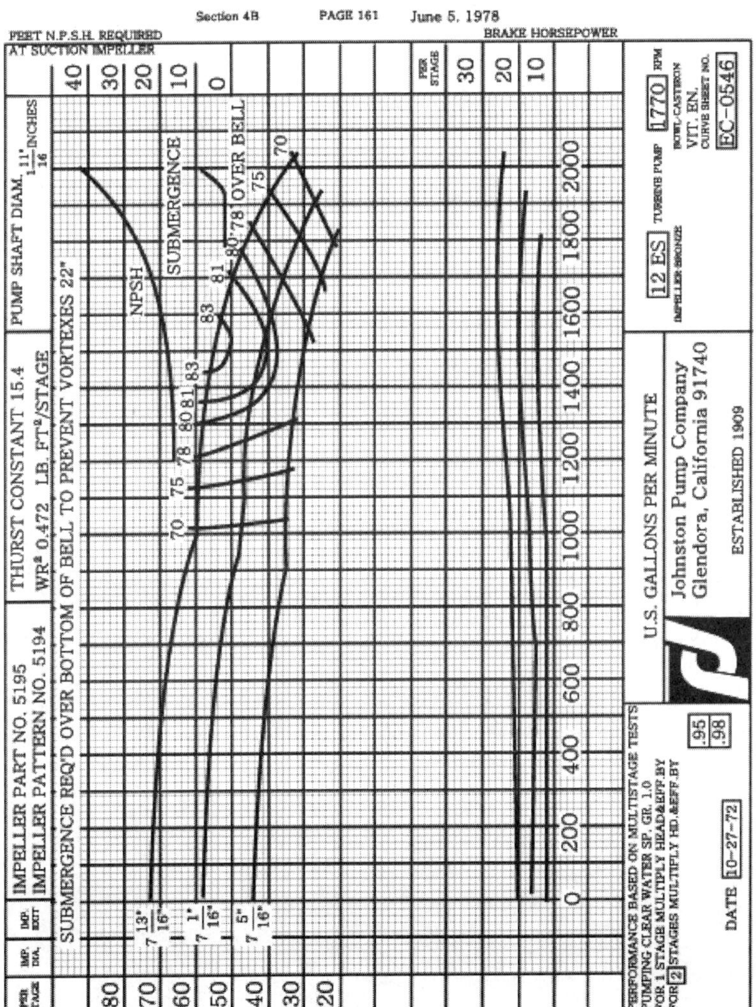

(Courtesy of Johnston Pump Co.)

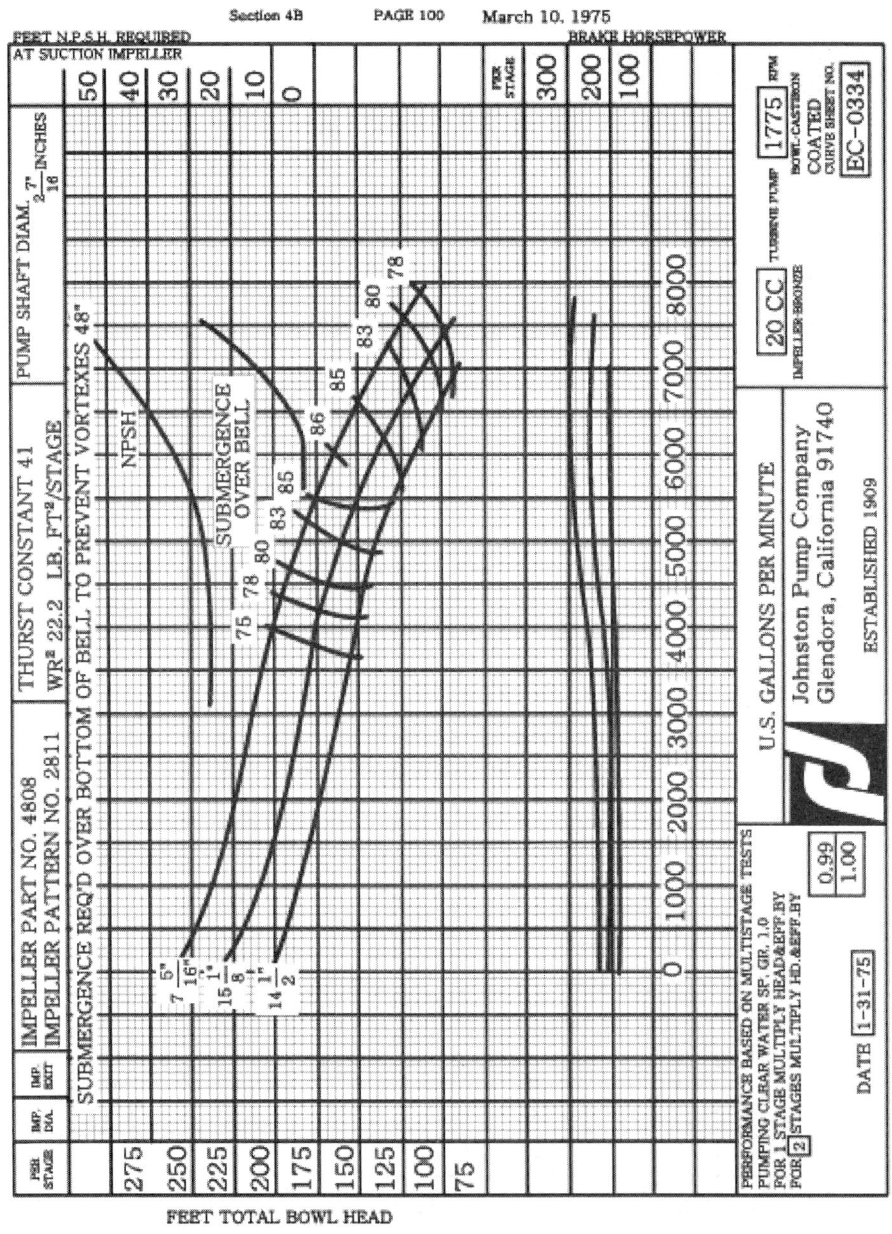

(Courtesy of Johnston Pump Co.)

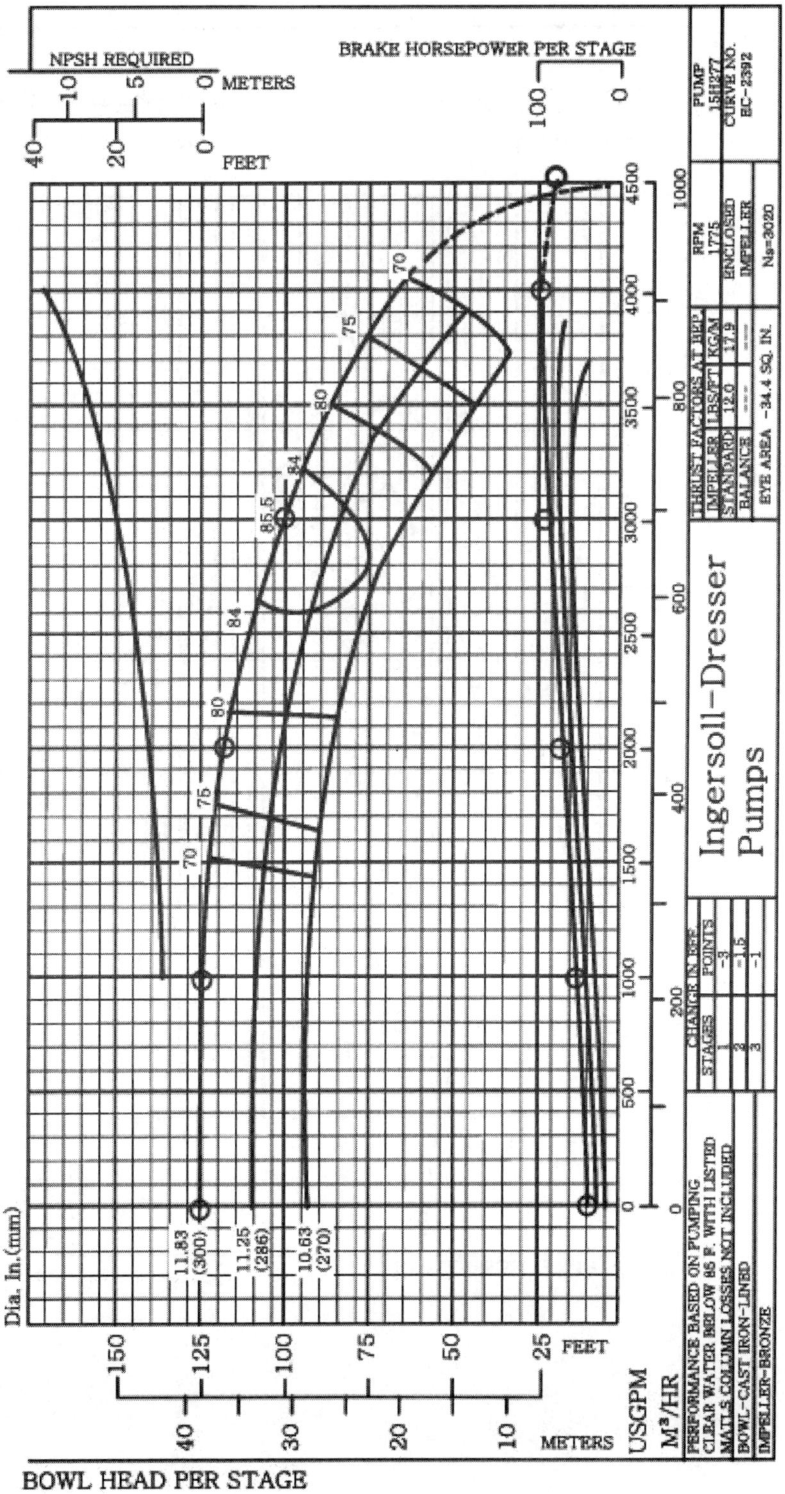
NPSH REQUIRED
METERS
FEET
BRAKE HORSEPOWER PER STAGE
PUMP
15H277
CURVE NO.
EC-2392
RPM
1775
ENCLOSED
IMPELLER
Ns=3020
THRUST FACTORS AT BEP
IMPELLER LBS/FT KG/M
STANDARD 12.0 17.9
BALANCE --- ---
EYE AREA -34.4 SQ. IN.
Ingersoll-Dresser
Pumps
CHANGE IN EFF.
STAGES POINTS
1 -3
2 -1.5
3 -1
PERFORMANCE BASED ON PUMPING
CLEAR WATER BELOW 85 F. WITH LISTED
MAT'LS COLUMN LOSSES NOT INCLUDED
BOWL-CAST IRON-LINED
IMPELLER-BRONZE
Dia. In.(mm)
11.83 (300)
11.25 (286)
10.63 (270)
USGPM
M³/HR
BOWL HEAD PER STAGE

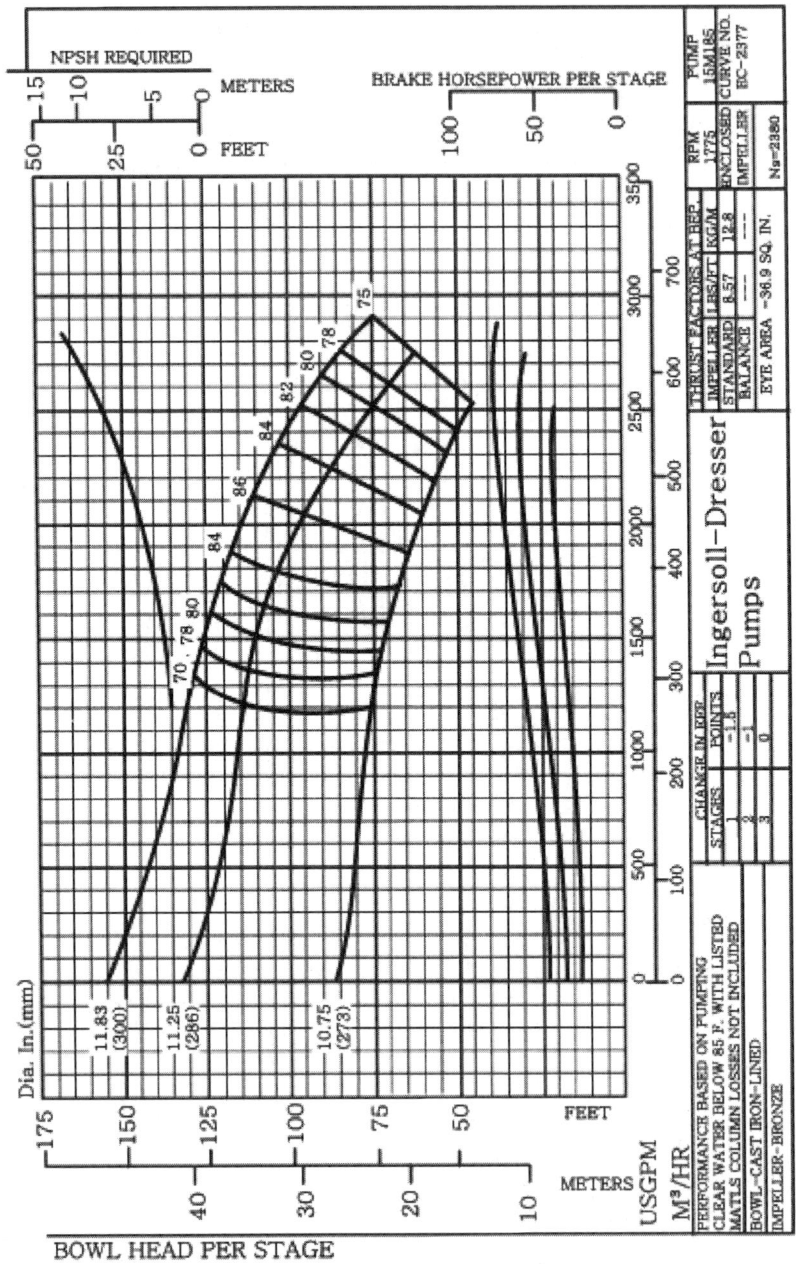
NPSH REQUIRED
METERS
FEET
BRAKE HORSEPOWER PER STAGE
BOWL HEAD PER STAGE
USGPM
M^3/HR
Dia. In.(mm)
11.83 (300)
11.25 (286)
10.75 (273)
PUMP 15M185
RPM 1775
CURVE NO. EC-2377
ENCLOSED IMPELLER
Ns=2380
THRUST FACTORS AT BEP
IMPELLER LBS/FT KG/M
STANDARD 8.57 12.8
BALANCE --- ---
EYE AREA -36.9 SQ. IN.
Ingersoll-Dresser Pumps
CHANGE IN BEP
STAGES POINTS
1 -1.5
2 -1
3 0
PERFORMANCE BASED ON PUMPING CLEAR WATER BELOW 85 F. WITH LISTED MATLS COLUMN LOSSES NOT INCLUDED
BOWL-CAST IRON-LINED
IMPELLER-BRONZE

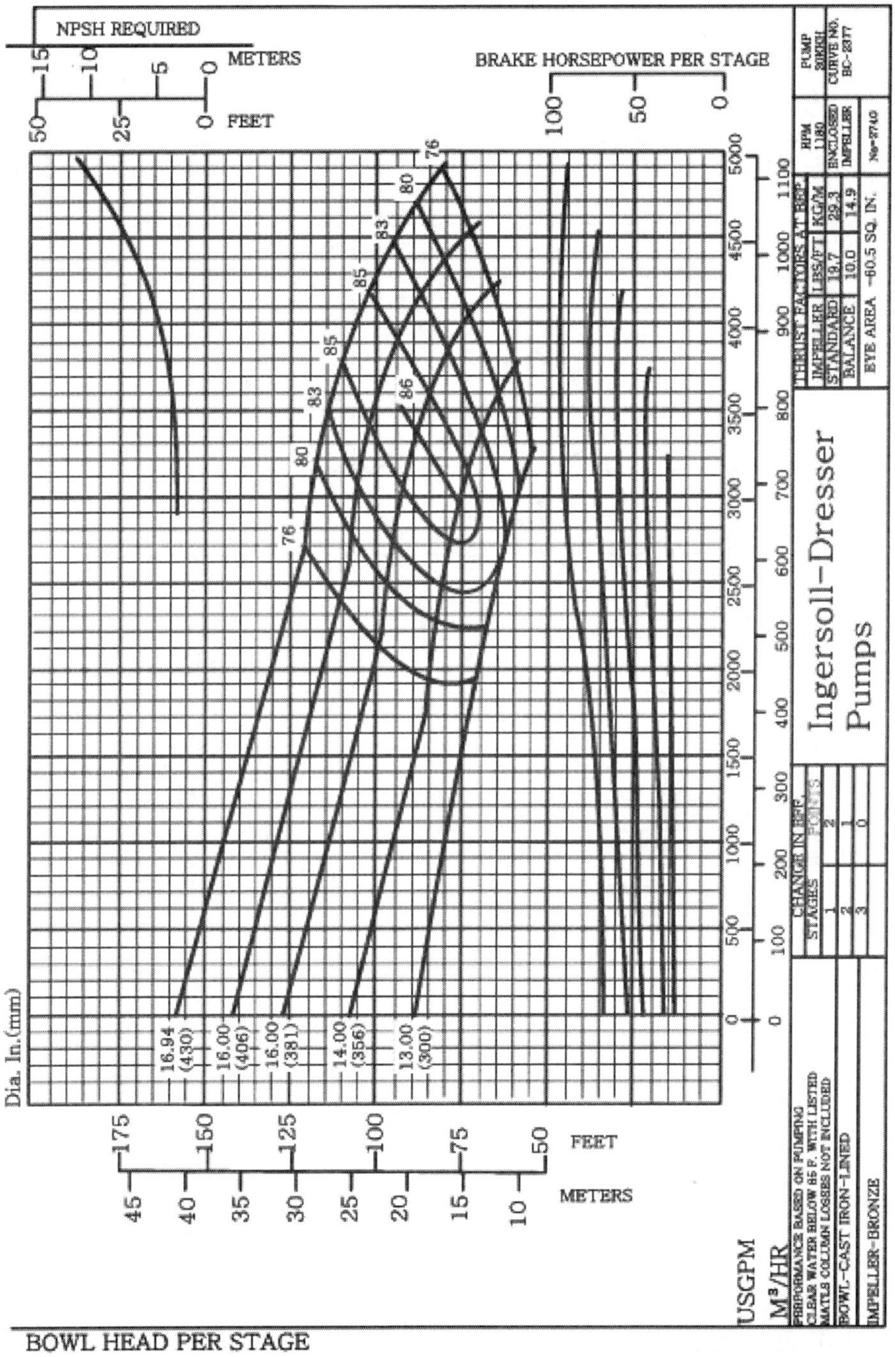
NPSH REQUIRED
METERS
FEET
BRAKE HORSEPOWER PER STAGE
Dia. In.(mm)
USGPM
M³/HR
Ingersoll-Dresser
Pumps
BOWL HEAD PER STAGE

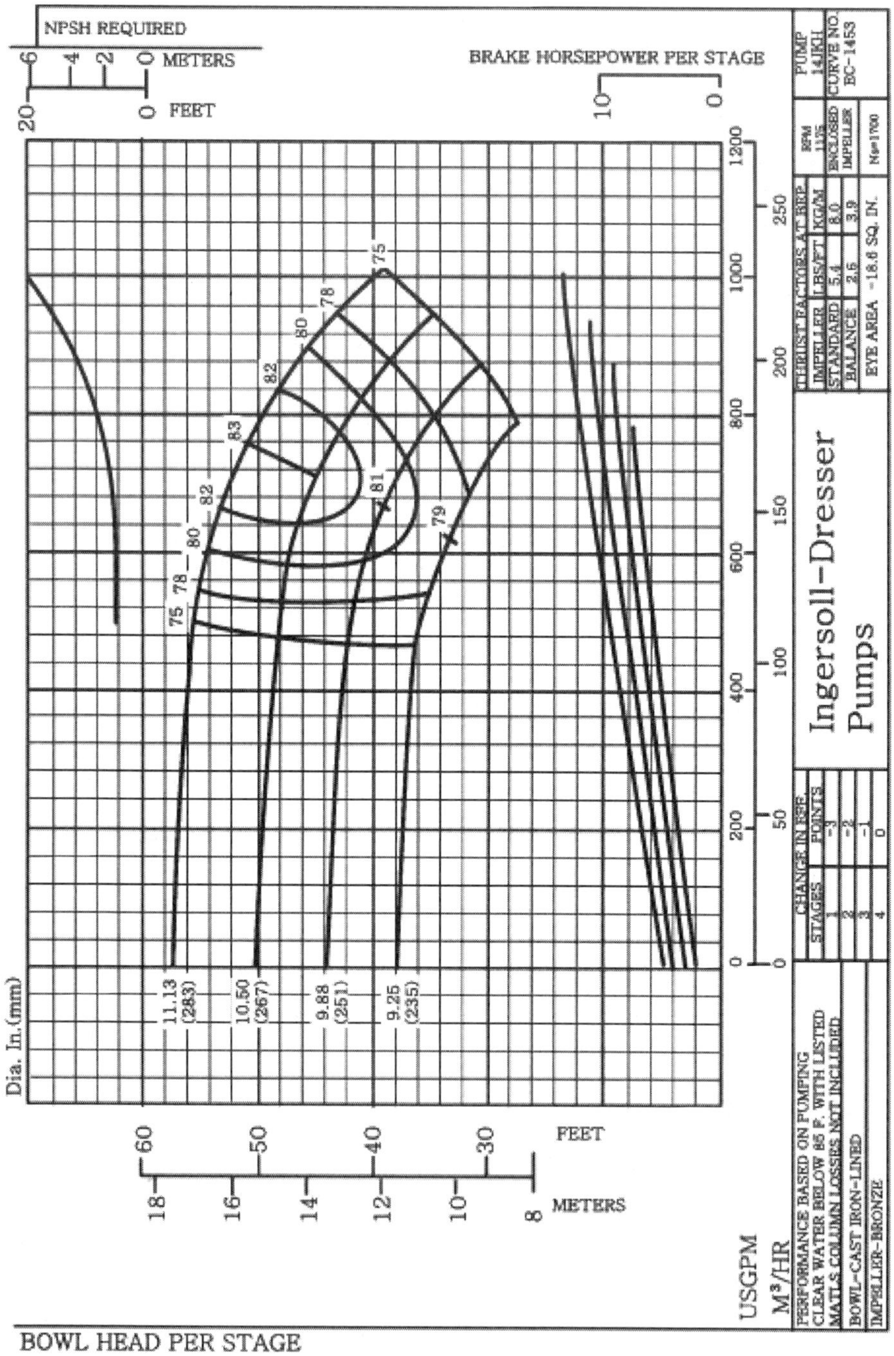
NPSH REQUIRED
METERS
FEET
BRAKE HORSEPOWER PER STAGE
Ingersoll-Dresser Pumps
PUMP 14JKH
RPM 1175
CURVE NO. EC-1453
ENCLOSED IMPELLER
THRUST FACTORS AT BEP
EYE AREA -18.6 SQ. IN.
Dia. In.(mm)
11.13 (283)
10.50 (267)
9.88 (251)
9.25 (235)
USGPM
M³/HR
PERFORMANCE BASED ON PUMPING CLEAR WATER BELOW 85 F. WITH LISTED MATL'S COLUMN LOSSES NOT INCLUDED
BOWL-CAST IRON-LINED
IMPELLER-BRONZE
BOWL HEAD PER STAGE

부록 D 밸브 손실 계수

D.1 글로브 및 앵글 밸브

완전 개방시 글로브 밸브와 앵글 밸브의 용량계수 C_V 그리고 손실 계수 K_L는 다음과 같다.

크기(인치)	4	6	8	10	12	14	16	24
C_V 글로브	200	460	770	1245	1725	2300	2940	7655
앵 글	240	541	990	1575	2500*	3060*	4200*	---
K_L 글로브	5.8	5.7	6.1	5.8	6.1	5.0	5.2	4.0
앵 글	4.1	4.1	3.7	3.6	2.9	2.8	2.6	---

표 D.1 글로브 및 앵글 밸브 용량계수 * : 추정치

용량계수 C_V는 압력 차 $1lb/in^2$가 발생되면서 분당 통과하는 유량((gal/min)으로 이 때의 수온은 60°F 이다. C_V와 관련된 공식은 유량 Q, 그리고 압력 저하 Δp 와 함께 다음과 같이 표현된다.

$$C_V = \frac{Q}{\sqrt{\Delta p}} \qquad Q = C_V\sqrt{\Delta p} \qquad \Delta p = \left(\frac{Q}{C_V}\right)^2 \tag{D.1}$$

밸브의 저항 계수 K_L의 수치는 다음의 계산으로 구할 수 있다.

$$h = K_L\frac{V^2}{2g} \tag{D.2}$$

여기서 h는 마찰 저항, V는 평균 유속으로 단위는 ft/s, 그리고 $g = 32.2ft/s^2$이다. C_V와 K_L의 관계는 다음과 같다.

$$K_L = 890\frac{D^4}{C_V^{@}} \quad \text{D.3}$$

여기서 D는 배관 직경으로 단위는 인치이다.

상기 자료는 CLA-VAL, Newport Beach, CA의 협찬 Cla-Val Automatic Control Valve Data Catalog로부터 발췌 한 것임. GA Industries에서 제작한 글로브 밸브와 앵글 밸브의 완전 개방시 유량 계수 C_V는 다음 표와 같다. C_V계수는 공식 D.1에서 정의 되었다.

크기(인치)	6	8	10	12	14	16	18	24
글로브	447	831	1175	1750	2500	3260	4130	5100
앨 글	600	1060	1800	2385	3245	4240	5365	6620

표 D.2 글로브 및 앵글 밸브 용량계수

그림 D.1은 밸브 행정과 유량 계수가 어떻게 다른지를 보여준다. 그림은 글로브와 앵글 밸브 모두에 적용된다.

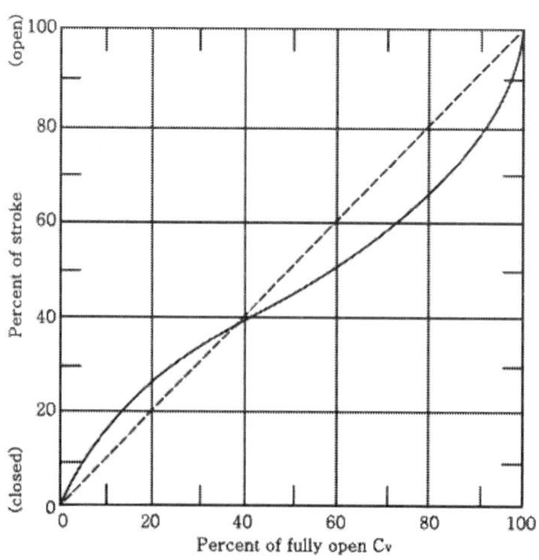

그림 D.1 행정의 퍼센트의 함수로서 유량 계수 C_V

상기 그래프와 표는 GA Industries, Inc., Cranberry township, PA.의 협찬으로 제공 되었음.

D.2 버터플라이 밸브

버터플라이 밸브의 개방 퍼센트의 함수로 손실 계수는 공식 D.2에서 정의된 바와 같이 표에 나타내었다.

개방 도(°)	3인치부터 8인치 밸브 K_L	10인치부터 20인치 밸브 K_L
5	15625	15625
10	3860	3860
15	935	935
20	337	337
25	145	145
30	71.8	71.8
35	39.6	39.6
40	21.6	21.6
45	12.7	12.7
50	6.61	7.42
55	4.00	4.41
60	2.62	2.64
65	1.79	1.59
70	1.25	0.952
75	0.948	0.620
80	0.800	0.496
85	0.718	0.460
90	0.689	0.447

표 D.3 버터플라이 밸브 손실계수

D.3 볼 밸브

볼 밸브를 위해 다음의 두 개의 표는 ①밸브 완전 개방시C_V수치 ②밸브 개방 도(°)의 숫자의 함수로서 완전 개방 C_V의 퍼센트. C_V 계수는 공식 D.1에 정의 되었다.

밸브 크기 인치	C_V
6	5250
8	9330
10	14600
12	21000
14	28600
16	37300
18	47300
20	58300
24	84000
30	131300
36	189000
42	257300
48	336000
54	425300
60	525100

개방 도°	완전 개방 C_V의 퍼센트
5	0.16
10	0.88
15	1.40
20	1.80
25	2.40
30	3.10
35	3.70
40	4.70
45	5.90
50	7.20
55	9.00
60	11.2
65	14.10
70	18.00
75	24.50
80	41.50
85	73.00
90	100.00

표 D.4 볼 밸브 용량계수

표 D.3와 D.4에 있는 자료는 Henry Pratt Co., Aurora, IL.사의 협찬으로 제공되었음.

부록 E 전동기 GD^2

다음 그림에 나타낸 권선형 전동기와 농형 전동기의 관성모멘트 도표는 일본 전기학회에서 제공한 자료이다.

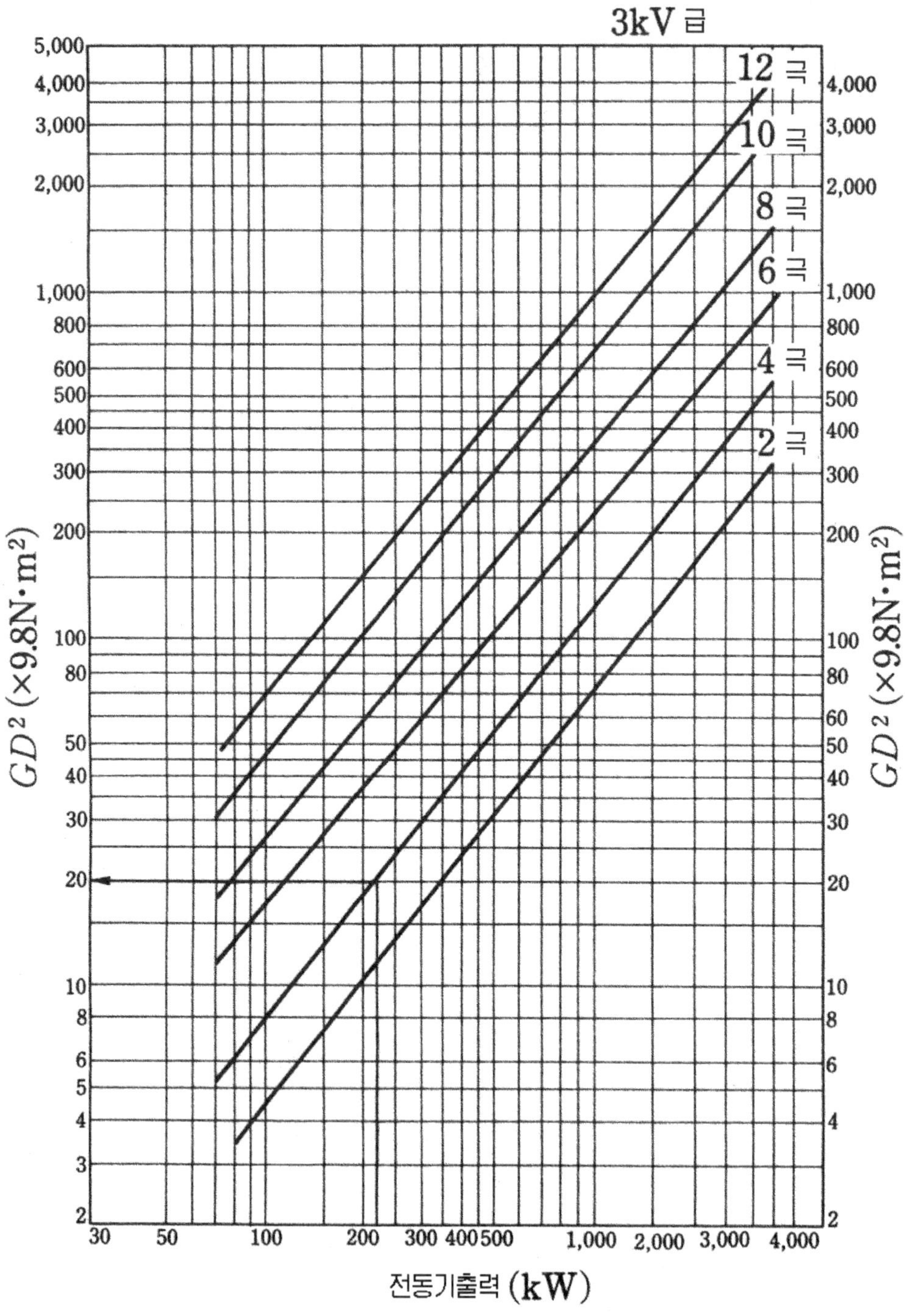

그림 E.1 권선형 전동기 출력－GD^2 선도

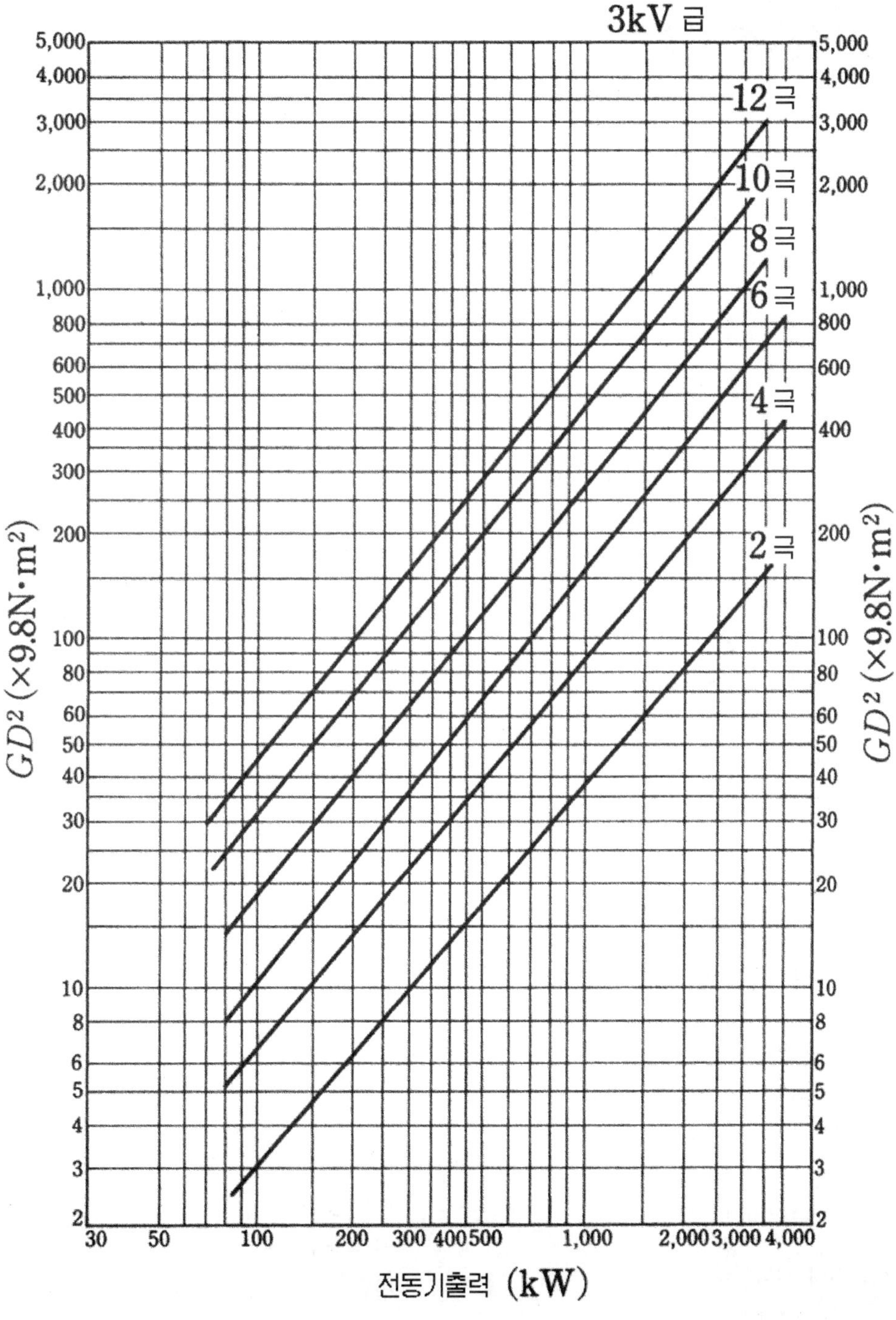

그림 E.2 농형 전동기 출력 $-GD^2$ 선도

찾아보기

저자약력

저 자 박 한 영

약 력

- Texas Tech University 석사(1993)
- 유체기계기술사(1995)
- University of Wisconsin_Madison 방문연구원(2003~2004)
- 펌프핸드북 저술(2002)
- 그림으로 푸는 수충격해석 저술(2004)
- 전산기로 푸는 수충격해석입문 저술(2005)
- 전산기로 푸는 수충격해석완성 저술(2005)
- 밸브핸드북 저술(2005)
- 펌프장설계 저술(2007)
- 관망해석 저술(2007)
- Pipe2008을 이용한 관망해석·설계 저술(2008)
- 정수설비핸드북 공동저술(2008)
- 한국수자원공사 근무(1987~현재)

저자약력

저 자 박 진 훈

약 력

- 충남대학교 농업기계공업과(1992)
- 충남대학교 대학원 기계설계공학과(1995)
- 『PIPE 2008을 이용한 관망해석 · 설계』 공동저술
- 유체기계기술사(2003)
- 설비 및 신재생에너지 분야 연구('05~)
- 수충격해석 전문강사 및 자문('07~)
- 한국수자원공사 K-water연구원 근무('07.1~)

저자약력

저 자 노 선 민

약 력
- 충남대학교 기계공학과 졸업(1998)
- 한국수자원공사 수자원연구원 유동실험실 근무('03.1~'07.12)
- 국내 최대 유량계 교정시설 설계 및 국가교정기관 인정('06.12)
- 『PIPE 2008을 이용한 관망해석 · 설계』 공동저술
- 『정수설비 핸드북』 공동저술
- 한국수자원공사 관망개선팀 근무('08.1~)

저자약력

저 자 신 동 기

약 력
- 국민대학교 기계공학과 졸업(2001)
- 한국수자원공사 수충격전문가그룹 활동('07.01~)
- 『펌프장설계』, 『정수설비 핸드북』 공동저술
- 한국수자원공사 시설진단팀 근무('08.01~)

정가 30,000원

전산기로 푸는 **수충격해석입문** (개정판)

2009년 4월 10일 초판 인쇄
2009년 4월 17일 초판 발행

공저자 : 박한영 · 박진훈 · 노선민 · 신동기
발행자 : 우 명 찬 · 송 준
발행처 : 홍릉과학출판사
주 소 : 서울시 강북구 인수동 455-60
142-885
등 록 : 1976년 10월 21일 제5-66호
전 화 : 999-2274 ~ 5, 996-8341, 903-7037
팩 스 : 905-6729
ISBN : 978-89-7283-748-0
hongpub@hongpub.co.kr
www.hongpub.co.kr